高等职业教育"十四五"规划教材
辽宁省学徒制建设项目成果教材

宠物营养与食品

陈立华　杨惠超　主编

中国农业大学出版社
·北京·

内 容 简 介

本书系统全面地介绍了宠物营养原理与食品生产技术,包括宠物营养原理、宠物食品原料、宠物食品配方设计、宠物食品加工、宠物食品品质检验及宠物的饲养 6 个学习项目,内容紧扣高等职业教育培养高素质应用型技能人才的目标,以能力培养为本位,注重提高学生的实践能力和职业素养。书后附有与宠物食品相关的标准,汇集了最新科研成果、最新生产技术、最新管理技术,体现了科学性、先进性及实用性。

本教材既可作为高等职业院校宠物相关专业教材,也可作为从事宠物食品生产及宠物养殖相关技术工作人员的参考书和工具书。

图书在版编目(CIP)数据

宠物营养与食品 / 陈立华,杨惠超主编. --北京:中国农业大学出版社,2022.6(2023.9 重印)
ISBN 978-7-5655-2785-2

Ⅰ.①宠…　Ⅱ.①陈…　②杨…　Ⅲ.①宠物-食品营养-高等职业教育-教材　Ⅳ.①S815

中国版本图书馆 CIP 数据核字(2022)第 095997 号

书　名	宠物营养与食品			
作　者	陈立华　杨惠超　主编			

策划编辑	张　玉	**责任编辑**	张　玉
封面设计	郑　川		
出版发行	中国农业大学出版社		
社　址	北京市海淀区圆明园西路 2 号	**邮政编码**	100193
电　话	发行部 010-62733489,1190	**编辑部**	010-62732617,2618
	出版部 010-62733440	**读者服务部**	010-62732336
网　址	http://www.caupress.cn		
经　销	新华书店	**E-mail**	cbsszs@cau.edu.cn
印　刷	北京时代华都印刷有限公司		
版　次	2022 年 8 月第 1 版　2023 年 9 月第 2 次印刷		
规　格	210 mm×285 mm　16 开本　17.5 印张　511 千字		
定　价	49.00 元		

编审人员

主　　编　陈立华（辽宁职业学院）

　　　　　杨惠超（辽宁职业学院）

副 主 编　（按姓名拼音排序）

　　　　　白春杨（黑龙江农垦职业学院）

　　　　　薄　涛（辽宁职业学院）

　　　　　李海龙（辽宁职业学院）

　　　　　钱泽斌（南阳市农业综合行政执法支队）

　　　　　任慧玲（辽宁职业学院）

主　　审　王秋梅（辽宁职业学院）

　　　　　孙玉忠（辽宁禾丰派美特宠物连锁机构）

前　言

宠物一般是指家庭饲养的作为伴侣动物的犬和猫,或工作用途的犬。随着中国经济的发展,宠物行业也得到了迅猛发展,宠物已经由单纯的供人们赏玩而转变成人们的一种精神寄托,日益成为人们生活的伴侣。宠物的范围也不断扩大,从常见的犬、猫、观赏鸟、兔、观赏鱼、龟到比较另类的蝎子、蜘蛛、蜥蜴等,都是可以作为宠物饲养的。随着宠物数量的增长,中国的宠物食品行业将迈上一个新的台阶。宠物食品作为宠物饲养的刚性需求,在许多国家已成为一个庞大的食品工业体系。

党的二十大报告指出,育人的根本在于立德。本教材遵循职业教育人才成长规律,坚持以立德树人为根本,以服务发展为宗旨,体现工学结合特色,以培养学生掌握工作岗位所必需的专业知识和技能为目标组织教材内容。

本教材是辽宁职业学院现代学徒制项目重点建设专业宠物养护与驯导专业特色教材。读者通过本书的学习与实践,可以学习基本营养知识,从而掌握宠物营养缺乏症的识别与预防方法、宠物营养代谢病的预防与治疗方法;掌握宠物食品原料的识别及利用技术;掌握宠物食品加工设备的操作与维护技术以及宠物食品的加工技术;掌握宠物食品质量管理及质量检测技术等。

本教材由辽宁职业学院陈立华、杨惠超主编,薄涛、白春杨、李海龙、钱泽斌、任慧玲为副主编;辽宁职业学院王秋梅、辽宁禾丰派美特宠物连锁机构孙玉忠担任主审。

其中,项目一任务1-1至任务1-8、项目六任务6-2由陈立华编写,项目二由任慧玲编写,项目一任务1-9至任务1-10、项目三由薄涛编写,项目四、项目五任务5-10至任务5-11由杨惠超编写,项目五任务5-1至任务5-9由钱泽斌编写,项目六任务6-3至任务6-6由白春杨编写,项目六任务6-1及附录一、附录二和参考文献部分由李海龙编写。辽宁禾丰派美特宠物连锁机构的部分技术人员也参与了本书的编写工作,全书由陈立华统稿。

本教材在编写过程中得到了辽宁职业学院教务处、动物科技学院各位老师的大力支持和帮助,在此一并表示感谢。

由于编者水平有限,加之时间仓促,书中难免有疏漏和不妥之处,敬请广大读者给予批评指正。

编　者
2023 年 9 月

目　录

项目一

宠物营养原理

【项目描述】

宠物必须不断地从食品中摄取各类营养物质才能维持自身的生命活动,因此,了解宠物对食品中营养物质的需要,才能合理为其供应营养物质,提高营养物质的利用率。学生通过本项目学习,能够了解蛋白质、碳水化合物、脂肪在宠物体内的代谢特点,掌握各种营养物质的重要作用以及在饲养实践中正确识别宠物营养缺乏症,并选择合理的防治方法。

【知识目标】

● 了解宠物体和植物体的化学组成及差别。

● 理解蛋白质、碳水化合物、脂肪在宠物体内的代谢过程和特点。

● 掌握各种营养物质的重要作用以及缺乏和过量的危害。

【技能目标】

● 学会宠物食品营养物质的常规分析方法。

● 能够根据常规营养物质的含量初步判断宠物食品的营养价值。

● 能够识别营养缺乏症,并选择合理的防治方法。

【思政目标】

● 培养量变引起质变的辩证思维方法。

● 正确认识世界和中国发展大势,感受国家的进步,激发学生爱党爱国的热情,引导学生努力为党和国家奉献自己的青春。

任务 1-1 宠物食品的营养物质组成与消化吸收

【任务描述】宠物为了生存、生长和繁衍后代,必须从外界摄取食物。宠物的食物称为宠物食品。通过学习,明确宠物体与植物体的化学组成及相互关系、宠物对食品消化吸收的特点,掌握宠物食品的营养物质组成,并能根据常规营养物质的含量初步判断宠物食品的营养价值。

一切能被宠物采食、消化、利用的无毒无害的物质,皆可作为宠物的食品,也称为宠物日粮、宠物食物及宠物饲料等。

宠物食品中能够被有机体用于维持生命、生长、繁殖的有效成分，称为营养物质或营养素、养分。

宠物的食品，除少数来自微生物、矿物质及人工合成外，绝大多数来源于植物、动物。

一、宠物体与植物体的化学组成

(一)宠物食品中的营养成分

1.元素组成

应用现代分析技术测定，在已知的100多种化学元素中，宠物体、植物体内含60余种。根据它们在宠物体、植物体内含量的多少分为常量元素和微量元素两大类。含量≥0.01%的元素，如碳、氢、氧、氮、钙、磷、钾、钠、氯、镁和硫等，称为常量元素；含量＜0.01%的元素，如铁、铜、钴、锰、锌、硒、碘、钼、铬和氟等，称为微量元素。上述元素中，碳、氢、氧、氮四种元素含量最多，它们在宠物体、植物体中占90%以上。

组成宠物体、植物体的化学元素除少数以游离状态单独存在外，绝大多数相互结合为复杂有机化合物或无机化合物，进而构成宠物体、植物体的各种组织器官和产品。

2.化合物的组成

宠物体、植物体中的营养物质可以是简单的化学元素，也可以是复杂的化合物。国际上通常采用1864年德国Hanneber提出的常规概略养分分析方案，即将宠物食品中的营养物质分为六大类，包括水分、粗灰分或矿物质、粗蛋白质、粗纤维、粗脂肪和无氮浸出物(图1-1)。该分析方案概括性强，简单、实用，尽管分析中存在一些不足，特别是粗纤维分析尚待改进，但目前世界各国仍在采用。

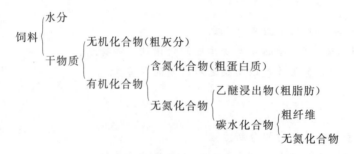

图1-1 常规概略养分分析方案

(1)水分 宠物体及植物体中的水分常以两种状态存在：一种是含于宠物体、植物体细胞间、与细胞结合不紧密、容易挥发的水，称为游离水或自由水，又称初水分；另一种是与细胞内胶体物质紧密结合在一起、形成胶体水膜、难以挥发的水，称为结合水或束缚水，又称吸附水。组成宠物体、植物体的这两种水分之和，称为总水分。除去初水分的食品称为风干食品，除去初水分和吸附水的食品称为绝干食品，也称为食品干物质，是评定各种食品营养价值的基础。

(2)粗灰分或矿物质 是宠物食品、动物组织和动物排泄物等样品在550～600℃高温炉中将所有有机物质全部氧化后剩余的残渣。主要成分为矿物质氧化物或盐类等无机物质，有时还含有少量泥沙，故称粗灰分或矿物质。

(3)粗蛋白质 宠物食品、动物组织或动物排泄物中一切含氮物质总称为粗蛋白质，包括真蛋白质和非蛋白质含氮物质(NPN)，非蛋白氮主要有游离脂肪酸、酰胺类、含氮的糖苷、生物碱、硝酸盐、嘧啶和嘌呤等。

(4)粗脂肪 粗脂肪是宠物食品、动物组织、动物排泄物等样品中脂溶性物质的总称。常规分析中是用乙醚浸提样品所得的乙醚浸出物。粗脂肪中除含有真脂肪外，还含有其他溶于乙醚的有机物质，如胡萝卜素、叶绿素、有机酸、树脂、脂溶性维生素等物质，故称粗脂肪或乙醚浸出物。

(5)粗纤维 粗纤维是构成植物细胞壁的主要成分，包括纤维素、半纤维素、木质素及角质等成分。常规养分分析测定的粗纤维，是将宠物食品样品经1.25%稀酸、1.25%稀碱分别煮沸

30 min后,所剩余的不溶解碳水化合物。其中纤维素是由β-1,4葡萄糖聚合而成的同质多糖;木质素则是一种苯丙基衍生物的聚合物,是宠物利用各种营养物质的主要限制因子,对宠物而言没有营养价值。此方法在分析过程中,有部分纤维素、半纤维素和木质素溶解于酸、碱中,导致测定的粗纤维含量偏低,同时也增加了无氮浸出物的计算误差。为了改进粗纤维分析方案,Van Soest(1976)提出了用中性洗涤纤维(NDF)、酸性洗涤纤维(ADF)、酸性洗涤木质素(ADL)作为评定饲草中纤维类物质的指标;同时将宠物食品粗纤维的纤维素、半纤维素和木质素全部分离出来,可以更好地评定宠物食品粗纤维的营养价值。测定方案如图1-2所示。

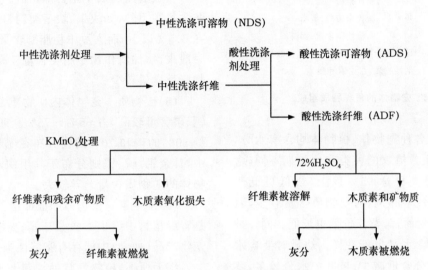

图1-2 Van Soest 粗纤维测定方案

(6)无氮浸出物 无氮浸出物是宠物食品有机物质中的无氮物质除去粗脂肪及粗纤维以外的部分,主要由容易被宠物利用的淀粉、聚糖、双糖、单糖等可溶性碳水化合物组成。此外,还包括水溶性维生素等其他成分。无氮浸出物含量越高,适口性越好,消化率越高。宠物食品中的无氮浸出物可由下式计算而来:

$$无氮浸出物 = 干物质 - (粗蛋白质 + 粗脂肪 + 粗纤维 + 粗灰分)$$

随着营养科学的发展以及养分分析方法和手段的不断改进,如氨基酸自动分析仪、原子吸收光谱仪、气相色谱仪等的使用,使宠物食品分析的劳动强度大大减轻,分析效率不断提高,各种纯养分均可进行分析,促使宠物营养研究更加深入细致,宠物食品营养价值评定也更加精确可靠。

自19世纪中叶开始,人们就采用概略养分分析法分析各种动植物性饲料,并沿用至今,同时结合现代分析技术测定的结果,可将构成植物性食品的各种营养物质列于图1-3。

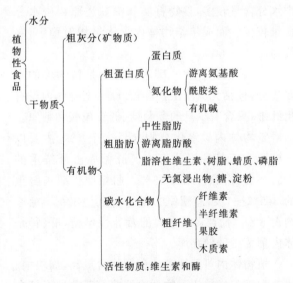

图1-3 植物性食品的营养物质组成

(二)宠物与植物营养物质组成比较

宠物体和植物体在化学组成上,既有相同点,又有许多不同之处。相同点是宠物体、植物体都由水分、粗灰分、粗蛋白质、粗脂肪、碳水化合物和

维生素6种营养物质组成(图1-4);但是同一种营养物质在宠物体、植物体内的含量不同、化学成分也有差异。

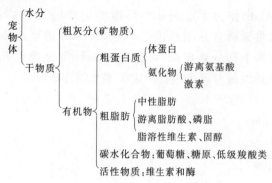

图1-4 宠物体的营养物质组成

(1)水分 各种宠物体、植物体均含有水分,其含量差异很大。植物的种类和生长期不同,含水量也不同,最高可达95%以上,最低可低于5%。水分含量较多的饲料,干物质含量较少,营养浓度较低,相对而言,营养价值也较低。同一种植物,不同部位含水量也不一样。幼嫩时期含水较多,成熟后水分含量减少;枝叶中水分较多,茎秆中水分较少。青绿多汁饲料和各类鲜糟渣饲料中水分含量较多,谷物籽实和糠麸类原料中水分含量较少。而成年宠物体内含水量相对稳定,一般为45%~60%。

(2)碳水化合物 碳水化合物是植物体的主要成分,包括无氮浸出物和粗纤维;宠物体内没有粗纤维,只含有少量的葡萄糖、低级羧酸和糖原。

宠物体内碳水化合物含量少于1%,主要以肝糖原和肌糖原形式存在。肝糖原占肝鲜重的2%~8%,占总糖原的15%。肌糖原占肌肉鲜重的0.5%~1%,总糖原的80%。其他组织中糖原约占5%。葡萄糖是重要的营养性单糖,肝、肾是体内葡萄糖的储存库。

植物体内可溶性碳水化合物含量高,如块根、块茎和禾谷类籽实干物质中淀粉等营养性多糖含量高达80%以上。甘蔗、甜菜等茎中蔗糖含量特别高,豆科籽实中棉籽糖、水苏糖含量较高。

(3)蛋白质 植物体内的蛋白质包括纯蛋白质和氨化物。蛋白质是宠物体的主要成分,宠物体内的蛋白质除含有纯蛋白质外,还仅含有一些游离氨基酸、激素和酶。构成宠物体、植物体蛋白

质的氨基酸种类相同,但植物体能自身合成全部的氨基酸,宠物体则不能全部合成,一部分氨基酸必须从宠物食品中获得。

(4)粗脂肪 植物体内的粗脂肪含有中性脂肪、脂肪酸、脂溶性维生素、磷脂、树脂和蜡质等。宠物体内的粗脂肪不含有树脂和蜡质,其余成分与植物体内相同或相似。

一般健康的成年宠物都相似。但植物体内脂肪含量则不然,如块根、块茎类饲料的粗脂肪含量在0.5%以下,而大豆中粗脂肪含量平均为16%。一般来说,油料作物中脂类含量较高,其他一般植物脂类含量较少。

(5)矿物质 宠物体内矿物质含量比较稳定,钙、磷含量较高,占65%~75%。90%以上的钙、约80%的磷和70%的镁分布在宠物骨骼和牙齿中,其余钙、磷、镁则分布于软组织和体液中。植物体的矿物质含量差异较大。

(6)维生素 植物体一般都富含维生素,尤其是青绿植物中维生素含量丰富;宠物体的肝脏和宠物产品(如乳)中储存有脂溶性维生素。

综上所述,植物性食品原料与宠物体的组成部分既有相同点又存在很大的差别,宠物从宠物食品(原料)中摄取营养物质后,必须经过体内的新陈代谢过程,才能将这些营养物质转变为宠物体成分、宠物产品或提供能量。

二、宠物对食品消化吸收的特点

(一)宠物对食品消化的特点

宠物消化器官的功能是摄取食物,对其进行物理的、化学的以及微生物的消化作用,吸收营养物质,最后将残渣排出体外,保证宠物新陈代谢的正常进行。

宠物食物中的营养成分包括蛋白质、脂肪、碳水化合物、水、无机盐和维生素等,其中后3种营养物质可被消化道直接吸收,但前3种营养物质结构复杂,分子大,不能直接吸收,必须在消化管内消化分解成氨基酸、脂肪酸和单糖等结构简单的小分子,才能被消化管吸收。这种将食物分解为可吸收的简单物质的过程,称为消化。简单的营养物质通过消化管壁进入血液和淋巴的过程,称为吸收。

宠物的消化系统包括消化管和消化腺两部

分。消化管为食物通过的管道,包括口腔、咽、食管、胃、小肠、大肠和肛门。消化腺为分泌消化液的腺体,消化液中含有多种酶,在消化过程中起催化作用,包括壁内腺和壁外腺。壁内腺广泛分布于消化管的管壁内,如胃腺和肠腺。壁外腺位于消化管外,形成独立的器官,以腺管通入消化管腔内,如唾液腺、肝和胰。

犬属于哺乳动物食肉目犬科,是人类驯化最早的动物,驯化以后食性发生了改变,成为以食肉为主的杂食动物。上下腭各有一对尖锐的犬齿,是食肉动物为撕咬猎物所特有的。犬的肠道短,只有体长的3～4倍,对粗纤维的消化率很低。犬的味觉较差,吃东西不是细嚼慢咽,而是"狼吞虎咽",依靠其灵敏的嗅觉来辨别食物的新鲜或腐败。犬喜欢啃咬,以利磨牙,应经常给予骨头或玩具。犬还有吃人或同类动物粪便的习惯,饲养时应注意防止,以免影响健康。

猫属于哺乳动物食肉目猫科猫属,具有发达的犬齿,嗅觉虽然不及狗,但也相当的灵敏。猫虽然也吃粮食、蔬菜类食品,但仍然以肉食为主,其食品中应该含有较高比例的动物性原料。猫的舌头面长有各种乳头,舌前端乳头的尖端朝后呈牙齿状,可以舔食骨头上附着的肉。

宠物的消化方式主要归纳为:物理性消化、化学性消化和微生物消化,以前两种方式为主。

1.物理性消化

宠物食品的物理性消化由宠物摄取宠物食品开始,主要是指宠物食品在宠物口腔内的咀嚼和在胃肠运动中的消化。物理性消化是靠宠物的牙齿和消化道管壁的肌肉运动把宠物食品压扁、撕碎、磨烂,从而增加宠物食品的表面积,易于与消化液充分混合,并把食糜从消化道的一个部位运送到另一个部位。物理性消化,有利于宠物食品在消化道形成多水的悬浮液,为胃和肠的化学消化与微生物消化做好准备。

物理性消化是化学性及微生物消化之前奏,食物只是颗粒变小,没有化学性变化,其消化产物不能吸收。咀嚼及消化器官的肌肉运动受宠物食品粒度之机械刺激,若没有这种刺激,则消化液的分泌减少,进而不利于化学性消化。

2.化学性消化

宠物食品在消化道内的化学性消化主要是在宠物的胃和小肠中,靠酶的催化作用进行的。消化酶有多种,大多数存在于腺体所分泌的消化液中,有的存在于肠黏膜内或肠黏膜脱落细胞内。消化腺所分泌的酶主要是水解酶,并且具有高度的特异性,即某一种酶只参与某一种营养物质的化学反应。根据其作用底物不同而将酶分为三组,即蛋白分解酶、脂肪分解酶及糖分解酶,每组又包括数种。

宠物对宠物食品中蛋白质、脂肪和糖的消化,主要在消化器官分泌的相应的蛋白酶、脂肪酶、淀粉酶、糖酶等作用下进行。宠物对宠物食品中粗纤维的消化,主要靠消化道内微生物的发酵。此外,植物性宠物食品中含有的相应酶,在宠物胃肠道适宜的环境中,也参与消化作用。

不同生长阶段的宠物,分泌消化酶的种类、数量、酶的活性不同,这就为合理组织宠物饲养提供了科学依据。

3.微生物消化

消化道微生物在消化过程中起着积极作用,这种作用对反刍动物如牛、羊等十分重要,瘤胃是反刍动物微生物消化的主要场所,但对大多数宠物来讲,作用甚微。

宠物仅能依靠大肠内微生物发酵利用极少量的粗纤维。

宠物的物理性、化学性和微生物消化过程,并不是彼此孤立的,而是相互联系共同作用的,只是在消化道某一部位和某一消化阶段、某种消化过程才居于主导地位。

宠物食品中的有机物被宠物采食后,首先要经过胃肠消化。其中一部分被消化了,另一部分未被消化。被消化的蛋白质最终被分解为氨基酸和寡肽,被消化的脂肪最终被分解为甘油和脂肪酸,被消化的碳水化合物最终被分解为单糖或酵解为低级羧酸。消化最终产物大部分被小肠吸收,少部分未被吸收,未被吸收的部分随同未被消化的部分一起由粪便排出体外。

图1-5为添加了益生菌的幼犬奶糕粮。

图1-5　添加了益生菌的幼犬奶糕粮

（二）宠物对食品吸收的特点

1. 吸收的部位

消化道的部位不同，吸收程度不同。消化道各段都能不同程度地吸收无机盐和水分。宠物胃的吸收有限，只能吸收少量水分和无机盐。小肠是各种宠物吸收营养物质的主要场所，其吸收面积最大，吸收的营养物质也最多。宠物的大肠对有机物的吸收作用有限，可以吸收水分和无机盐。

2. 吸收机理

养分吸收的机理，可分为胞饮吸收、被动吸收和主动吸收。

（1）胞饮吸收　初生哺乳宠物对初乳中免疫球蛋白的吸收即胞饮吸收。胞饮吸收对初生宠物获取抗体具有十分重要的意义。

（2）被动吸收　经宠物消化道上皮的滤过、扩散和渗透等作用，对一些低分子的物质，如简单的多肽、各种离子、电解质、水及水溶性维生素和某些糖类的吸收。

（3）主动吸收　主要靠消化道上皮细胞的代谢活动，是一种需消耗能量的主动吸收过程，营养物质的主动吸收需要有细胞膜上载体的协助。主动吸收是宠物吸收营养物质的主要途径，绝大多数有机物的吸收依靠主动吸收完成。

吸收后的氨基酸和寡肽，进入肝脏，大部分经体循环到宠物各组织中合成体蛋白，而一部分氨基酸在肝脏中脱氨形成尿素，由血液输送到肾脏，溶于水形成尿排出体外；吸收后的甘油和脂肪酸，主要是形成体脂肪或氧化供给宠物体能量；吸收后的单糖或低级羧酸，主要是氧化供给宠物体能量，如有多余，可在肝脏和肌肉中形成糖原贮存起来，再有多余时，也可形成体脂肪，将能量贮备，以供不时之需。

可见，吸收后的营养物质，被用于两个方面，一是形成宠物体成分（体蛋白、体脂肪及少量糖原）和体外产品（乳、繁殖产品）。二是氧化供给宠物体能量。将宠物食品中用于形成宠物成分、体外产品和氧化供给宠物体能量的营养物质称为可利用营养物质。

任务 1-2　宠物的能量来源与转化

【任务描述】宠物的正常生命活动都需要以能量为支撑，维持体温的恒定、机体的运动和各个组织器官的正常活动，如心脏的跳动、血液循环、胃肠蠕动、肺的呼吸、肌肉收缩等需要消耗大量能量。学生通过学习，掌握宠物能量的来源以及能量在宠物体内的转化，掌握饲养实践中提高能量利用率的措施。

一、能量来源与能量单位

（一）能量来源

宠物在维持生命活动和生产的过程中，都需要能量。宠物所需要的能量来源于宠物食品中的3种有机物：碳水化合物、脂肪和蛋白质。这3种有机物的化学键中贮存着化学能。3种有机物经消化吸收进入体内，在糖酵解、三羧酸循环或氧化磷酸化过程中可释放出能量,最终以 ATP 的形式满足机体需要。能量转换和物质代谢密不可分。

(二)能量单位

单位重量某养分或宠物食品氧化时所放出的能量,称为该养分或该宠物食品的能值。营养学上,常用热量单位来衡量能量的大小。传统热量单位为"卡",国际营养科学协会及国际生理科学协会确认以焦耳作为统一使用的能量单位。宠物营养中常采用千焦耳(kJ)、兆焦耳(MJ)和焦耳。我国传统单位为卡,现在国家规定用焦耳。卡与焦耳可以相互换算,换算关系如下:

1 cal = 4.184 J;1 kcal = 4.184 kJ;1 Mcal = 4.184 MJ

二、能量在宠物体内的转化过程

宠物食品中 3 种有机物在宠物体内的代谢过程伴随着能量的转化过程。宠物食入的能量、损耗的能量及沉积的能量,遵循能量守恒定律的,称为能量平衡。宠物食品中的能量在体内的转化过程见图1-6。

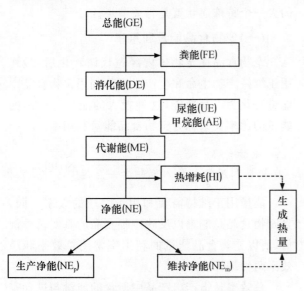

图1-6 宠物食品能量在宠物体内转化过程

1.总能(GE)

总能是指宠物食品中 3 种有机物完全燃烧所释放的全部能量,可由氧弹式测热量计测定。

宠物食品总能的多少取决于宠物食品中碳水化合物、脂肪和蛋白质的含量。3 种有机物能量的平均含量为:碳水化合物 17.5 kJ/g;蛋白质

23.64 kJ/g;脂肪 39.54 kJ/g,其能量含量不同与其分子中 C/H 比和 O、N 含量不同有关。

总能只表示宠物食品完全燃烧后化学能转变成热能的多少,并不说明被宠物利用的有效程度,但总能是评定能量代谢过程中其他能值的基础。

2.消化能(DE)

宠物食品的可消化营养物质中所含的能量称为消化能。

宠物采食食品后,未被消化吸收的营养物质等由粪便排出体外,粪中养分所含的能量称为粪能(FE)。宠物食品的消化能可用宠物摄入食品的总能与粪能之差计算,即:

$$DE = GE - FE$$

按上式计算的消化能称为表观消化能(ADE),因为粪能(FE)除了包括未被消化的宠物食品养分所含的能量,还包括消化道微生物及其代谢产物、消化道分泌物和消化道黏膜脱落细胞所含的能量,即代谢粪能(FmE)。粪能中扣除代谢粪能后计算的消化能称为真消化能(TDE),即

$$TDE = GE - (FE - FmE)$$

表观消化能低于真实消化能,但实践中多应用表观消化能。由总能转化为消化能的过程中,粪能丢失的多少因宠物品种及宠物食品性质而异。哺乳的幼龄宠物粪能丢失不到 10%,而采食劣质宠物食品的粪能丢失较高。

测定宠物食品的消化能采用消化试验。用宠物食品消化能评定宠物食品的营养价值和估计宠物的能量需要量比宠物食品总能更为准确,可反映出宠物食品能量被消化吸收的程度。

3.代谢能(ME)

宠物食品中可利用的营养物质中所含的能量称为代谢能。宠物食品的消化能减去尿能(UE)及消化道气体的能量(AE)后剩余的能量。即

$$ME = DE - UE - AE \text{ 或 } ME = GE - FE - UE - AE$$

尿能(UE)是指尿中的有机物质所含有的能量,主要来自蛋白质的代谢产物。哺乳宠物尿中的含氮化合物主要是尿素,鸟类主要是尿酸。尿能的多少受宠物食品结构的影响,特别是宠物食品中蛋白质水平、氨基酸平衡状况等。

代谢能表示宠物食品中真正参与宠物体内代谢的能量。用代谢能评定宠物食品的营养价值和能量需要,比消化能更进一步明确了宠物食品能量在宠物体内的转化与利用程度。

4.净能(NE)

代谢能在宠物体内转化过程中,还有部分能量以体增热的形式损失。热增耗又称体增热(HI),是指绝食宠物喂给食物后短时间内,体内产热量高于绝食代谢产热的那部分热能,它由体表散失。热增耗包括发酵热(HF)和营养代谢热(HNM)。发酵热是指宠物食品在消化过程中由消化道微生物发酵产生的热量(对宠物一般忽略不计)。营养代谢热是指宠物进食食品后体内代谢加强而增加的产热量。它主要产生于养分吸收的代谢过程。此外,消化道肌肉活动、呼吸加快以及内分泌系统和血液循环系统等机能加强,都会引起热增耗增加。热增耗代表代谢中被用于养分的转化和代谢作用所消耗的热能。冷应激环境中,宠物可利用热增耗维持体温。热应激环境中,热增耗是一种负担,必须将其散失,以防止宠物体温升高。设法降低热增耗是提高宠物食品利用率和宠物生长性能的主要措施之一。热增耗受宠物种类、宠物食品组成成分、饲养水平等因素的影响,一般占食入总能的 10%～40% 不等。

代谢能减去体增热即为净能。则:

$$NE = ME - HI$$

式中:NE 为净能;HI 为热增耗。

净能是指宠物食品总能中,完全用来维持宠物生命活动和生产产品的能量。前者称为维持净能(NE_m),指宠物食品能量中用于维持宠物生命活动、适度随意运动和维持体温恒定的能量,这部分能量最终以热的形式散失掉。后者称为生产净能(NE_p),指宠物食品能量中用于沉积到产品中的能量,也包括用于劳役做功的能量。宠物食品中净能含量越高,其营养价值就越高。

用净能评定宠物食品的营养价值比代谢能又进了一步,但是,测定净能费时费工,所需装置也比较复杂。

影响净能的因素包括影响代谢能、热增耗的因素和环境温度。其中,影响热增耗的因素主要有 3 个:宠物种类、宠物食品组成、饲养水平。

由上可见,宠物采食宠物食品能量后,经消化、吸收、代谢及合成等过程,大部分能量以各种废能的形式(粪能、尿能、体增热)损失掉,仅有少部分食入宠物食品能量转化为对宠物有用的净能。总能、消化能、代谢能、净能均可评价宠物食品的能量营养价值,由于依次愈来愈接近宠物食品利用之终端,所以评定宠物食品能量营养价值或估计宠物能量需要时,其准确性以总能最差,净能最高。

三、宠物对能量利用

宠物能量缺乏最明显的症状就是体重减轻,早期症状是各部位的脂肪丢失,皮下、肠系膜、肾周围、子宫、睾丸和腹膜的脂肪丢失,骨组织生长缓慢或者停滞,肌肉蛋白质分解用于供能,内源氮损失增加。

过量的能量摄入导致宠物肥胖,从而会发生一些疾病,如糖尿病、骨骼和心脏的疾病,增加高血脂的危险,还会导致生长宠物生长速度过快(大型宠物犬的幼犬经常出现这种情况)。过度饲喂的犬一个特殊症状就是骨关节炎。

(一)宠物食品能量利用率

宠物食品在宠物体内经过代谢转化后,最终用于维持宠物生命和生产。宠物利用宠物食品中能量转化为产品净能,这种投入的能量与产出的能量的比率关系称为宠物食品能量利用率。

$$\text{宠物食品能量利用率} = \frac{\text{产品能值}}{\text{食入宠物食品总能}} \times 100\%$$

能量用于维持需要和用于生产的效率不同,且宠物食品总能难以反映宠物食品的真实营养价值,所以宠物食品能量的利用率常用总效率和净效率两种指标表示。

总效率是指产出产品中所含的能量与进食宠物食品的有效能(消化能或代谢能)之比。计算公式如下:

$$\text{总效率} = \frac{\text{产品能值}}{\text{进食有效能值(包括维持净能)}} \times 100\%$$

纯效率是指喂给宠物的能量水平高于维持需要时,产出的产品能值与进食有效能值扣除用于维持需要的有效能值之比。计算公式如下:

$$净效率 = \frac{产品能值}{进食有效能值 - 用于维持需要的有效能值} \times 100\%$$

（二）影响宠物能量利用的因素

1. 宠物的种类

除了总能以外，同一种宠物食品饲喂不同种类的宠物，其消化能、代谢能和净能值均不同，其原因是不同宠物的消化代谢生理差异较大。

2. 饲养目的

不同生产目的的有效能的转化效率不同，其转化效率顺序是：维持＞产奶＞生长、肥育＞妊娠、产毛。

3. 饲养水平

适宜的饲养水平范围内，随着饲养水平提高，能量利用率升高。宠物食品的能量水平不是越高越好，应与宠物类别、宠物所处的生理状态相适应，才能提高宠物食品能量的利用效率，从而提高宠物的生长性能。

4. 宠物食品的组成和营养成分

不同的营养物质热增耗不同，蛋白质的热增耗比其他养分高，宠物食品中纤维素水平也影响热增耗。食品缺少钙、磷、维生素都会使热增耗增大。

5. 环境因素

包括温度、湿度、气流、光照、饲养密度、应激等。宠物处在等热区中，能量的利用率最高。温度过低，宠物用于机体的维持需要量增加，而用于产品合成的能量必然减少。温度过高，用于生产的食品能量也减少。

6. 疾病

宠物患病时，食欲下降，进而引发其他症状，甚至导致代谢紊乱。这样也必然影响宠物对能量的转化，使其利用率下降。

四、提高能量利用率的营养学措施

1. 减少维持需要

在饲养实践中要尽量使宠物处于等热区，冬季防寒、夏季避暑，合理地减少宠物运动；加强宠物的饲养管理，合理组群，防止疾病的发生。

2. 减少能量损失

利用正确合理的宠物食品配制、加工及饲喂技术，可减少能量在转化过程中粪能、尿能、胃肠甲烷气体能、体增热等各种能量的损失、减少宠物的维持消耗，增加生产净能。

3. 确切满足宠物需要

给宠物配制全价日粮，即根据宠物的具体情况，参照各自饲养标准，满足其对能量、蛋白质、矿物质和维生素等各种营养物质的需要及相应的适宜比例。

任务 1-3　宠物的碳水化合物营养

【任务描述】 碳水化合物是一类重要的营养素，广泛地存在于植物性食品原料中，是供给宠物能量的重要营养物质。学生通过学习，明确碳水化合物的组成和分类，掌握碳水化合物的营养生理功能，理解宠物对碳水化合物的吸收特点及其应用。

一、碳水化合物的组成与分类

碳水化合物主要由碳、氢、氧 3 种元素组成，其中氢、氧原子的比为 2 : 1，与水分子的组成相同，故又称碳水化合物。碳水化合物种类繁多，性质各异，如图 1-7 所示。

寡聚糖又称为低聚糖或寡糖，是指 2～10 个单糖通过糖苷键连接起来形成直链或支链的一类糖，其中以双糖分布较广，营养意义较大；而将 10 个糖单位以上的称为多聚糖，包括淀粉、纤维素、半纤维素、果胶、半乳聚糖、甘露聚糖、黏多糖等；纤维素、半纤维素及果胶则统称为非淀粉多糖（NSP）。根据非淀粉多糖的水溶性，将溶于水的称为可溶性非淀粉多糖，如β-葡聚糖、阿拉伯木聚

糖和果胶;不溶于水的则称为不溶性非淀粉多糖,如纤维素等。NSP具有抗营养的作用,特别是可溶性非淀粉多糖。

碳水化合物中的无氮浸出物是构成植物细胞质的主要成分。各种原料的无氮浸出物的含量差异很大,其中以块根块茎类及禾本科籽实类中含量最多,且主要成分是淀粉,容易被宠物消化利用。而纤维素、半纤维素镶嵌在一起构成植物的细胞壁,多存在于植物的茎叶、秸秆和秕壳中。纤维素和半纤维素都是复杂的多糖化合物,它们不能被宠物消化道分泌的酶水解,但能被消化道中的微生物酵解,酵解后的产物才能被机体吸收利用,而木质素不能被宠物利用。

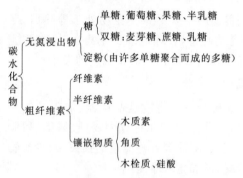

图1-7 碳水化合物的分类

宠物体内的碳水化合物仅占体重的1%以下。主要存在形式有血液中的葡萄糖,肝脏和肌肉中贮存的糖原及乳中的乳糖。另外,碳水化合物还以黏多糖、糖蛋白、糖脂等杂多糖的形式存在于宠物的组织器官中。

二、碳水化合物的营养生理功能

1. 碳水化合物是宠物能量的重要来源

单糖中的葡萄糖是供给宠物代谢活动快速应变需能的有效的营养素。葡萄糖是大脑神经系统、肌肉、脂肪组织、乳腺等代谢以及胎儿生长发育的唯一能源。碳水化合物除了直接氧化供能外,也可以转变成糖原和脂肪贮存于肝脏、肌肉和脂肪组织中,但贮存量很少,一般不超过体重的1%。胎儿在妊娠后期贮积大量糖原和脂肪用于出生后的能量需要。

2. 碳水化合物是宠物体组织的构成物质

碳水化合物普遍存在于宠物体的各种组织中,作为细胞的构成成分,参与多种生命过程,在组织生长的调节上起着重要作用。例如核糖和脱氧核糖是细胞中遗传物质核酸的成分,黏多糖参与结缔组织基质的形成,硫酸软骨素在软骨中起结构支持作用等;糖脂是神经细胞的成分,糖蛋白是细胞膜的组成成分。

3. 碳水化合物是形成宠物体脂肪、乳脂肪、乳糖的原料

当血糖恒定,机体糖原贮存量足够时,多余的碳水化合物可转变成体脂肪。碳水化合物也是合成乳脂肪和乳糖的原料。试验证明,体脂肪约有50%、乳脂肪60%~70%是以碳水化合物为原料合成的。

4. 粗纤维是宠物食品中必不可少的成分

粗纤维经微生物发酵产生的各种挥发性脂肪酸,除用以合成葡萄糖外,还可氧化供能和合成氨基酸。粗纤维还可以刺激宠物胃肠蠕动,促进消化液的分泌和粪便的排出。尤其对于不爱运动的室内宠物猫,宠物食品中粗纤维的作用更重要。另外,粗纤维体积大、吸收性强,可以填充胃肠容积,使宠物食后有饱腹感。但是过多的粗纤维也会影响宠物对于蛋白质、矿物质、脂肪和维生素等营养物质的吸收与利用,还易引起宠物便秘。因此,宠物食品中粗纤维的水平以不超过5%为宜。

5. 寡聚糖的特殊作用

碳水化合物中的寡聚糖已知有1 000种以上,目前在动物(包括宠物)营养中常用的主要有:寡果糖(又称果寡糖或蔗果三糖)、寡甘露糖、异麦芽寡糖、寡乳糖及寡木糖。近年研究表明,寡聚糖可作为有益菌的基质,改变宠物肠道菌系,建立健康的肠道微生物区系。寡聚糖还有消除消化道内病原菌,激活机体免疫系统等作用。宠物日粮中添加寡聚糖可增强宠物机体免疫力,提高成活率、生长及繁殖性能。寡聚糖作为一种稳定、安全、环保性良好的抗生素替代物,在宠物饲养实践中有着广阔的发展前景。

饲养实践中,如果宠物日粮中碳水化合物不足,宠物就要动用体内贮备物质(糖原、体脂肪,甚至体蛋白)来维持机体正常代谢,从而出现体况消瘦,体重减轻,繁殖性能降低等现象。宠物犬如果

大量缺乏碳水化合物,会生长受阻、发育缓慢、容易疲劳。但是研究证明,低碳水化合物高脂肪食品能促进犬的活动能力。食品中含过高的碳水化合物时,宠物犬的毛色和体型会受到影响。宠物猫对碳水化合物的需要量也不多。因此,必须重视宠物碳水化合物营养的合理供应。

三、碳水化合物的消化吸收

碳水化合物在宠物体内代谢方式有两种,一是葡萄糖代谢,二是挥发性脂肪酸代谢,在犬、猫等宠物体内,以前者为主,后者的作用十分微弱(图1-8)。

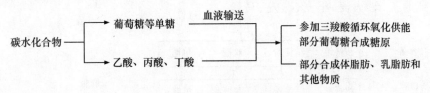

图1-8 碳水化合物的消化吸收

(一)无氮浸出物的消化吸收

无氮浸出物被宠物采食进入口腔后,少部分淀粉经唾液淀粉酶的作用水解为麦芽糖;胃本身不含消化无氮浸出物的酶类,仅靠从口腔中带入的淀粉酶进行微弱的消化,且胃内大部分为酸性环境,淀粉酶易失活,只有在贲门腺区和盲囊区内,不呈酸性,所以只有一部分淀粉在唾液淀粉酶的作用下,水解为麦芽糖。

十二指肠是碳水化合物消化吸收的主要部位。无氮浸出物在十二指肠与胰液、肠液、胆汁混合。α-淀粉酶继续把未消化的淀粉分解成为麦芽糖和糊精。经肠淀粉酶、胰淀粉酶的作用将宠物食品中的大部分无氮浸出物最终分解为各种二糖,然后由肠黏膜产生的二糖酶(如麦芽糖酶、乳糖酶、蔗糖酶等)彻底分解成单糖被吸收。其消化过程简述如下(图1-9):

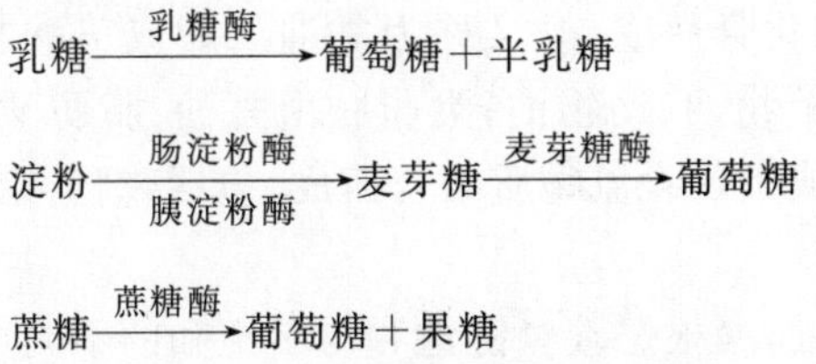

乳糖 ──乳糖酶──→ 葡萄糖+半乳糖

淀粉 ──肠淀粉酶／胰淀粉酶──→ 麦芽糖 ──麦芽糖酶──→ 葡萄糖

蔗糖 ──蔗糖酶──→ 葡萄糖+果糖

图1-9 无氮浸出物的消化吸收

小肠吸收的单糖主要是葡萄糖和少量的果糖及半乳糖。在肝脏中,其他单糖首先转变为葡萄糖,大部分葡萄糖经体循环输送至身体各组织,参加三羧酸循环,氧化供能;一部分葡萄糖在肝脏中合成肝糖原,一部分葡萄糖通过血液循环输送至肌肉中形成肌糖原;过量的葡萄糖被输送至宠物的脂肪组织及细胞中合成体脂肪作为能源贮备。

(二)粗纤维的消化吸收

犬、猫的胃和小肠不含消化粗纤维的酶类,但大肠中的微生物可以将粗纤维发酵降解为乙酸、丙酸和丁酸等挥发性脂肪酸和一些气体。部分挥发性脂肪酸可被肠壁吸收,经血液循环输送至肝脏,进而被机体所利用,气体则被排出体外。宠物的肠管较短,如猫的肠管只有家兔的1/2,盲肠不发达;犬的肠管只有其体长的3～4倍,进食后的5～7 h即可将胃中的食物全部排出。因此,对粗纤维的利用能力很弱。未被消化吸收的碳水化合物最终以粪便的形式排出体外。宠物对碳水化合物消化代谢过程见图1-10。

总的看来,宠物对食品的碳水化合物的消化代谢以淀粉在小肠中消化酶的作用下分解成葡萄糖为主;而以粗纤维被大肠中的微生物发酵成挥发性脂肪酸为辅。

四、影响宠物碳水化合物消化率的因素

影响宠物碳水化合物消化率的因素较多,如宠物种类和年龄、宠物食品的种类、饲喂技术等。

1. 宠物的种类和年龄

犬、猫等宠物对粗纤维的消化能力较弱,草食宠物、观赏鸟等对粗纤维的消化能力较强。有研究发现,一般成年犬,每天对碳水化合物的需要量为10 g/kg体重;对于幼犬,则每日需要碳水化合物15.8 g/kg体重。

2.宠物食品种类

宠物食品中适宜的蛋白质水平,可以提高碳水化合物的消化率,而粗纤维含量高则抑制有机物质的消化。研究表明,日粮中每增加1%的木质素,有机物质的消化率降低4.49%。

3.饲喂技术

淀粉含量高的玉米、大麦、小麦、燕麦、马铃薯、高粱、甘薯等食品原料,经蒸煮后可以提高适口性和消化率,再适量添加熟鱼肉、猪肝等可以组成很好的宠物食品。在给成年宠物饲喂牛奶时,经常会出现腹泻、腹胀等现象,这是由于成年犬、猫消化道内缺乏消化乳糖的乳糖酶,这时应立即停止饲喂。对于可以消化吸收牛奶中乳糖的犬、猫,在喝完牛奶后,应供给充足、清洁的饮水。

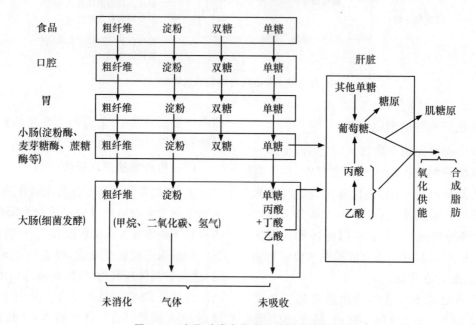

图 1-10 宠物对碳水化合物消化代谢简图

任务 1-4 宠物的脂肪营养

【任务描述】 学生通过学习,理解脂肪的营养生理作用,在此基础上,掌握脂肪在宠物体内的消化代谢过程。同时,掌握必需脂肪酸的概念和营养作用,培养科学合理利用脂肪的能力。

一、脂肪的组成

脂肪由碳、氢、氧 3 种元素组成,与糖类、蛋白质相比较,碳、氢含量较多,氧的含量较少。脂肪的能值约为糖类的 2 倍,故宠物食品的能值主要取决于脂肪含量的高低。根据脂肪的结构,可将其分为真脂肪和类脂肪 2 大类。真脂肪由脂肪酸和甘油化合而成,故又称为甘油三酯或三酸甘油酯,如植物油、动物油;类脂肪由甘油、脂肪酸、磷酸、糖或其他含氮物质结合而成,包括磷脂、蜡质、固醇等。

脂肪酸根据碳氢链饱和与不饱和的不同可分为 3 类,即:饱和脂肪酸,碳氢链上没有不饱和键;单不饱和脂肪酸,其碳氢链有一个不饱和键;多不饱和脂肪酸,其碳氢链有 2 个或 2 个以上不饱和键。

二、脂肪的理化特性

1.水解特性

脂肪可在酸或碱的作用下发生水解,水解产物为甘油和脂肪酸,水解对脂类的营养价值无影响,水解所产生的游离脂肪酸大多数无臭无味,但低级脂肪酸,特别是4～6个碳原子的脂肪酸,如丁酸和乙酸具有强烈的气味,影响宠物食品的适口性,营养中把这种水解看成影响脂肪利用的因素。

宠物体内脂肪的水解在脂肪酶催化下进行,多种细菌和霉菌也能产生脂肪酶,当宠物食品保管不善时,其所含脂肪易于发生水解而使宠物食品品质下降。

2.氧化酸败

脂肪经光、热、湿和空气的作用,或者经微生物的作用,易发生氧化反应,产生特殊的臭味,这一过程称为脂肪的酸败。

存在于宠物食品中的脂肪氧化酶或微生物产生的脂肪氧化酶最容易使不饱和脂肪酸发生氧化酸败,酸败会产生醛、酮和酸等化合物,不仅具有刺激性气味,影响食品的适口性,而且在氧化过程中产生过氧化物,会破坏脂溶性维生素,降低脂类和宠物食品的营养价值。

脂肪的酸败程度可用酸价表示。酸价是指中和1 g脂肪中的游离脂肪酸所需要氢氧化钾的质量(mg),通常酸价大于6的脂肪可对宠物健康造成不良的影响。采食脂肪酸败的食品,宠物可表现明显的病理症状,如皮肤溃疡、掉毛、渗出性素质病、动脉硬化等,严重时将导致宠物死亡。

3.氢化作用

在催化剂或酶的作用下,不饱和脂肪酸的双键可以得到氢而变成饱和脂肪酸,使脂肪硬度增加,不易氧化酸败,有利于储存,但也损失必需脂肪酸。

脂肪酸的饱和程度可用碘价来测定。碘价是指每100g脂肪或脂肪酸所能吸收碘的克数。脂肪酸不饱和程度越大,所能化合的碘越多,碘价越高。

三、脂肪的营养生理作用

1.脂肪是宠物体组织的重要成分

宠物的各种组织器官,如皮肤、骨骼、肌肉、神经、血液及内脏器官中均含脂肪,主要为磷脂和固醇类等。脑和外周神经组织含有鞘磷脂;蛋白质和脂肪按一定比例构成细胞膜和细胞原生质,因此,脂肪也是组织细胞增殖、更新及修补的原料。脂类也参与细胞内某些代谢调节物质的合成,如棕榈酸是合成肺表面活性物质的必需成分。

2.脂肪具有供能和贮能的作用

脂肪是宠物体内重要的能源物质,是含能最高的营养物质,生理条件下脂类含能是蛋白质和碳水化合物的2.25倍左右。脂肪的分解产物游离脂肪酸和甘油都是供给宠物维持生命活动和生产的重要能量来源,以脂肪作为供能营养物质,热增耗最低,消化能或代谢能转变为净能的利用效率比蛋白质和碳水化合物高5%～10%。宠物摄入过多有机物质时,可以体脂肪形式将能量贮备起来。而体脂肪能以较小体积含藏较多的能量,是宠物贮备能量的最佳方式。

3.提供必需脂肪酸

(1)必需脂肪酸的概念　凡是体内不能合成,必须由宠物食品供给,或能通过体内特定先体物形成,对机体正常机能和健康具有重要保护作用的脂肪酸都叫必需脂肪酸。按此定义,亚油酸(十八碳二烯酸)、亚麻酸(十八碳三烯酸)和花生四烯酸(二十碳四烯酸)都是必需脂肪酸。其中,亚油酸和亚麻酸在植物体和动物体中都存在,而花生四烯酸只存在于动物体中。亚麻酸和花生四烯酸可以由亚油酸在体内转化而来。但猫例外,猫无法将亚油酸转化成花生四烯酸,因此,猫必须从动物性食品中摄取花生四烯酸,否则会使皮毛干燥、失去光泽,甚至产生皮肤病及消瘦的现象。所以,宠物(猫除外)营养需要中通常只考虑亚油酸的供给。

(2)必需脂肪酸的生理作用　必需脂肪酸是细胞膜、线粒体膜和核膜的主要组成成分,具有保证细胞膜结构正常,促进生长的作用。必需脂肪酸也像蛋白质、氨基酸一样,是生长的一个限制因素。花生四烯酸对连接细胞膜和使膜保持一定韧

性具有重要作用。足够的亚油酸可使红细胞具有更强的抗血溶能力。

必需脂肪酸参与磷脂的合成和胆固醇的正常代谢，胆固醇必须与必需脂肪酸结合，才能在体内转运和正常代谢。必需脂肪酸是合成前列腺素的原料并与精子的生成有关，若宠物食品中长期缺乏，会导致宠物繁殖机能降低。

当宠物食品中缺乏必需脂肪酸时，幼龄宠物常发生皮炎、脱毛、皮下出血及水肿、尾部坏死，严重的引起消化障碍和中枢神经机能障碍，生长停滞；成年宠物出现繁殖力下降，性欲降低，死胎，泌乳量下降，甚至死亡。

4.脂肪是脂溶性维生素的溶剂

脂溶性维生素 A、维生素 D、维生素 E、维生素 K 及胡萝卜素在宠物体内必须溶于脂肪中才能被消化吸收和利用。

5.脂肪对宠物具有保护作用

脂肪不易传热，因此，皮下脂肪能够防止体热的散失，在寒冷季节有利于维持体温的恒定和抵御寒冷。如果体内脂肪贮存不足时，犬、猫冬季的御寒能力降低，容易生病。脂肪充填在脏器周围，具有固定和保护器官以及缓和外力冲击的作用。

四、脂肪的消化与吸收

宠物食品中的脂肪必须先乳化成直径小于 $0.5\ \mu m$ 的微粒才能水解。犬、猫胃中的酸性环境不利于脂肪的乳化，因此胃脂肪酶对脂肪的消化作用甚小。

小肠是脂肪消化与吸收的主要部位。脂肪在小肠中与大量的胰液和胆汁混合，在肠蠕动影响下乳化，在胰脂肪酶的作用下水解为甘油和脂肪酸，被肠壁吸收后主要在脂肪组织（皮下和腹腔）中重新合成脂肪。

宠物体贮存的脂肪，除从宠物食品中直接摄取之外，还可以由体内过剩的碳水化合物和蛋白质转化而来。幼龄宠物在胰液和胆汁的分泌功能尚未发育完全时，口腔的脂肪酶对乳脂肪有较好的消化作用，但随年龄的增加，此酶的分泌减少。

五、脂肪营养的供应

宠物猫能够采食含脂肪 64% 的食品而不会感到腻烦，也不会引起血管的异常变化。而且，脂肪在胃内停留的时间长，使猫有一种饱腹感，能防止过食现象的发生。宠物犬对脂肪的忍耐性不如猫，大多数犬可以忍耐含脂肪 50% 以上的日粮，但有些犬会感到恶心。

宠物食品中如果脂肪供应不足，会加速蛋白质的消耗，出现消瘦。犬在妊娠期内，胰岛素功能受到损害，使脂肪不能被充分利用而排出体外，继而出现皮炎、皮屑增多、被毛无光泽、皮肤干燥等症状。可在母犬的食品中添加脂肪酶帮助消化或添加玉米油。玉米油通过消化道时，可以被母犬吸收，少量的玉米油还有激活胰岛素的功能。

宠物食品中脂肪含量太高，宠物会出现肥胖现象，造成代谢紊乱，易发生脂肪肝、胰腺炎等营养代谢病。如犬的日粮中脂肪含量太高，既浪费资源，又会引起犬的行动迟缓、食欲下降，反而造成犬的营养失衡，导致生长停滞。过肥的公犬，性欲下降，繁殖率降低；过肥的母犬发情迟缓，不发情、空怀、难产、产后缺乳。最后发生脂肪肝、胰腺炎等营养代谢病。

宠物猫长期饲喂红金枪鱼或饲喂含有大量多不饱和脂肪酸为主的食物时，可造成猫肩胛骨周围和腹腔里的脂肪变性，严重时在腹部或股部摸到硬的脂肪块，此症状称为脂肪组织炎或黄色脂肪病。患猫厌食，精神沉郁，安静地蹲着，可通过在饲粮中添加维生素 E 的方法预防。患犬表现为行动迟缓、食欲下降，严重者生长停滞。

饲养实践中，一般按饲粮干物质的 12%～14%，或者成年犬每昼夜每千克体重提供 1.0～1.1 g 脂肪。对于猫，脂肪应占干物质的 15%～40%，幼猫最好饲喂含脂肪 22% 的猫粮。对于比赛犬和工作犬，高蛋白质与脂肪的配比（理想配比 31：20），能够提供充足的能量，增强犬的运动能力，有助于预防赛犬运动后引起的损伤以及在大运动量后的快速恢复。在给幼犬、青年犬饲喂高脂肪日粮时，应该相应调整蛋白质、矿物质、维生素的含量，以免营养失衡。

六、多不饱和脂肪酸在宠物食品中的应用

多不饱和脂肪酸具有多种生物活性功能，主要分为两大类：一类是 ω-3 多不饱和脂肪酸，是指从脂肪酸碳链甲基端算起，第 1 个双键出现在第

3 位碳原子上的多不饱和脂肪酸,它属于亚麻酸类,主要包括 α-亚麻酸、二十碳五烯酸(EPA)和二十二碳六烯酸(DHA)。α-亚麻酸是 ω-3 多不饱和脂肪酸的前体物质,主要来源于植物油(如菜籽油和大豆油),少量来自绿叶蔬菜。EPA 和 DHA 等长链 ω-3 多不饱和脂肪酸,主要来源于海洋生物(如甲壳类和鱼类)。

另一类是 ω-6 多不饱和脂肪酸,是指从脂肪酸碳链甲基端算起,第 1 个双键出现在第 6 位碳原子上的多不饱和脂肪酸,它属于亚油酸类,主要包括亚油酸、γ-亚麻酸和花生四烯酸,是植物油中最主要的多不饱和脂肪酸,亚油酸是 ω-6 多不饱和脂肪酸的前体物质。ω-3 和 ω-6 系列多不饱和脂肪酸在宠物体内代谢时,彼此不能相互转化,且各自具有独特的生理功能。

近年来,多不饱和脂肪酸广泛应用于功能性食品的研发领域里,发挥其防治心脑血管疾病、抗癌及免疫调节作用,添加于宠物食品中,对宠物皮肤和被毛的健康非常重要,能增加被毛亮度和色泽。许多专业配方的犬粮,都添加了一定比例的多不饱和脂肪酸或不饱和脂肪酸含量高的天然食品原料。

多不饱和脂肪酸的食物来源广泛,在各种植物油中含量较高。在大豆油、棉籽油、菜籽油、葵花籽油、花生油等食用油中含有较多的亚油酸和一定量的亚麻酸。绿叶蔬菜和亚麻籽中含较多的亚麻酸。另外,一些用花生、芝麻、核桃、杏仁、玉米、大豆等为主料制作的食物,也可以作为获得途径。动物脂肪,如猪油、鸡油、鸡蛋等,也含有一定量的必需脂肪酸,鱼油中不饱和脂肪酸达 20%(主要是亚麻酸)。二十碳五烯酸(EPA)和二十二碳六烯酸(DHA)在一般陆生植物性油脂中几乎没有,但在海藻类和海产鱼中含量较多,可作为重要来源。

任务 1-5 宠物的蛋白质营养

【任务描述】 蛋白质是由氨基酸组成的一类数量庞大的物质的总称,它是其他营养物质不能代替的。学生通过学习,明确蛋白质的营养生理功能,掌握氨基酸的种类与概念,明确宠物对蛋白质的消化代谢过程及特点,理解影响蛋白质营养价值的因素,熟知饲养实践中蛋白质缺乏的不良影响,培养合理供给蛋白质营养的能力。

一、蛋白质的组成

(一)元素组成

蛋白质是由氨基酸组成的一类数量庞大的物质的总称。宠物食品中的蛋白质包括真蛋白质和非蛋白质类含氮化合物,统称为粗蛋白质。

蛋白质的主要组成元素是碳、氢、氧、氮,大多数的蛋白质还含有硫,少数含有磷、铁、铜和碘等元素。比较典型的蛋白质元素组成(%)如下:

碳	51.0~55.0	氮	15.5~18.0
氢	6.5~7.3	硫	0.5~2.0
氧	21.5~23.5	磷	0~1.5

各种蛋白质的含氮量虽不完全相等,但差异不大。一般蛋白质的含氮量按 16% 计。宠物组织和宠物食品中真蛋白质含量的测定比较困难,通常只测定其中的氮元素的含量,再乘以 6.25 计算出粗蛋白质的含量,6.25 称为蛋白质的换算系数,即

$$\text{宠物食品中粗蛋白质的含量} = \text{食品中氮元素的含量} \times 6.25$$

(二)氨基酸组成

蛋白质的基本组成单位是氨基酸。自然界中存在的氨基酸有 200 多种,构成蛋白质的氨基酸只有 20 余种。植物能合成全部自身所需的氨基酸,宠物不能全部靠自身合成。氨基酸有 L 型和 D 型 2 种构型。除蛋氨酸外,L 型的氨基酸的生物学效价比 D 型高。大多数 D 型氨基酸不能被宠物利用或利用率很低。天然食品中仅含易被利用的 L 型氨基酸,微生物能合成 L 型和 D 型 2 种构型的氨基酸,化学合成的氨基酸多为 D 型、L 型混合物。

二、蛋白质的营养生理功能

蛋白质是宠物生命活动的物质基础,是塑造一切细胞和组织结构的重要成分。蛋白质在宠物营养中占有特殊地位,它的营养作用是其他营养物质不能代替的。

1.蛋白质是构成宠物体最基本的物质

宠物的各种组织,如骨骼、肌肉、皮肤、内脏、血液、角、喙等都以蛋白质为主要组成成分,蛋白质起着传导、运输、支持、保护、连接、运动等多种生理功能。宠物的肌肉、肝脏、脾脏等组织器官的干物质中的蛋白质含量达80%以上。

2.蛋白质是宠物体内功能物质的主要成分

蛋白质对于生命的意义不仅在于它是生命的组成成分,更重要的是为机体提供了多种具有特殊生物学功能的物质。例如,在宠物的生命和代谢活动中起催化作用的酶、起调节作用的激素、具有免疫和防御机能的抗体,都是以蛋白质为主要原料构成的。另外,蛋白质对维持体内的渗透压和水分的正常分布,也起着重要的作用。

3.蛋白质是组织更新、修补的主要原料

宠物体在新陈代谢过程中,旧的蛋白质不断分解,新的蛋白质不断合成,据同位素测定,全身的蛋白质经6~7个月可更新一半。另外,损伤组织的修补也需要蛋白质。

4.蛋白质是遗传物质的基础

宠物的遗传物质DNA与组蛋白结合成为一种复合蛋白体——核蛋白,存在于染色体上,将本身所蕴藏的遗传信息,通过自身的复制过程遗传给下一代。在DNA的复制过程中,需要30多种酶和蛋白质的参与。

5.蛋白质可分解供能

当宠物体内供能的碳水化合物及脂肪供应不足时,蛋白质也可分解释放热能,维持机体的代谢活动。当食入蛋白质过量或蛋白质品质不佳时,多余的氨基酸经分解代谢,可氧化供能或转化成为体脂肪贮存起来,以备能量不足时动用。

三、蛋白质不足与过量的危害

(一)蛋白质不足的后果

宠物饲粮中蛋白质不足或蛋白质品质低下,影响宠物的健康、生长及繁殖性能,其主要表现有:

1.消化机能紊乱

饲粮中蛋白质的缺乏会影响消化道组织蛋白质的更新和消化液的正常分泌。宠物会出现食欲下降,采食量减少,营养不良及慢性腹泻等现象。

2.幼龄宠物生长发育受阻

幼龄宠物正处于皮肤、骨骼、肌肉等组织迅速生长和各种器官发育的旺盛时期,需要的蛋白质多。若供应不足,幼龄宠物会出现增重缓慢,瘦弱,生长停滞,甚至死亡。

3.易患贫血症及其他疾病

宠物缺少蛋白质,体内就不能形成足够的血红蛋白和血球蛋白而患贫血症,并因血液中免疫抗体数量的减少,使宠物抗病力减弱,容易感染各种疾病。犬缺乏蛋白质时,胸腹下部常伴发浮肿,易受感染而死亡。

4.影响繁殖性能

蛋白质缺乏会导致雄性成年宠物性欲降低,精液品质下降,精子数目减少;雌性成年宠物不发情,性周期失常,卵子数量少质量差,受胎率低,受孕后胎儿发育不良,以致产生弱胎、死胎或畸形胎儿。

5.其他方面

缺乏蛋白质时,泌乳宠物的泌乳量下降,导致幼犬、仔猫大量死亡。犬的正常换毛也因蛋白质缺乏而受到影响。缺乏牛磺酸时,猫的视网膜就会出现退行性的病损。

(二)蛋白质过量的危害

宠物饲粮中蛋白质供给量超过需要时,不仅造成浪费,还会引起宠物机体内代谢紊乱,使心脏、肝脏、肾脏、消化道、中枢神经系统的机能失调,严重时会发生酸中毒。过量蛋白质中多余的氨基酸在肝脏中脱氨,形成尿素由肾随尿排出体外,加重肝肾负担,严重时引起肝肾的病患,夏季还会加剧宠物的热应激。

四、蛋白质的消化与吸收

宠物对食品蛋白质的消化是从胃开始的,在胃酸和胃蛋白酶的作用下,部分蛋白质被分解为分子较小的蛋白胨与蛋白胨及少量游离氨基酸,然后随同未被消化的蛋白质一起进入小肠。在小肠中受到胰蛋白酶、糜蛋白酶、羧基肽酶及氨基肽酶等消化酶作用,最终被分解为大量氨基酸及部分寡肽(二肽、三肽)。氨基酸和寡肽都可被小肠黏膜直接吸收。但二肽和三肽在肠黏膜细胞内经二肽酶等作用继续分解为氨基酸。被吸收的氨基酸进入门静脉到肝脏。小肠中未被消化吸收的蛋白质和氨化物进入大肠后,在腐败菌的作用下,降解为吲哚、粪臭素、酚、甲酚等有毒物质,其中一部分经肝脏解毒后生成尿素随尿排出,另一部分随粪便排出。在大肠中,少部分蛋白质和氨化物还可在细菌酶的作用下,程度较小地被降解为氨基酸和氨,其中部分可被细菌利用合成菌体蛋白,但合成的菌体蛋白绝大部分随粪排出,而被再度降解为氨基酸后能由大肠吸收的为数甚少,吸收后也由血液输送到肝脏。最后,在所有消化道中未被消化吸收的蛋白质等物质,随粪便排出体外。随粪便排出的蛋白质,除了食品中未消化吸收的蛋白质外,还包括肠脱落黏膜、肠道分泌物及残存的消化液等。后部分蛋白质则称为"代谢蛋白质"(即代谢粪 N×6.25)。

进入肝脏中的氨基酸,一部分合成肝脏蛋白和血浆蛋白,大部分经过肝脏由体循环转送到各个组织细胞中,连同来源于体组织蛋白质分解产生的氨基酸和由糖类等非蛋白质物质在体内合成的氨基酸(两者均称为内源氨基酸)一起进行代谢。代谢过程中,氨基酸可用于合成组织蛋白质,供机体组织的更新、生长及形成宠物产品的需要;氨基酸也可用来合成酶类和某些激素以及转化为核苷酸、胆碱等含氮的活性物质。没有被细胞利用的氨基酸,在肝脏中脱氨,脱掉的氨基生成氨又转变为尿素,由肾脏以尿的形式排出体外,尿中排出的氮有一部分是体组织蛋白质的代谢产物,通常将这部分氮称为"内源尿氮"。剩余的酮酸部分氧化供能或转化为糖原和脂肪作为能量贮备。氨基酸在肝脏中还可通过转氨基作用,合成新的氨基酸。宠物对蛋白质的消化代谢过程如图 1-11 所示。

犬、猫的肠管较短,但肠壁厚,具有典型的肉食特征,对食品中蛋白质消化吸收能力很强,而对氨化物几乎不能消化吸收。

新生幼犬、幼猫的血液内几乎不含 γ-球蛋白。但在出生后 24～36 h 内可依赖肠黏膜上皮的胞饮作用,直接吸收初乳中的免疫球蛋白,以获取抗体得到免疫力。

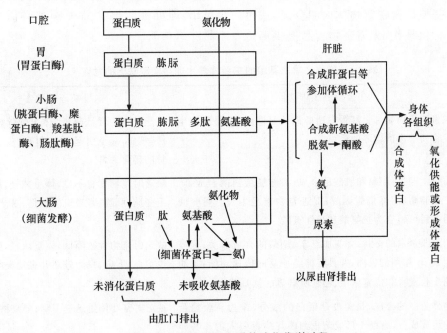

图 1-11　宠物对蛋白质的消化代谢过程

五、宠物对食品蛋白质的需要特点

宠物主要依靠各种消化酶的作用，对食品中的蛋白质进行消化，消化产物最终是以大量氨基酸和少量寡肽的形式进行吸收并加以利用。所以，宠物的蛋白质营养实质上就是氨基酸营养。蛋白质品质的好坏，取决于它所含各种氨基酸的平衡状况。

（一）氨基酸的种类

构成蛋白质的氨基酸有 20 多种，对宠物来说都是必不可少的。根据是否必须由食品提供，通常将氨基酸分为必需氨基酸和非必需氨基酸两大类。

1.必需氨基酸

必需氨基酸是指在机体内不能合成，或者合成的速度慢、数量少，不能满足宠物需要而必须由宠物食品供给的氨基酸（EAA）。宠物犬必需氨基酸有 10 种，即精氨酸、赖氨酸、蛋氨酸、色氨酸、苯丙氨酸、亮氨酸、异亮氨酸、缬氨酸、苏氨酸和组氨酸。宠物猫的必需氨基酸除上述 10 种外，还有一种非常重要的氨基酸，即牛磺酸（牛胆素）。这些必需氨基酸的主要营养生理功能和缺乏的危害列于表 1-1。

2.非必需氨基酸

非必需氨基酸是指在宠物体内能合成，或可由其他氨基酸转化替代，无需宠物食品提供即可满足需要的氨基酸。如丙氨酸、谷氨酸、丝氨酸、羟谷氨酸、脯氨酸、瓜氨酸、天门冬氨酸等。

从食品供应角度考虑，氨基酸有必需与非必需之分。但从营养角度考虑，二者都是宠物合成体蛋白和生产产品蛋白（乳、后代等）所必需的营养，且它们之间的关系密切。某些必需氨基酸是合成某些特定非必需氨基酸的前体，如果食品中某些非必需氨基酸不足时，则会动用必需氨基酸来转化代替。这点，在饲养实践中不可忽视。研究表明，蛋氨酸脱甲基后，可转变为胱氨酸和半胱氨酸，苯丙氨酸可转化为酪氨酸。非必需氨基酸绝大部分仍需由食品来提供，不足部分才由体内合成。因此，在配制食品时应尽量做到氨基酸种类齐全且比例适当。

3.限制性氨基酸

宠物对各种必需氨基酸的需要量有一定的比例，但不同种类、不同生理状态等情况下，所需要的比例不同。宠物食品中缺乏一种或几种必需氨基酸时，就会限制其他氨基酸的利用，致使整个食品中蛋白质的利用率下降，故称它们为该食品的限制性氨基酸。必需氨基酸的供给量与需要量相差越多，则缺乏程度越大，限制作用就越强。根据食品中各种必需氨基酸缺乏程度的大小，分别称为第一、第二、第三……限制性氨基酸。根据食品氨基酸分析结果与宠物需要量的对比，即可推断出食品中哪种必需氨基酸是限制性氨基酸。

表 1-1　宠物必需氨基酸的主要营养生理功能和缺乏的危害

名称	主要营养生理功能	缺乏的危害
赖氨酸	合成细胞蛋白质和血红蛋白所必需的氨基酸，也是幼宠生长发育所必需的营养物质	缺乏时宠物食欲降低，体况憔悴消瘦，生长停滞，贫血，甚至引起肝脏病变；皮下脂肪减少，骨的钙化失常
蛋氨酸	参与肾上腺素、胆碱和肌酸的合成；参与脂蛋白的合成，防止产生脂肪肝，降低胆固醇；促进宠物被毛生长。蛋氨酸脱甲基后可转变为胱氨酸和半胱氨酸	缺乏时宠物发育不良，体重减轻，肌肉萎缩，被毛变质，肝脏、肾脏机能损伤，易产生脂肪肝
色氨酸	参与血浆蛋白的更新，并与血红素、烟酸的合成有关；促进维生素 B_2 作用的发挥，并具有神经冲动的传递功能；是幼宠的生长发育和成宠繁殖、泌乳所必需的氨基酸	缺乏时宠物食欲降低，体重减轻，生长停滞，产生贫血、下痢、视力破坏并患皮炎等
苏氨酸	参与体蛋白的合成，是免疫球蛋白的成分，作为黏膜糖蛋白的组成成分，有助于形成防止细菌与病毒侵入的非特异性防御屏障	缺乏时宠物体重迅速下降，免疫机能下降

续表1-1

名称	主要营养生理功能	缺乏的危害
缬氨酸	缬氨酸具有保持神经系统正常机能的作用;是免疫球蛋白的成分,并影响宠物的免疫反应	缺乏时宠物生长停滞,运动失调。明显阻碍胸腺和外围淋巴组织的发育,抑制嗜中性和嗜酸性细胞增殖
亮氨酸	合成体组织蛋白与血浆蛋白所必需的氨基酸;是免疫球蛋白的成分,并能促进骨骼肌蛋白质的合成;对除骨骼肌以外的机体组织蛋白质的降解有抑制作用	缺乏时宠物生长发育受阻,贫血,免疫机能下降
异亮氨酸	与亮氨酸共同参与体蛋白的合成,特殊生理时期(如饥饿、泌乳、运动)时,还能氧化供能;在调节氨基酸与蛋白质代谢方面也起着重要的作用,并影响雌性宠物的泌乳与繁殖;另外,还影响宠物的免疫反应与健康	缺乏时宠物不能利用食品中的氮
精氨酸	生长期宠物的必需氨基酸;在精子蛋白质中精氨酸占80%左右;宠物在免疫应激期间,精氨酸可通过产生一氧化氮,在巨噬细胞与淋巴细胞间的黏连与激活过程中起着极为重要的作用	缺乏时宠物体重迅速下降;精子生成受到抑制;猫精氨酸不足会导致流口水、呕吐、肌肉颤抖、运动失调、痉挛,甚至昏迷
组氨酸	大量存在于细胞蛋白质中,参与机体的能量代谢,是生长期的宠物的必需氨基酸	缺乏时宠物生长停滞
苯丙氨酸	合成甲状腺素和肾上腺素所必需的氨基酸	缺乏时宠物甲状腺和肾上腺机能受到破坏
牛磺酸	牛磺酸以游离状态存在于无脊椎动物和哺乳动物的胆汁中,它能促使肠道吸收诸如胆固醇等类脂(脂肪);对提高猫的生殖能力有非常明显的作用,防止猫的"膨胀心肌病"	缺乏时会导致宠物机体组织变化包括听力减弱、白细胞数减少等;使猫的神经组织成熟减缓并发生退化,出现"中央视网膜退化症"

食品的种类不同,所含氨基酸的种类和数量有显著差别。宠物则由于种类和生产性能等不同,对必需氨基酸的需要量也有明显差异。因此,同一种食品对不同宠物或不同种食品对同一种宠物,限制性氨基酸的种类和顺序不同。犬、猫常用禾谷类及其他植物性宠物食品中,赖氨酸为第一限制性氨基酸。

(二)理想蛋白质与食品氨基酸平衡

1.理想蛋白质

理想蛋白质是指这种蛋白质的氨基酸在组成和比例上与宠物某一生理阶段所需蛋白质的氨基酸的组成与比例一致,包括必需氨基酸之间以及必需氨基酸和非必需氨基酸之间的组成与比例,即供给与需要之间是平衡的,则宠物对该种蛋白质的利用率应为100%。通常以赖氨酸作为100,其他氨基酸用相对比例表示。在进行食品配制时,可以根据氨基酸与赖氨酸的比例关系算出其他氨基酸的需要量,保证食品氨基酸平衡,从而有效地提高氨基酸的利用率。

2.食品氨基酸平衡

饲喂给宠物理想蛋白质可获得最佳的生长性能。因为理想蛋白质可使食品中各种氨基酸保持平衡,即食品中各种氨基酸在数量和比例上同宠物最佳生长水平或保持健康状态的需要相平衡。现实生活,常用宠物食品中的蛋白质及氨基酸含量和比例与其需要相比,有时相差甚远。这直接涉及食品蛋白质的品质和蛋白质的转化率,因此,饲粮的氨基酸平衡显得十分重要。

平衡饲粮的氨基酸时,应重点考虑和解决的问题如下:

(1)氨基酸的缺乏　氨基酸的缺乏是指宠物食品中一种或几种必需氨基酸的含量不能满足宠物的需要。氨基酸缺乏不完全等于蛋白质缺乏,有时在蛋白质水平适宜或超标时也可能会出现一种或几种氨基酸缺乏。

(2)氨基酸失衡　氨基酸失衡是指宠物食品中各种必需氨基酸相互间的比例与宠物需要的比例不相适应。一种或几种氨基酸数量过多或过少

都会导致氨基酸失衡。可根据"理想蛋白质"中各种必需氨基酸同赖氨酸间的比例调整其他氨基酸的供给量,使食品中氨基酸达到平衡。一般说来,食品中不会出现各种氨基酸都超量的情况。多数情况是少数或个别氨基酸低于需要的比例。不平衡主要是比例问题,缺乏则是量不足。宠物饲养中,饲粮的氨基酸不平衡一般都同时存在氨基酸的缺乏。因此,在配制宠物食品时,可根据理想蛋白质的必需氨基酸模式,采用补加必需氨基酸和增加食品原料品种来平衡食品中的氨基酸,从而降低食品蛋白质水平,改善食品蛋白质的品质,提高蛋白质的利用率。

(3)氨基酸的互补 氨基酸的互补是指利用各种食品原料氨基酸含量和比例的不同,通过两种或两种以上食品蛋白质配合,使各种氨基酸互相取长补短,弥补氨基酸的缺陷,使食品氨基酸比例达到较理想的状态。在饲养实践中,这是提高食品蛋白质品质和利用率的有效方法。

(4)氨基酸的拮抗 氨基酸的拮抗是指某种氨基酸的过量而影响另一种或几种氨基酸的代谢。缬氨酸与亮氨酸、异亮氨酸之间,苯丙氨酸与缬氨酸、苏氨酸,亮氨酸与甘氨酸,苏氨酸与色氨酸之间也存在拮抗作用。

(5)氨基酸中毒 在自然条件下几乎不存在氨基酸中毒,在平衡食品氨基酸时,要防止氨基酸过量。添加过量的氨基酸会引起宠物中毒,且不能通过补加其他氨基酸来消除。特别是蛋氨酸,过量摄入会引起宠物生长抑制,食品蛋白质利用率降低。

(三)提高宠物食品蛋白质转化效率的措施

1.配合食品时原料应多样化

原料种类不同,蛋白质中所含的必需氨基酸的种类、数量也不同。多种原料搭配,能起到氨基酸的互补作用,改善食品中氨基酸的平衡,提高蛋白质的转化效率。

2.补饲氨基酸添加剂

向宠物食品中直接添加所缺少的限制性氨基酸,力求氨基酸的平衡。目前,生产中广泛应用的有赖氨酸、蛋氨酸、色氨酸和苏氨酸等必需氨基酸。

3.合理供给蛋白质营养

参照饲养标准,均衡地供给氨基酸平衡的蛋白质营养,则食品蛋白质转化效率高;若蛋白质水平不适宜或氨基酸不平衡,蛋白质的转化效率就会下降。采用有效氨基酸(如可消化氨基酸、真可消化氨基酸)指标平衡日粮,更能准确满足宠物的营养需要。

4.日粮中蛋白质与能量要有适当比例

正常情况下,被吸收蛋白质的70%～80%被宠物合成体组织或产品,20%～30%分解供能。碳水化合物和脂肪不足时,必然会加大蛋白质的供能部分,减少合成体蛋白和宠物产品的部分,导致蛋白质转化效率的降低。因此,必须合理配合日粮中蛋白质与能量之间的比例,以最大限度地减少蛋白质的供能部分。

5.控制食品中的粗纤维水平

犬、猫肠管较短,发酵能力很差,对粗纤维消化吸收性差。粗纤维含量高时,会加快食物通过消化道的速度,不仅使其本身消化率降低,而且影响蛋白质及其他营养物质的消化。大约粗纤维每增加一个百分点,蛋白质消化率降低1.0～1.5个百分点。因此,要严格控制宠物食品中粗纤维水平,一般不超过5%。

6.保证其他相关营养元素供应

保证与蛋白质代谢有关的维生素 A、维生素 D、维生素 B_{12} 及微量矿物元素铁、铜、钴等的供应。

7.食品原料的加工

生豆类与生豆饼等原料中含有胰蛋白酶抑制素等,抑制胰蛋白酶和糜蛋白酶等的活性,影响蛋白质的消化吸收。采取浸泡蒸煮、常压或高压蒸汽处理的方法破坏抑制剂。但加热时间不宜过长,否则会使蛋白质变性,赖氨酸被破坏。

8.正确的饲喂技术

比如,应该注意食品(原料)的新鲜与多样性,长期饲喂单调的食品,宠物猫会产生厌食,从而引起蛋白质等营养缺乏。沙丁鱼、生肝脏、脾脏对猫具有轻泻通便作用,熟的动物肝脏无此作用,有时会引起猫的便秘。用脾脏喂猫,最好每周不超过2次。用肺脏喂猫,既安全,又有营养,饲喂时最好切成小块。为了防止采食过多生肝脏而导致维生素A过量,猫每周饲喂肝脏不超过2次,且喂量不能过大。最好不要给宠物饲喂动物结缔组织,因为结缔组织中的蛋白质很难被宠物消化吸收。

六、小肽的营养

小肽一般是指由2~3个氨基酸组成的寡肽。小肽能加快蛋白质的合成，提高食品矿物质元素的吸收和利用，提高宠物机体免疫力，具有一定的生理调节作用。

小肽作为蛋白质的消化产物，在氨基酸消化、吸收以及宠物营养代谢中起着重要的作用。小肠黏膜吸收和水解小肽的机制，充分解释了氨基酸不能完全代替蛋白质的原因。与游离氨基酸相比，小肽的吸收具有两大特点：一是吸收速度快、耗能低、不易饱和，且各种肽之间转运无竞争性与抑制性；二是小肽本身能促进氨基酸和氨基酸残基的吸收。小肽作为宠物消化道蛋白质的主要酶解产物，是迅速吸收的氨基酸供体，同时具有多种活性作用，能够调节机体的生物学活性。活性肽具有调节宠物体消化系统、神经系统、内分泌系统和免疫机能的活性作用，为进一步提高宠物生长性能和健康水平提出了新的研究领域和方向。

此外，小肽可以提高矿物质元素的利用率，能阻碍脂肪的吸收，并能促进"脂质代谢"，因此，在保证摄入足够量的肽的基础上，可将食品中的其他能量组分减至最低。

近年来，生物活性肽在宠物蛋白质营养中的作用越来越受到关注，对生物活性肽功能的认识及其生产日益广泛。生物活性肽是一类分子质量较小、构象较松散具有多种生物功能的小肽。这些小肽包括由体内分泌腺分泌的多肽激素（肽类激素）、由血液或组织中的蛋白质经专一的蛋白酶分解而产生的组织激肽等。

生物活性肽既有丰富的营养作用，又有全面的功能性作用。在宠物食品中添加生物活性肽具有增强免疫力，提高矿物质元素利用率的多种生理调节作用。

（1）乳链菌肽　也称为乳酸链菌肽，是某些乳酸链菌产生的一种小肽。若在食品中加入十万分之几到万分之几这种物质，就足以抑制引起食物腐败的许多革兰氏阳性菌的生长和繁殖，是一种高效、无毒的天然食品防腐剂。

（2）大豆多肽　经生物发酵大豆蛋白质水解产生的小肽，在宠物消化道中能更快地吸收和利用，有益于改善适口性，富含酵母菌等有益微生物，适用于各类水产养殖的蛋白质原料。

（3）A片肽类　研究最多最早的酪蛋白生物活性肽，是牛乳β-酪蛋白60~70个氨基酸残基，能够增强宠物的耐受性、独立性，具有镇静作用和睡眠诱导作用。

（4）免疫刺激剂　免疫刺激剂是从酪蛋白的胰蛋白酶-糜蛋白酶降解产物中分离得到的，是激活巨噬细胞吞噬功能的肽。从人酪蛋白酶降解物中分离得到的2种活性肽，能激活腹膜巨噬细胞的吞噬作用，静脉注射这2种活性肽可保护幼犬免受肺炎菌感染。另一个刺激免疫系统的酪蛋白肽是血管紧张素Ⅰ转换酶（ACE）的抑制剂，此酶催化血管紧张素Ⅱ的活性，而钝化缓激肽。缓激肽能刺激巨噬细胞，以增强淋巴细胞的转移和淋巴因子的释放。另外，由绵羊初乳的乳清中分离出的富含脯氨酸的多肽（Prp）也具有刺激或抑制免疫反应的调控作用。

（5）酪蛋白磷酸肽　酪蛋白磷酸肽（CPPs）是从牛乳蛋白中分离出来的。由于酪蛋白磷酸肽在中性和碱性时，通过磷酸丝氨酸与钙、锌、铁等离子结合，由犬小肠肠壁细胞吸收后再释放出来，从而有效地避免了小肠中性和偏碱性环境的影响，促进了钙、锌、铁吸收。

最近几年，已有大量食品来源的多肽被分离和鉴定，应用于食品甜味剂、抗氧化剂、风味剂和营养强化剂。

任务 1-6　宠物的矿物质营养

【任务描述】学生通过学习，明确常量矿物质元素和微量矿物质元素的营养作用，培养合理利用矿物质的能力，能合理预防宠物典型矿物质元素缺乏症。

矿物质是一类无机营养物质。现已证明自然界中存在的元素有60种以上可在动物组织器官中找到，其中已确认有45种参与动物体组成。矿物质元素在机体生命活动过程中起十分重要的调

节作用,尽管占体重很小,且不供给能量、蛋白质和脂肪,但缺乏时宠物生长受阻,甚至死亡;过量时也会影响宠物健康,严重时会导致宠物中毒、发生疾病或死亡。

一、矿物质的组成及作用

(一)必需矿物元素

除碳、氢、氧和氮四种元素主要以有机化合物形式存在外,其余各种元素无论含量多少,统称为矿物质或矿物质元素。宠物所需要的,在体内具有确切生理功能和代谢作用,日粮供给不足或缺乏时可引起生理功能和结构异常,并导致缺乏症的发生,补给相应的元素,缺乏症即可消失的矿物元素叫必需矿物质元素。

迄今为止,已知的必需常量矿物元素(体内含量大于或等于 0.01% 的元素)有钙、磷、钾、钠、氯、镁、硫 7 种。微量矿物元素(体内含量小于 0.01% 的元素)有铁、铜、钴、锌、锰、硒、碘、钼、氟、铬、镉、硅、矾、镍、锡、砷、铅、锂、硼、溴 20 种,后 10 种在已知必需矿物元素中需要量较低,实际饲养中基本上不会出现这些元素的缺乏症。

宠物体内矿物质元素存在形式多种多样,或与蛋白质及氨基酸结合,或游离,或作为离子的组成成分存在。不管以何种形式存在或转运,都始终在血液、肌肉、骨骼、消化道、体表等之间保持动态平衡。

矿物质元素在不同器官中周转代谢速度不同,血浆中的钙每天可周转代谢几次,而牙齿中的钙几乎没有变化。

(二)矿物质元素的营养生理功能

矿物质元素虽然不是宠物体能量的来源,但它是宠物体组织器官的组成成分,并在物质代谢中起着重要调节等作用。

1. 矿物质是构成宠物体组织的重要成分

钙、磷、镁是构成骨骼和牙齿的主要成分;磷和硫是组成体蛋白的重要成分,还有些矿物元素存在于毛、蹄、肌肉、体液及组织器官中。

2. 矿物质在维持体液渗透压恒定和酸碱平衡上起着重要作用

宠物的体液中,1/3 是细胞外液,2/3 是细胞内液,细胞内液与细胞外液间的物质交换,必须在等渗情况下才能进行。维持细胞内液渗透压的恒定主要靠钾,而维持细胞外液则主要靠钠和氯。宠物体内各种酸性离子(如 Cl^-)与碱性离子(如 K^+、Na^+)之间保持适宜的比例,配合重碳酸盐和蛋白质的缓冲作用,即可维持体液的酸碱平衡,从而保证宠物体的组织细胞进行正常的生命活动。

3. 矿物质是机体内多种酶的成分或激活剂

磷是辅酶Ⅰ、辅酶Ⅱ和焦磷酸硫胺素酶的成分,铁是细胞色素酶等的成分,铜是细胞色素氧化酶、酪氨酸酶、过氧化物歧化酶等多种酶的成分。氯是胃蛋白酶的激活剂,钙是凝血酶的激活剂等。借此参与调节和催化宠物体内多种生化反应。

4. 矿物质是维持神经和肌肉正常功能所必需的物质

例如钾和钠能促进神经和肌肉的兴奋性,而钙和镁却能抑制神经肌肉的兴奋性,各种矿物质,尤其是钾、钠、钙、镁离子保持适宜的比例,即可维持神经和肌肉的正常功能。

5. 矿物质元素是宠物产品乳、肉、蛋的成分

乳干物质中含有 5.8% 的矿物质元素。

二、常量矿物元素

(一)钙、磷

1. 体内分布

钙、磷是宠物体内含量最多的矿物质元素,占体重的 1%～2%,其中 98%～99% 的钙、80% 的磷存在于骨和牙齿中,其余存在于软组织和体液中。

骨中的钙约占骨灰分的 36%,磷约占 17%。正常的钙、磷比约是 2∶1。宠物种类、年龄和营养状况不同,钙、磷比也有一定变化。多数宠物的血钙正常含量 9～12 mg/100 mL,血磷含量较高,一般在 35～45 mg/100 mL。而血浆中磷含量较少,一般在 4～9 mg/100 mL,生长宠物稍高,主要以离子状态存在,少量与蛋白质、脂类、糖体结合存在。

2. 营养生理功能

(1)钙的营养作用

①宠物机体中约有 99% 的钙构成骨骼和牙齿,起支持和保护作用。

②钙在维持神经和肌肉正常功能中起着抑制神经和肌肉兴奋性的作用,当血钙含量低于正常水平时,神经和肌肉兴奋性增强,引起机体抽搐。

③钙可促进凝血酶的激活,参与正常血凝过程。

④钙是多种酶的激活剂或抑制剂,钙能激活肌纤凝蛋白-ATP 酶与卵磷脂酶,能抑制烯醇化酶与二肽酶的活性。

(2)磷的营养作用

①机体中约 80% 的磷构成骨骼和牙齿,骨中的钙约占骨灰分的 36%,磷约占骨灰分的 17%,正常的钙磷比约为 2:1。

②磷以磷酸根的形式参与糖的氧化和糖解以及脂肪酸的氧化和蛋白质的分解等多种物质代谢。

③在能量代谢中,磷作为 ADP 和 ATP 的成分,在能量贮存与传递过程中起着重要作用。

④磷还是 DNA、RNA 及辅酶的成分,与蛋白质的生物合成及宠物的遗传有关。

⑤磷也是细胞膜和血液中缓冲物质的成分。

3. 钙、磷缺乏症与过量的危害

(1)钙、磷缺乏症　钙、磷缺乏症主要表现为食欲不振、身体消瘦、不爱活动、四肢无力、繁殖性能下降、异食癖(喜食墙面、泥土、地板,互相舐食被毛或咬耳朵,甚至吸食自己的粪便)等。不同生理状态下,还表现出不同的典型症状。

①幼龄宠物的佝偻症　常见于 1~3 月龄的幼龄宠物和生长速度比较快的青年宠物。初期的症状是精神不振,食欲减退,消化不良,逐渐消瘦,生长缓慢,表现为腹泻或便秘等消化障碍。随病情的进展,四肢关节疼痛,关节僵硬,伸屈不灵活,出现跛行或轻瘫,骨骼变形,如弓背、凹腰、四肢变形等,呈现"O"或"X"形腿,严重时后肢瘫痪。

②成年宠物的骨软病　表现为食欲减退,消化不良,精神不振,不愿活动,卧地不起,骨骼软化,骨质疏松、多孔,呈海绵状,骨壁变薄,颌骨异常,牙槽骨和牙龈退化,失去繁殖力,容易在骨盆骨、股骨和腰荐骨处发生骨折。此外,血钙降低,四肢抽搐。

③哺乳母犬、猫的低血钙症　哺乳母犬、猫低血钙症也称为产后抽搐、产后癫痫、产褥痉挛病、产后风。本病主要发生于小型玩赏犬,尤以狮子

犬多发,中型犬与大型犬很少发病。临床症状表现为没有先兆,突然发病。病初表现为不安、兴奋、呻吟、流涎、肌肉震颤,继而全身肌肉痉挛、站立困难,头向后仰,眼向上翻、角弓反张、张口伸舌、口吐白沫,呼吸急促,很快因窒息而死亡。

(2)钙、磷过量的危害　宠物对钙、磷有一定的耐受力。过量的钙会降低磷及其他矿物元素(包括锌、锰、铁)的吸收,脂肪消化率也会降低。过量的磷会使血钙降低,为调节血钙,刺激甲状腺分泌增多而引起甲状腺功能亢进,致使骨中磷大量分解,易产生跛行或长骨骨折。

4. 钙、磷的合理供应

(1)影响钙、磷吸收的因素　钙、磷的吸收需要在溶解的状态下进行,因此,凡是能促进钙、磷溶解的因素就能促进钙、磷的吸收。一般有机钙的吸收率要大于无机钙。影响钙、磷吸收的因素主要有以下几种。

①酸性环境　宠物食品中的钙可与胃液中的盐酸化合生成氯化钙,氯化钙极易溶解,故可被胃壁吸收。小肠中的磷酸钙、碳酸钙等的溶解度受肠道 pH 影响很大,在碱性、中性溶液中其溶解度很低,难于吸收。酸性溶液中溶解度大大增加,易于吸收。小肠前段是弱酸性环境,是宠物食品中钙和无机磷吸收的主要场所。小肠后段偏碱性,不利于钙、磷的吸收。因此,增强小肠酸性的因素有利于钙、磷的吸收。蛋白质在小肠内水解为氨基酸,乳糖、葡萄糖在肠内发酵生成乳酸,均可增强小肠酸性,促进钙、磷吸收。

②食品中可利用的钙、磷的比例是否适当　一般而言,犬、猫饲粮钙、磷比例分别在 (1.2~1.4):1 和 1:(0.9~1.1) 范围内吸收率高。若钙、磷比例失调,小肠内又偏碱性条件下,如果钙过多,将与食品中的磷更多地结合成磷酸钙沉淀;如果磷过多,同样也与更多的钙结合成磷酸钙沉淀;磷酸钙沉淀被排出体外。所以宠物食品中钙过多易造成磷的不足,磷过多又造成了钙的缺乏。实践证明,若食品中钙、磷量的供应充足,但由于比例不当,同样会产生软骨症。但不同宠物对不适宜的钙、磷比值忍受力不同。宠物猫食品中 3:1 的钙、磷比值会导致佝偻病,0.5:1 的钙、磷比值会出现骨质疏松症。

③维生素 D　维生素 D 对钙、磷代谢的调

节,是通过它在肝脏、肾脏羟化后的产物 1,25 二羟维生素 D_3 起作用的。1,25 二羟维生素 D_3,具有增强小肠酸性,调节钙、磷比例,促进钙、磷吸收与沉积的作用。因此,保证宠物对维生素 D 的需要,可促进钙、磷的吸收。但是,过高的维生素 D 会使骨骼中钙、磷过量动员,反而可能产生骨骼病变。

④脂肪、草酸、植酸 食品中脂肪过多,易与钙结合成钙皂,由粪便排出,影响钙的吸收;蔬菜叶等食物中草酸较多,易与钙结合为草酸钙沉积,也不能吸收。谷实类及加工副产品中的磷,大多以植酸(六磷酸肌醇)或植酸钙镁磷复盐的有机磷形式存在,宠物对它的水解能力弱,很难吸收。植酸与钙结合为不易溶解的植酸钙,也影响钙的吸收。

此外,维生素 A、维生素 D、维生素 C 以及适量的氨基酸有利于钙、磷在骨骼中的沉积和骨骼的形成。

(2)钙、磷的来源与供应

①饲喂富含钙、磷的天然食品 含有骨骼的动物性食品,如鱼粉、骨头、肉骨粉等钙、磷含量均高,可以让宠物经常啃食一些生的或熟的骨头,这样既可以补充钙、磷,同时又能清除牙垢,对于宠物犬还可以满足其喜欢啃食骨头的习性。一般每周 2 次左右。

②补饲矿物质 可以在宠物食品中添加含钙的蛋壳粉、贝壳粉、石灰石粉、石膏粉等。含钙、磷的骨粉、磷酸氢钙等。此外,还可以在猫的饲粮中加入 5%～10% 的骨粉,或每饲喂 100 g 湿肉,加入碳酸钙 0.5 g,或每 100 mL 牛奶加入 150 mg 钙。资料表明,泌乳猫每天饲喂 400～600 mg 的钙才能满足需要。

③多晒太阳 宠物犬的被毛、皮肤、血液等中 7-脱氢胆固醇在阳光紫外线的照射下可转变为维生素 D_3,有利于钙、磷的吸收,也可在宠物犬和猫的饲粮中直接添加维生素 D。

④优良贵重的种用宠物可采用注射维生素 D 和钙的制剂或口服鱼肝油的办法,起预防和治疗作用。

(二)钾、钠、氯

1.体内分布

这 3 种元素又称为电解质元素,主要存在于宠物体液和软组织中。钠主要分布在细胞外,大量存在于体液中,少量存在于骨中;钾主要分布在肌肉和神经细胞内;氯在细胞内外均有。

2.营养生理功能

维持细胞内液渗透压的恒定主要靠钾,而维持细胞外液则主要靠钠和氯。机体内各种酸性离子(如 Cl^-)与碱性离子(如 K^+、Na^+)之间保持适宜的比例,配合重碳酸盐和蛋白质的缓冲作用,即可维持体液的酸碱平衡,从而保证宠物体的组织细胞进行正常的生命活动。

钾和钠能促进神经和肌肉的兴奋性,而钙和镁却能抑制神经和肌肉的兴奋性,钾、钠、钙、镁离子保持适宜的比例,即可维持神经和肌肉的正常功能。钾还参与蛋白质和糖的代谢。

3.钠、钾、氯的缺乏症和过量的危害

(1)缺乏症 宠物体内不具有贮存钠的能力,所以,钠最容易缺乏,其次是氯,钾一般不会缺乏。植物性食品原料,尤其是细嫩植物中含钾丰富。犬缺乏钠和氯时,表现为食欲不振、疲劳无力、饮水减少、皮肤干燥、被毛脱落、生长缓慢或失重、异食癖,同时蛋白质利用率下降。食盐是供给宠物钠和氯的最好来源,食盐具有调节食品口味、改善适口性、刺激唾液和胃液分泌、活化消化酶等作用。

(2)过量的危害 新鲜肉中含盐很少,但家庭的残汤剩饭中食盐过多,若饮水量少,易引起宠物食盐中毒,表现极度口渴、拉稀、步态不稳、抽搐等症状,严重时可导致死亡,老龄犬会因食盐超量而使心脏遭受损害。犬粮中干物质含盐量最多为 1%。犬粮中钾过量会影响钠、镁的吸收,甚至引起"缺镁痉挛症"。

健康的宠物一般不会发生电解质失衡现象,只有在发病产生厌食、呕吐、腹泻、肠道阻塞时,电解质的平衡遭到破坏而紊乱,应该口服或静脉注射含有电解质的溶液,如生理盐水(浓度为 0.9% 的氯化钠水溶液)、复方氯化钠溶液、复方氯化钾溶液等。

(三)镁

1.体内分布

宠物体约含 0.05% 的镁,其中 60%～70% 存在于骨骼中,占骨灰分的 0.5%～0.7%。骨骼中的镁1/3以磷酸盐形式存在,2/3吸附在矿物质元素结构表面。软组织中镁占体内镁总含量的30%～40%,主要存在于细胞内亚细胞结构中,线粒体内镁浓度特别高,细胞质中绝大多数镁以复合形式存在,其中30%左右与腺苷酸结合。肝细胞质中复合形式的镁达90%以上。细胞外液中镁的含量甚少,占体内镁总量的1%左右。血液中的镁75%在红细胞中。

2.营养生理功能

约有70%的镁参与骨骼和牙齿的组成;作为酶的活化因子或直接参与酶的组成,如磷酸酶、氧化酶、激酶、肽酶、精氨酸酶等,从而影响3种有机物的代谢;镁参与遗传物质DNA和RNA的合成和蛋白质的合成;镁具有抑制神经和肌肉兴奋性,保证心脏、神经、肌肉的正常功能的作用。

3.镁的缺乏症和过量的危害

(1)缺乏症　宠物食品中营养搭配不合理,就有可能导致镁缺乏,主要表现过度兴奋、厌食、肌肉抽搐,严重时发生痉挛,甚至昏迷死亡。缺镁还影响心脏、血管等软组织中钙的沉积,会使主动脉中钙的水平提高约40倍,因此应该注意日粮中钙、磷、镁的平衡。患缺镁症的小犬站立姿势就像站在光滑的地板上,无法站立起来。

(2)过量的危害　镁中毒主要表现为昏睡、运动失调、腹泻、采食量下降、生长缓慢甚至死亡。猫摄入过量的镁,会以磷酸铵镁的形式由尿液排出,但尿中过多的磷酸铵镁结晶沉积会阻塞尿道,造成膀胱积尿,公猫比母猫多发。

4.来源与补充

镁普遍存在于各种宠物食品中,尤其是糠麸、饼粕和蔬菜类中含镁丰富。谷实类、块根茎类中食物也含有较多的镁。

(四)硫

1.体内分布

硫约占宠物体重的0.15%,广泛地分布于宠物体的每个细胞中,其中大部分硫以有机形式存在于肌肉组织、骨骼和牙齿中,而少量以硫酸盐的形式存在于血中。在宠物的被毛、羽毛中含硫量高达4%。

2.营养生理功能

硫是蛋白质化学组成中的重要元素。硫以含硫氨基酸形式参与被毛、羽毛、蹄爪等角蛋白的合成,在宠物的毛、羽中含硫量高达4%左右。硫是硫胺素、生物素和胰岛素的成分,参与碳水化合物的代谢;硫作为黏多糖的成分参与胶原蛋白及结缔组织的代谢等。

3.硫的缺乏症和过量的危害

(1)缺乏症　硫的缺乏通常是宠物缺乏蛋白质时才会发生。宠物缺硫也表现消瘦、蹄、爪、羽毛生长缓慢。

(2)过量的危害　自然条件下硫过量的现象很少。用无机硫作添加剂,用量超过0.3%～0.5%时,可能使宠物产生厌食、失重、便秘、腹泻、抑郁等症状,严重者可导致死亡。

三、微量矿物元素

(一)铁

1.体内分布

各种宠物体内含铁30～70 mg/kg,平均40 mg/kg。随宠物种类、年龄、性别、健康状况、营养水平等不同,变化较大。成年宠物种类间体内含铁量差异不明显。体内的铁约有60%～70%存在于血红素中,20%左右的铁和蛋白质结合形成铁蛋白,存在于肝脏、脾脏及其他组织中。0.1%～0.4%分布在细胞色素中,约1%存在于转运载体化合物和酶系统中。

2.营养生理功能

①参与载体组成、转运和贮存营养物质　铁是合成血红蛋白和肌红蛋白的原料。血红蛋白作为氧和二氧化碳的载体,能保证其正常运输,肌红蛋白是肌肉在缺氧条件下做功的供氧原。

②参与体内物质代谢　铁作为细胞色素氧化酶、过氧化物酶、过氧化氢酶、黄嘌呤氧化酶的成分及碳水化合物代谢酶类的激活剂,参与机体内的物质代谢及生物氧化过程,催化各种生化反应。

③生理防御机能　转铁蛋白除运载铁以外,还有预防机体感染疾病的作用。乳或白细胞中的乳铁蛋白在肠道内能把游离铁离子结合成复合物,防止大肠杆菌利用,有利于乳酸杆菌的利用,这对预防新生宠物腹泻具有重要意义。

3.缺乏症与过量的危害

因食品中的含铁量超过宠物需要量,且机体

内红细胞破坏分解释放的铁 90% 可被机体再利用,故成年宠物不易缺铁。常用肉喂宠物,不易发生铁的缺乏。

(1)缺乏症 宠物缺铁的主要症状是贫血。表现为食欲降低,生长缓慢,轻度腹泻,昏睡,皮肤和可视黏膜苍白,呼吸频率增加,体质虚弱,抗病力减弱,呼吸困难。血液检查,血红蛋白比正常值低。低于正常值 25% 时仅表现贫血;低于正常值 50%～60% 则可能表现出生理功能障碍。犬缺乏铁时影响其毛色,直接损伤淋巴细胞的生成,影响机体内含铁球蛋白类的免疫性能,宠物易得病。

(2)过量的危害 铁摄入过量一般不表现病理反应,因为宠物对过量铁的耐受力很强。日粮干物质中含铁量达 1 000 mg/kg 时,会导致宠物慢性中毒,表现为消化机能紊乱,引起腹泻、胃肠炎,重者导致死亡。猫平均每天需要铁 5 mg。

4.来源与补充

动物性食品原料一般不缺铁,动物肝脏、蛋黄、肉末、血类中含量较多。海带、油菜、苋菜等含量也较为丰富。补充的方式主要是硫酸亚铁、蛋氨酸铁等。

(二)铜

1.体内分布

宠物体内平均含铜 2～3 mg/kg,其中以肝脏、脑、心脏、眼的色素部分以及被毛中含量最高;其次是胰脏、脾脏、肌肉、皮肤和骨骼。幼龄宠物体组织中的铜含量高于成年宠物。肝脏中铜的贮备约占体内铜总量的一半。

2.营养生理功能

①作为酶的组成成分,直接参与体内代谢 铜是细胞色素氧化酶、尿酸氧化酶、抗坏血酸酶、氨基酸氧化酶、过氧化物歧化酶和单胺氧化酶系统的组成部分,这些酶主要催化弹性蛋白肽链中赖氨酸残基转变为醛基,使弹性纤维变成不溶性,以维持组织的韧性及弹性。

②维持铁的正常代谢,有利于血红蛋白合成和红细胞成熟 促进铁从网状内皮系统和肝细胞中释放出来进入血液,以合成血红素;铜是红细胞的成分,可加速卟啉的合成,促进红细胞的成熟。

③参与骨形成并促进钙、磷在软骨基质上的沉积 铜对骨细胞、胶原蛋白和弹性蛋白的形成

都是不可缺少的成分。

④铜在维持中枢神经系统功能上起着重要作用 铜可促进垂体释放生长激素、促甲状腺激素、促黄体激素和促肾上腺皮质激素等。

⑤铜能促进被毛中双硫基的形成及双硫基的交叉结合,从而影响被毛的生长 作为酪氨酸酶的成分参与被毛中黑色素的形成过程。

⑥增强机体免疫功能 铜参与血清免疫球蛋白的构成并通过由它组成的酶类构成机体防御体系,增强机体的免疫功能,特别是对幼龄宠物具有促生长作用。

3.缺乏症与过量的危害

(1)缺乏症 宠物一般不易缺铜,但缺铜地区或食品中锌、钼、硫过多时,影响铜的吸收,可导致缺铜症。缺铜时,影响宠物正常的造血功能,缩短红细胞的寿命,降低铁的吸收率与利用率;缺铜时血管弹性硬蛋白合成受阻、弹性降低从而导致宠物血管破裂死亡,缺铜时长骨外层很薄,骨畸形或骨折;缺铜时参与色素形成的含铜酶合成受阻,活性降低,使有色毛褪色,黑色毛变为灰白色,犬的毛色不良;缺铜宠物机体免疫系统损伤,免疫力下降,宠物繁殖力降低。牛奶中铜、铁的含量较少,以牛奶为食物的正在生长发育的幼猫,如果铜、铁不予额外补充,容易发生贫血。

(2)过量的危害 铜过量会危害宠物健康,甚至中毒。过量铜在肝脏中蓄积到一定水平时,就会释放进入血液,使红细胞溶解,宠物出现贫血(主要原因是高浓度铜抑制铁的吸收)、血尿和黄疸症状,组织坏死,甚至死亡。伯灵顿犬有特殊的缺陷,经常因为过量的铜对肝产生毒性,产生的病变会引起肝炎、肝硬化,而且表现出遗传性。因此,对此品种的犬,禁用含铜高的食物,避免使用含铜的矿物质添加剂。

4.来源与补充

宠物食品中铜的补充主要以硫酸铜、蛋氨酸铜等形式。

(三)锌

1.体内分布

宠物体内含锌在 10～100 mg/kg 范围内,在体内的分布不均衡,骨骼肌中占体内总锌 50%～60%,骨骼中约占 30%,皮和毛中锌含量随宠物

种类不同而变化较大,其他组织器官含锌较少;而按单位干物质浓度计算,眼角膜最高,其次是毛、骨、雄性器官、心脏和肾脏等。

2.营养生理功能

①体内多种酶的成分或激活剂 已知体内200种以上的酶含锌,如DNA聚合酶、RNA聚合酶、胸腺嘧啶核苷酸酶、碱性磷酸酶等。在不同酶中,锌起着催化分解、合成和稳定酶蛋白质四级结构,调节酶活性等多种生化作用。锌参与肝脏和视网膜内维生素A还原酶的组成,与视力有关;是碳酸酐酶的成分,与宠物呼吸有关。

②参与维持上皮细胞和皮毛的正常形态、生长和健康 其生化基础与锌参与胱氨酸和黏多糖代谢有关,缺锌使这些代谢受影响,从而使上皮细胞角质化和脱毛。

③维持激素的正常作用 锌与胰岛素或胰岛素原形成可溶性聚合物有利于胰岛素发挥生理生化作用,Zn^{2+}对胰岛素分子有保护作用,锌对其他激素的形成、储存、分泌有影响。

④维持生物膜的正常结构和功能 防止生物膜遭受氧化损害和结构变形,锌对膜中正常受体的功能有保护作用。

⑤在蛋白质和核酸的生物合成中起重要的作用 锌参与骨骼和角质的生长并能增强机体免疫和抗感染能力,促进创口的愈合。

3.缺乏症与过量的危害

(1)缺乏症 幼龄宠物缺锌食欲降低,生长发育受阻。宠物猫缺乏锌时,消瘦,呕吐,结膜炎,角膜炎,毛发褪色,全身虚弱,生长发育迟缓。宠物犬缺乏锌时,不仅生长缓慢、精子活力下降,而且伴发皮肤发炎、被毛发育不良,甚至导致糖尿病。缺锌影响宠物性腺发育,影响繁殖功能,如雄性宠物睾丸、附睾及前列腺发育受阻、影响精子生成,雌性宠物性周期紊乱,不易受孕或流产。缺锌导致骨骼发育不良,长骨变短增厚;缺锌宠物外伤愈合缓慢;缺锌引起免疫器官(淋巴结、脾脏和胸腺)明显减轻,免疫反应显著降低,影响机体免疫力。

(2)过量的危害 各种宠物对高锌都有较强的耐受力。过量锌对铁、铜吸收不利,导致贫血。

4.来源与补充

锌的来源广泛,幼嫩植物、酵母、鱼粉、麸皮、油饼类及动物性食物中含锌均丰富。猫每天需要0.23～0.3 mg的锌。成年犬每日每千克体重需要锌1.1 mg。日粮中的钙抑制锌的吸收,日粮配合时应该注意锌、钙间的平衡。

(四)硒

1.体内分布

体内含硒0.05～0.2 mg/kg,肌肉中总硒含量最多,肾脏、肝脏中硒浓度最高,体内硒一般与蛋白质结合存在。

2.营养生理功能

硒元素在1957年前一直被认为是有毒元素,1957年Schwarz证明硒是必需微量元素。

①硒最重要的营养生理作用是参与谷胱甘肽过氧化物酶组成,对体内氢或脂过氧化物有较强的还原作用,从而避免对红细胞、血红蛋白、精子原生质膜等的氧化破坏,保护细胞膜结构完整和功能正常。

②对胰腺的组成和功能有重要影响。缺硒时,胰腺萎缩,胰脂酶产量下降,从而影响脂质和维生素E的吸收。

③保证肠道脂肪酶活性,促进乳糜微粒形成,从而促进脂类及脂溶性物质的消化吸收。

④硒能促进蛋白质、DNA、RNA的合成并对宠物生长发育有刺激作用,此外和繁殖密切相关。

⑤硒能促进免疫球蛋白的合成,增强白细胞的杀菌能力。

⑥硒在机体有拮抗和降低汞、镉、砷等元素的毒性作用,并可减轻维生素D中毒引起的病变,硒还有活化含硫氨基酸和抗癌的作用。

3.缺乏症与过量的危害

(1)缺乏症 一般是缺硒的土壤引起人畜缺硒。我国从东北到西南的狭长地带内均发现不同程度缺硒,其中黑龙江克山县和四川凉山缺硒比较严重。

缺硒主要表现为肝坏死,心肌和骨骼肌萎缩,繁殖性能下降。严重缺硒会引起胰腺萎缩,胰腺分泌的消化液明显减少。缺硒还加重缺碘症状,并降低机体免疫力。

(2)过量的危害 硒的毒性较强,各种宠物长期摄入5～10 mg/kg硒可产生慢性中毒,其表现是消瘦、贫血、关节强直、脱蹄、脱毛,常因饥渴而

死。摄入 500～1 000 mg/kg 硒可出现急性或亚急性中毒，轻者盲目蹒跚，重者死亡，常因窒息而死，呼出的气体带有蒜味。我国湖北恩施和陕西紫阳（属高硒地区）可能出现自然条件下的硒中毒。

4. 预防或治疗缺硒症

将亚硒酸钠稀释后，拌入食品中补饲，要严格控制供给量，并要搅拌均匀。

（五）碘

1. 体内分布

碘分布全身组织细胞，70%～80%存在于甲状腺内，是单个微量元素在单一组织器官中浓度最高的元素。血中碘以甲状腺素形式存在，主要与蛋白质结合，少量游离存在于血浆中。

2. 营养生理功能

碘最主要功能是参与甲状腺组成，调节代谢和维持体内热平衡，对繁殖、生长、发育、红细胞生成和血液循环等起调控作用。体内一些特殊蛋白质（如皮毛角质蛋白质）的代谢和胡萝卜素转变成维生素 A 都离不开甲状腺素。

3. 缺乏症与过量的危害

（1）缺乏症 缺碘的典型症状是甲状腺肿大，因甲状腺细胞代偿性实质增生而表现肿大，生长受阻，繁殖力下降。猫缺乏碘后表现为：生长缓慢，被毛稀疏，皮肤增厚变硬，头部水肿变大，行动迟缓，表情呆板，性机能下降，不易受孕，有的难产，胎儿有腭裂，产弱仔、死仔或无毛仔。犬严重缺乏碘时，甲状腺机能降低，使正常生长发育的幼犬患呆小症，成年犬患黏性水肿，病犬表现为被毛短而稀疏，皮肤硬厚、脱皮，迟钝与困倦。妊娠宠物缺碘会导致胎儿死亡和重呼吸，产死胎或新生胎儿无毛、体弱、重量轻、生长慢和成活率低。血中甲状腺素浓度下降，细胞氧化能力下降，基础代谢降低。

（2）过量的危害 各种宠物对过量碘的耐受力不同。成年猫每天可以接受 5 mg 的碘，不会出现过量反应。长期摄入过量的碘，可使甲状腺增大，甲状腺功能亢进，表现为兴奋，好动不好静，厌食，但短时间活动之后，表现为疲劳、气喘，体温

略有升高，伸懒腰。

4. 来源与补充

宠物所需的碘，主要是从食物和饮水中摄取。一般情况下，远离海洋的内陆山区，土壤中含碘较少，其食物和饮水中的含量也较低，成为缺碘地区。我国缺碘地区面积较大，此地区的各种宠物尤其要注意补碘。

各种食物含碘量不同，沿海地区植物的含碘量高于内陆地区植物。海洋植物含碘丰富，如某些海藻含碘量高达 0.6%，海盐中含碘也丰富。缺碘宠物常用碘化食盐（含 0.01%～0.02%碘化钾的食盐）补饲。正常生长发育的幼猫每天需要碘 0.1～0.4 mg，哺乳期的母猫需要量更大。

（六）锰

1. 体内分布

锰分布于所有体组织中，以肝脏、骨骼、胰腺及脑下垂体中的浓度较高。肝脏中的锰含量较稳定。肌肉和血液中的锰含量较低。骨中锰占总体锰量的 25%，主要沉积在骨的无机物中，有机基质中含少量。

2. 营养生理功能

①锰是精氨酸酶和脯氨酸肽酶的成分，又是肠肽酶、羧化酶、ATP 酶等的激活剂，参与蛋白质、碳水化合物、脂肪及核酸代谢。

②锰参与骨骼基质中硫酸软骨素的生成并影响骨骼中磷酸酶的活性。

③可催化性激素的前体胆固醇的合成，与宠物繁殖有关。

④锰还与造血机能密切相关，并维持大脑的正常功能。

3. 缺乏症与过量的危害

（1）缺乏症 宠物缺锰时，采食量下降；生长发育受阻；骨骼畸形，关节肿大，骨质疏松。雄性宠物性欲丧失，睾丸退化，精子缺乏而不育。雌性宠物不发情或性周期失常，不易受孕，妊娠初期流产或产弱胎、死胎、畸形胎。锰缺乏或过量都会抑制抗体的产生。

（2）过量的危害 宠物对过量锰具有一定的耐受力，饲养实践中锰中毒现象非常少见。锰过

量,损害宠物胃肠道,生长受阻,贫血,并致使钙、磷利用率降低,导致"佝偻病""软骨症"。还可引起宠物猫的繁殖力下降和血红蛋白的形成,导致部分白斑病。

4.来源与补充

植物性食物中含锰较多,尤其糠麸类、青绿蔬菜类中含锰较丰富。宠物食品中锰的补充主要以硫酸锰或蛋氨酸锰等形式。

(七)钴

1.体内分布

体内钴分布比较均匀,不存在组织器官集中分布,以肾脏、肝脏、脾及胰腺中的含量居多。

2.营养生理功能

在诸多营养素中钴是一个比较特殊的必需微量矿物元素。宠物不需要无机态的钴,只需要体内不能合成、存在于维生素 B_{12} 中的有机钴。因此,体内钴的营养代谢作用,实质上是维生素 B_{12} 的代谢作用。维生素 B_{12} 促进血红素的形成,在蛋白质、蛋氨酸和叶酸等代谢中起着重要作用。钴是磷酸葡萄糖变位酶和精氨酸酶等的激活剂,与蛋白质和碳水化合物代谢有关。

3.缺乏症与过量的危害

(1)缺乏症 钴缺乏会导致维生素 B_{12} 合成受阻,表现为食欲不振,生长停滞,体弱消瘦,黏膜苍白等贫血症状。机体中抗体减少,降低了细胞免疫反应。犬缺钴还表现为神经障碍、运动失调和生长停滞。

(2)过量的危害 天然食品原料钴过量的可能性很小,且各种宠物对钴的耐受力都比较强,达 10 mg/kg。食品钴超过需要 300 倍才会产生中毒反应。

4.来源与补充

各种食物中均含微量的钴,一般都能满足宠物的需要。缺钴地区,可给宠物补饲硫酸钴、碳酸钴和氯化钴。

(八)其他微量矿物元素

实践已经证明表1-2所列的微量矿物元素对犬、猫等宠物是必需的,这些微量矿物元素的需要量很小。在饲养实践中,正常食品不缺乏这些微量矿物元素。相反,如果食入过多,极可能引起宠物中毒,特别是砷、钒、氟、钼,其主要生理营养功能见表1-2。

表1-2 宠物所需其他微量元素及其主要生理营养功能

微量元素	主要生理营养功能
铬	铬是葡萄糖耐受因子的成分,通过它协助和增强胰岛素的作用,影响糖类、脂肪、蛋白质和核酸代谢;维持血中葡萄糖正常水平;调节脂肪和胆固醇代谢,维持血中胆固醇正常水平,防止动脉硬化,影响氨基酸合成蛋白质,促进核酸合成
氟	95%参与骨骼和牙齿的构成,具有抗酸、防腐、保护牙齿的作用;氟能增强骨强度,预防成年宠物的"软骨症"。也可能影响宠物的繁殖机能
镍	作为酶的结构成分或活化因子,如某些脱氢酶。也可能在体内作为生物配位的辅助因子,使肠道三价铁更易吸收。参与膜作用和 RNA 代谢
硅	是结缔组织和生骨细胞的成分,是骨骼发育所必需的物质并能使皮肤具有弹性
钒	参与生长、繁殖和脂肪的代谢
钼	机体内黄嘌呤氧化酶、亚硫酸盐氧化酶、硝酸盐还原酶及细菌脱氢酶的成分,参与蛋白质、尿酸、含硫氨基酸和核酸的代谢
砷	砷以氧化剂、还原剂影响物质代谢,参与蛋白质和脂肪代谢;砷有抑菌作用和改善宠物营养吸收的作用,并可促进宠物生长;影响血液形成与血红蛋白的产生

四、应激对微量元素需要的影响

应激是指宠物在遇到各种刺激,如激烈运动、高温、高湿、寒冷、炎热、疼痛、疫苗接种、惊吓、运输、有害气体的侵袭及饲养管理不当等情况时,机体所产生的一系列生理活动亢进现象。宠物产生应激后,在饲养实践中主要表现为生长发育减慢、食欲降低、对疾病的抵抗力下降、自身免疫机能降低、发病率上升等。

微量矿物元素铁、铜、钴、锌和碘等,均是影响宠物免疫机能和抗应激能力的重要因素。由于应激因素使微量元素摄入量相对减少,而此时机能的代谢却要增强,即从不同方面加大了对微量矿物元素的需要量,所以必须额外补充。

任务 1-7　宠物的维生素营养

【任务描述】 学生通过学习,理解维生素在宠物饲养实践中的意义,明确维生素的种类及营养特点,掌握脂溶性维生素及水溶性维生素的营养生理作用,培养合理利用维生素的能力,能合理预防宠物维生素缺乏症。

一、维生素营养概述

维生素是维持宠物正常生理功能所必需的一类低分子有机化合物。动物体内一般不能合成,必须由食品提供,或者提供其先体物。犬自身能合成维生素 C,猫自身能合成维生素 K、维生素 D、维生素 C、维生素 B_{12} 等,但除了维生素 K、维生素 C 的自身合成量能够满足机体的最佳生长需要外,其他几种维生素都需要额外添加。

维生素不是形成机体各组织器官的原料,也不是能源物质,主要以辅酶和催化剂的形式广泛参与体内代谢和各种化学反应,从而保证机体组织器官的细胞结构和功能正常,以维持宠物的健康和各种生命活动。

与其他养分相比,宠物对维生素的需要量很少,通常以微克(μg)、毫克(mg)计,而且可直接被宠物完整吸收。它作为养分利用的调节剂,可促进能量、蛋白质及矿物质等营养的高效利用。维生素的作用是特定的,不能被其他养分所替代,而且每种维生素又有各自特殊的作用,相互间也不能替代。宠物缺乏维生素将导致特异性缺乏症。

(一)维生素的分类

根据维生素是否易溶于水,将其分为脂溶性维生素和水溶性维生素 2 大类,其中脂溶性维生素包括维生素 A、维生素 D、维生素 E 和维生素 K;水溶性维生素包括 B 族维生素和维生素 C。

(二)维生素的营养生理功能

1.调节营养物质的消化、吸收和代谢

维生素作为调节因子或酶的辅酶或辅基的成分,参与蛋白质、脂肪和碳水化合物 3 种有机物的代谢过程,促进其合成与分解,从而实现代谢调控作用。

2.抗应激作用

诸多应激因素,如遇激烈运动、高温、高湿、寒冷、炎热、疼痛、疫苗接种、惊吓、运输、有害气体的侵袭及饲养管理不当等情况时,机体所产生的一系列生理活动亢进现象。宠物产生应激后,在饲养实践中主要表现为生长发育减慢、食欲降低、对疾病的抵抗力下降、自身免疫机能降低、发病率上升等,可通过添加抗应激营养物质(如维生素),提高宠物自身抗应激能力,保证宠物健康。

3.增强机体的免疫功能

几乎所有维生素都可提高宠物的免疫功能,其中以维生素 A、维生素 D、维生素 K、维生素 B_6 和维生素 B_1 及维生素 C 的免疫功能最为明显。

4.提高宠物繁殖性能

与宠物繁殖性能有关的维生素有维生素 A、维生素 E、维生素 B_2、泛酸、烟酸、维生素 B_{12}、叶酸及生物素等。

二、脂溶性维生素

脂溶性维生素包括维生素 A、维生 D、维生素

E 和维生素 K。其特点是：分子中仅含有碳、氢、氧 3 种元素；不溶于水，而溶于脂肪和大部分有机溶剂；脂溶性维生素的存在与吸收均与脂肪有关。它与食品中的脂肪一同被宠物吸收，任何增加脂肪吸收的措施，均可增加脂溶性维生素的吸收。食品中缺乏脂肪，脂溶性维生素的吸收率下降；脂溶性维生素有相当数量贮存在宠物机体的脂肪组织中，若宠物吸收的多，体内贮存的也多。宠物缺乏时，有特异的缺乏症。但短期缺乏不易表现出临床症状；未被消化吸收的脂溶性维生素，通过胆汁随粪便排出体外，但排泄较慢。过多会产生中毒症或者妨碍与其有关养分的代谢，尤其是维生素 A 和维生素 D$_3$。维生素 E 和维生素 K 的中毒现象很少见，易受光、热、湿、酸、碱、氧化剂等破坏而失效。

（一）维生素 A（抗干眼症维生素，视黄醇）

1.理化特性

纯净的维生素 A 为黄色片状结晶体，是不饱和的一元醇，它有视黄醇、视黄醛和视黄酸三种衍生物。维生素 A 只存在于动物性食物中，植物性食物中含有维生素 A 元——类胡萝卜素，其中 β-胡萝卜素生理效力最高，它们在宠物（猫除外）体内可转变为维生素 A。

维生素 A 和胡萝卜素易被氧化破坏，尤其是在湿热和微量元素及酸败脂肪接触的情况下。在无氧黑暗处较稳定，在 0℃ 以下的暗容器内可长期保存。

2.营养生理功能与缺乏症

①维持宠物在弱光下的视力　维生素 A 是视觉细胞内的感光物质——视紫红质的成分。而视紫红质具有维持暗视觉的功能。缺少维生素 A，在弱光下，视力减退或完全丧失，患"夜盲症"。

②维持上皮组织的健康　维生素 A 与黏液分泌上皮的黏多糖合成有关。缺乏维生素 A，上皮组织干燥和过度角质化，易受细菌侵袭而感染多种疾病。泪腺上皮组织角质化，发生"干眼症"，严重时角膜、结膜化脓溃疡，甚至失明；呼吸道或消化道上皮组织角质化，生长宠物易引起肺炎或下痢；泌尿系统上皮组织角质化，易产生肾结石和尿道结石。

③促进幼龄宠物的生长　维生素 A 能调节碳水化合物、脂肪、蛋白质及矿物质代谢。缺乏时，影响体蛋白合成及骨组织的发育，造成幼龄宠物精神不振，食欲减退，生长发育受阻。长期缺乏时肌肉脏器萎缩，严重时死亡。

④参与性激素的形成　维生素 A 缺乏时，繁殖力下降。

⑤维持骨骼的正常发育　维生素 A 与成骨细胞活性有关，影响骨骼的合成，缺乏时，破坏软骨骨化过程；骨骼造型不全，骨弱且过分增厚，压迫中枢神经，出现运动失调、痉挛、麻痹等神经症状。

⑥具有抗癌作用　维生素 A 对某些癌症有一定治疗作用，机理不完全清楚，推测可能是由于维生素 A 改变了细胞中内质网的结构及致癌物质的代谢，从而抑制了某些致癌物的活化。

⑦增强机体免疫力和抗感染能力　维生素 A 对传染病的抗感染能力是通过保持细胞膜的强度，而使病毒不能穿透细胞，则避免了病毒进入细胞利用细胞的繁殖机制来复制自己。

猫的慢性维生素 A 缺乏，一般表现为厌食、消瘦和毛焦，怕光羞明，角膜炎、结膜炎。生殖力下降，公猫睾丸萎缩、无精子。严重缺乏的母猫不发情，轻的缺乏会导致流产，或产生体弱畸形的仔猫，母猫胎衣不下，幼猫易患消化道或呼吸道疾病。

犬缺乏维生素 A 时，会引发夜盲症、干眼症，共济失调，结膜炎，皮肤及上皮表层损伤等。长期缺乏，导致呼吸道感染，神经机能紊乱致使行走困难、四肢痉挛，生殖细胞异常，母犬不易受孕或中途流产等，被毛粗乱无光，食欲降低；骨骼生长不良，易形成网状骨质，骨脆弱易发生骨折。

3.过量的危害

过量的维生素 A 贮存在肝脏和脂肪组织中，易引起中毒。长期或突然摄入过量维生素 A 均可引起宠物中毒。如过量饲喂维生素 A 或只用生肝、牛奶喂养猫时，会引起维生素 A 中毒，病猫表现为骨畸形、骨质疏松、颈椎骨脱离和颈软骨增生，骨骼生长缓慢，器官退化、失重、皮肤损害以及先天畸形。患犬表现为骨质疏松、四肢跛行、齿龈炎、牙齿脱落、皮肤干燥、脱毛。

4.合理供应

宠物对维生素 A 的需要量，通常采用国际单

位(IU)或重量单位(mg)来表示。1IU 维生素 A 相当于 0.3 μg 的视黄醇或相当于 0.6 μg β-胡萝卜素。

猫不能将植物中的 β-胡萝卜素在肠黏膜细胞里或肝中转化成维生素 A,只能从动物性食物中获取。动物肝脏、鱼肝油、鲜牛奶中维生素含量丰富,其他食物中含量较少。母猫妊娠期将消耗体内大量的维生素 A,致使肝中维生素贮存量减少一半,哺乳仔猫时,又将减少一半。猫的呼吸道感染也将大量消耗肝脏中维生素 A 的储存。成年和正在生长发育的猫,每天应供应 1 500～2 100 IU 的维生素 A,妊娠和哺乳期的母猫每天应再多一些。猫血液中维生素 A 的水平可以作为其维生素 A 是否缺乏的一项判断指标。为了帮助猫对维生素 A 的吸收,饲粮中添加适量的脂肪很有必要。平日里饲养猫时,可将动物肝脏煮熟,剁成肝末晾干低温保存,每次在猫食中加入少许,既增加了营养,又调理了猫食的适口性。

(二)维生素 D(抗佝偻症维生素)

1.理化特性

维生素 D 有维生素 D_2(麦角钙化醇)和维生素 D_3(胆钙化醇)两种活性形式。胆钙化醇来自动物体中的 7-脱氢胆固醇。植物体中的麦角固醇经紫外线照射而转变成维生素 D_2,动物体中的 7-脱氢胆固醇经紫外线照射而转变成维生素 D_3。猫没有此功能。

结晶的胆钙化醇是一种白色针状物,低温和暗环境下较稳定。紫外线的照射、酸败的脂肪以及矿物质元素均可使之氧化失效。维生素 E 和其他抗氧化剂可防止胆钙化醇的破坏。

2.营养生理功能与缺乏症

维生素 D 被吸收后并无活性,它必须首先在肝脏、肾脏中经羟化,如维生素 D_3 转变为 1,25-二羟维生素 D_3 后,才能发挥其生理作用。1,25-二羟维生素 D_3 具有增强小肠酸性,调节钙磷比例,促进钙磷吸收的作用,它还可直接作用于成骨细胞,促进钙磷在骨骼和牙齿中的沉积,有利于骨骼钙化。还可刺激单核细胞增殖,使其成为成熟巨噬细胞,影响巨噬细胞的免疫功能。

缺乏维生素 D,导致钙磷代谢失调,幼年宠物患"佝偻症",常见表现为行动困难,不能站立,生长缓慢。成年宠物,尤其是妊娠和泌乳宠物患"佝偻症",表现为骨质疏松、四肢关节变形、肋骨变形、易骨折、弓形腿。

研究表明,即使将犬背上的毛剃去使其受到更多紫外线照射,其体内合成的维生素 D 仍不能满足需要。因此,犬的食物中应提供充足的维生素 D 以保证其营养需要。

3.过量的危害

维生素 D 供应过量时,也可导致宠物中毒,但对大多数宠物,连续饲喂超过需要量的 4 倍以上的维生素 D,360 d 后才能出现中毒症状,其特征是血钙过多,动脉中钙盐广泛沉积,各种组织和器官如动脉管壁、心脏、肾小管等发生钙质沉着,出现钙化灶。骨损伤,血钙过高。短期饲喂,大多数宠物可耐受 100 倍的剂量。维生素 D_3 的毒性比维生素 D_2 的毒性高 10～20 倍。

4.合理供应

宠物对维生素 D 的需要量用国际单位(IU)表示。1 IU 维生素 D 相当于 0.025 μg 维生素 D_3。为保证宠物对维生素 D 的需要:第一,饲喂富含维生素 D 的食物。动物性食物如鱼肝油、肝粉、血粉、酵母中都含有丰富的维生素 D。第二,加强舍外运动,多晒太阳,促使宠物被毛、皮肤、血液、神经及脂肪组织中 7-脱氢胆固醇大量转变为维生素 D_3。或在饲粮中补饲维生素 D_3。第三,病畜也可注射维生素 D。

(三)维生素 E(抗不育症维生素,生育酚)

1.理化特性

维生素 E(又称生育酚)是一组化学结构近似的酚类化合物。自然界中存在 α、β、γ 等 8 种具有维生素 E 活性的生育酚,其中 α-生育酚活性最高。α-生育酚是一种黄色油状物,不溶于水,易溶于油、脂肪、丙酮等有机溶剂。维生素 E 易被食品中的矿物元素和不饱和脂肪酸氧化破坏,因此,它本身是一种很好的生物抗氧化剂。

2.营养作用与缺乏症

①抗氧化作用 维生素 E 是一种细胞内抗氧化剂,可阻止过氧化物的产生,保护维生素 A 和必需脂肪酸等,尤其保护细胞膜免遭氧化破坏,从而维持膜结构的完整和改善膜的通透性。

②维持正常的繁殖机能　维生素E可促进性腺发育,调节性机能。促进精子的生成,提高其活力。增强卵巢机能。缺乏时:雄性宠物睾丸变性萎缩,精细胞的形成受阻,甚至不产生精子,造成不育症;雌性宠物性周期失常,不受孕,分娩时产程过长,产后无奶或胎儿发育不良,胎儿早期被吸收或死胎。

③保证肌肉的正常生长发育　缺乏时肌肉中能量代谢受阻,肌肉营养不良。

④维持毛细血管结构的完整和中枢神经系统的机能健全。

⑤参与机体内物质代谢　维生素E是细胞色素还原酶的辅助因子,参与机体内生物氧化;它还参与维生素C和泛酸的合成;参与DNA合成的调节及含硫氨基酸和维生素B_{12}的代谢等。

⑥增强机体免疫力和抵抗力　研究确认维生素E可促进抗体的形成和淋巴细胞的增殖,提高细胞免疫反应,降低血液中免疫抑制剂皮质醇的含量,提高机体的抗病能力,它具有抗感染、抗肿瘤与抗应激等作用。

⑦降低某些重金属毒性及其不良影响　维生素E可以降低银、汞、砷等重金属和有毒元素的毒性。另外,可通过使含硒的氧化型谷胱甘肽过氧化物酶变成还原型的谷胱甘肽过氧化物酶以及减少其他氧化物的生成而节约硒,减轻因缺硒带来的不良影响。

维生素E的缺乏症是多样化的,涉及多种组织和器官。其症状都与硒的缺乏相似,而且也与食品硒、不饱和脂肪酸和含硫氨基酸的水平有关。由于过氧化物的存在与蓄积,使机体里的脂肪变为黄色、棕色或橘黄色,质地变硬,称为脂肪组织炎或黄色脂肪病。长期饲喂金枪鱼时,可诱发此病。

3.过量的危害

维生素E相对于维生素A和维生素D而言是无毒的,大多数宠物能耐受100倍于需要量的剂量。

4.合理供应

宠物对维生素E的需要量用国际单位(IU)和重量单位(mg/kg)表示。1 mg DL-α-生育酚乙酸酯相当于1 IU维生素E;1 mg DL-α 生育酚相当于1.49 IU维生素E。

宠物体内不能合成维生素E,植物能合成维生素E。所有谷物类食品原料都含有丰富的维生素E,特别是种子的胚芽中。小麦胚芽、豆油、花生油也含有丰富的维生素E。

宠物犬和猫的食品中含有大量不饱和脂肪酸,因此维生素E的需要量较大。专家建议维生素E在30 IU/kg添加量的基础上,每添加1 g鱼油要相应添加10 IU/kg的维生素E。这种需要与日粮中硒的水平和其他抗氧化剂的含量也有关。

(四)维生素K(抗出血症维生素)

1.理化特性

维生素K是一类萘醌衍生物。其中最重要的是K_1(叶绿醌)、K_2(甲基萘醌)和K_3(甲萘醌)。K_1和K_2是天然产物,K_1为黄色油状物,K_2为黄色晶体。K_3是人工合成的产品,其中大部分溶于水,效力高于K_2。维生素K耐热,但易被光、辐射、碱和强酸所破坏。

2.营养作用与缺乏症

维生素K主要参与凝血活动。它可催化肝脏中凝血酶原和凝血质的合成。维生素K与钙结合蛋白的形成有关,并参与蛋白质和多肽的代谢;维生素K还具有利尿、强化肝脏解毒功能及降低血压等作用。

缺乏维生素K易发生出血,凝血时间延长,可发生皮下、肌肉及胃肠道出血。犬、猫机体内可合成维生素K,因此通常情况下不出现缺乏。

3.过量的危害

维生素K_1和维生素K_2相对于维生素A和维生素D来说是无毒的,但大剂量的维生素K_3可引起溶血。

4.合理供应

宠物对维生素K的需要量用重量单位mg或mg/kg表示。维生素K_1遍布于各种植物性食物中。K_2除动物性食品中含量丰富外,还能在犬、猫等宠物消化道中经微生物合成。因此,正常情况下不会缺乏。但当宠物患肠道疾病、肝胆疾病、长期服用抗生素或磺胺类药物时,易引起维生素K缺乏,此时,可以向饲粮中添加维生素K。

三、水溶性维生素

水溶性维生素包括 B 族维生素和维生素 C。其特点为:分子中除含有碳、氢、氧 3 种元素外,多数含有氮,有的还含硫或钴;溶于水,并可随水分很快地由肠道吸收;体内不贮存。未被宠物利用的水溶性维生素主要由尿液很快排出体外。因此,即使一次较大剂量服用也不易中毒。B 族维生素主要作为辅酶,催化碳水化合物、脂肪和蛋白质代谢中的各种反应。短期缺乏即对代谢有影响,但表现临床症状尚需一段时间;多数情况下,缺乏症无特异性,而且难与其生化功能相联系,食欲下降和生长受阻是共同的缺乏症。除维生素 B_{12} 外,水溶性维生素几乎不在体内储存。

宠物体内可合成维生素 C。但在高温、疾病、防疫应激条件下,维生素 C 需要量增加,应额外补充。

(一)维生素 B_1(硫胺素)

1.理化特性

硫胺素含有硫和氨基,故称硫胺素。能溶于70%的乙醇和水,受热、遇碱迅速被破坏。

2.营养作用与缺乏症

作为辅酶的形式进入糖代谢和三羧酸循环,参与能量代谢;作为神经介质和细胞膜成分,维持神经组织和心脏的正常功能;抑制胆碱酯酶的活性,减少乙酰胆碱的水解,从而增加胃肠蠕动和腺体分泌的作用,维持胃肠正常消化功能。

硫胺素缺乏宠物表现为食欲下降、呕吐、体重减轻与脱水,严重时出现多发性神经炎,心脏机能障碍;消化不良,食欲不振等症状。因此,临床上硫胺素常用来作为辅助药物治疗神经炎、心肌炎、食欲不振、消化不良等疾病。

3.来源

酵母是硫胺素最丰富的来源。谷物食物含量也较多,胚芽和种皮是硫胺素主要存在的部位。瘦肉、肝、糙米、粗面粉、肾和蛋等动物性食物也是硫胺素的丰富来源。宠物的肠道微生物也可以合成硫胺素。食品中碳水化合物含量增加,宠物对硫胺素的需要也增加。脂肪和蛋白质有节约硫胺素的作用。妊娠期、泌乳期、生病发热时需要量增加。一些食物含有抗硫胺素因子,如许多鱼类产品中含有硫胺素酶。

(二)维生素 B_2(核黄素)

1.理化特性

核黄素为橙黄色的结晶,微溶于水,耐热,但蓝色光或紫外光以及其他可见光、碱、重金属可使之迅速破坏。巴氏灭菌和暴露于太阳光可使牛奶中的核黄素损失 $10\%\sim20\%$。

2.营养作用与缺乏症

以辅基形式与许多氧化还原酶结合(统称为黄酶类),参与调节 3 大有机物质代谢;维生素 B_2 还与色氨酸、铁的代谢及维生素 C 的合成有关;与视觉有关,具有强化肝脏的功能,为生长和组织修复所必需。

幼龄宠物缺乏维生素 B_2 表现为食欲减退,生长停滞,被毛粗乱,眼角分泌物增多,常伴有腹泻,成年宠物繁殖性能下降。

宠物猫患核黄素缺乏表现为缺氧、消瘦、脱毛,慢性缺乏 $6\sim9$ 个月后,发展为白内障、脂肪肝、睾丸发育不全和小红细胞增多,严重时死亡。在发病早期,及时注射维生素 B_2 注射液,症状会消除,疗效可靠。宠物犬核黄素缺乏时,幼犬生长停滞,厌食,被毛粗乱,腹泻,眼角分泌物增多、失重、后腿肌肉萎缩、睾丸发育不全、结膜炎和角膜浑浊。有时可见口腔黏膜出血、口角唇边溃烂、流涎水等症状。

3.来源

核黄素能由植物、酵母菌、真菌和其他微生物合成,但宠物肠道合成很少,吸收率较差。高碳水化合物、低脂肪食物有利于肠道合成核黄素。绿色的叶子,尤其是苜蓿,核黄素的含量较丰富,鱼粉和饼粕类次之。瘦肉、蛋类、奶类、酵母、乳清和酿酒残液以及动物的肝脏含核黄素很多。谷物及其副产物中核黄素含量少。

(三)泛酸(遍多酸)

1.理化特性

泛酸又称遍多酸。游离的泛酸是一种黏性的油状物,对氧化还原剂均稳定,易吸湿,也易被酸碱和热破坏。

2.营养作用与缺乏症

食品中的泛酸大多是以辅酶 A 的形式存在,

少部分是游离的。只有游离形式的泛酸以及它的盐和酸能在小肠吸收。泛酸是两个重要辅酶,即辅酶 A 和酰基载体蛋白质(ACP)的组成成分。辅酶 A 参与三大营养物质代谢,促进脂肪代谢及类固醇和抗体的合成,是生长宠物所必需。

宠物一般不会发生泛酸的缺乏。缺乏泛酸时,表现生长发育受阻,消瘦,胃肠功能紊乱,腹泻,运动失调,脂肪肝,繁殖性能下降等症状。

3.来源

泛酸广泛分布于动植物性食品原料中,花生饼、糖蜜、酵母、米糠和小麦麸含量丰富;谷物的种子及其副产物中含量也较多。饲粮能量浓度增加,宠物对泛酸的需要量增加。

(四)烟酸(尼克酸、维生素 PP)

1.理化特性

烟酸,又称尼克酸、维生素 PP。烟酸是吡啶的衍生物,它很容易转变成烟酰胺。烟酸和烟酰胺都是白色、无味的针状结晶,性质稳定,溶于水,耐热,遇碱、酸及氧化剂均不易被破坏。

2.营养作用与缺乏症

烟酸主要通过辅酶 I(NAD)和辅酶 II(NADP)参与碳水化合物、脂类和蛋白质的代谢,尤其在体内供能代谢的反应中起重要作用;是多种脱氢酶的辅酶,在生物氧化中起传递氢的作用;NAD 和 NADP 也参与视紫红质的合成;促进铁吸收和血细胞的生成;维持皮肤的正常功能和消化腺分泌等;参与蛋白质和 DNA 合成。

烟酸和烟酰胺合成不足会影响生物氧化反应,使宠物体内新陈代谢发生障碍,即出现癞皮症、角膜炎、神经和消化系统障碍症状。宠物猫缺乏时表现为腹泻、消瘦,糙皮病,口腔有溃疡、流涎,幼猫出生 3 周死亡。犬缺乏时,表现为黑舌病,症状是皮炎、食欲减退、溃疡、腹泻或便秘,粪便恶臭。

3.来源

烟酸广泛分布于各种食物中,但谷物中,如玉米、小麦、稻谷中的烟酸呈结合状态,宠物利用率低。动物性产品、酒糟、发酵液以及油饼类含量丰富。谷物类的副产物、绿色的叶子,特别是青草中的含量较多。食品中的色氨酸在多余的情况下可转化为尼克酸,食物中色氨酸多时,犬对烟酸的需要减少,但猫、貂以及大多数鱼类缺乏这种能力,应从食物中提供足够的烟酸。对大多数宠物而言,大剂量的烟酰胺比烟酸安全。一只成年猫,每天需要烟酸 2.6~4.0 mg。生的动物性产品中,烟酸含量丰富,在猫对烟酸需要量大的生长期、怀孕期、哺乳期可适当饲喂生肉、生奶,为防止寄生虫病的发生,喂前最好煮 1~3 min。

(五)维生素 B_6(吡哆醇)

1.理化特性

维生素 B_6 包括吡哆醇、吡哆醛和吡哆胺三种吡啶衍生物。维生素 B_6 的各种形式对热、酸和碱稳定;遇光,尤其是在中性和碱性溶液中易被破坏。合成的吡哆醇是白色结晶,易溶于水。

2.营养作用与缺乏症

维生素 B_6 以转氨酶和脱羧酶等多种酶系统的辅酶形式参与氨基酸、蛋白质、脂肪和碳水化合物代谢;参与抗体合成;促进血红蛋白中原卟啉的合成。

幼龄宠物缺乏维生素 B_6,食欲下降,消瘦,生长发育受阻,皮肤发炎,脱毛,眼睛周围有褐色分泌物、流泪,视力减退,甚至失明,心肌变性。成年宠物则表现被毛粗乱,食欲差,小红细胞贫血,腹泻,惊厥,阵发型抽搐或痉挛,运动失调,急性肾脏疾患,昏迷。

3.来源

维生素 B_6 广泛分布于各种食物中,酵母、肝、肌肉、乳清、谷物及其副产物和蔬菜都是维生素 B_6 的丰富来源。由于来源广而丰富,生产中没有明显的缺乏症。人和宠物食物蛋白质水平的升高,色氨酸、蛋氨酸或其他氨基酸过多也将增加维生素 B_6 的需要。

(六)生物素(维生素 H)

1.理化特性

生物素,又称维生素 H。合成的生物素是白色针状结晶,在常规条件下很稳定,酸败的脂和胆碱能使它失去活性,紫外线照射可使之缓慢破坏。自然界存在的生物素,有游离的和结合的两种形式。结合形式的生物素常与赖氨酸或蛋白质结合。被结合的生物素不能被某些宠物所利用。

2.营养作用与缺乏症

生物素以各种羧化酶的辅酶形成参与三种有机物代谢,主要起传递 CO_2 作用,它和碳水化合物与蛋白质转化为脂肪有关,促进不饱和脂肪酸的形成。生物素与溶菌酶活化和皮脂腺功能有关。

生物素广泛分布于动植物组织中,正常饲喂的宠物,由于肠道微生物可合成大量的生物素,一般不会出现缺乏症。但在下列情况下可导致缺乏症:食物加工和贮藏过程中对生物素的破坏,肠道和呼吸道的感染及服用抗菌药(磺胺类),含大量使用生物素利用率低的食物(小麦、大麦、高粱、棉籽饼)都可引起缺乏症。生蛋清中含有生物素拮抗物,会引起生物素缺乏,因此用蛋类喂宠物时最好煮熟。缺乏的症状一般表现为生长不良,皮炎以及被毛脱落。缺乏生物素的猫,厌食、眼睛和鼻子有干性分泌物,唾液分泌增多,继续严重发展可能出现血痢和显著消瘦。狗生物素缺乏的早期表现为皮屑状皮炎,进而发展为精神抑制,食欲不振,贫血,恶心,呕吐,舌头与皮肤发炎。

(七)叶酸

1.理化特性

叶酸是橙黄色的结晶粉末,无臭无味,有多种生物活性形式,对空气和热稳定,能被可见光和紫外线辐射分解,在酸性溶液中加热易分解,室温保存易损失。

2.营养作用与缺乏症

叶酸以辅酶形式通过一碳基团的转移、参与蛋白质和核酸生物合成及某些氨基酸的代谢,促进红细胞、白细胞、抗体的形成与成熟。

幼猫缺乏叶酸后,血液及红细胞中叶酸含量降低很多,幼猫停止生长,发展成大红细胞性贫血,白细胞总数减少,血液凝固时间延长等。犬叶酸缺乏的典型症状为贫血和白细胞减少。

3.来源

叶酸广泛分布于动植物产品中。绿色的叶片和肉质器官、谷物、大豆以及其他豆类和多种动物食品中,如肝脏中叶酸的含量都很丰富,但奶中的含量不多。宠物肠道微生物也能合成叶酸,并可满足部分需要,一般情况下不会缺乏叶酸。但长

期给猫、犬应用治疗剂量的抗生素或磺胺类药物,可能引起叶酸缺乏。

饲喂较多的叶酸盐可防止妊娠母猫及其后代的叶酸缺乏。母猫临产前3周,母体有适量的叶酸盐可通过胎盘输送给胎儿。

(八)维生素 B_{12} (钴胺素)

1.理化特性

维生素 B_{12} 是一个结构最复杂的,唯一含有金属元素(钴)的维生素,故又称钴胺素。有多种生物活性形式,呈暗红色结晶,易吸湿,可被强酸、强碱、氧化剂、还原剂、醛类、抗坏血酸、二价铁盐等破坏。

2.营养作用与缺乏症

维生素 B_{12} 在体内主要以二腺苷钴胺素和甲钴胺素两种辅酶的形式参与多种代谢活动,如嘌呤和嘧啶的合成、甲基的转移、某些氨基酸的合成以及碳水化合物和脂肪的代谢。与缺乏症密切相关的两个重要功能是促进红细胞的形成和维持神经系统的完整。

宠物食品中含有微量的钴时,宠物可以在肠道中合成维生素 B_{12},所以一般不会缺乏。

猫缺乏时,生长迟缓、贫血、血红蛋白减少。当犬感染钩虫造成贫血时,应该额外补充维生素 B_{12},有利于血液的补充。

宠物犬缺乏维生素 B_{12} 的症状与叶酸缺乏症相似,以贫血和白细胞减少为主,厌食、营养不良、生长停滞、毛粗乱、肌肉软弱、皮炎。此外,由于脑磷脂生成不足,造成神经组织损伤,后肢运动失调。日粮中蛋白质少时,不利于维生素 B_{12} 的吸收。

3.来源

在自然界,维生素 B_{12} 只在动物产品和微生物中发现,植物性食物基本不含此维生素。宠物饲喂植物性食品、含钴不足的日粮、胃肠道疾患以及由于先天缺陷而不能产生内源因子等情况下,需补给维生素 B_{12}。

B族维生素的作用不是孤立的,往往是几种B族维生素共同作用于一种或几种生理活动,因此它们的缺乏症也有好多相似之处。饲养实践中要通过观察宠物的临床症状,结合每种维生素特

有的作用和食品中的含量进行综合分析,从而进行针对性的补饲。

(九)胆碱

1.理化特性

胆碱是类脂肪的成分。分子中除含有三个不稳定的甲基外,还有羟基,具有明显的碱性。胆碱对热稳定,但在强酸条件下不稳定,吸湿性强,胆碱可在肝脏中合成。

2.营养作用与缺乏症

胆碱在宠物体内不是以辅酶的形式,而是作为结构物质发挥其作用的。胆碱是细胞的组成成分,它是细胞卵磷脂、神经磷脂和某些原生质的成分,同样也是软骨组织磷脂的成分。因此,它是构成和维持细胞的结构,保证软骨基质成熟必不可少的物质,并能防止骨短粗病的发生;胆碱参与肝脏脂肪代谢,可促使肝脏脂肪以卵磷脂形式输送或者提高脂肪酸本身在肝脏内的氧化利用,防止脂肪肝的产生;胆碱在机体内作为甲基的供体参与甲基转移;胆碱还是乙酰胆碱的成分,参与神经冲动的传导。

宠物缺乏胆碱时,精神不振,食欲丧失,生长发育缓慢,贫血,衰竭无力,关节肿胀,运动失调,消化不良等。脂肪代谢障碍,易发生肝小叶周围被脂肪浸润而形成脂肪肝,产生低白蛋白血症。犬缺乏胆碱时能引起严重的肝脏、肾脏机能障碍,如脂肪肝和凝血机能变差。

3.来源

胆碱广泛存在于各种食品中,以绿色植物、豆饼、花生饼、谷实类、酵母、鱼粉、肉粉及蛋黄中最为丰富。因此,一般不易缺乏。但日粮中动物性食品不足,缺少叶酸、维生素 B_{12} 及锰或烟酸过多时,常导致胆碱的缺乏。饲喂低蛋白高能量日粮时,常用氯化胆碱进行补饲。生长发育中的猫每天日粮中加入 100 mg 的胆碱即可满足需要。宠物进食过多时,表现为胆碱中毒:流涎、颤抖、痉挛、黏膜发绀和呼吸麻痹。

宠物体内,蛋氨酸、胆碱在中间产物代谢中的作用相同,食物中增加其中的一种可减少另外一种的需要量。宠物体可利用蛋氨酸等含硫氨基酸和甜菜碱等合成胆碱。

(十)维生素C(抗坏血酸)

1.理化特性

维生素 C 为白色或微黄色粉状结晶,有酸味,除能溶于水外,微溶于丙酮或乙醇,在弱酸中稳定,遇碱易被破坏,具有强还原性,极易被氧化剂所破坏,特别在中性或碱性环境中,或当有金属离子(特别是 Fe^{2+}、Cu^{2+})或荧光物质(如核黄素)存在时,更易被氧化分解,失去生物活性。

2.营养作用与缺乏症

①参与细胞间质胶原蛋白的合成 维生素 C 是合成胶原和黏多糖等细胞间质所必需的物质。

②解毒、抗氧化作用 某些毒物如铅、砷、苯及某些细菌毒素的毒性进入体内,给予大量维生素 C 往往可缓解其毒性。

③参与体内氧化还原反应 维生素 C 可脱氢称为脱氢抗坏血酸,此反应是可逆的,它在体内可能参加生物氧化反应,能使三价铁还原为易吸收的二价铁,促进铁的吸收,故临床上治疗营养性贫血时常用维生素 C 作辅助药物。

④参加体内其他代谢反应 在叶酸变为具有活性的四氢叶酸的过程、酪氨酸代谢过程及肾上腺皮质激素合成过程中都需要维生素 C 的存在。

⑤促进抗体的形成和白细胞的噬菌能力,促进创口的愈合,增强机体免疫功能和抗应激能力。

维生素 C 缺乏,毛细血管的细胞间质减少,通透性增强而引起皮下、肌肉、肠道黏膜出血。骨质疏松易折,牙龈出血,牙齿松脱,创口溃疡不易愈合,患"坏血症";宠物食欲下降,生长阻滞,体重减轻,活动力丧失,皮下及关节弥漫性出血,被毛无光,贫血,抵抗力和抗应激力下降。犬缺乏时,呈现阵发性剧烈疼痛,然后恢复正常。如犬睡后醒来时,四肢在几分钟内难以伸展,但在睡前补偿规定量的维生素 C,症状可得到缓解或消失。

维生素 C 的毒性很低,宠物一般可耐受需要量的数百倍,甚至上千倍的剂量。

3.来源

维生素 C 来源广泛,青绿植物、块根鲜果中含量均丰富。况且,成分物体内又能合成。因此,在宠物饲养中,一般不用补饲,但宠物处在高温、寒冷、惊吓、患病等应激状态下,合成维生素 C 的能力下降,而消耗量却增加,必须额外补充。或断

奶的幼犬、仔猫饲粮中应该补充维生素 C。日粮中能量、蛋白质、维生素 E、硒和铁等不足时,也会增加对维生素 C 的需要量。

四、维生素之间的关系

维生素 E 具有抗氧化的作用,在肠道中可保护维生素 A 和胡萝卜素免遭氧化,且对胡萝卜素转化为维生素 A 具有促进作用。维生素 E 也参与维生素 C 和泛酸的合成及维生素 B_{12} 的代谢。维生素 E 不足会影响体内维生素 C 的合成,叶酸则能促进肠道微生物合成维生素 C。维生素 C 能减轻因维生素 A、维生素 E、硫胺素、核黄素、维生素 B_{12} 及泛酸不足所出现的症状。

缺乏硫胺素会影响体内核黄素的利用,同样缺乏核黄素会使体组织中的硫胺素下降。缺乏核黄素时,色氨酸形成烟酸过程受阻,引起烟酸缺

乏。维生素 B_{12} 能提高叶酸的利用率,促进胆碱的合成。泛酸不足会加重维生素 B_{12} 的缺乏,维生素 B_6 不足也会影响维生素 B_{12} 的吸收。

五、应激对维生素需要量的影响

有些维生素,如维生素 A、维生素 B_2、维生素 C、维生素 E 等都具有缓解应激反应的功能。正常情况下,宠物能够合成维生素 C 供机体利用。热应激时,宠物为了维持体温的恒定,利用维生素 C 合成类固醇激素——皮质酮,增强机体的免疫功能,因而对维生素 C 的需要量增加。但维生素 C 的抗热应激作用并不是无限的,当环境温度超过 34℃ 时,维生素 C 就没有抗应激的作用了。维生素 E 作为天然的抗氧化剂,在抗热应激中也有一定的作用。

任务 1-8　宠物的水营养

【任务描述】水是宠物体内生理化过程的基本介质,也是机体不可缺少的组成部分,只有充分及时地供给宠物清洁卫生的水,才能维持宠物正常的生理活动,保证宠物机体健康。学生通过学习,理解水的营养生理功能及其在宠物饲养中的重要作用,了解影响宠物需水量的因素,在饲养实践中能合理地为宠物提供水营养。

一、水的性质与作用

(一)水的性质
与宠物营养生理有关的水的性质如下:

1. 水有较高的表面张力

水与宠物体蛋白质胶体结合,使胶体具有一定的稳定性。

2. 水的比热大

1 g 水从 14.5℃ 上升到 15.5℃ 需要 4.184 J 的热量,高于同量的固体和其他液体的比热。

3. 水的蒸发热高

每 1 g 水在 37℃ 时完全蒸发,可吸收 2 260 kJ

的热量。

4. 水结冰后比重比水小,因 1 g 冰比 1 g 水的体积大

冬天,江河、湖泊结冰后,冰总是漂浮在水的表面,保护了水中生物不致冻死。但是,如宠物细胞和组织中的水遇到强冷过程或解冻不慎,则有细胞破裂和宠物死亡的危险。

(二)水的营养作用

1. 水是构成宠物体的组成成分,能够维持组织器官的正常形态

宠物体含水量为其体重的 44%～73%。机体内的大部分水与蛋白质结合形成胶体,使组织细胞具有一定的形态、硬度和弹性,以维持机体的正常形态。水还构成血液、组织液、消化液、关节润滑液等。成年犬体成分中 60%～75% 都是由水组成的,初生宠物体成分中的水分含量可达 80% 左右。

2. 水是一种理想的溶剂

因水有很高的电解常数,很多化合物容易在

水中电解。宠物体内水的代谢与电解质的代谢紧密结合。水在胃肠道中作为转运食糜的媒介,作为血液、组织液、细胞及分泌物、排泄物等的载体,体内各种营养物质的消化、吸收、转运及代谢产物的排出等都必须溶于水后才能进行。

3.参与体内生化反应

宠物体内所有生化反应都是在水溶液中进行的,水也是多种生化反应的参与者,各种营养物质在体内的消化、吸收、分解、合成、氧化还原以及细胞呼吸过程都有水的参与。作为血液的主要成分,水成为重要的运输媒介,携带氧和营养物质到机体组织,运走二氧化碳和代谢产物。有机体内所有聚合和解聚合作用都伴有水的结合水。

4.水可以调节体温

水可迅速传递和蒸发热能,利于调节宠物体温。水可将犬的余热通过肺脏的呼吸和体表散发出去。呼吸运动通过水汽散发热量对犬尤为重要,因为犬缺乏汗腺,在炎热的夏季,犬张口喘气就是通过急促的呼吸来增强散热。水以不同的方式进行温度调节,血液从工作着的器官组织带走热,从而防止危险性的体温升高。血液通过众多静脉将热量转移给皮肤,通过传导、对流、辐射将热散失到环境中。也可通过皮肤、呼吸蒸发掉水分。水的导热性好,有助于深部组织热量的散失,防止由于肌肉长时间剧烈运动引起的温度升高。

5.水具有润滑作用

宠物体内的关节囊内、体腔内和各器官间的组织液中的水,可以减少关节和器官之间的摩擦力,起到润滑作用。水可润湿食物而让宠物易于采食吞咽,并提高其食欲。

二、缺水的后果

宠物短期缺水,生产力下降,幼龄宠物生长受阻,增重缓慢;长期饮水不足,会损害健康。宠物因机体缺水导致死亡的速度要比因饥饿引起死亡的速度快得多。宠物机体可以失去全部储留的糖原和脂肪、一半的体蛋白、体重的 40% 而仍能生存。体内水分减少 1%～2% 时,开始有口渴感,食欲减退,尿量减少;水分减少 8% 时,出现严重口渴感,食欲丧失,消化机能减弱,并因黏膜干燥降低了对疾病的抵抗力和机体免疫力。体内水分丧失 10% 就会引起代谢紊乱,失水 20% 时就会导致宠物死亡。长期水饥渴的宠物,各组织器官缺水,血液浓稠,营养物质的代谢发生障碍,组织中的脂肪和蛋白质分解加强,体温升高,常因组织内积蓄有毒的代谢产物而导致死亡。因此,宠物饲养实践中必须保证供水。

三、水的代谢

(一)宠物体内水的来源

1.饮水

饮水是宠物获得水分的主要来源。宠物饮水的多少与宠物种类、环境温度、食品构成成分等有关。

2.食物水

食物水即宠物食品中所含有的水分,是宠物获得水分的另一重要来源。食品性质、类型不同,水分含量亦不相同。如犬干粮含水量不足 14%,半湿性和湿性食品含水量较高,湿性食品含水量可达 80% 以上。

3.代谢水

代谢水,又称氧化水,是指 3 大有机物质在宠物体内氧化分解或合成过程中所产生的水,其量在大多数宠物中占水总摄入量的 5%～10%。不同营养物质代谢所产生的代谢水的量不同。试验表明,每 100 g 碳水化合物、蛋白质、脂肪,可分别产生 0.6 mL、0.4 mL、1.0 mL 的水。宠物消耗 8 368 kJ 的代谢能可从机体代谢中产生 200～300 mL 的代谢水。宠物种类不同,代谢水的重要性不同。对于有汗腺的宠物和蛋白质代谢产物主要是以尿素形式为排泄物的宠物,随着 3 大有机物的摄入和代谢,产热量增加,水的需要量就增加,体内代谢水明显不能满足失水的需要。对于蛋白质代谢产物主要以尿酸或胺的形式为代谢物的宠物,如鱼类,需要的水很少,代谢水基本能够满足其需要。

(二)宠物体内水分的排泄

宠物体内的水分经复杂的代谢过程之后,通过粪、尿的排泄,肺和皮肤的蒸发,以及产乳、产蛋等其他方式排出体外,以维持机体内水分的平衡。

1.通过皮肤和肺脏蒸发

由皮肤表面失水的方式有两种，一种是由血管和皮肤的体液中简单地扩散到皮肤表面而蒸发，这种通过皮肤及呼吸失水称为不显汗或不感觉的失水；另一种是通过排汗失水，也称为显汗失水。皮肤出汗和散发体热与调节体温密切相关。具有汗腺的宠物处在高温时，一般的体热散失方式已不能满足需要，则汗腺活动经出汗排出大量水分，排汗量随气温上升及肌肉活动量的增强而增加。

汗腺不发达或缺乏汗腺的宠物，在热环境中，借助肺的扩张及广泛密布的毛细血管，从热空气中吸取氧气，同时水分也扩张到肺腔中，体热被用来使水分汽化，进而散失到空气中，这种呼吸性失水是必然的，也是一种重要的温度调节机制。肺脏以水蒸气的形式呼出的水量随环境温度的提高和宠物活动量的增加而增加。经肺脏呼气排出，如犬缺乏汗腺，体表散热有限，通过呼吸排出水蒸气散热十分重要。在炎热的夏季，常见宠物犬张口喘气，并非是犬发生了呼吸困难，而是通过急促的呼吸来增加散热。在特殊情况下，宠物犬也可通过脚趾蒸发掉少量热量并带走少量水分。

2.通过粪与尿排泄

粪便中的排水量随宠物种类不同及食品性质不同而不同。一般来说，从粪便中排泄的水量与分泌到消化道中的大量液体相比是很少的。犬、猫等宠物的粪便较干，由粪便排出的水较少。肠对水分能够有效地重吸收，只有当肠吸收功能受到严重干扰及腹泻时，才从这种途径排泄大量的水分。

宠物由尿排出的水量受总摄水量的影响，摄水量多，尿的排出量则增加。排尿量也受环境温度的影响，环境温度越高，活动量越大，由尿的排出量相对减少。通常情况下，宠物随尿排出的水量占总排出水量的50%左右。宠物最低排尿量取决于机体必须排出的溶质的量及肾脏浓缩尿液的能力。

3.其他方式失水

泌乳宠物在泌乳期时泌乳也是失水排出的重要途径。对于宠物猫来说，在高温情况下，一部分水会通过唾液而减少，这是因为唾液被用来湿润被毛和通过水分蒸发来降温。鸟类产蛋时，蛋中70%左右是水分。患病宠物可通过出血、呕吐、腹泻大量丢失水分。

(三)宠物体内水分的平衡调节

宠物体内的水分分布于全身各组织器官及体液中，细胞内液约占2/3，细胞外液约占1/3，细胞内液和细胞外液的水不断地进行交换，保持体液的一种动态平衡。宠物体液和消化道中的水合称为宠物体内的总水。总水量一般是保持相对恒定的。这种恒定是宠物摄水和失水之间的平衡。

不同宠物体内水分周转代谢的速度也不同。这种速度还受环境温度、湿度及采食食品的影响。如果盐分摄入过多，则饮水量必然增加，水的周转代谢也会加快。

水的排出，主要由肾脏通过排尿量来调节，肾脏排尿量又受脑垂体后叶分泌的抗利尿素(加压素)控制。宠物失水过多，血浆渗透压上升，刺激下丘脑渗透压感受器，反射性地影响加压素的分泌。加压素促使水分在肾小管内的重吸收，使尿液浓缩，尿量减少，从而减少水由尿损失。相反，在大量饮水后，血浆渗透压下降，加压素分泌减少，水分重吸收减弱，尿量增加。另外，醛固酮受肾素-血管紧张-醛固醇系统以及血钾、血钠离子浓度对肾上腺皮质作用的调节。肾上腺皮质分泌的醛固醇激素在增加钠离子吸收的同时，会增加对水的重吸收。

和人类相比，宠物猫可能获得较大的尿渗透浓度，可更有效地保留水分。宠物体内水的调节是一个复杂的生理过程，由多种调节机制共同来维持体内水量，保持正常水平。

四、宠物需水量及影响因素

(一)宠物的需水量

在正常情况下，宠物的需水量与采食量的干物质呈一定的比例关系，一般每千克干物质需饮水2~5 kg。一般成年犬、猫每日需水量与干物质量的比例约为3∶1。成年犬每天每千克体重约需要100 mL水，幼犬每天每千克体重约需要150 mL水。

高温季节、哺乳期犬、运动以后或饲喂较干饲粮时，应该增加饮水量。

(二)影响需水量的因素

宠物的需水量受宠物种类、宠物年龄、生理状态、食品种类与性状及环境条件等因素的影响。

1.宠物种类

不同种类的宠物,体内水的流失情况不同。哺乳类宠物,粪、尿或汗液流失的水比鸟类多,需水量相对较多。

2.宠物年龄

幼龄宠物比成年宠物需水量大。因为幼年宠物体内含水量大于成年宠物。一般为70%～80%;幼龄宠物又正处于生长发育时期,代谢旺盛,需水量多。幼龄宠物每千克体重的需水量约比成年宠物高一倍以上。

3.生理状态

妊娠期每天需水量高于非妊娠期。

4.食品性质

饲喂含粗蛋白质、粗纤维及矿物质高的饲粮时,需水量多,因为蛋白质的分解及尾产物的排出、粗纤维的酵解及未消化残渣的排出、矿物质的溶解吸收与排泄均需要较多的水,食品原料中含有毒素,或宠物处于疾病状态,需水量增加。饲喂蔬菜类或湿性食品时,需水量少。

5.气温条件

气温对宠物需水量的影响显著。气温高于30℃,宠物需水量明显增加。气温低于10℃,需水量明显减少。

五、合理供水

(一)水质

水的品质直接影响宠物的健康、饮水量、食物消耗和生产水平。作为饮水,要求水质良好,无污染,并符合饮水水质标准和卫生要求,总可溶固形物浓度(可溶总盐分浓度)是检查水质的重要指标。每升水中固体物含量为150 mg是理想的饮水,低于500 mg对幼龄宠物无害,超过7 000 mg会导致宠物腹泻,高于10 000 mg即不能饮用,1 000～5 000 mg为安全范围。

(二)安全合理供水措施

宠物饮水应尽量做到清洁卫生、无污染、硬度适中。有条件应采用自动饮水设备,保证宠物需水时,即能随时饮到清洁的水。若没有自动饮水设备时,应注意:

(1)饮水次数与饲喂次数相同,并且做到先喂后饮。

(2)宠物到户外前充足饮水,避免饮用脏水等,否则,容易导致肠胃炎或妊娠宠物流产。

(3)饲喂豆类、苜蓿草等易发酵食品原料时,应在喂后1～2 h饮水,避免造成膨胀。

(4)使役宠物或工作宠物,特别是大量运动之后,切忌马上饮冷水,以防感冒,应在休息30 min后慢慢饮水。

(5)对刚出生一周内的宠物最好使其饮12～15℃的温水。

任务1-9　各类营养物质的相互关系

【任务描述】各类营养物质在宠物机体内各自发挥着重要的作用。这种作用并不是孤立存在的。营养物质间存在着复杂的相互关系,既有相互拮抗、协同作用,又有相互转变、相互替代作用。学生通过学习,了解各营养物质之间的关系,在饲养实践中通过调节各营养物质的数量、比率更加高效经济地利用食品原料,保持各营养物质间的平衡,保证宠物健康生长的需要,避免营养不平衡对动物的伤害。

一、能量与其他营养物质的关系

能量是宠物生命活动的基础,碳水化合物、脂肪、蛋白质是宠物所需能量的主要来源,占有绝对比重。这些有机营养物质的代谢均伴随着能量代谢。

(一)能量与蛋白质的关系

食物中的能量与蛋白质应保持适宜的比例,比例不当会影响营养物质的利用效率并导致营养障碍。例如,哺乳期宠物,饲喂高能量低蛋白或低能量高蛋白的食品都能产生母犬体重下降、泌乳量下降等影响。很多宠物自身具有能够根据食品的能量水平而调节采食量的能力,饲喂高能食品可能会使其采食量减少,尽管满足了能量的需要,但却减少了蛋白质及其他营养物质的摄入,或者宠物为了达到饱腹感过多地采食,造成能量过剩,对于宠物来说,这种自我调节的能力稍差,必须较好地控制其采食量。大量实践表明,饲喂高能低蛋白食品会使宠物机体出现负氮平衡,能量利用率下降。反之,饲喂低能量高蛋白食品,由于代谢蛋白质的热增耗较高,能量利用率也会下降。倘若蛋白质供给量不足,未能满足机体最低生理需要量,单纯提高能量供给将会使改善氮平衡的效果受到限制,只有在蛋白质满足机体最低需要量的前提下,增加能量才能有效地发挥节约蛋白质的作用。同时,也只有在能量超过机体最低需要量时,增加蛋白质供给方能获得较好的效果。因而,必须保持食品中能量和蛋白质比例在一个合理的范围内,既能提高能量的利用率,又能避免蛋白质的浪费。

不仅蛋白质水平对能量利用率有影响,食品中氨基酸的种类及水平对能量利用率也有明显影响。如果食品中苏氨酸、亮氨酸、缬氨酸缺乏时,会引起能量代谢水平下降。当氨基酸量超过宠物需要量时,未参加体蛋白合成的氨基酸会被氧化而释放出能量,氨则以尿素的形式排出体外,导致能量损失。一般来说,宠物氨基酸的需要量随着能量浓度的提高而增加,因而保持能量和氨基酸适宜的比例非常重要。

(二)能量与碳水化合物的关系

食品的碳水化合物中粗纤维含量高会影响有机物的消化率,降低食品消化能值。犬对粗纤维的消化率很低,一般来说,食品中有机物的消化率与粗纤维含量呈负相关。尽管犬不能很好利用粗纤维,但其食品中粗纤维含量仍需保持一定的水平,因为粗纤维可以促进胃肠的蠕动,可提高食品的消化率并防止便秘。因而,适宜的粗纤维水平对宠物很重要。

(三)能量与脂肪的关系

一般情况下,脂肪作为能源的利用率高于其他有机物。添加脂肪可增加宠物的有效能摄入量,提高能量转化效率。食物中增加脂肪,可增加代谢能的采食量,尤其在高温环境下有利于提高宠物的能量摄入。在食品中添加一定水平的油脂替代等能值的碳水化合物和蛋白质,能提高食品代谢能,使消化过程中能量消耗减少,热增耗降低,使食品净能增加。植物油和动物脂肪同时添加时效果更加明显的效应称为脂肪的额外能量效应或脂肪的增效作用。这种效应可能是由于饱和脂肪和不饱和脂肪间存在协同作用,不饱和脂肪酸键能高于饱和脂肪酸,促进饱和脂肪酸分解代谢。这种效应还受蛋白质氨基酸含量、脂肪与碳水化合物间的相互作用等因素的影响。

(四)能量与矿物质的关系

有些矿物质在能量代谢中起重要作用。机体代谢过程中释放的能量以高能磷酸键形式存在于ATP及磷酸肌酸中。镁是焦磷酸酶、ATP酶等的活化剂,并能促使ATP的高能键断裂而释放能基。食品中大量的脂肪酸可与钙形成不溶钙皂,影响钙吸收,乳糖可以增加细胞的通透性,促进钙的吸收。

(五)能量与维生素的关系

脂肪是脂溶性维生素的溶剂,脂溶性维生素A、维生素D、维生素E、维生素K及胡萝卜素,在宠物体内必须溶于脂肪后才能被消化吸收和利用。食品中脂肪不足可导致脂溶性维生素缺乏。

B族维生素作为辅酶的组成成分参与体内碳水化合物、蛋白质、脂肪的代谢。硫胺素与能量代谢最为密切,硫胺素不足时,能量代谢效率下降,当食品能量水平增加时,硫胺素需要量提高。

胆碱参与卵磷脂和神经磷脂的形成,卵磷脂是构成宠物细胞膜的主要成分,胆碱在肝脏脂肪的代谢中起重要作用,能防止脂肪肝的形成。

维生素E作为一种抗氧化剂,有利于保持细胞膜稳定性,它的需要量随着食品中多不饱和脂肪酸氧化剂、维生素A、类胡萝卜素和微量元素的增加而增加,随着脂溶性抗氧化剂、含硫氨基酸和硒水平的增加而减少。

二、蛋白质、氨基酸及其他营养物质之间的关系

(一)蛋白质与氨基酸的关系

宠物利用的各种来源的蛋白质间存在互补作用,实质上是蛋白质中氨基酸的互补作用,是指两种或两种以上的蛋白质食品原料通过相互搭配,以弥补各自在氨基酸组成和含量上的营养缺陷,从而使搭配后的蛋白质利用率(或生物学价值)高于搭配中各蛋白质的利用率(或生物学价值)的加权平均数。当宠物机体合成蛋白质所需的各种氨基酸数量及比例合适时,宠物才能有效利用食品中的蛋白质和合成体蛋白。如果食品中某种氨基酸缺乏,即使其他必需氨基酸充足,体蛋白合成也不能完全正常进行。在宠物饲养实践中,利用蛋白质的互补作用配制食品是广泛用以提高蛋白质营养价值的有效措施。

食品中的必需氨基酸需要量与食品中粗蛋白水平有密切关系。食品中蛋白质含量增加,其必需氨基酸的需要量也随之增加,而且如果食品中限制性必需氨基酸平衡后,可使食品粗蛋白的需要量适当降低。

(二)氨基酸之间的相互关系

虽然组成蛋白质的20多种氨基酸的代谢是相对独立的,但彼此之间仍存在一定的联系。组成食品蛋白的氨基酸在机体代谢过程中复杂的相互关系包括协同、转化、替代和拮抗。

氨基酸间的拮抗作用是指结构相似的氨基酸,因某些氨基酸在吸收过程中属一个转移系统,导致相互竞争,即过量的某一氨基酸顶替了食品中不足的另一氨基酸在物质代谢中的位置,或使该不足的氨基酸被吸引到过量氨基酸所特有的代谢过程中,从而破坏该不足氨基酸的正常代谢。例如赖氨酸和精氨酸,赖氨酸可干扰精氨酸在肾小管的重吸收,当赖氨酸过量时,机体对精氨酸的需要量也会增加,添加精氨酸可缓解赖氨酸过量的现象。亮氨酸和异亮氨酸由于化学结构相似,存在拮抗作用,亮氨酸过量时,会激活肝脏中异亮氨酸氧化酶和缬氨酸氧化酶,致使异亮氨酸和缬氨酸大量氧化分解而不足。在吸收过程中,同属于一个转移系统的鸟氨酸、精氨酸、赖氨酸和胱氨酸间,由于彼此竞争而在吸收上互相抑制。苯丙氨酸与缬氨酸、苯丙氨酸与苏氨酸、异亮氨酸和缬氨酸、异亮氨酸和苯丙氨酸、苏氨酸与色氨酸之间也存在拮抗作用,而且比例相差愈大,拮抗作用愈明显。为防止某些氨基酸间的拮抗作用,应力求食品中各种氨基酸保持平衡。精氨酸和甘氨酸可消除其他氨基酸过量产生的负影响,这可能与它们参加尿酸形成有关,如补加精氨酸和甘氨酸可全面消除由饲喂过量赖氨酸、组氨酸和苯丙氨酸所造成的不良后果。

氨基酸间的协同作用表现为某些氨基酸可能是机体中形成另一种氨基酸的来源。蛋氨酸在体内可转化为胱氨酸,也可转化成半胱氨酸,但胱氨酸和半胱氨酸却不能转化成蛋氨酸。因而对于总含硫氨基酸来说,蛋氨酸只能由其自身来满足,而胱氨酸和半胱氨酸则可以互变或由蛋氨酸来满足。苯丙氨酸可以转化为酪氨酸,反之则不可。因而,在考虑必需氨基酸时,通常将蛋氨酸和胱氨酸、苯丙氨酸和酪氨酸共同计算。实验证明,甘氨酸和丝氨酸可相互转化,羟脯氨酸可能起脯氨酸和谷氨酸前体的作用。

(三)蛋白质、氨基酸与碳水化合物、脂肪的关系

蛋白质可在宠物体内转变成碳水化合物。除亮氨酸外,其他氨基酸均可经脱氨基作用生成 α-酮酸,沿着糖异生途径合成糖,反之,糖也可生成 α-酮酸,经过转氨基作用变成非必需氨基酸。

氨基酸也可在体内转变成脂肪。生酮氨基酸可转变成脂肪,生糖氨基酸可先变成糖,然后转变成脂肪。脂肪中的甘油可转变成丙酮酸和其他一些酮酸,经转氨基作用转变成非必需氨基酸。

对于哺乳宠物来说,碳水化合物和脂肪对蛋白质具有节省作用,充分供给碳水化合物或脂肪,可保证宠物体对能量的需要,这样可减少或避免蛋白质作为供能物质的分解代谢,有利于氮的存留,以便合成机体蛋白质。

(四)蛋白质、氨基酸与矿物质的关系

矿物元素在体内代谢主要是以与蛋白质及氨基酸相结合的形式存在。

在半胱氨酸和组氨酸存在的情况下,肠道中锌的吸收增加。因而在缺锌的食品中添加半胱氨酸和组氨酸可在某种程度上减少缺锌的发病率。

蛋氨酸、赖氨酸、色氨酸和苏氨酸对促进锌吸收也有一定作用。精氨酸与锌有拮抗作用。

食品中含硫氨酸不足会使硒的需要量增加。在宠物体内蛋氨酸转化为半胱氨酸过程中,硒起着关键作用。如果缺硒,会影响体内蛋氨酸向胱氨酸的转化。

高蛋白和某些氨基酸可促进钙、磷的吸收。当赖氨酸水平下降时,钙、磷的吸收也会下降。

硫、磷、铁等作为蛋白质的组成部分可直接参与蛋白质代谢。某些微量元素是蛋白质代谢酶系的辅助因子,为蛋白质代谢所必需。锌参与细胞分裂及蛋白质的合成过程,补锌有助于促进蛋白质的合成。

大豆蛋白可减少铁和其他微量元素(锌、镁)的吸收,因而在含有高水平大豆蛋白时,应增加铁的含量。半胱氨酸可促进铁的吸收。

(五)蛋白质与维生素的关系

食品中蛋白质不足时,会影响维生素 A 载体蛋白的形成,使维生素 A 利用率降低。蛋白质的生物学价值也会影响维生素 A 的利用和贮备。相对于植物蛋白来说,添加动物性蛋白质可提高肝脏中维生素 A 的储备,反之,维生素 A 缺乏时,蛋氨酸在组织蛋白质中的沉积量减少。

维生素 D 与所喂蛋白质质量有关。未熟化的大豆蛋白,会使宠物对维生素 D 的需要量增加,这是因为生大豆中含有抗维生素 D 的物质。

B 族维生素主要作为辅酶,催化碳水化合物、脂肪和蛋白质代谢中的各种反应。核黄素是参与氨基酸代谢,缺乏时会影响宠物体蛋白质的沉积。反之,饲喂低蛋白质食品时,会使宠物核黄素的需

要量增加。

宠物体内的尼克酸可转化为有活性的衍生物——烟酰胺,烟酰胺需要量受色氨酸水平影响,色氨酸可以转化为烟酸,但转化率低。

叶酸在自然界中通常以与谷氨酸结合的形式存在,具有生物活性的辅酶是四氢叶酸衍生物,在一碳单位的转移中是必不可少的,通过一碳单位的转移而参与嘌呤、嘧啶、胆碱的合成和某些氨基酸的代谢。

蛋氨酸在提供甲基时,可部分补偿胆碱和维生素 B_{12} 的不足。同样,胆碱在体内,也可作为甲基供体,参与甲基移换反应。当胆碱不足时会使蛋氨酸提供甲基,从而降低其蛋白质的合成。维生素 B_{12} 对蛋氨酸和核酸代谢有重要作用,参与蛋白质的合成,还可提高植物性蛋白质的利用率。

维生素 B_6,以磷酸吡哆醛的形式组成多种酶的辅酶,参与蛋白质、氨基酸的代谢。当维生素 B_6 不足时,会引起各种氨基转移酶活性降低,影响氨基酸合成蛋白质。反之,高蛋白食品将加重维生素 B_6 的缺乏。

三、矿物质与维生素的关系

(一)矿物质间的相互关系

矿物质元素在机体内有其独特的功用,但它们之间存在着普遍的相互作用,这种相互作用影响可能发生于食物中、消化道内,也可发生于中间代谢过程中。矿物元素在宠物体内含量分为常量元素和微量元素。各元素间存在的协同和拮抗的关系见图 1-12。

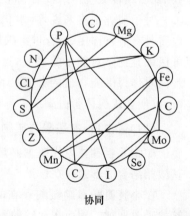

协同

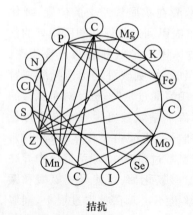

拮抗

图 1-12　矿物质元素之间的相互关系

1.常量元素间的关系

食品中的钙、磷含量及钙、磷比是影响宠物体内矿物质正常代谢的重要因素。钙、磷比例失调会引起骨质营养不良。食品中钙含量过高或钙、磷同时增加会影响镁的吸收。镁缺乏则造成钾排出增加。钙和食盐有拮抗作用,钙、磷不足时需食盐较低,食品中含磷量增加可节省食盐。食盐也能提高锰的需要量。钠、钾、氯是维持体内电解质平衡和渗透压平衡的关键元素,具有协同作用。日粮离子平衡状况影响能量、氨基酸、维生素及矿物元素的代谢。

2.微量元素间的关系

铁的利用必须有铜的存在,铜可维持铁的正常代谢,有利于血红蛋白合成和红细胞成熟。过量的铜、锰、锌、钴、铬、磷、植酸等可与铁产生结合竞争,抑制铁的吸收。铜过多可导致贫血,是由于铜与铁在肠内竞争吸收位点引起的。锌含量过高可引起体内铁贮备下降,与铜相似,也是与铁竞争吸收位点引起的。同样,食品中铁过高会降低铜的吸收。

锌和镉会干扰铜的吸收,食品中锌、镉过多时会增加尿铜的排出量,降低宠物体内血浆含铜量。高铜食品会引起肝损伤,通过加锌可缓解,但高锌又会抑制铁代谢,导致贫血,而铜不足会引起锌过量导致中毒,如果食品中铁和铜的含量正常,即使锌的水平达到最小需要量的8倍也不会产生负影响。镉是锌的拮抗物,可影响锌的吸收。钴能代替羧基肽酶中的全部锌和碱性磷酸酶中部分锌,因而补充钴能防止锌缺乏所造成的机体损害。

3.常量元素与微量元素间的关系

钙、磷和锌之间存在拮抗作用,钙、磷含量过高会引起锌不足。钙、磷和锰之间也存在拮抗作用,锰过量会引起宠物患佝偻病及牙齿损害,这是因为缺锰不能使糖基转移酶活化而影响黏多糖和蛋白质合成,使钙化缺乏沉积基质。铜的利用与食品中的钙量有关,含钙越高,对宠物体内铜平衡越不利。在肠道大量存在铁、铝、镁时,可与磷形成不溶解的磷盐,降低磷的吸收率。硫和铜会在消化道中形成不易吸收的硫酸铜而影响铜的吸收,硫和钼结合成难溶的硫化钼,增加钼的排出。硫酸盐可减轻硒酸盐的毒性,但对亚硒酸盐或有机硒化合物无效。

(二)维生素间的相互关系

维生素 E 具有抗氧化的作用,在肠道中可保护维生素 A 和胡萝卜素免遭氧化,利于吸收及在肝脏中的贮存。维生素 E 对胡萝卜素转化为维生素 A 具有促进作用。维生素 E 也参与维生素 C 和泛酸的合成及维生素 B_{12} 的代谢。维生素 E 不足会影响体内维生素 C 的合成,叶酸则能促进肠道微生物合成维生素 C。维生素 C 能减轻因维生素 A、维生素 E、硫胺素、核黄素、维生素 B_{12} 及泛酸不足所出现的症状。

缺乏硫胺素会影响体内核黄素的利用,同样缺乏核黄素会使体组织中的硫胺素下降。缺乏核黄素时,色氨酸形成烟酸过程受阻,导致烟酸不足症。维生素 B_{12} 能提高叶酸的利用率,促进胆碱的合成。泛酸不足会加重维生素 B_{12} 的缺乏,维生素 B_6 不足也会影响维生素 B_{12} 的吸收。

(三)矿物质与维生素的关系

维生素 D 及其激素代谢物作用于小肠黏膜细胞,形成钙结合蛋白,可促进钙、镁、磷的吸收,能促进磷在肾小管的重吸收,减少磷从尿中排出,提高血液钙和磷的水平,促进骨的钙化。维生素 D 对维持体内的钙、磷平衡起重要作用。

维生素 E 和硒可协同保护宠物的活体磷脂免遭过氧化作用的破坏。维生素 E 还能防止在活体细胞膜磷脂内过氧化物的生成。同样,无论维生素 E 存在与否,所生成的那些过氧化物均可被含硒的谷胱甘肽过氧化物酶所破坏。因而,维生素 E 可以看作防止过氧化物生成的第一道防线,而含硒的谷胱甘肽过氧化物酶则起第二道防线的作用,因为这种酶能破坏所生成的任何过氧化物,并且这种破坏是在过氧化物尚未损害细胞时进行的。维生素 E 和硒对机体的代谢及抗氧化能力作用相似,在一定条件下,维生素 E 通过使含硒的氧化型谷胱甘肽过氧化物酶变成还原型的谷胱甘肽过氧化物酶以及减少其他过氧化物的生成而节约硒,减轻缺硒的影响,但硒却不能代替维生素 E,食品中维生素 E 不足时易出现缺硒症状。硒及维生素 E 可降低镉、汞、砷、银等重金属和有毒元素的毒性。

维生素 C 能促进肠道铁的吸收,并使传递蛋

白中的三价铁还原成二价铁,从而被释放出来再与铁蛋白结合。当食品中铜过量时,补饲维生素 C 可消除过量铜造成的影响。

任务 1-10 宠物营养代谢性疾病与防治

【任务描述】 学生通过学习,了解宠物营养代谢性疾病的发生原因,掌握常见宠物营养代谢性疾病的症状、诊断要点和治疗措施,能够对一般宠物营养代谢性疾病进行诊断,并进行有效的预防治疗。

一、宠物营养代谢性疾病的原因

(一)一般原因

1.营养摄入不足

日粮长时间供应不足,或宠物食品营养配比不合理,如维生素、微量元素或蛋白质含量不足,都能引起营养代谢性疾病的发生。在各种应激条件下,如发生疾病、接种疫苗、气温异常、湿度过大,宠物食欲降低或废绝,采食量明显减少,若时间过长,营养摄入不足,也会发生营养代谢性疾病。

2.消化吸收不良

宠物在发生消化道疾病时,不但营养消耗增加,而且消化、吸收、代谢都出现障碍。胃肠道、肝脏及胰腺等机能障碍,不仅会影响营养物质的消化吸收,而且还会影响营养物质在体内的合成代谢。如果不能得到及时纠正,容易发生营养代谢性疾病。

3.营养消耗增多

在某些特定情况下,宠物对某些营养物质的需要量增多,导致相应营养代谢病的发生。

(1)特殊生理时期 宠物在幼龄生长期、配种期、妊娠期和哺乳期等特殊生理阶段,对蛋白质、钙等的营养需要量明显增加,若不及时增加蛋白质和钙等养分的供给,就会导致相应的营养缺乏症发生。

(2)疾病 宠物在发生寄生虫病、慢性传染病、热性疾病时,营养消耗也会大量增加,从而引发营养代谢性疾病发生。

(3)抗营养物质 食物中的抗营养物质有很多种类,蛋白酶抑制剂、皂苷等会降低蛋白质的消化和代谢利用;植酸、草酸、硫代葡萄糖苷等会降低矿物元素的溶解和利用;脂氧合酶(抗维生素 A、维生素 E 及维生素 K)、硫胺素酶(抗硫胺素、烟酸、吡哆醇)等均会使某些维生素失活或增加其需要量。

4.物质代谢失调

宠物体内营养物质间的关系是复杂的,除各营养物质的特殊作用外,还可通过转化、协同和拮抗等作用来维持营养物质间的平衡。

(1)转化 如糖能转化成脂肪及部分氨基酸,脂肪可转变为糖和部分非必需氨基酸,蛋白质能转变为糖及脂肪。

(2)协同 维生素 D 促进钙、磷、镁的吸收;脂肪是脂溶性维生素的载体;合成半胱氨酸和胱氨酸时,需有足量的甲硫氨酸;磷过少,则钙难以沉积;缺钴则维生素 B_{12} 合成受阻;维生素 E 和硒的协同作用等。

(3)拮抗 如钾与钠对神经-肌肉的应激性,起着对钙的拮抗作用;充足的锌和铁,可以防止铜中毒;维生素 E 的补给,可以防止铁中毒;钙过剩,增加了对锌的需要量。

5.器官机能衰退

若宠物机体年老和久病,其器官功能衰退,从而降低其对营养物质的吸收和利用能力,导致以养分缺乏为主的营养代谢性疾病。

6.遗传因素

遗传因素导致的营养代谢性疾病在宠物犬是最常见的,例如Ⅱ型糖原贮积病发生在 Lapland 犬、Ⅲ型糖原贮积病发生在德国牧羊犬,这类病是因为在神经元溶酶体内贮积大量的异常酶底物,从而阻碍它们的功能。一般犬出生时是正常的,但在出生后几周开始或几个月内出现症状,并逐步发展,通常是致命的,目前尚无特殊疗法。

(二)蛋白质、脂肪与碳水化合物代谢紊乱

蛋白质、脂肪与碳水化合物是构成宠物有机体结构、供给能量所必需的3大营养物质,也是宠物生长、哺乳的材料来源。这3种营养素的不平衡,多引起宠物体内的同化和异化过程紊乱,由此造成的病理状态为代谢障碍性疾病。

1.碳水化合物代谢紊乱

在宠物食物中,碳水化合物占很大的比例。由于各种原因引起宠物体摄入不足,体内的糖得不到补充时,会使宠物体内的代谢发生一系列的改变,这些改变都是在激素的调节下产生的。

(1)肌肉组织释放氨基酸的速度加快 激素平衡的改变使骨骼肌的蛋白质分解加快,释放出氨基酸。释放出的氨基酸大部分转变为丙氨酸和谷氨酰胺,然后进入血液循环,成为糖异生作用的原料或者分解供能。

(2)糖异生作用增强 胰岛素对糖异生作用具有抑制作用,饥饿时胰岛素分泌减少,大大减弱了这一作用。同时,胰高血糖素可以促进以氨基酸为原料的糖异生作用,胰高血糖素分泌量的增加,大大加快了肝脏摄取丙氨酸并以丙酮酸异生为糖的速度。因此,在饥饿时,氨基酸(特别是丙氨酸)的糖异生作用明显增强,虽然肌肉组织释放出的丙氨酸增多,但血液中的丙氨酸浓度反而降低。同时,肌肉组织释放出的部分谷氨酰胺,随血液循环进入肠道时被肠黏膜细胞摄取,并转变为丙氨酸,再由门静脉进入肝脏,成为葡萄糖的另一重要来源。肝脏是饥饿初期糖异生作用的主要场所,约占体内糖异生总量的80%,小部分则在肾皮质中进行。

(3)脂肪动员加强和酮体生成增多 胰岛素促进脂肪组织的"酯化作用",而抑制"酯解作用"。胰高血糖素则促进"酯解作用"。在饥饿时,二者分泌量的变化大大促进了脂肪组织中脂肪的分解,使血浆中甘油和脂肪酸浓度升高。甘油是糖异生的原料,可异生为糖。脂肪酸不但是宠物体的能量来源(包括为糖异生作用提供能量),而且能促进氨基酸、丙酮酸和乳酸的糖异生作用。

从脂肪组织中分解释放出的大量脂肪酸中,约有1/4可在肝脏中转变为酮体。因此,饥饿时血浆中的酮体浓度可高达吸收后状态的数百倍。

此时,脂肪酸和酮体成为心肌、肾皮质和骨骼肌的重要能量来源。

(4)组织对葡萄糖的利用减少 心肌、骨骼肌、肾皮质等组织摄取和利用脂肪酸和酮体的量增加,可减少这些组织对葡萄糖的摄取和利用。

2.脂肪代谢紊乱

脂肪代谢紊乱包括饲喂高脂肪食物或者食物中脂肪供给不足。前者多见于高产带来的生产性疾病,虽提供充足日粮,且富含高脂肪和高蛋白质,但是由于泌乳高产,造成糖和能量相对不足,使食物中的脂肪所转化成的乙酰CoA得不到足够的草酰乙酸,难以缩合成柠檬酸进入三羧酸循环,故而不能完全氧化给机体供能;此时,相对过剩的乙酰CoA在肝脏中可被转化为乙酰乙酸,进而生成β-羟丁酸和丙酮。这种异常生成的酮体会使宠物发生酮血、酮尿、酮乳和低血糖症,酸性酮体消耗血液的碱贮,其超过血液代偿能力后,由血液酸中毒又继发组织酸中毒。肝脏中脂类含量增多,肝脂蛋白合成减少,不能通过脂蛋白将脂肪运走,在肝中积累而形成"脂肪肝"。

3.蛋白质代谢紊乱

(1)蛋白质的异常分解代谢 宠物在食物缺乏、营养不良时,肌肉组织释放氨基酸的速度加快,释放出的氨基酸转变为丙氨酸和谷氨酰胺,然后进入血液循环,成为糖异生作用的原料或者分解供能。此外,由于种种原因肌肉乳酸过多,会引起肌肉变性、坏死和分解,从而发生肌红蛋白以正铁肌红蛋白的方式进入血液,又从肾脏排出而引起肌红蛋白尿症。

(2)核蛋白代谢紊乱 灵长类动物因肝中缺乏精氨酸酶(尿酸氧化酶),故食物中的核蛋白分解的最终产物是尿酸。当食物中核蛋白过多或自体组织细胞严重破坏,造成大量核蛋白分解,产生大量尿酸。此外,鸟类还可利用NH_3合成尿酸,于是血中尿酸含量急剧升高,超出正常尿酸水平的5~10倍或者更高,形成高尿酸血症,继而会发生痛风症。

二、碳水化合物、脂肪及蛋白质代谢性疾病

(一)母犬和幼犬低血糖症

低血糖症是指由各种致病因素引起的血糖浓

度过低而引发的症状。本病犬比猫多见，好发于幼犬和围产期中的母犬。

1. 病因

母犬发生低血糖症的主要原因是产仔前后应激和多胎胎儿对营养的过大需求，或产后大量哺乳所致，多发于分娩前后1周左右。幼犬低血糖症是饥饿或因母犬产仔多，奶水少或质量差，仔犬受凉体温低于34.4℃时，体内消化吸收功能停止或败血症等所致。多见于出生后1周内的新生仔犬，也可见于3月龄的小型玩赏犬。

2. 症状

母犬低血糖症的主要临床特征是出现类似产后缺钙的神经症状，表现为肌肉痉挛，步态强拘，反射功能亢进，全身呈间歇性或强直性抽搐，体温升高达41～42℃，呼吸和心搏加速。尿酮体检测呈阳性，严重者尿有酮臭味。这是因为，低血糖时机体动员大量的体内脂肪代谢，使酮体生成增加。分娩过程发生低血糖时容易见到阵缩无力。

幼犬低血糖症初期表现为精神不振，虚弱，不愿活动，步态不稳，嘶叫，心跳缓慢，呼吸窘迫；后期出现搐搦，很快陷入昏迷状态而死亡。母犬或幼犬低血糖症时，实验室检验血糖浓度为1.68～2.24 mmol/L或更低，母犬血液酮体浓度在30 mg/dL以上。

3. 防治

在预防上，平时要加强饲养管理，分娩前后注意营养供给，可以适量多饲喂些碳水化合物性食物，或产前20 d和哺乳期饲喂幼犬商品粮。母犬可以1.5 mL/kg体重静脉注射20%葡萄糖溶液；也可口服葡萄糖250 mg/kg体重，同时也可配合应用醋酸泼尼松0.2 mg/kg体重，皮下注射或口服。以后每3～4 h静脉注射或口服葡萄糖，至临床症状消失为止。如果怀疑是产后缺钙搐搦症，也可在静脉注射葡萄糖的同时加入10%葡萄糖酸钙10～30 mL。

发现幼犬低血糖症，首先要注意保持体温正常，然后按每千克体重静脉注射10%葡萄糖10 mL，同时让其多吃母乳或替代性奶制品。

(二)肥胖症

肥胖症指体内脂肪组织增加、过剩的状态，是由于机体的总能量摄入超过消耗，过多部分以脂肪形式蓄积，是成年犬猫较常见的一种脂肪过多性营养疾患。多数肥胖由过食引起，这是饲养条件好的犬猫最常见的营养性疾病，其发病率远远高于各种营养缺乏症。一般认为体重超过正常值的15%就是肥胖症。西方国家有44%的犬和12%的猫身体超重。

1. 病因

引起犬、猫肥胖症的原因主要是能量的摄取超过消耗。引起肥胖症的因素比较多，常见因素有以下几种。

(1)品种、年龄和性别因素　年龄越大，越容易发生肥胖。雌性比雄性多发。比格犬、可卡猎鹬犬、腊肠犬、牧羊犬和拉布拉多短脚猎犬和短毛猫都是较易肥胖的品种。

(2)摄取过量　因食物适口性好，采用自由采食法，犬、猫摄食过量，加上运动不足，或患有呼吸道、肾和心脏疾病等，容易肥胖。

(3)睾丸、卵巢摘除与内分泌疾病因素　公犬、猫去势，母犬、猫卵巢摘除以及垂体瘤、甲状腺机能减退、肾上腺皮质机能亢进、下丘脑损伤等内分泌疾病，易致肥胖。

(4)遗传因素　犬、猫父代肥胖，其后代也易肥胖。

2. 症状

患肥胖症的犬、猫体态丰满，皮下脂肪丰富，尤其是腹下和体两侧，用手摸不到肋骨，就是肥胖。肥胖犬、猫食欲亢进或减少、不耐热、易疲劳、迟钝不灵活、不愿活动、走路摇摆。患肥胖症的宠物易发生骨折、关节炎、椎间盘病、膝关节前十字韧带断裂等；易患心脏病、糖尿病和繁殖性障碍等，麻醉和手术时易发生问题，生命缩短。由内分泌紊乱引起的肥胖症，除上述肥胖的一般症状外，还有各种原发病的症状表现。如甲状腺机能减退和肾上腺皮质机能亢进引起的肥胖症有特征性的脱毛、掉皮屑和皮肤色素沉积等变化。患肥胖症的犬、猫血液胆固醇和血脂升高。

3. 防治

肥胖症的防治应以预防为重点。防止发育期的宠物肥胖是预防成年宠物发生肥胖症的最有效方法。肥胖症可采取以下措施进行治疗。

（1）减食疗法　制订合理的食物饲喂计划。一是定时定量饲喂，少食多餐，1 d食量可分成3～4次，停食期间不给任何食物；二是减少采食量，犬可喂平时食量的60%，猫为66%；三是饲喂高纤维、低能量、低脂肪食物或减肥处方食品，使其有饱感不饥饿。

（2）运动疗法　每天有规律地进行20～30 min的小到中等程度的运动。

（3）药物减肥　可用缩胆囊素等食欲抑制剂、催吐剂、淀粉酶阻断剂等消化吸收抑制剂，使用甲状腺素、生长激素等提高代谢率。

（4）治疗原发病　对内分泌紊乱引起的肥胖症，应治疗原发病。

（三）高脂血症

高脂血症指血液中脂类含量升高的一种代谢性疾病，临床上常以肝脂肪浸润、血脂升高及血液外观异常为典型症状，常发于犬。

犬、猫血液中的脂类主要有4类：游离脂肪酸、磷脂、胆固醇和甘油三酯。血脂类和蛋白质结合形成脂蛋白。由于密度不同，脂蛋白也分为4类：乳糜微粒（CM，富含外源性甘油三酯）、极低密度脂蛋白（VLDL，富含内源性甘油三酯）、低密度脂蛋白（LDL，富含胆固醇和甘油三酯）和高密度脂蛋白（HDL，富含胆固醇及其酯）。血中脂类，特别是胆固醇或甘油三酯及脂蛋白浓度升高，即高脂血症。

1.病因

一般分原发性和继发性两种。原发性见于自发性高脂蛋白血症、自发性高乳糜微粒血症、自发性脂蛋白酯酶缺乏症和自发性高胆固醇血症。继发性多由内分泌和代谢性疾病引起，常见于糖尿病、甲状腺机能低下、肾上腺皮质机能亢进、胰腺炎、胆汁阻塞、肝机能降低、肾病综合征等。另外，饲喂糖皮质激素和醋酸甲地孕酮，或运动不足导致的肥胖也能诱导高脂血症。

2.症状

患高脂血症的犬猫营养不良，精神沉郁，食欲废绝，虚弱无力，偶见恶心、呕吐、心跳加快、呼吸困难、虚弱无力、站立不稳和瘦弱；血液如奶茶状，血清呈牛奶样。继发性高脂血症的临床症状主要是原发病的表现。实验室检验，犬、猫饥饿12 h，肉眼可见血清呈乳白色，即为血脂异常。血清甘油三酯大于2.2 mmol/L，一般就会出现肉眼可见变化。高脂血症是血液中甘油三酯浓度升高，同时乳糜微粒或极低密度脂蛋白及胆固醇也增多。饥饿状态下成年犬血清胆固醇和甘油三酯分别超过7.8 mmol/L和1.65 mmol/L，成年猫分别超过5.2 mmol/L和1.1 mmol/L，即可诊断为高脂血症。高脂血症血清在冰箱放置过夜，如果是乳糜颗粒，在血清顶部形成一层奶油样层；如果是极低密度脂蛋白，血清仍呈乳白色。单纯高胆固醇血症，血清无肉眼可见异常变化，但仍是高脂血症。高甘油三酯血症时，除甘油三酯浓度升高外，血清胆红素、总蛋白、白蛋白、钙、磷和血液浓度出现假性升高，血清钠、钾、淀粉酶浓度出现假性降低，同时还可能发生溶血，影响多项生化指标的检验。

自发性高脂蛋白血症多发生在中老年小型犬，病因不清，可能与遗传有关。临床表现腹部疼痛、腹泻和骚动不安。血清呈乳白色，血脂检查为高甘油三酯血症、轻度高胆固醇血症，血清乳糜颗粒、极低密度脂蛋白和低密度脂蛋白浓度也升高。

自发性高乳糜微粒血症发生于犬和猫，病因不明，可能与脂蛋白酶活性低，不能分解甘油三酯，也不能清除血清中的乳糜微粒有关，猫可能还与常染色体隐性有关。患猫腹部触诊可摸到内脏器官上有脂肪瘤。血清呈乳白色，血脂变化特点为高甘油三酯血症，血清极低密度脂蛋白轻度增多。犬患此病无临床症状，但化验结果与猫基本相同。

自发性高胆固醇血症多发生于德国杜宾犬和罗威纳犬，病因不详，临床症状不明显。血脂检查为高胆固醇血症，血清低密度脂蛋白浓度也升高。

3.治疗

继发性高胆固醇血症应首先治疗原发病，同时适当配合饲喂低脂肪高纤维性食物。原发性自发性高脂血症主要饲喂低脂肪和高纤维性食物或减肥处方食品。经1～2个月食物疗法不见效时，可试用降血脂药物。常用降血脂药有烟酸，犬、猫每千克体重0.2～0.6 mg，口服，3次/d。口服新型降血脂药苷糖脂片，1片/d，服用1周。口服降胆灵，0.5～4 g/次，3或4次/d。中药血脂康对治疗混合性高脂血症较好。犬口服或静脉注射琉酰

甘氨酸 100~200 mg/d,连用 2 周,血脂药物副作用较多,应用时要注意。

(四)仔犬痛风症

痛风症是由于仔犬体内嘌呤代谢障碍所产生的一种疾病。大量的尿酸在血液中蓄积,导致关节囊、关节软骨、内脏和其他间质组织尿酸盐沉积,临床上以关节肿胀、变形,肾功能不全和尿石为病症。多发于 1~3 月龄幼犬。

1.病因

该症主要是因为饲喂了大量的动物内脏、肉屑、鱼粉、大豆粉等富含核酸蛋白质的食物、日粮中维生素 A 缺乏、内服大量磺胺类药物损害肾脏及某些传染病、寄生虫病、中毒病等均可继发本病。

2.症状

该症多取慢性经过,主要症状为精神沉郁,食欲减退,消瘦,被毛蓬乱,行动迟缓,周期性体温升高,心搏加快,气喘,血液中尿酸盐升高。

(1)关节型痛风 表现为运动障碍、跛行,不能站立。关节肿大,病初肿胀软而痛,以后逐渐形成疼痛不明显的硬结性肿胀。结节小如蓖麻籽,大似鸡蛋,分布于关节周围。病久者,结节软化破溃,流出白色干酪样物,局部形成溃疡。

(2)内脏型痛风 表现为营养障碍,下痢,消瘦,增重缓慢。

3.治疗

依据饲喂动物性食物过多,关节肿大,关节腔或胸腹腔内有尿酸盐沉积,可做出诊断。关节内容物检验,呈紫尿酸铵阳性反应,显微镜检查可见细针状或放射状尿酸钠晶粒。或将粪便烤干,研成粉末,置于瓷皿中,加 10% 硝酸溶液 2~3 滴,待蒸发干涸,呈橙红色,滴加氨水后,生成紫尿酸铵而呈紫红色。

尚无有效治疗方法。关节型痛风,可手术摘除痛风石。

(1)急性期 吡罗昔康 20 mg,每 12 h 1 次,3~4 d 症状可缓解;缓解后改为每天 20 mg,症状消失后停药;或保泰松首次剂量 200 mg,以后100 mg/次,6 h 1 次,直至症状缓解。上述药物无效者,可用泼尼松,每千克体重 2mg,口服。

(2)慢性期 用排尿酸药,丙磺舒 0.5 g,口服,

每天 2 次;或苯溴马隆,第 1 天 25~100 mg,以后维持量 50 mg,隔日 1 次。抑制尿酸合成药,别嘌呤醇 100 mg 口服,每天 2~4 次,维持量 100 mg/d。平时饲喂富含维生素 A 和低蛋白质食物。

(五)不耐乳糖症

不耐乳糖症是消化吸收不良综合征之一,是指未消化的乳糖存在于大肠中而导致的胃肠道不适症状。本病随年龄的增长而增多,成年犬、猫多发。

1.病因

由于犬肠黏膜的乳糖分解酶先天或后天性缺乏,食物中的乳糖不能被消化分解而进入下段肠道,形成高渗状态或异常发酵,导致腹泻。

仔犬断乳后,乳糖酶活性迅速降低,不耐乳糖症的发生明显增加,特别是平时不常喝牛奶的犬猫,食入牛奶每千克体重超过 20 mL 时,即会出现明显的症状。

2.症状

宠物食入牛奶后迅速出现腹泻、肠鸣及腹痛等。

3.治疗

根据病史和临床症状,可做出诊断。停止饲喂含有乳糖和乳制品的食物。先天性不耐乳糖症仔犬、猫,必须用不含乳糖的特制奶粉进行人工哺乳。

(六)蛋白质缺乏症

蛋白质缺乏症是指由于食物中蛋白质含量过低或消化吸收功能障碍而引起的疾病。

1.病因

对蛋白质的需要,按干物质计算,犬日粮一般要达到 21%~23%,猫日粮为 28%,泌乳母犬、猫的需要量更高。临床上常见的是一种或多种特定的氨基酸缺乏所致的蛋白质缺乏症。

2.症状

最明显的特征是生长缓慢,食欲减退,被毛粗乱,精神迟钝,可视黏膜苍白,消瘦,体质虚弱,免疫功能低下,乳汁减少。严重者出现腹水、水肿。

猫精氨酸缺乏,会失去对含氮化合物的代谢能力,形成高氮血症,表现为呕吐,肌肉痉挛,感觉过敏,共济失调和抽搐,重者会在几小时内死亡;

含硫氨基酸缺乏,导致牛磺酸缺乏,会引起视网膜局灶性糜烂,重者影响视力甚至失明。

3. 治疗

主要通过病史调查、临床症状和实验室检查做出诊断。提高食物中蛋白质含量,在宠物犬、猫日粮中添加蛋类、牛奶和动物肝脏等食品原料;对一般肉犬和工作犬,日粮配方中植物性蛋白质成分应占 12% ～ 15%,动物性蛋白质成分应占 6%～8%,猫食物中牛磺酸应占干物质的 0.1%,以保证蛋白质需要。

病情严重者,用 10% 葡萄糖溶液 250 mL,氨基酸注射液 100～250 mL,维生素 C 0.25～0.5 g,一次缓慢静脉注射。由消化吸收功能障碍引起的蛋白质缺乏,还应治疗原发病。

(七)幼犬营养不良

幼犬营养不良是指犬在出生到断奶期间因营养不足或机体消耗增加而导致的以发育不良、体格矮小、体重较轻、精神委顿、被毛粗乱等为症状的疾病。

1. 病因

幼犬在出生后 24 h 未能及时吃上初乳或食入初乳过少。见于窝出生仔犬过多、被雌犬遗弃、雌犬死亡,或由于母犬患乳腺炎、子宫炎或乳房发育不良等导致的泌乳减少而停止;也可见于母犬营养不良、过早断奶,或断奶后未能补充足量的代乳食物等饲养管理不当因素。

幼犬患有慢性消耗性疾病,见于结核病、绦虫病及胃肠道疾病等,使机体进食量不足,且体内消耗增加,从而产生营养不良。

幼犬长期营养不足,靠消耗体内脂肪和肌肉组织来维持机体正常机能,以致机体逐渐消瘦。

2. 症状

幼犬表现高音调且持续的吠叫,早期体重不增,以后体重逐渐减轻,皮下脂肪逐渐消失,管骨变短,头大而矮小。体温比正常略低,呼吸浅表,心音微弱,心律不齐,腹泻。严重者出现脱水、酸中毒、电解质平衡失调等症状。

营养不良的幼犬往往伴发维生素 A、B 族维生素及维生素 C 缺乏症,且易并发消化道和呼吸道疾病。

3. 防治

根据近期吃奶过少或体重减轻病史和特征性临床症状,可做出诊断。

首先,提供温暖良好的饲养环境,调整日粮配方及饲喂方式,饲喂全价食品,以满足幼犬的营养需要。同时,要规范幼犬饲喂、睡眠、玩耍和娱乐的时间。对母乳不足的幼犬,要添加乳品或寄养。合理补充蛋白质、维生素、能量物质和补充体液,提高幼犬的消化能力、吸收能力和机体抵抗力,防止继发病发生。

对症治疗:补充体液,用 5% 葡萄糖溶液静脉注射,或饲喂口服补液盐等。必要时,给予三磷酸腺苷等能量合剂或输入母犬的血液。增加肝类食品原料,口服或肌内注射维生素 A、B 族维生素等,以防止维生素缺乏。口服酵母片、乳酶生等,以增进食欲、促进消化吸收。

三、维生素代谢性疾病

维生素是犬、猫机体所必需的一类有机化合物。它们都是以本体形式或可被利用的前体形式,存在于天然食物中。犬、猫对维生素的需要量很少,常以 mg 或 µg 作为计量单位,但其生理功能却很大,缺乏或不足就会引起犬、猫发病,甚至死亡。宠物机体维生素缺乏或不足是一种渐进过程,长期轻度维生素缺乏,并不一定出现临床症状,但会使患病宠物呈现活动能力下降,对疾病的抵抗力降低等。因此,犬、猫食物中供给合理的维生素量,不仅可预防缺乏症的发生,而且也能不断增进健康水平。

(一)维生素 A 缺乏症

1. 病因

植物食品原料中不含有维生素 A,只含有其前体——类胡萝卜素,其中最早研究的是 β-胡萝卜素,1 分子 β-胡萝卜素在宠物机体内可形成 2 分子维生素 A。但与其他哺乳动物不同的是,宠物猫本身不能将植物中的 β-胡萝卜素在机体中转化成维生素 A,只能从动物性食物中获得维生素 A。含维生素 A 多的食物有动物肝脏、鱼肝油、蛋黄和鲜牛乳等。长期饲喂猫缺乏维生素 A 的食物,会发生维生素 A 缺乏症。犬大肠黏膜上的某些酶,能将 β-胡萝卜素转化成维生素 A,因此

犬维生素 A 缺乏症较少发生。但如果长期饲喂营养不全的单一饲料，或长期患慢性胃肠炎，影响维生素 A 吸收的犬，容易得维生素 A 缺乏症。

妊娠和泌乳期的犬、猫对维生素 A 的需要量增大，此时如果不增加供给量，不但使犬、猫易患维生素 A 缺乏症，而且还影响胎儿和幼龄犬、猫的生长发育和抗病能力。食物中脂肪能促进消化道对维生素 A 的消化吸收，而食物中蛋白质又有助于维生素 A 在血浆中的运输，当食物中脂肪和蛋白质缺乏时，也会导致维生素 A 缺乏症的发生。

2. 症状

成年犬、猫维生素 A 缺乏症表现为厌食、消瘦和被毛稀疏，进一步发展出现毛囊角化，皮屑增多，夜盲和眼干燥症，角膜变厚，混浊，结膜发炎，羞明流泪，有红色分泌物。由于鳞状上皮细胞变化，角膜表面干燥，发生溃疡，形成穿孔。检眼镜检查可见患宠的视神经乳头肿胀，视网膜上血管管径变小。

公犬、猫维生素 A 缺乏症：睾丸萎缩，精液中精子少或无。母犬、猫维生素 A 缺乏症：重症不发情，轻者虽然发情、妊娠，但易发流产或死胎，即使产下虚弱活仔，也易患呼吸道疾病，成活率也低。犬、猫产后还常见胎衣停滞。

产后不死的幼龄犬、猫，常常由于骨骼畸形，颅骨和椎骨变厚；枕骨大孔变窄，压迫小脑和脊髓。临床上呈现共济失调，震颤和痉挛，最后瘫痪。同窝幼仔均会发病，只是轻重不同。断奶后犬、猫的维生素 A 缺乏症通常多死于继发性呼吸道疾病。

3. 防治

参考成年和正在生长发育的幼龄犬、猫维生素 A 需要量，增加妊娠和泌乳期的犬、猫供给量，促进对维生素 A 的消化吸收。食物中添加适量的脂肪。猫 1 次肌内注射维生素 A 210 000 IU，可维持 4～6 个月维生素 A 的需要；如饲喂含有维生素 A 的动物肝脏，每周饲喂 1 或 2 次，就可满足对维生素 A 的需要量。犬、猫维生素 A 缺乏症的治疗为每天维生素 A 剂量为 400 IU/kg 体重，连续口服 10 d 为一疗程。

(二)维生素 D 缺乏症

1. 病因

由于宠物皮肤中的 7-脱氢胆固醇经紫外线照射后，能转变为胆钙化醇，即维生素 D_3，一般成年犬、猫只要保证有足够的紫外线照射，在通常饲喂食物条件下是不会发生维生素 D 缺乏症的。但长期采食缺乏维生素 D 的食物的犬、猫体内合成维生素 D 不足或发生慢性消化不良、寄生虫感染引起吸收障碍时，可能会发生维生素 D 缺乏症。

2. 症状

维生素 D，对骨骼形成极为重要，它不仅能促进钙和磷在肠道中的吸收，还可作用于骨骼组织，使钙、磷最终成为骨质的基本结构。如正在生长发育时的幼犬，维生素 D 缺乏时会发生佝偻病。幼猫不像幼犬那样易患缺乏维生素 D 性佝偻病。猫患佝偻病，主要原因是食物中钙含量不足或钙、磷比例不当，或较长期不晒太阳所致，而与食物中维生素 D 缺乏关系不大。

犬、猫出现异嗜症状，关节疼痛，步态强拘、跛行，呈现膝弯曲姿势、O 形腿、X 形腿，骨变形，关节肿胀。幼龄宠物的肋骨与肋软骨结合部肿胀，呈念珠状，胸骨下沉，脊柱骨弯曲。成年宠物上颌骨肿胀，口腔狭窄，咀嚼障碍，已发生龋齿和骨折。

3. 防治

首先要保证犬、猫充足的日光浴，加强运动。在食物中注意补充钙制剂。药物治疗时使用维生素 D 制剂：皮下或肌内注射 0.25 万～0.5 万 IU 维生素 D_2 钙注射液，或肌内注射 0.15 万～0.3 万 IU 维生素 D_3，也可口服鱼肝油。

(三)维生素 E 缺乏症

现在已知 4 种生育酚和 4 种生育三烯酚具有维生素 E 的生物活性，其中以 α-生育酚的生理活性最高，故通常以 α-生育酚作为维生素 E 的代表。α-生育酚是黄色油状液体，属于脂溶剂，对热和酸稳定，对碱不稳定，可缓慢地被氧化破坏。因此，在酸败的油脂中往往遭到破坏。α-生育酚广泛地分布于所有绿色植物组织中，尤其是棉籽油、花生油和芝麻油中含量最多。在肉、奶油、奶、蛋及鱼肝油中也都含有此种维生素。

1. 病因

维生素 E 是一种抗氧化剂，保护食物和宠物机体中脂肪，保护并维持骨骼肌、心肌、平滑肌以及外周血管系统结构完整性和生理功能。另外，还与提高免疫功能、生殖和神经有关。维生素E的生理功能与微量元素硒有密切关系,它的需要量与动物食物中不饱和脂肪酸含量呈正相关,食物中不饱和脂肪酸含量增多,如饲喂含不饱和脂肪酸多的金枪鱼,维生素E的需要量也多。酸败的脂肪会破坏维生素E,故犬、猫应避免食用这类变质性食物。

2. 症状

犬缺乏维生素E时会引起骨骼肌萎缩,公犬睾丸生殖上皮细胞变性,母犬难以妊娠。猫缺乏维生素E时,尤其是当食物中含有大量不饱和脂肪酸时,将引起体内脂肪变性,变质变硬,称为脂肪组织炎或黄色脂肪病。

患黄脂病的猫,多见于母猫,平均年龄2.5岁,一般表现食欲不振,无精神,发热,嗜睡。严重时因皮下脂肪发炎,手抓甚至抚摸皮肤时有明显的疼痛反应;比可感知皮下结节状的脂肪或纤维素性沉淀物,尤其在腹股沟区多见,在X片中皮下组织可见斑点状,通常发生中性粒细胞明显增多的核左移;有时发生低蛋白质性腹水。

3. 防治

注意营养平衡,避免猫过量食用含不饱和脂肪酸过多的鱼类。每天坚持口服维生素E 30 mg/kg体重,至临床症状消失。初期作为支持疗法也可给予皮质激素。

(四)维生素K缺乏症

1. 病因

犬、猫维生素K缺乏症见于抗凝血药物香豆素,此药与维生素K有拮抗作用。磺胺类药物也具有抗凝作用,因此使用磺胺类药物时,可大大增加维生素K的需要量。抗生素药物会抑制动物肠道中微生物群合成维生素K的能力,使其需要量也增加。另外,犬、猫患球虫病和其他寄生虫病时,也会增加维生素K的需要量。健康犬、猫像其他哺乳动物一样,在其小肠中微生物群合成的维生素K量可满足机体的需要,因此很少发生缺乏症。

2. 症状

食欲减退,体弱,贫血,皮下、肌肉和鼻出血,粪尿带血,伤口或溃疡面难以愈合。严重者,出现重度贫血,眼结膜苍白,皮肤干燥。血红蛋白含量和红细胞总数减少。

3. 治疗

注意补充富含维生素K的绿色食物。缺乏时可用维生素K_1,肌内注射10~20 mg,或维生素K注射液10~30 mg,12 h 1次。

(五)维生素B_1缺乏症

1. 病因

宠物维生素B_1摄入不足会导致缺乏症。犬、猫饲喂生鱼和软体动物,会发生维生素B_1缺乏症,这与某些鱼类和软体动物的内脏中含有硫胺素分解酶,可分解硫胺素有关。另外,妊娠后期、泌乳期间和生病高热时,由于维生素B_1需要量增多,也易发本病。

2. 症状

临床上症状呈现食欲不振,呕吐,脱水,体重减轻;严重时伴有多发性神经炎,心脏机能障碍,以及由于脑白质及脊髓出血而发生惊厥,共济失调,麻痹和虚脱,最后心力衰竭死亡。

3. 治疗

早期,宜口服维生素B_1制剂,犬10~100 mg/d,猫5~30 mg/d,疗效明显。严重病例,由于大脑受损,疗效较差。

(六)维生素B_2缺乏症

1. 病因

犬、猫小肠内微生物群能合成部分动物机体需要的维生素B_2,饲喂高碳水化合物低脂肪性食物更有利于其合成维生素B_2,食物中含量不足或吸收障碍可导致缺乏症的发生。

2. 症状

宠物维生素B_2缺乏时,表现厌食、消瘦、脱毛、结膜炎以及角膜混浊,甚至发生白内障。后腿肌肉萎缩,睾丸发育不全等,重症病例也会死亡。有的表现为口炎、阴囊炎。

3. 防治

口服维生素B_2,犬10~20 mg/d,猫5~10 mg/d,或者皮下注射复合维生素B_2。

（七）泛酸缺乏症

1．病因

泛酸正像它的名字那样，广泛地存在于自然界和多数动植物组织中，肠道内细菌也能合成泛酸，所以犬、猫一般不发生泛酸缺乏症。

2．症状

犬、猫缺乏时，临床上表现为生长发育迟缓，胃肠机能紊乱，胃炎、肠炎，甚至溃疡；发生低血糖症、低氯血症，血浆尿素氮浓度升高，昏睡甚至死亡，死后剖解可见脂肪肝；在犬还出现脱毛。

3．防治

饲喂全价食品，投予复合维生素。给予干酵母、乳酶生、胰酶、胃蛋白酶等助消化药。犬、猫严重缺乏时，可口服泛酸 0.055 mg/kg 体重。

（八）烟酸缺乏症

1．病因

长期饲喂缺乏烟酰胺的食物，妊娠、高热、发育、感染等会使机体对其需要量增加，从而导致缺乏症的发生。在犬和其他哺乳动物体内，能将色氨酸转化为烟酸，猫却无这种能力。因此，在猫食物中即使含有色氨酸，也会发生烟酸缺乏症。

2．症状

犬、猫烟酸缺乏时，无食欲，常发生口腔黏膜炎和溃疡，往往从口中流出大量黏稠带血的唾液，呼出气恶臭。犬烟酸缺乏时综合表现为黑舌病。有的病例发生糙皮病，表现对称性皮肤炎，界限明了，在容易受到刺激的颈部、肘部及会阴部多发。严重的缺乏症，发生水样腹泻、红斑性皮肤炎及脂溢性皮肤炎，甚至会引起死亡。

3．防治

犬口服烟酰胺 50～100 mg，每天 2 或 3 次；或 10～15 mg，每天 2 或 3 次皮下或肌内注射。猫每天 2～5 mg 口服或注射。多给动物性蛋白质饲料，必要时控制感染。

患病宠物使用大剂量烟酸治疗，会引起中毒。但烟酰胺毒性较低，可大剂量用于治疗。中毒时表现为血管扩张、瘙痒症、皮肤热感发红。

（九）维生素 B_6 缺乏症

1．病因

通常情况下不会发生维生素 B_6 缺乏，但每天摄取的维生素 B_6 在成年犬每千克体重不足 22 μg，幼犬不足 44 μg 的情况下，以及慢性腹泻造成呼吸不良，妊娠时需要量增加，或使用具有拮抗维生素 B_6 作用的药物，如异烟酸、异烟肼等，都会发生维生素 B_6 缺乏症。此外，由于维生素 B_6 参与蛋白质代谢，凡饲喂高蛋白质食物，宠物对维生素 B_6 的需要量都会增多，因而也易发生维生素 B_6 缺乏症。

2．症状

幼犬、猫发育不良，成年犬、猫体重减轻。由于缺铁使血红素合成障碍，发生小红细胞低色素性贫血。临床上表现有神经症状，过敏反应，胃肠障碍，痉挛，口内炎，舌炎，口角炎等症状。眼睑、口唇周围和颜面等部位易发生瘙痒性红斑性皮炎及脂溢性皮炎。幼犬缺乏维生素 B_6 导致发育不良。成年犬缺乏时，食欲减退，体重减轻。猫由于草酸钙结晶在肾小管内沉积，会发生不可逆性肾损伤。血清铁含量升高，达 300～400 μg/dL。尿中出现黄尿酸。肝、脾及骨髓可见含铁血黄素沉积。

3．防治

食物中添加肉类、肝脏和酵母粉等。缺乏严重的犬、猫，可肌内注射维生素 B_6 注射液 10～30 mg，然后用片剂每千克体重 1～5 mg，每天 2 或 3 次，连用 10 d。

（十）生物素缺乏症

1．病因

使用大量抗生素、磺胺类药物或抗球虫药后，抑制了肠道中微生物生成生物素或增饲犬猫大量生鸡蛋蛋白时，由于其中含有抗生物素蛋白，能与食物或肠道中生物素牢固结合，使其丧失活性，这时宠物有可能发生生物素缺乏症。

2．症状

缺乏的早期阶段，出现鳞状性皮肤炎；生长发育受阻，身上有臭味，后躯麻痹。猫长期饲喂生鸡蛋后，会出现食欲不振，眼睛和鼻子有干性分泌物和唾液增多；衰弱，腹泻，进行性痉挛，后躯麻痹，后期出现明显消瘦和血便。

3．防治

抗生物素蛋白对热较敏感，用煮熟鸡蛋饲喂犬猫，就可避免生物素缺乏症。治疗每天 7～30 mg，口服或肌内注射。

（十一）叶酸缺乏症

1．病因

犬、猫肠道中微生物群能合成足够的叶酸供其需要，因此，通常不易发生叶酸缺乏症。当犬、猫大量出血或长期吸收不良，或服用大量抗生素和磺胺类药物，抑制了肠道中微生物群合成叶酸时，才会发生叶酸缺乏症。叶酸能通过胎盘传给胎儿，因此，妊娠后期犬、猫只要不缺乏叶酸，所生幼龄犬、猫通常不会发生叶酸缺乏症。

2．症状

宠物叶酸缺乏时，临床上除出现厌食和体重减轻外，还会出现大红细胞性贫血现象，白细胞总数减少，血凝时间延长、骨髓形成不全、舌炎等。

3．防治

注意日粮结构调整，增加酵母、青绿蔬菜、豆类等富含叶酸的成分。在使用鱼粉或油浸豆饼，服用磺胺等抗菌药物时，可适当增加叶酸的供给量。犬、猫严重缺乏叶酸时，可口服叶酸盐，犬每天每只 5 mg，猫 2.5 mg。同时，给予维生素 C 和维生素 B_{12} 制剂，以减少叶酸消耗。

（十二）维生素 B_{12} 缺乏症

1．病因

犬、猫对维生素 B_{12} 需要量都较少，一般不会发生维生素 B_{12} 缺乏。在有钴存在的条件下，其肠道中微生物群可合成维生素 B_{12} 以满足需要。犬、猫食物中含蛋白质多时，维生素 B_{12} 可通过与内因子糖蛋白结合而被吸收，再运送到所需要的组织中去。

2．症状

维生素 B_{12} 缺乏对机体内的所有细胞都会产生影响，尤其对细胞分裂快的组织影响最为严重，如影响骨髓的造血组织，使之产生巨幼红细胞，从而引起恶性贫血。神经组织也会受到影响而引起神经纤维变性，出现食欲不振、异食癖和渐进性消瘦，甚至恶病质。

3．防治

维生素 B_{12} 常和其他 B 族维生素同时缺乏，防治时最好应用多种 B 族维生素。维生素 B_{12} 用量为每天 10 μg。

四、矿物质代谢性疾病

犬、猫机体中的各种元素，除碳、氢、氧和氮以碳水化合物、脂肪和蛋白质等有机形式存在外，其他各种元素统称为矿物质。矿物质是构成宠物机体组织和维持正常生理功能所必需的重要元素。犬、猫的矿物质代谢，由于无机盐在食物中分布较广，通常都能满足其机体的生理需要。但在特殊地理环境中或其他特殊条件下，也有可能发生矿物质代谢性疾病。

（一）钙和磷代谢病（骨软症、佝偻病）

食物中钙、磷不足或比例失调，或阳光照射不足及维生素 D 缺乏，引起的幼犬骨组织钙化不全，骨质疏松、变形的疾病称为佝偻病。如果发生在成年犬，称为骨软病。

1．病因

主要原因是食物中钙、磷不足或钙、磷比例失调。食物中理想的钙、磷比例，犬是(1.2～1.4)∶1，猫为(0.9～1)∶1，并占日粮总成分的 0.3%。尤其要注意磷含量过多，如大量饲喂动物肝脏，引起的钙、磷失调。生、熟肉中都含钙较少，且钙、磷比例为 1∶20，所以用去骨骼的鱼或肉喂犬猫时容易发生钙缺乏。

维生素 D 摄取不足或长期阳光照射不足，也影响钙的吸收。生长发育期的幼龄犬猫，妊娠和哺乳犬猫对钙需要量大，如不注意钙的供给，也可发生钙缺乏。此小肠内 H^+ 浓度升高，由于酸性物质和钙生成不溶性的钙盐而导致钙不能吸收。食物中金属离子（铁、镁、锶、锰等）过剩，与磷酸根形成不溶性的复合磷酸盐，影响钙、磷的吸收。慢性消化障碍及寄生虫病，食物中蛋白质不足或锰含量过高慢性维生素 A 中毒、慢性肾机能不全等，也能直接或间接影响钙、磷代谢，导致该病的发生。

2．症状

本病在 1～3 月龄的幼犬容易发生。初期表现不明显，只呈现不爱活动，逐渐发展表现关节肿胀，前肢腕关节变性疼痛；四肢变性，呈外弧或内弧姿势。病犬喜卧、异嗜。病犬站立时，四肢不断交换负重，行走跛行；头骨、鼻骨肿胀，硬腭突出，

牙齿发育不良，容易发生龋齿和脱落；肋骨扁平，胸廓狭窄；肋骨和肋软骨结合部呈念珠状肿胀，两侧肋弓外翘；异嗜及胃肠卡他，排绿便；有时不能站立，体温、脉搏、呼吸一般无变化。犬缺乏时，还常伴有甲状腺功能亢进。产后母犬缺钙，常于产后10～20 d发生产后抽搐。病犬血清检验，佝偻病表现低钙和低磷，碱性磷酸酶活性显著升高。骨软症表现低钙、高磷和碱性磷酸酶活性显著升高。

青年猫钙缺乏时，病初表面上看起来健康，随病势发展逐渐出现不爱活动，喜卧，讨厌人们捉它，最后表现跛行和轻瘫。严重缺钙的幼猫，腰荐部凹陷。X射线照片检查，骨骼显出结构疏松，骨髓腔扩大，骨骺的骨小梁稀疏和粗糙。肩胛骨弯曲外展，形成翼状肩胛，骨骺和脊柱易发生骨折。猫食物中钙和磷比例失调，还有可能引起泌尿系综合征。

3.防治

（1）注意饲养管理　增加日光浴，尽量多晒太阳，多做运动。如粪便中发现寄生虫或虫卵时要驱虫。腹泻时需要给予健胃助消化药，同时还应给予品质优良的蛋白质原料。为了防止钙和磷比例不当，犬猫每饲喂100 g鲜肉，添加碳酸钙0.5 g；每100 mL牛奶添加碳酸钙0.15 g。猫食物中添加5%～10%骨粉，可满足猫对钙的需要量。

（2）补充维生素D制剂　可一次口服或肌内注射维生素 D_3，每次每千克体重1 500～3 000 IU。注意不要造成维生素D过剩。原料中添加鱼肝油，每天用量为每千克体重400 IU。

（3）补充钙制剂。如骨粉、鱼粉等，根据每千克体重用0.5～5 g，拌食饲喂。口服碳酸钙，每千克体重1～2 g，每天1次；或口服乳酸钙每次0.5～2 g。维生素D胶性钙注射液，每次0.25万～0.5万 IU，肌肉或皮下注射。也可静脉注射10%氯化钙或10%葡萄糖酸钙液，犬10～30 mL，猫5～15 mL，注射时速度宜慢，每日1次，连用3次，病情严重者可连续静脉注射或腹腔注射2～4次葡萄糖酸钙，并给予头部冷敷。

（二）镁代谢病

1.镁缺乏症

镁普遍存在于各种食物中，富含叶绿素的蔬菜是镁的主要来源。宠物正常饲喂情况下，不会发生镁缺乏症。但宠物食物过于单一或在发生慢性腹泻使镁排出过多时，会发生镁缺乏症。镁缺乏时表现生长发育迟缓，爪外展，甚至掌骨和跖骨也外展、增长，软组织钙化，长骨骨端外缘扩大。缺镁还表现为对外界反应过于敏感，耳竖起，行走时肌肉抽动，严重时发生惊厥。

2.镁中毒症

镁中毒主要表现为采食量减少，呕吐，生长速度下降，腹泻，甚至昏睡。应用含大量镁食物饲喂猫时，会发生猫泌尿系统综合征，特征为排尿困难、血尿、膀胱炎及尿道阻塞，其固体结晶为磷酸铵镁。预防方法：一是降低食物中镁含量，干(性)食品中镁含量应低于0.19%；二是给予利尿剂。在每100 g猫干食物中加3.5 g氯化钠，可增加猫的饮水量，使排尿量增多以降低尿中镁浓度。同时由于尿中氯离子增多，抑制尿道中磷酸铵镁的形成，可杜绝或减少猫泌尿系统综合征的发生。

（三）铁代谢病

1.铁缺乏症

多种因素可影响食物中铁的吸收。通常植物性食物中，由于其中含有较多的植酸盐、草酸盐等，将影响铁的吸收；动物性食物中蛋白质具有促进铁的吸收作用，但牛奶、奶酪和蛋类则无此作用。犬、猫长期食用牛奶或奶制品，或体内外寄生虫和慢性出血等，都可引起铁缺乏症。使用肉类饲喂犬、猫，则不易发生铁缺乏症。犬、猫铁缺乏时表现无力和容易疲劳。发生小红细胞低色素性贫血、红细胞大小不同症、异形性红细胞增多症。

2.铁中毒症

使用过多铁，尤其是毒性较大的二价铁饲喂犬、猫，易发生铁中毒。犬中毒后表现厌食、体重减轻、低蛋白血症和胃肠炎。幼龄动物铁过剩，特别是在缺乏维生素E和硒的情况下会发生死亡。

（四）铜代谢病

1.铜缺乏症

饲喂犬、猫食物中都含有铜。铜的缺乏主要是因为锌、铁或钼的过剩，表现与钙缺乏症同样的发育迟缓、骨病变、异嗜。铜缺乏时，尽管铁含量正常，仍能引起贫血，此外，犬还发生被毛褪色和腹泻等，猫不发生。由于铜缺乏常可使含铜酶活性减弱，从而导致骨骼胶原的坚固性和强度降低，发生犬、猫骨骼疾患。深色被毛的宠物缺铜时，眼睛周围毛发变淡、变白,状似戴白边眼睛,故有"铜眼镜"之称。

2.铜过多症

食物中铜浓度过高时,也能引起贫血,这是由于铜和铁在小肠吸收中竞争的结果。犬具有一种特殊性缺陷,就是肝脏铜储量过多,引起铜中毒。中毒症状为肝炎、肝硬化,并且还能遗传给下一代。急性铜中毒犬、猫会出现呕吐,粪及呕吐物中含绿色或蓝色黏液,呼吸加快。后期体温下降,虚脱,休克,严重者在数小时内死亡。

(五)锰代谢病

1.锰缺乏症

锰元素也是犬、猫所必需的矿物元素。锰主要来源于植物性食物,动物组织中锰含量极低。锰缺乏主要原因是食物中长期缺锰。另外,日粮中含有过多的钙、铁、钴等时,也会拮抗锰的吸收和利用,造成锰缺乏。犬、猫缺乏锰时,由于不能激活一种或多种酶参与生化反应,从而引起宠物生长停滞,骨骼变形,关节肿大,生殖机能紊乱,抽搐,强直,不爱活动,以及新生宠物运动失调等。

2.锰中毒症

锰虽是一种毒性极低的微量元素,猫一旦食入过量也能引起锰中毒。泰国猫锰中毒,表现生殖力降低和局部皮肤白化病。另外,食物中过多锰在消化道内,还能与铁竞争吸收,使铁吸收减少,影响血红蛋白的生成。

(六)锌代谢病

1.锌缺乏症

一般蛋白质食物中锌含量较多,海产品是锌的主要来源,奶类和蛋类次之。饲喂过多的植物性蛋白质时,宠物对锌的需要量会增多。食物中高钙也会减少犬对锌的吸收。用高钙性食物饲喂幼犬,幼犬表现为厌食,生长缓慢,个体小,趾垫增厚龟裂,脸、四肢和身上有痂片和鳞片损伤。

锌缺乏症的主要临床表现是食欲不振,体重减轻,发育迟缓,呕吐,全身被毛稀疏,皮屑性皮炎,被毛脱色,睾丸发育不全,创伤愈合能力下降,精神沉郁及末梢淋巴疾患。成年犬、猫缺乏锌时,发生被毛粗糙,眼、口、耳、下颌、肢端、阴囊、包皮和阴门周围出现厚的痂片和鳞片,睾丸萎缩,身体局部色素沉着过多。治疗时使用硫酸锌,每千克

体重每天 10 mg,2 周后才有疗效。口服、注射或皮肤涂擦锌制剂也可治疗锌缺乏症。

2.锌过多症

食物中锌含量过多,虽对宠物毒性不大,但可影响宠物对食物中铜和铁的吸收和利用。实验证明:每 100 g 干食物中,锌含量超过 30 mg 时,才会影响宠物对食物中铁和铜的吸收。

(七)碘代谢病

1.碘缺乏症

碘缺乏时,使甲状腺代偿性机能增强,导致腺体增生,即发生甲状腺肿。甲状腺肿是宠物碘缺乏的主要症状。长时间碘缺乏,甲状腺活力严重降低,可使正在生长发育的犬、猫发生呆小病,使成年犬、猫出现黏液水肿。临床出现被毛短而稀疏,皮肤硬厚脱屑;精神迟钝、呆板、嗜睡,钙代谢发生异常。成年母犬、母猫不易妊娠或妊娠后胎儿被吸收。发生碘缺乏症时,应立即采取补碘措施:碘化钾或碘化钠 0.2~1 g,口服,每天 1 次,连用数日。

2.碘中毒症

甲状腺活力降低的猫,碘给予量过大(高于正常量 50 倍)会引起碘中毒,出现呼吸和脉搏增快、厌食、体温升高和消瘦。有的产生急性类碘缺乏症,这是由于食入大剂量的碘损伤甲状腺激素合成的结果。

(八)硒代谢病

1.硒缺乏症

硒是维持机体正常生理功能的微量元素。研究表明:硒与铅、镉和汞呈拮抗作用。硒缺乏的宠物,对食物中铅、镉和汞的敏感性升高,易发中毒。硒的主要来源是肝脏、肾脏和海产品,谷物中的硒含量随其地区土壤硒含量而定。犬发生硒缺乏症,骨骼肌和心肌变性,出现白肌病和心肌病。其他宠物缺乏时,发生生殖力紊乱和心性水肿。治疗时,可用 0.1% 亚硒酸钠溶液 0.5~1 mL/次,肌内注射,犬每间隔 2~3 d 再注射 1~2 次。

2.硒中毒症

硒的毒性较大,食入过多可引起中毒。硒的生理需要量和中毒量之间差异较小,因此,食物中添加硒时,应特别注意。其他动物的资料表明,硒过剩会发生神经质,食欲不振,呕吐,衰弱,运动失调,呼吸困难,以及肺水肿后数小时到数日内死亡。

【项目总结】

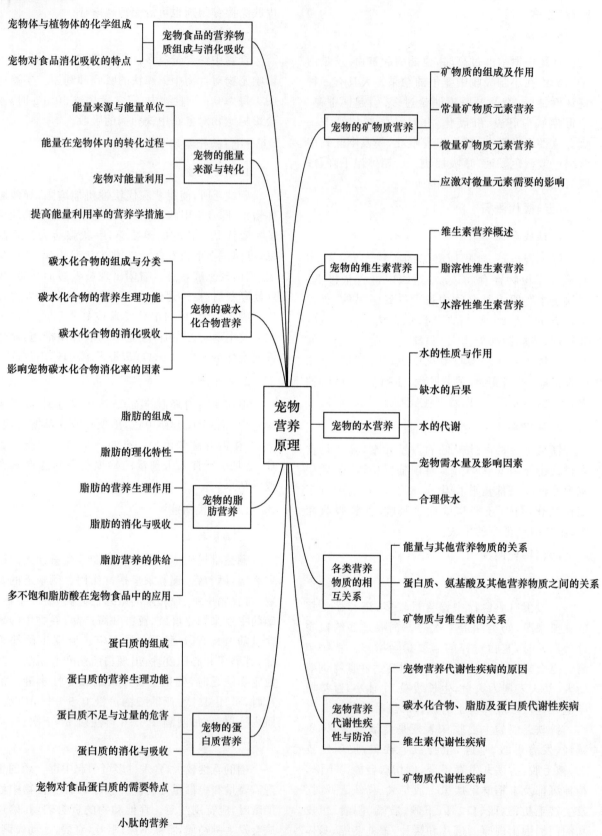

项目二

宠物食品原料

【项目描述】

宠物食品是饲养宠物的物质基础,食品成本占饲养成本的70%以上。本项目主要对应原料采购、验收和食品加工等岗位,学生通过学习,能够了解宠物食品原料的营养特点,能科学地选用能量原料、蛋白质原料和食品添加剂等,同时为食品配方设计、食品加工生产技术、食品品质检测等后续项目学习奠定基础。

【知识目标】

- 了解各种常用宠物食品原料的营养特点。
- 掌握常用食品原料的感官特征。

【技能目标】

- 能够合理使用各类食品原料。
- 能较准确描述宠物食品的外观特征和营养特征,并根据外观特征初步判断食品原料质量的优劣。
- 能够根据宠物的营养特点选择适合的宠物食品。

【思政目标】

- 能够用辩证思维正确认识宠物食品原料的营养特点,科学利用宠物食品原料。
- 开发非常规食品原料,培养创新精神。

任务 2-1 概述

【任务描述】宠物食品是宠物饲养的物质基础,宠物食品原料的种类很多,分布甚广,各种宠物食品原料的营养特点与利用价值也各不相同。为了科学合理地利用、开发宠物食品原料资源,有必要熟悉不同种类宠物食品原料的外观特征和营养特性。

一、宠物食品发展历史

(一)宠物食品起源

1860年,有一位美国电器师James Spratt,他怀揣着大包小包的避雷针,不远万里来到英国,在英国街头推销,试图开辟出他的避雷针市场。偶然间,他看到自己在轮船上没有吃完的饼干被狗

一一吃光,而且狗还很爱吃。他突发灵感,于是迅速拿来面粉、蔬菜和肉,加上水,搅和在一起。就这样,世界上第一款专门为宠物犬设计的宠物食品隆重问世了。尽管当时的生产设备是简陋的、生产工艺是粗浅的,但这并没有阻挡他最终成为"宠物食品之父"。

(二)宠物食品在美国的发展

1922 年,在 James Spratt 的祖国美国,大批量工业化的宠物罐头食品上市热销。1957 年,世界上第一袋膨化狗粮诞生,从此,经过膨化工艺制造出的宠物食品以营养全面均衡、饲喂方便、节约时间等绝对优势占据了宠物食品的主要地位。30年后,1987 年美国仅在超级市场销售的犬粮就达到了 27 亿美元,销售量为 264 万 t。

20 世纪中后叶是宠物食品在美国乃至欧洲各地快速发展的阶段。21 世纪初,宠物食品与宠物相关行业已经完成了在美国与欧洲的起步与发展阶段。2001 年,宠物为美国经济创造了 276 亿美元的消费,美国每年仅宠物保险业收入就高达 40 亿美元;在瑞典,有 57% 的养狗者为自己的爱犬购买宠物保险,这里所说的保险绝不含类似"交强险"之类的强制保险,完全属于宠物爱好者自愿购买;澳大利亚,宠物食品及相关行业从业人员超过 3 万,创造出 6% 的国内生产总值。

(三)宠物食品在中国的发展

随着改革开放的深化,国民生活水平逐步提高,对精神生活有了更高层次的追求,宠物热在中国悄然兴起,宠物食品及相关行业初具雏形。

21 世纪初期,随着社会经济的快速发展,中国宠物饲养数量快速增长,与宠物相关的行业也得到了很大发展,但对应的行业协会发展却相对滞后。宠物食品相关的行业标准不够细化,加之专业人才的缺乏、市场的无序竞争、法制观念的淡薄和管理的不规范,导致很多厂家的产品在质量和性能上差异较大。因此,市场上销售的宠物食品主要是国外品牌,国内的宠物食品质量参差不齐。

随着人们可支配收入的增长,国内的宠物市场又进入了一个新的发展阶段,宠物食品作为宠物饲养的物质基础,必然有着更广阔的发展空间。

二、宠物食品种类

宠物食品,严格来讲是指经工业化加工、制作的用以饲喂宠物的食品。从广义上讲,合理饲喂条件下能被宠物采食、消化、吸收、利用且无毒无害的物质,皆可作为宠物食品。宠物食品习惯上是指在市场上出售并可以直接用来饲喂宠物犬、猫的产品,即犬粮、猫粮。在食品工业上,以一种动物、植物、微生物或矿物质等为来源的食品称为食品原料或单一食品。

宠物食品是按照宠物的不同种类、不同生理阶段、不同营养需求而设计的,将多种原料按照科学配比而制成的专用于宠物的食品,为宠物生长、发育、健康提供基础营养物质。进入 21 世纪后,伴随社会经济的快速发展、城镇化发展步伐的加快,我国宠物数量急剧增加,科学喂养宠物的观念不断普及,宠物食品市场得到了快速发展。按照不同的分类依据,宠物食品可划分为不同类别。

(一)根据水分含量分为

按照宠物食品的水分含量(或形态),宠物食品可分为干(性)宠物食品、半湿(性)宠物食品和湿(性)宠物食品。

干(性)宠物食品是指水分含量低于 14% 的宠物食品,又称为干粮,顾名思义就是干的主粮,我们在平时经常谈到和见到的狗粮和猫粮,主要指的就是它。这种干粮是将诸多营养物质原料进行混合,然后经过膨化或者挤出成型,再经过烘干脱水、调味等工序制造出来的宠物专用食品。这类食品因其营养全面、均衡,保质期时间长,饲喂携带方便,价格实惠,被宠物主人广为接受和喜爱。干粮的优点有很多,首先干粮都是由专业的宠物营养师根据宠物自身的生理营养需求而设计的,里面含有宠物所需的蛋白质、维生素、矿物质等各种营养素,具有针对性强、营养科学全面、均衡的优点;另外,干(性)宠物食品具有水分含量低、易于保存、不易变质的优点,能够保证宠物的食品安全,避免宠物因为采食了过期、霉变、变质食物引发的各种疾病,同时干粮包装规格多种多样,可供应不同品种、不同年龄、不同体重、不同生长阶段的宠物的需要,便于携带。

干(性)食品使用简单可以干喂,即将它放在食盘中让宠物犬、猫自由采食,也可以加水调湿再喂。另外,饲喂干(性)宠物食品时,必须经常供给新鲜饮水。长期保存干(性)宠物食品要防止霉变和虫害。

半湿(性)宠物食品是指水分含量大于14%且低于60%的宠物食品。半湿(性)宠物食品市面上见的不是很多,一直处于一种不愠不火的市场状态。这类食品的原料与干(性)食品基本相同,但是水分明显高于干(性)宠物食品,一般在25%~35%,多来自添加的肉浆或者新鲜的肉制品,因此也会让半湿粮变得比较粘牙。当宠物吃了这类食物以后,食物残渣很容易因为"黏性"而残留在口腔中、牙齿上,长期以来会造成比较严重的牙垢和口腔疾病。

市场上,半湿(性)宠物食品多采用密封袋口、真空包装,不需冷藏,能在常温下保存一段时间而不变质,但保存期不宜过长。打开后应及时饲喂,最好尽快喂完,不能放置,以免腐败变质,尤其是在炎热的夏季,打开后更应及时饲喂。一般,半湿(性)宠物食品都是独立包装,每包食品的量是以一只(头)宠物一餐的食量为标准,因此,也受到一些宠物主人的青睐。以干物质重量为基础进行比较时,通常半湿(性)宠物食品的价格介于干(性)食品和湿(性)食品之间。

湿(性)宠物食品是指水分含量不低于60%的宠物食品,如宠物罐头、宠物肉酱(汤)、宠物营养粥等。

市面上,湿(性)宠物食品多见为罐装食品。罐装食品可分为两类:一类是营养全价的罐装食品,即全价食品型,这种食品常常包含各种原料,如谷类及其加工副产品、精肉、禽类或鱼的副产品、豆制品、脂肪类、矿物质及维生素等。另一类是作为食品的补充,以罐装肉或肉类副产品的形式用于医疗方面的食品。这种罐装食品通常是指以某一类原料为主的单一型罐头食品,多以肉类组成的罐装肉产品较为常见,如肉罐头、鱼罐头、肝罐头等,即全肉型。此类食品不含维生素或矿物质添加剂。这种食品不是为了提供宠物所需全面营养而配制的,只是用作食品的一种补充,或用于医疗方面,以保证宠物日粮的全价与均衡。

一般可根据饲养犬(或猫)的口味及营养需要,选择和搭配罐装型食品。罐装型食品使用方便,罐头打开后应及时饲喂,开罐后不宜保存。夏天开启后的罐头,必须放入冰箱保存,如果发生变质,不能饲喂。

多数情况下,干(性)食品被推荐为首选,但对于处于疾病状态,或康复阶段的宠物,普遍食欲不振,对食物兴趣不高,或者说嗅觉灵敏度下降,干粮因为较低的水分含量,而使得自身的气味并不能很好地散发出来,从而影响了食物对宠物的诱惑力,所以建议选择湿粮罐头。罐装食品由于其加工成本较高,因而价格也较高,但对于那些喂养过分挑剔的宠物的主人依然具有很强的吸引力。

(二)按营养成分和用途分类

按照所含的营养成分和用途,宠物食品可分为全价宠物食品和补充性宠物食品。

全价宠物食品是指除水分以外,所含营养素和能量能够满足宠物每日营养需要的宠物食品,可以直接饲喂宠物。

补充性宠物食品是指由两种或两种以上宠物原料混合而成的宠物食品,但由于其营养不全面,需和其他宠物食品配合使用才能满足宠物每日营养需要。包括各类宠物零食(如饼干、肉棒、干肉条、香肠、牛奶骨、咬胶等)、宠物保健品(如宠物护理用品和处方食品等)。宠物零食、保健品等产品因营养价值各有侧重,在饲喂上不能替代典型宠物日粮。但随着经济水平的发展,宠物零食等非典型宠物食品的市场逐步扩大。

宠物零食就是专门为宠物推出的零食,和人类的零食一样,也是除了宠物全价食品以外,可以给宠物增加日常生活里一些娱乐,具有高吸收性、高适口性的宠物食品。相对于其他宠物,宠物犬的零食较为常见。

市场上,宠物零食种类繁多,不同类型的零食也有不同的功能和特点。如肉干类,几乎是宠物犬最喜欢吃的零食。以鸡肉干为主,其次是牛肉的居多,还有鸭肉的。这类零食主要利用冻干技术或者是烘干的办法,再经过真空包装,在保证了食物色、香、味的情况下,也不缺失食材本身的营养。再如饼干类,有清洁口腔的作用,可以帮助减少口腔的异味、牙结石,而且饼干一般都制作得很香,也具有营养均衡的特点,建议食欲不好的宠物食用。此外还有洁齿磨牙类,以及湿粮辅食类。

总之,适宜的零食能够增加宠物食欲,还有洁齿磨牙以及训练互动等辅助功效。

随着宠物主人生活水平的提高,宠物的生活质量也越来越得到重视,越来越多的宠物主人开始重视宠物的健康问题,各种宠物保健食品随之进入了宠物家庭。

宠物保健品就是根据宠物的生理状况等制定的营养调理品,这种食品有利于宠物的健康发育和成长,同时也可用于患病宠物的辅助治疗。

宠物保健品种类繁多,市场上的产品让人应接不暇,主要包括宠物护理用品、宠物健康用品、处方食品(保健食品)等。

宠物护理用品是指宠物被毛、耳、眼等日常护理及卫生、美容所需的物品。常见的有宠物香波、洁耳用品、除泪痕剂、除臭剂、空气清新剂、大小便训练液、去毛剂等。

宠物健康用品是指在宠物生长发育过程中,为满足宠物营养需要而在宠物食品之外饲喂的营养品,主要是矿物质和维生素。对于断奶较早的幼犬、幼猫、患胃肠炎或营养不良以及吃家庭自制食品的宠物,适量地补充宠物营养品是很有必要的。特别是处在生长发育期的宠物,补充营养势在必行。尽管人和宠物犬、猫同是哺乳动物,都需要蛋白质、脂肪、碳水化合物、矿物质和维生素等营养素,但由于体型大小、饮食卫生、机体代谢方面不完全一样,因此对于各种营养素的需要量也不相同。

处方食品是针对宠物健康问题而进行特殊营养设计的宠物食品,需要在执业兽医师指导下使用。

(三)按照宠物的种类与生理阶段分

可分为一般宠物食品和特种宠物食品。一般宠物食品专指犬粮和猫粮,也是目前宠物食品市场上最主流的产品。犬粮和猫粮又可根据动物品种、生理阶段等进一步细分为不同的产品。以犬粮为例,根据犬的体型细分为大型犬粮、中型犬粮和小型犬粮等;根据特定的生理阶段细分为幼犬粮、成年犬粮、妊娠期犬粮、哺乳期犬粮和老年期犬粮等;此外,还有专门针对特定宠物品种设计的专用犬粮,如金毛巡回犬专用犬粮、贵宾犬专用犬粮、吉娃娃犬专用犬粮等。猫粮的分类与之类似。特种宠物食品主要指除猫、犬以外的其他宠物的食品,如观赏鸟、观赏鱼、龟、蛇等宠物食品,目前占宠物食品市场份额较小。

犬幼年期和成年期的划分见表2-1。

表 2-1　犬幼年期和成年期的划分(GB/T 31216—2014)

成年时体重/kg	幼年期/月龄	成年期/月龄
≤5	<9	≥9
5～20	<12	≥12
20～40	<18	≥18
≥40	<21	≥21

全价宠物食品根据特定宠物的营养需要配制而成,其理化指标和卫生指标须满足相应的标准。如全价宠物食品犬粮的主要理化指标、水分、卫生指标见表2-2、表2-3、表2-4;全价宠物食品猫粮的主要理化指标、水分、卫生指标见表2-5、表2-6、表2-7。

表 2-2　全价宠物食品犬粮的主要理化指标(GB/T 31216—2014)

项目	指标(以干物质计)/%		试验方法
	幼(年)犬粮、妊娠期犬粮、哺乳期犬粮	成(年)犬粮	
粗蛋白质	≥22.0	≥18.0	GB/T 6432
粗脂肪	≥8.0	≥5.0	GB/T 6433
粗灰分	≤10.0	≤10.0	GB/T 6438
粗纤维	≤9.0	≤9.0	GB/T 6434
钙	≥1.0	≥0.6	GB/T 6436
总磷	≥0.8	≥0.5	GB/T 6437
水溶性氯化物(以 Cl⁻ 计)	≥0.45	≥0.09	GB/T 6439
赖氨酸	≥0.77	≥0.63	GB/T 18246

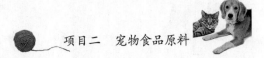

表 2-3　全价宠物食品犬粮的水分指标（GB/T 31216—2014）

产品种类	指标（x）/%	试验方法
干（性）犬粮	$x<14.0$	
半湿（性）犬粮	$14.0\leqslant x<60.0$	GB/T 6435
湿（性）犬粮	$x\geqslant 60.0$	

表 2-4　全价宠物食品犬粮的卫生指标[a]（GB/T 31216—2014）

项目	指标	试验方法
氟/（mg/kg）	$\leqslant 150$	GB/T 13083
镉/（mg/kg）	$\leqslant 2$	GB/T 13082
汞/（mg/kg）	$\leqslant 0.3$	GB/T 13081—2006（原子荧光光谱分析法）
铅/（mg/kg）	$\leqslant 5$	GB/T 13080
总砷（以 As 计）/（mg/kg）	$\leqslant 10$[b]（其中无机砷含量不超过 2 mg/kg） $\leqslant 2$[c]	总砷：GB/T 13079—2006（银盐法） 无机砷：GB/T 23372
黄曲霉毒素 B_1/（μg/kg）	$\leqslant 10$	NY/T 2071
细菌总数/（CFU/g）	$<1\times 10^{4}$[d]	GB/T 13093
沙门氏菌（25g 中）	不得检出	GB/T 13091
微生物	符合商业无菌要求[e]	GB 4789.26

[a] 表中所列允许量，除特别说明外均以干物质含量 88% 计（微生物污染物指标除外）。
[b] 含有水生动物及其制品或藻类及其制品的全价宠物食品犬粮。
[c] 其他全价宠物食品犬粮。
[d] 水分达到或超过 60% 的全价宠物食品犬粮除外。
[e] 水分达到或超过 60% 的全价宠物食品犬粮。

表 2-5　全价宠物食品猫粮的主要理化指标（GB/T 31217—2014）

项目	指标（以干物质计）/%		试验方法
	幼（年）猫粮、妊娠期猫粮、哺乳期猫粮	成（年）猫粮	
粗蛋白质	$\geqslant 28.0$	$\geqslant 25.0$	GB/T 6432
粗脂肪	$\geqslant 9.0$	$\geqslant 9.0$	GB/T 6433
粗灰分	$\leqslant 10.0$	$\leqslant 10.0$	GB/T 6438
粗纤维	$\leqslant 9.0$	$\leqslant 9.0$	GB/T 6434
钙	$\geqslant 1.0$	$\geqslant 0.6$	GB/T 6436
总磷	$\geqslant 0.8$	$\geqslant 0.5$	GB/T 6437
水溶性氯化物（以 Cl⁻ 计）	$\geqslant 0.3$	$\geqslant 0.3$	GB/T 6439
牛磺酸	$\geqslant 0.1$ $\geqslant 0.2$（湿粮）	$\geqslant 0.1$ $\geqslant 0.2$（湿粮）	GB/T 18246

注：12 月龄以下的猫为幼（年）猫；12 月龄以上的猫为成（年）猫，但妊娠期和哺乳期除外。

表2-6　全价宠物食品猫粮的水分指标(GB/T 31217—2014)

产品种类	指标(x)/%	试验方法
干(性)猫粮	$x<14.0$	
半湿(性)猫粮	$14.0\leqslant x<60.0$	GB/T 6435
湿(性)猫粮	$x\geqslant 60.0$	

表2-7　全价宠物食品猫粮的卫生指标[a](GB/T 31217—2014)

项目	指标	试验方法
氟/(mg/kg)	$\leqslant 150$	GB/T 13083
镉/(mg/kg)	$\leqslant 2$	GB/T 13082
汞/(mg/kg)	$\leqslant 0.3$	GB/T 13081—2006 (原子荧光光谱分析法)
铅/(mg/kg)	$\leqslant 5$	GB/T 13080
总砷(以As计)/(mg/kg)	$\leqslant 10^{b}$(其中无机砷含量不超过2 mg/kg) $\leqslant 2^{c}$	总砷:GB/T 13079—2006(银盐法) 无机砷:GB/T 23372
黄曲霉毒素 B_1/(μg/kg)	$\leqslant 10$	NY/T 2071
细菌总数/(CFU/g)	$<1\times 10^{4d}$	GB/T 13093
沙门氏菌(25 g中)	不得检出	GB/T 13091
微生物	符合商业无菌要求[e]	GB 4789.26

[a]表中所列允许量,除特别说明外均以干物质含量88%计(微生物污染物指标除外)。

[b]含有水生动物及其制品或藻类及其制品的全价宠物食品猫粮。

[c]其他全价宠物食品猫粮。

[d]水分达到或超过60%的全价宠物食品猫粮除外。

[e]水分达到或超过60%的全价宠物食品猫粮。

三、宠物食品原料种类

宠物食品原料质量是保证宠物食品质量的基础。宠物食品生产企业一旦接纳了劣质宠物食品原料,就会大大降低宠物食品的品质,影响宠物的生长发育,甚至危害宠物的生命安全,进而客户投诉等各种麻烦会接踵而至。采购宠物食品原料要严格执行有关质量标准,一旦发现宠物食品原料有结块、发霉、变质、污染、虫害、掺假等质量问题,应立即停止使用。要保证宠物食品原料物理性状良好,水分、营养成分含量符合规定,才能使宠物营养师得以科学精确地设计配方,从而生产出质量稳定的优质宠物食品。

(一)根据宠物食品原料的来源分

宠物食品原料质量标准包含在动物饲料原料标准之内,宠物食品生产企业选择宠物食品原料必须在饲料原料目录中。宠物食品原料根据原料的来源可分为动物性食品原料、植物性食品原料和微生物食品原料。

1. 动物性宠物食品原料

动物性宠物食品原料是指来源于动物机体的一类食物,它们是构成宠物食品的主要成分,包括各种畜禽肉、内脏、鱼粉、骨粉、奶类、蛋类及其加工副产品等。这类食物的蛋白质含量高,必需氨基酸组成完全,富含B族维生素,钙、磷含量也高且比例适宜,是宠物最优良的蛋白质和钙、磷的补充食物。因其适口性好,易消化,能满足宠物对高蛋白质高能量的需求,宠物最喜欢这类食物。动物性宠物食品原料的缺点是,普通条件下保存容易发生变质,不易长期保存,价格偏高。因此,应充分利用好动物的内脏或屠宰场的下脚料,如脂肪、肝脏、脾脏、肺脏及碎肉等,但同时要注意新鲜、清洁卫生,必须经过蒸煮消毒后方可利用,不用腐烂变质的动物性原料食品,以防传染病及其他疾病的发生。

2．植物性宠物食品原料

植物性宠物食品原料也是宠物食品原料的重要来源,植物性宠物食品原料种类多,来源广,价格低,易获取。包括农作物的果实及其加工副产品,还有某些植物的块根、茎及瓜类、蔬菜等青绿植物。玉米、小麦等是主要的基础原料,含大量的碳水化合物,能提供能量。这类食物的缺点是,蛋白质含量低,氨基酸不平衡,必需氨基酸缺乏,无机盐和维生素含量也不高。豆类及加工副产品含有较高的植物蛋白,但植物食物中含有较多的纤维素。淀粉及适量纤维素可为宠物提供一定能量。纤维素可刺激肠壁,促进胃肠蠕动,并可减少腹泻和便秘的发生。但因宠物的生理结构特点,对粗纤维的消化能力有限。

3．微生物宠物食品原料

微生物宠物食品原料是以微生物、复合酶为生物食品发酵剂菌种,将宠物食品原料转化为微生物菌体蛋白、生物活性小肽类氨基酸、微生物活性益生菌、复合酶制剂为一体的生物发酵食物。该产品可以弥补常规原料中容易缺乏的氨基酸,而且能使其他原料营养成分迅速转化,达到增强消化吸收的效果。

（二）根据宠物食品原料的作用不同分

1．能量类宠物食品原料

能量类宠物食品原料类是指干物质中粗纤维含量在18%以下,粗蛋白质含量在20%以下的原料,这类原料在宠物食品中占很大的比例,包括谷实类、糠麸类、根茎瓜果类和油脂类。谷实类、糠麸类及根茎瓜果类原料来源广、价格低、易获取;这类原料的碳水化合物、脂肪含量高,适口性好,易消化,能满足宠物对高能量的需求。

2．蛋白质类宠物食品原料

蛋白质类宠物食品原料是指干物质中粗纤维含量在18%以下,粗蛋白质含量在20%以上的原料,根据来源分为动物性蛋白质原料、植物性蛋白质原料及微生物蛋白质原料。与能量原料相比,此类原料蛋白质含量很高,且品质优良,在能量方面则差别不大,能满足宠物对蛋白质营养的需求。

3．矿物质类宠物食品原料

矿物质类宠物食品原料是以提供常量矿物元素为目的的一类食品原料,如石粉、磷酸氢钙、食盐、骨粉、贝壳粉等,是保证宠物正常生长发育不可缺少的物质。

4．宠物食品添加剂

宠物食品添加剂包括微量矿物质元素、维生素、必需氨基酸等营养性添加剂以及微生态制剂、酶制剂、风味剂和食品保存剂等非营养性添加剂。

5．蔬菜水果类宠物食品原料

主要包括叶菜类、瓜果类及绿色植物类,这类原料脂肪含量很低,能值不高,但含有丰富的维生素和矿物质及食物纤维,在宠物饲养实践中具有重要的意义。

任务 2-2　能量类宠物食品原料

【任务描述】宠物要想维持正常的生理状态和健康,必须保证每日摄入充足的食品,以获得足够的能量来满足自身的需要。能量类宠物食品原料是宠物食品中主要的组成成分,其主要作用是为宠物提供能量。学生通过学习,了解宠物食品中常用的能量原料的种类,掌握各种能量原料的营养特点,培养针对不同宠物的营养需要选择合适的能量原料的能力。

一、能量类原料的营养特点

能量原料是指干物质中粗纤维含量在18%以下,粗蛋白质含量在20%以下的原料;一般分为谷实类、糠麸类、根茎瓜果类和油脂类等。能量在12.55MJ/kg以上称为高能食品(原料)。它们是宠物的重要能量来源,在宠物饲养和宠物食品工业中占有极其重要的地位。

二、谷物籽实类原料

(一)营养特点

1.无氮浸出物含量高

谷物籽实类原料中无氮浸出物含量一般占干物质的70%～80%,主要是淀粉,占无氮浸出物的82%～90%,占干物质的50%～60%。淀粉是这类食品原料最有饲用价值的养分。

2.粗纤维含量低

谷物籽实类原料粗纤维含量为2%～6%,因而谷类籽实的消化利用率高,可利用能值高。

3.蛋白质含量低,且品质差

谷物籽实类原料蛋白质平均含量在10%左右(7%～13%),与其能值相比,就显得更低,赖氨酸不足,蛋氨酸较少,清蛋白和球蛋白含量低,而品质较差的谷蛋白和醇溶蛋白的含量高(占80%～90%),难以满足宠物的蛋白质要求。

4.矿物质含量不平衡

谷物籽实类原料缺钙(一般低于0.1%)而磷高(达0.3%～0.5%),钙磷比例为1:6.4,与宠物的需要不符。其中的磷主要是植酸磷,利用率低,并会干扰其他矿物质元素的利用。

5.维生素含量不平衡

此类原料一般含维生素 B_1、维生素 E 较丰富,而维生素 B_2、维生素 D、维生素 A(黄玉米除外)较缺乏,几乎不含维生素 C。

6.含脂肪较低

此类原料含脂肪在3.5%,其中主要是不饱和脂肪酸,亚油酸和亚麻油酸的比例较高。不同谷物籽实因养分组成不同,饲用价值亦不同。

(二)玉米

1.简介

玉米按品种特点可分为硬质玉米、马齿玉米、甜玉米、爆裂玉米、蜡质玉米等,饲用玉米多指马齿玉米和硬质玉米。

玉米按颜色可分为黄玉米、白玉米和红玉米,饲用以黄玉米为主。遗传学家已育出一些新玉米品种,其特点是高蛋白质、高赖氨酸、高色氨酸、高油脂。

玉米产量高、用量大、含能量高,总能的平均值约为每千克干物质18.5 MJ,且利用率高,故有"能量之王"的美誉。但蛋白质品质低,氨基酸的含量不平衡,尤其是赖氨酸、蛋氨酸等含量低。其常规营养成分见表2-8,氨基酸含量见表2-9。

表2-8 玉米的常规营养成分

干物质/%	粗蛋白/%	粗脂肪/%	粗纤维/%	无氮浸出物/%	粗灰分/%	钙/%	磷/%	非植酸磷/%	总能/(MJ/kg)
86.0	8.7	3.6	1.6	70.7	1.4	0.02	0.27	0.12	16.19

表2-9 玉米的氨基酸含量 %

干物质	赖氨酸	蛋氨酸	胱氨酸	苏氨酸	异亮氨酸	亮氨酸	精氨酸	缬氨酸	组氨酸	酪氨酸	苯丙氨酸	色氨酸
86.0	0.24	0.18	0.20	0.30	0.25	0.93	0.39	0.38	0.21	0.33	0.41	0.07

2.营养价值

(1)可利用能值高 玉米粗纤维含量低,无氮浸出物含量高,且主要是淀粉,消化率高;脂肪含量高,因此玉米的可利用能值是谷实类籽实中最高的。

(2)必需脂肪酸中亚油酸含量高 玉米是谷实类籽实中亚油酸含量最高者。

(3)玉米蛋白质含量低(7%～9%),品质差,缺乏赖氨酸和色氨酸。其原因是玉米蛋白质中50%为醇溶蛋白,其品质低于谷蛋白。通过遗传改良可降低玉米醇溶蛋白的比例,从而提高赖氨酸的含量。

(4)维生素 黄玉米中含有丰富的维生素 A原,即 β-胡萝卜素(平均2.0 mg/kg,1.3～3.3 mg/kg)和维生素 E(20 mg/kg),而维生素D、维生素 K 缺乏。水溶性维生素中维生素 B_1

较多,而维生素 B$_2$ 和烟酸较少。

(5)矿物质　玉米含钙极少,仅 0.02% 左右,含磷约 0.25%,其中植酸磷占 50%～60%。铁、铜、锰、锌、硒等微量元素含量也较低。

(6)色素　黄玉米含色素较多,主要是 β-胡萝卜素、叶黄素(黄体素)和玉米黄素。

(7)含脂率玉米含脂率较高,猪饲料中使用过多易造成软脂肉。粉碎后玉米极易被霉菌污染而产生黄曲霉毒素。黄曲霉毒素极易致癌,对宠物危害极大。

3.饲用标准

做饲料原料的玉米,要求色泽、气味正常,杂质含量≤1.0%,生霉粒≤2.0%,粗蛋白质(干基)≥8.0%,水分含量≤14.0%,以容重、不完善粒为定等级指标,见表 2-10。一级饲料用玉米的脂肪酸值(KOH)≤60 mg/100 g。

表 2-10　饲料用玉米等级质量指标(GB/T 17890)

等级	容重/(g/L)	不完善粒/%
一级	≥710	≤5.0
二级	≥685	≤6.5
三级	≥660	≤8.0

4.玉米的利用

玉米是重要的原料,可用于制作玉米馒头、玉米面条,可制作玉米饺子和玉米发糕,用于加工玉米膨化食品。另外玉米还可以作为酿造白酒、啤酒、酱油、醋的原料,玉米还可用做某些动物饲料的原料。

(1)玉米酒糟　玉米酒糟是以玉米为原料发酵提取酒精之后的副产品。玉米酒糟的营养特点如下:

①蛋白质含量约为 24%;②经发酵,蛋白质、B 族维生素、氨基酸含量比玉米有所提高。

(2)玉米蛋白粉　玉米蛋白粉是湿法制玉米淀粉或玉米糖浆的过程中,除去淀粉、胚芽、外皮后剩下的产品。其营养特点如下:

①蛋白质含量高,约 60% 以上;②氨基酸中富含含硫氨基酸,赖氨酸、色氨酸不足;③有玉米发酵香味,呈金黄色,富含天然色素(叶黄素、玉米黄素、β-胡萝卜素)。

(3)柠檬酸渣　柠檬酸渣是玉米加工柠檬酸的副产品。柠檬酸渣的营养特点如下:

①蛋白质含量约为 24%;②脂肪含量为玉米的 3 倍,约为 10%;③氨基酸含量为玉米的 3 倍;④柠檬酸可降低胃肠 pH,增强胃蛋白酶活性,提高蛋白质的消化率;⑤适口性好,刺激食欲、促进生长。

(三)大麦

1.简介

大麦是重要的谷物之一,按有无麦稃,分为有稃大麦和裸大麦。有稃大麦又称为皮大麦;裸大麦又称为裸麦、青稞或元麦。大麦种植地区较广,在我国,大麦分布广,皮大麦多种植于华东地区,而裸大麦则多种植于东南沿海两熟及三熟地区以及青藏高原高寒地区。江苏、西藏、青海和四川播种面积较大。其常规营养成分见表 2-11,氨基酸含量见表 2-12。

2.营养特点

(1)粗蛋白质　大麦的粗蛋白质平均为 12%;氨基酸组成中赖氨酸、色氨酸、异亮氨酸等含量高于玉米。

(2)粗脂肪　大麦的粗脂肪含量低于玉米,约为 2%;脂肪酸中 1/2 以上是亚油酸。

(3)碳水化合物　裸大麦的粗纤维含量与玉米差不多;皮大麦的粗纤维含量比裸大麦高 1 倍多。二者的无氮浸出物均在 67% 以上,主要成分是淀粉,其他糖约占 10%。

(4)能值　裸大麦的有效能值高于皮大米,仅次于玉米。

3.质量标准

我国饲料用皮大麦的质量标准 NY/T 118 和裸大麦的行业标准 NY/T210,其中二级大麦为中等质量。饲料用皮大麦和裸大麦的质量标准见表 2-13。

表 2-11　大麦的常规营养成分

名称	干物质 /%	粗蛋白 /%	粗脂肪 /%	粗纤维 /%	无氮浸出物 /%	粗灰分 /%	钙 /%	磷 /%	非植酸磷 /%	总能 /(MJ/kg)
裸大麦	87.0	13.0	2.1	2.0	67.7	2.2	0.04	0.39	0.21	16.19
皮大麦	87.0	11.8	1.7	4.8	67.1	2.4	0.09	0.33	0.17	15.94

表 2-12　大麦的氨基酸含量　　　　　　　　　　　　　　　　　　　%

名称	干物质	赖氨酸	蛋氨酸	胱氨酸	苏氨酸	异亮氨酸	亮氨酸	精氨酸	缬氨酸	组氨酸	酪氨酸	苯丙氨酸	色氨酸
裸大麦	87.0	0.44	0.14	0.25	0.43	0.43	0.87	0.64	0.63	0.16	0.40	0.68	0.16
皮大麦	87.0	0.42	0.18	0.18	0.41	0.52	0.91	0.65	0.64	0.24	0.35	0.59	0.12

表 2-13　饲料用皮大麦和裸大麦质量标准

项目	等级	
	一级	二级
千粒重/g	≥40.0	≥30.0
粗灰分/%	≤2.5	≤3.0
粗蛋白质/%	≥8.0	
粗纤维/%	≤6.0	
水分/%	≤13.0	

注1：各项质量指标含量除水分和千粒重外，其他均以 88% 干物质为基础计算。

注2：低于二级者为等外品。

饲料用裸大麦的质量标准

等级	粗蛋白质/%	粗纤维/%	粗灰分/%
一级	≥13.0	<2.0	<2.0
二级	≥11.0	<2.5	<2.5
三级	≥9.0	<3.0	<3.5

注1：各项质量指标含量除水分和千粒重外，其他均以 87% 干物质为基础计算。

注2：二级饲料用裸大麦为中等质量标准，低于三级者为等外品。

4.影响大麦品质的因素

（1）麦角病　裸大麦易感染真菌中的麦角菌属而得麦角病，造成畸形籽实，并含有麦角毒。该物质能影响裸大麦产量，降低适口性，甚至引起宠物中毒。中毒症状表现为坏疽症、痉挛、繁殖障碍、生长抑制、呕吐及咳嗽等。因此，发现大麦含畸形粒太多时应慎用。

（2）单宁　大麦含有单宁，影响食品适口性和蛋白质消化利用率。

5.饲喂价值

大麦饲喂宠物必须粉碎，否则不易消化。其饲用价值与玉米相近。裸大麦（青稞）去壳后可用

于宠物食品搭配，带皮大麦不适于饲喂宠物。

（四）小麦

1.简介

小麦是全世界主要粮食作物之一，近年来饲料用小麦逐渐增多。小麦有效能值低于玉米，与大麦相似，粗蛋白质含量不仅高于玉米，而且质量也很好，各种必需氨基酸含量高于玉米（表2-14、表2-15）。我国小麦产量居世界第二位，小麦按栽培季节可分为春小麦和冬小麦；按谷粒质地可分为硬小麦和软小麦；按种皮颜色可分为红小麦和白小麦。小麦对于各种宠物都有较高的饲喂价值。

表 2-14 小麦的常规营养成分

名称	干物质 /%	粗蛋白 /%	粗脂肪 /%	粗纤维 /%	无氮浸出物 /%	粗灰分 /%	钙 /%	磷 /%	非植酸磷 /%	总能 /(MJ/kg)
小麦	87.0	13.9	1.7	1.9	67.6	1.9	0.17	0.41	0.13	16.19

表 2-15 小麦的氨基酸含量 %

名称	干物质	赖氨酸	蛋氨酸	胱氨酸	苏氨酸	异亮氨酸	亮氨酸	精氨酸	缬氨酸	组氨酸	酪氨酸	苯丙氨酸	色氨酸
小麦	87.0	0.30	0.25	0.24	0.33	0.44	0.80	0.58	0.56	0.27	0.37	0.58	0.15

2.营养特点

小麦的有效能水平较玉米低,其原因在于小麦的粗脂肪含量仅及玉米的一半左右(1.8%)。小麦粗蛋白质含量较高,为12%～14%,约为玉米的150%。小麦中含有较高比例的胚乳,在小麦胚乳中最主要的蛋白质是醇溶谷蛋白(麦醇溶蛋白)和谷蛋白(麦谷蛋白),这两种蛋白常被称为"面筋"。小麦蛋白质的氨基酸构成好于玉米,但苏氨酸含量明显不足。赖氨酸高于玉米,但赖氨酸、蛋氨酸含量均较少,分别为0.30%、0.25%。脂肪含量低,而且必需脂肪酸的含量也低,亚油酸的含量仅为0.8%。小麦中矿物质的含量虽比大米高,但与宠物的营养需要相比仍不足,因矿物质大部分在麸皮中,故面粉越白,面粉的矿物质含量越少。小麦中含维生素B族和维生素E,但大部分存在于皮和胚芽中,因此越是精白面粉,维生素的含量越少。

3.饲喂价值

饲料用小麦要求色泽、气味正常,不得掺有小麦以外的物质,若加入抗氧化剂、防霉剂等添加剂时,应做相应的说明。理化指标应符合表2-16的要求。

表 2-16 饲料用小麦的理化指标

项目	等级		
	一级	二级	三级
容重/(g/L)	≥770	≥730	≥710
杂质/%	≤1.0		≤2.0
无机杂质/%		≤0.5	
粗蛋白质/%		≥11.0	
水分ª/%		≤13.0	

注1:各项理化指标除水分外,其他均以88%干物质为基础计算。
注2:低于三级者为等外品。
a 在能够确保产品安全的前提下,供需双方可协商约定该指标数值。

4.影响小麦品质的因素

小麦易患赤霉菌病,赤霉菌会引起宠物犬急性呕吐等中毒症状。

(五)稻谷、糙米和碎米

1.简介

稻谷是带外壳的水稻或旱稻的籽实,其中外壳占20%～25%,糙米占70%～80%。糙米由5%～6%的种皮、2%～3%的胚及90%～92%的胚乳组成(胚乳即为大米),种皮和胚及少量胚乳构成米糠。

稻谷去壳即为糙米,糙米去米糠即为大米。在加工过程中,留存在直径为2.0 mm圆孔筛上,是正常整米2/3的米粒为大碎米;通过直径2.0 mm圆孔筛,留存在直径1.0 mm圆孔筛上的碎米为小碎米。

2.营养价值

由于稻谷包含有外壳,其有效能、蛋白质和氨基酸含量较低,而糙米和碎米的营养价值较稻谷高出很多(表2-17、表2-18)。稻谷不宜用作食品原料,应加工成糙米后使用。

3.质量标准

我国饲料用稻谷的质量标准GB 10365和碎米的行业标准NY/T 212见表2-19。

(六)粟米与小米

粟米脱壳前为谷子,脱壳后称为小米。粟米中叶黄素和胡萝卜素含量较高,小米具有食味香美等优点,含粗蛋白质约11%、粗脂肪4%,富含胡萝卜素、B族维生素和维生素E,是传统观赏鸟类的饲料。

我国饲料用粟米(谷子)的质量标准NY/T 213见表2-20。

表 2-17　稻谷、糙米和碎米的常规营养成分

名称	干物质/%	粗蛋白/%	粗脂肪/%	粗纤维/%	无氮浸出物/%	粗灰分/%	钙/%	磷/%	非植酸磷/%	总能/(MJ/kg)
稻谷	86.0	7.8	1.6	8.2	63.8	4.6	0.03	0.36	0.20	15.15
糙米	87.0	8.8	2.0	0.7	74.2	1.3	0.03	0.35	0.15	16.07
碎米	88.0	10.4	2.2	1.1	72.7	1.6	0.06	0.35	0.15	16.32

表 2-18　稻谷、糙米和碎米的氨基酸含量　　　　　　　　　　　　%

名称	干物质	赖氨酸	蛋氨酸	胱氨酸	苏氨酸	异亮氨酸	亮氨酸	精氨酸	缬氨酸	组氨酸	酪氨酸	苯丙氨酸	色氨酸
稻谷	86.0	0.29	0.19	0.16	0.25	0.32	0.58	0.57	0.47	0.15	0.37	0.40	0.10
糙米	87.0	0.32	0.20	0.14	0.28	0.30	0.61	0.65	0.49	0.17	0.31	0.35	0.12
碎米	88.0	0.42	0.22	0.17	0.38	0.39	0.74	0.78	0.57	0.27	0.39	0.49	0.12

表 2-19　饲料用稻谷国家质量标准和
碎米的行业标准　　　　　%

质量指标	等级		
	一级	二级	三级
粗蛋白质	≥8.0	≥6.0	≥5.0
粗纤维	<9.0	<10.0	<12.0
粗灰分	<5.0	<6.0	<8.0

注1：各项质量指标含量均以86%干物质为基础计算。

注2：三项质量指标必须全部符合相应等级的规定。

注3：二级饲料用稻谷为中等质量标准，低于三级者为等外品。　　　　　　　　　　%

饲料用碎米的理化指标

项目	指标
粗蛋白质	≥5.0
粗纤维	≤1.5
粗灰分	≤1.5
水分	≤14.0

注：各项理化指标含量除水分外，其他均以88%干物质为基础计算。

表 2-20　饲料用粟米质量标准

等级	水分	粗蛋白质	粗纤维	粗灰分
一级	≤13.5	≥10.0	<6.5	<2.5
二级	≤13.5	≥9.0	<8.5	<3.0
三级	≤13.5	≥8.0	<9.5	<3.5

三、糠麸类原料

糠麸类宠物食品原料即谷类籽实加工副产物。制米的副产品通常称为糠，制粉的副产品通常称为麸。这类原料质地疏松、体积大、吸水性强，具有一定的轻泻性，其营养成分含量高低与皮、粉比例有关。与原料相比，除无氮浸出物含量有所降低外，其他各种营养物质含量均有所提高，用作宠物能量原料的主要有小麦麸、次粉和米糠。

（一）小麦麸和次粉

1. 简介

小麦麸和次粉均是小麦加工成面粉时的副产物，常规小麦出麸率为10%以上。前者又称麸皮，主要由小麦种皮、糊粉层、少量胚芽和胚乳组成；后者由糊粉层、胚乳及少量细麸组成。小麦精制过程中可得到23%～25%的小麦麸、3%～5%的次粉和0.7%～1%的胚芽。麸皮中有剥离的种子外壳，因而是食物纤维和磷的很好来源，但是如果饲喂前不加热，大部分磷将无活性，因为它是以肌醇磷或植酸盐的络合物形式存在的，加热提高了磷的活性。麸皮因纤维含量高，当食品中的营养成分含量低时，麸皮可以作为膨化剂，但这要取决于谷物提取的程度，100 g的麸皮可以提供高达800 kJ的日粮能量。小麦麸的常规营养成分及氨基酸含量见表2-21、表2-22。

2. 营养价值

（1）蛋白质含量高（15%～15.5%），但品质较差。

表 2-21　小麦麸的常规营养成分

干物质/%	粗蛋白/%	粗脂肪/%	粗纤维/%	无氮浸出物/%	粗灰分/%	钙/%	磷/%	非植酸磷/%	总能/(MJ/kg)
87.0	15.7	3.9	8.9	53.6	4.9	0.11	0.92	0.34	16.28

表 2-22　小麦麸的氨基酸含量　　　　　　　　　　　%

干物质	赖氨酸	蛋氨酸	胱氨酸	苏氨酸	异亮氨酸	亮氨酸	精氨酸	缬氨酸	组氨酸	酪氨酸	苯丙氨酸	色氨酸
87.0	0.58	0.13	0.26	0.43	0.46	0.81	0.97	0.63	0.39	0.28	0.58	0.20

(2)维生素含量丰富,特别是富含 B 族维生素和维生素 E,但烟酸利用率仅为 35%。

(3)矿物质含量丰富,特别是微量元素铁、锰、锌较高,但缺乏钙,磷含量高,且主要是植酸磷。加热可以提高磷的活性。

(4)小麦麸的物理结构疏松,可调节营养浓度。含有适量的粗纤维和硫酸盐类,日粮中达到一定数量时有利于保持粪便的黏稠度和排粪的连贯性。母犬分娩后消化机能很弱,可适量饲喂麸皮粥,有利于消化道机能恢复。小麦麸吸水性强,如果饲喂小麦麸过多,则易引起便秘。

(5)可作为添加剂预混合食品的载体、稀释剂、吸附剂和发酵食品的载体。

3.质量标准

饲料用小麦麸外观呈细碎屑状,色泽气味正常,无霉变、无结块。不得掺有小麦麸以外的物质,若加入抗氧化剂、防霉剂等添加剂时,应做相应的说明。理化指标应符合 NY/T 119 表 2-23 的要求。二级为中等质量标准。

表 2-23　饲料用小麦麸的质量标准(NY/T 119)　　%

项目	等级	
	一级	二级
粗蛋白质	≥17.0	≥15.0
水分ª	≤13.0	
粗纤维	≤12.0	
粗灰分	≤6.0	

注1:各项理化指标含量除水分外,其他均以 88% 干物质为基础计算。

注2:低于二级者为等外品。

a 在能够确保产品安全的前提下,供需双方可协商约定该指标数值。

(二)米糠

1.简介

(1)米糠　稻谷去壳后的产品为糙米,糙米经精加工成为精米,是人们的主食,在此过程中产生的副产物即为米糠,又称为米皮糠、细米糠、玉糠等。糙米的出糠率为 7%。谷壳亦称砻糠,是种子的最外层,营养价值极低。实践上也常见到将砻糠和米糠按一定比例混合的糠,如二八糠、三七糠等,其营养价值取决于砻糠的比例。

(2)脱脂米糠[米糠饼(粕)]　脱脂米糠是米糠经过脱脂后的饼粕,其中用压榨法取油后的产物称为米糠饼;用有机溶剂取油后的产物称为米糠粕。

米糠、米糠饼和米糠粕的常规营养成分和氨基酸含量分别见表 2-24 和表 2-25。

2.营养价值

(1)米糠　国产米糠的蛋白质含量(12.5%)高于玉米,赖氨酸含量(0.55%)高于玉米,但与宠物需要相比,仍然偏低。米糠含脂肪(平均为 15%)高,最高达 22.4%,且大多属于不饱和脂肪酸,油酸及亚油酸占 79.2%,其中还含有 2%~5% 的维生素 E。米糠的粗纤维含量(11%)不高,所以有效能值较高,位于糠麸类之首。米糠含钙偏低,含磷高,且主要是植酸磷,利用率不高。微量矿物质元素中铁、锰丰富,而铜偏低。米糠富含 B 族维生素,而缺少维生素 C、维生素 D。

(2)脱脂米糠　粗脂肪含量少,特别是米糠粕的脂肪含量仅有 2% 左右,粗纤维、粗蛋白质、氨基酸和微量矿物质元素均有所提高,而有效能值下降。习惯上常常将米糠饼和米糠粕归结为饼粕类原料,但按照营养成分含量分,二者仍属于能量

类食品原料。

表2-24 米糠、米糠饼和米糠粕的常规营养成分

名称	干物质 /%	粗蛋白 /%	粗脂肪 /%	粗纤维 /%	无氮浸出物 /%	粗灰分 /%	钙 /%	磷 /%	非植酸磷 /%	总能 /(MJ/kg)
米糠	87.0	12.8	5.7	8.2	53.6	1.8	0.08	1.43	0.10	17.11
米糠饼	88.0	14.7	7.4	0.7	48.2	8.7	0.11	1.69	0.22	16.82
米糠粕	87.0	15.1	7.5	1.1	53.6	8.8	0.15	1.82	0.24	15.10

表2-25 米糠、米糠饼和米糠粕的氨基酸含量 %

名称	干物质	赖氨酸	蛋氨酸	胱氨酸	苏氨酸	异亮氨酸	亮氨酸	精氨酸	缬氨酸	组氨酸	酪氨酸	苯丙氨酸	色氨酸
米糠	87.0	0.74	0.25	0.19	0.48	0.63	1.00	1.06	0.81	0.39	0.50	0.63	0.14
米糠饼	88.0	0.66	0.26	0.30	0.53	0.72	1.06	1.19	0.99	0.43	0.51	0.76	0.15
米糠粕	87.0	0.72	0.28	0.32	0.57	0.78	1.30	1.28	1.07	0.46	0.55	0.82	0.17

3. 米糠中的抗营养因子

(1)胰蛋白酶抑制因子 米糠中含有该因子，且活性较高。大量饲喂未经失活处理的米糠，会引起宠物蛋白质消化障碍。

(2)植酸 米糠中植酸含量高，可能会影响矿物元素和某些养分的利用率，会抑制宠物的生长。

(3)稻壳 稻壳对宠物毫无营养价值，米糠中掺杂的稻壳可能是抑制宠物生长的主要因素。

4. 饲喂价值

米糠是能值最高的糠麸类原料，新鲜米糠的适口性较好。米糠易发生氧化酸败和水解酸败，易发热和霉变。因此，一定要使用新鲜米糠。

5. 质量标准

我国饲料用米糠、米糠饼和米糠粕的质量标准分别是NY/T 122—1989、NY/T 123—2019和NY/T 124—2019（表2-26）。

表2-26 饲料用米糠、米糠饼和米糠粕质量标准

项目	米糠			米糠饼			米糠粕		
	一级	二级	三级	一级	二级	三级	一级	二级	三级
水分	<13.0	<13.0	<13.0	<12.0	<12.0	<12.0	<13.0	<13.0	<13.0
粗蛋白质	≥13.0	≥12.0	≥11.0	≥13.0	≥13.0	≥12.0	≥15.0	≥14.0	≥13.0
粗纤维	<6.0	<7.0	<8.0	<10.0	<10.0	<12.0	<8.0	<10.0	<12.0
粗灰分	<8.0	<9.0	<10.0	<10.0	<10.0	<12.0	<9.0	<10.0	<12.0

（三）块根、块茎及瓜果类原料

块根、块茎及瓜果类原料有甘薯、马铃薯、木薯、萝卜、胡萝卜、饲用甜菜、芜菁、甘蓝、菊芋及南瓜等。它们属于容积大、含水量高的原料，按干物质计，有效能值与谷实类相似，粗纤维和粗蛋白质含量低。

1. 营养特点

(1)最大的特点是鲜样含水量高，一般为

75%～90%；干物质含量少，为10%～25%。

(2)以干物质为基础，无氮浸出物为60%～88%，其中主要是淀粉；粗纤维为3%～10%，木质素几乎为零，所以消化率高。

(3)粗蛋白质含量特别低，为5%～10%，且多为非蛋白氮。

(4)矿物质含量较低，为0.8%～1.8%，钙、磷缺乏，但钾、氯高。

(5)维生素中胡萝卜素高(仅胡萝卜、黄南瓜、

红心甘薯),缺乏B族维生素。

(6)这类原料的适口性和消化性均较好。

这类原料属于重要的高能原料之一,主要含碳水化合物,而蛋白质、脂肪和矿物质含量低,维生素C含量丰富。胡萝卜和南瓜中含有丰富的胡萝卜素,是维生素A的良好来源。但鲜用时,水分高,能值低,若单独饲用这类原料,干物质和能量的采食量难以保证,而且矿物质、蛋白质和维生素均不能满足宠物的需要。因此,必须与其他原料配合使用。

2.饲用特性

(1)甘薯　新鲜甘薯多汁,有甜味,对泌乳期宠物有促进消化、贮积脂肪和增加产奶的效果。其生喂和熟喂的干物质及能量消化率基本相同,但蛋白质消化率则熟喂比生喂约高1倍。甘薯中各种矿物质元素,如钙、磷、铁、锰、锌、硒等的含量,在能量饲料中均居于末位,饲用时必须添加补充。还应注意黑斑病问题。黑斑病甘薯有毒,宠物采食后腹疼,并有喘息症状。

(2)马铃薯　马铃薯应与蛋白质饲料、谷实饲料等混喂效果较好。马铃薯含有龙葵素,采食过多可使宠物患肠胃炎。成熟的块茎含量不高,但发芽后龙葵素就大量生成。一般在块基青绿色的皮上、芽眼及芽中最多。

(3)木薯　原产巴西,较耐旱,现全世界热带地区广泛栽培。长期以来,木薯块根的薯肉是人们的主要利用对象,而大量的木薯薯皮、木薯茎叶被丢弃。食用木薯块根富含淀粉,被称为"淀粉之王"。木薯块根中含有较为丰富的营养因子,同时含有抗营养因子,其主要抗营养因子为氢氰酸、单宁。木薯块根或叶片去皮后水煮或去皮后切片日光晒干或适宜温度烘干均是较为适宜的去除氢氰酸的方法。

(4)瓜类　瓜类的主要代表为南瓜,南瓜干物质中无氮浸出物占60%~70%,南瓜的有效能值与薯类相似,肉质南瓜富含胡萝卜素,南瓜切碎后可喂各种宠物,煮熟后适口性更佳。

四、油脂类宠物食品原料

油脂是油与脂的总称,按照一般习惯,在室温下呈液态的称为"油",呈固态的称为"脂"。随温度的变化,两者的形态可以互变,但其本质不变,它们都是由脂肪酸与甘油所组成。油脂来源于动植物,是宠物重要的营养物质之一,特别是它能提供比其他任何原料都多的能量,因而成为配制高热能食品所不可缺少的原料。

(一)油脂的分类

天然存在的油脂种类繁多,分类方法也不少,根据产品的来源及状态可分为动物性油脂、植物性油脂和海产动物油脂。鱼油同其他油脂不同,因其富含大量的不饱和脂肪酸,极易氧化酸败,有难闻的鱼腥味。鱼油特别是深海鱼油具有预防心脑血管疾病及增智等功能,将其用于日粮,可生产出有益于宠物体健康的饲料产品。

(二)油脂的营养特性与添加目的

1.营养特性

(1)油脂是高热能的来源。油脂蕴含很高的能量,添加油脂很容易配制成高能食品。

(2)油脂是必需脂肪酸的重要来源之一。必需脂肪酸缺乏会造成宠物受损,出现角质化,生长抑制,繁殖机能障碍,生产性能下降等。油脂特别是植物油脂可提供丰富的必需脂肪酸。

(3)油脂具有额外热能效应:一是添加的油脂与基础日粮中的脂肪,在脂肪酸组成上发生了协同作用,得以互相补充;二是添加油脂促进了非脂类物质的吸收。所提供的热能高于其本身所含的热能。

(4)油脂能促进色素和脂溶性维生素的吸收。

(5)油脂的热增耗低,可减轻畜禽热应激。脂肪的热增耗最低,因而添加油脂可减少因代谢而造成的体温上升,故在高温环境下畜禽可处于舒适状态,即提高了抗热应激能力,避免热应激所带来的损失。

2.添加目的

原料中添加油脂,除了由于油脂具有上述的特性外,还有以下几点好处:减少原料因粉尘而导致的损失及宠物呼吸道疾病;减少热应激带来的危害;提高粗纤维的使用价值;提高食品风味;改善食品外观;提高制粒效果;减少混合机等机械设备的磨损。

(三)油脂的质量标准

宠物食品用油脂是宠物食品中常用的原料,

主要是喷涂或包裹于颗粒食品的表面,提高宠物食品的适口性,是宠物必需脂肪酸的良好来源,同时有利于脂溶性维生素的运输和吸收利用。油脂易于氧化酸败,贮存时间不宜过长。

感官要求:将抽取的混合油充分摇匀,取适量置于直径 25 mm 试管中,在光线明亮处检查其外观,颜色深度应在浅黄色到浅棕色之间,取混合油试样 50 mL,注入 100 mL 的烧杯中,加温至 50℃。用玻璃棒边搅拌边检查气味。有酸味、焦臭或其他异味者为不合格产品。明显有分层现象、混合酸味严重者为不合格。

任务 2-3　蛋白质类宠物食品原料

【任务描述】 蛋白质类宠物食品原料,顾名思义就是为宠物提供蛋白质营养的食品原料。学生通过学习,了解宠物食品中常用的蛋白质原料的种类,掌握各种蛋白质原料的营养特点,培养针对不同宠物的营养需要选择合适的蛋白质原料的能力。

蛋白质原料是指干物质中粗纤维含量在 18% 以下,粗蛋白质含量在 20% 以上的原料,与能量原料相比,蛋白质类原料蛋白质含量很高,且品质优良。根据蛋白质原料的来源,可分为植物性蛋白质原料、动物性蛋白质原料以及微生物蛋白质原料,这里主要介绍前两种。

一、植物性蛋白质原料

植物性蛋白质原料主要包括豆类籽实及其加工副产品、各种油料作物及其加工副产品以及某些谷类籽实的加工副产品等。饼粕类原料是植物性食品中含蛋白质较高的原料,其蛋白质含量可达 40%～45%。这类原料种类繁多、来源方便、价格低廉。

(一)植物性蛋白质原料的营养特点

(1)蛋白质含量高,且蛋白质质量较好,一般植物性蛋白质饲料粗蛋白质含量在 20%～50%,蛋白质品质高于谷物类蛋白,蛋白质利用率是谷类的 1～3 倍。但植物性蛋白质的消化率一般仅有 80% 左右。

(2)粗脂肪含量变化大,油料籽实含量在 15%～30% 以上,非油料籽实只有 1% 左右。饼粕类脂肪含量因加工工艺不同差异较大,高的可达 10%,低的仅 1% 左右。

(3)粗纤维含量一般不高,基本上与谷类籽实近似,饼粕类稍高些。

(4)矿物质中钙少磷多,且主要是植酸磷。

(5)维生素含量与谷实相似,B 族维生素较丰富,而维生素 A、维生素 D 较缺乏。

(6)大多数含有一些抗营养因子,影响其饲喂价值。

(二)豆类籽实

豆类分大豆(黄豆、黑豆和青豆)和其他豆类(豌豆、蚕豆、绿豆、小豆、芸豆等)。其蛋白质含量高,一般为 20%～40%,蛋白质品质高于谷类籽实,其中赖氨酸含量丰富,蛋氨酸含量略低,谷豆搭配产生氨基酸的互补作用。几种干豆的营养成分含量见表 2-27。

表 2-27　几种干豆的营养成分

名称	蛋白质/g	脂肪/g	碳水化合物/g	粗纤维/g	灰分/g	胡萝卜素/mg	硫胺素/mg	核黄素/mg	烟酸/mg
黄豆	36.3	18.4	25.3	4.8	5.0	0.40	0.79	0.25	2.1
蚕豆	28.2	0.8	48.6	6.7	2.7	0	0.39	0.27	2.6
豌豆	24.6	1.0	57.0	4.5	2.9	0.04	1.02	0.12	2.7
绿豆	23.8	0.5	58.8	4.2	3.2	0.22	0.53	0.12	1.8

1. 大豆

大豆中以黄豆的产量最高，黄豆含蛋白质35%～40%，蛋白质生物学价值高，赖氨酸含量较高，为2.3%，但含硫氨基酸相对不足。大豆中无氮浸出物含量较低，粗纤维含量较低，为4%～5%，但粗脂肪含量高达17%，故有效能含量高。脂肪酸中多为不饱和脂肪酸，亚油酸和亚麻酸含量可达55%，且含有1.8%～3.2%的磷脂（卵磷脂、脑磷脂），具有乳化作用及抗氧化等特殊生理作用。矿物质元素和维生素含量与谷物类原料相似，钙含量稍高，但仍低于磷。饲料用大豆质量指标与分级标准见表2-28。

表2-28　饲料用大豆质量指标与
分级标准（GB/T 20411—2006）　　%

质量标准	一级	二级	三级
水分/%	≤13.0	≤13.0	≤13.0
不完善粒/%	≤5	≤15	≤30
其中：热损伤粒/%	≤0.5	≤1.0	≤3.0
粗蛋白质/%	≥36	≥35	≥34

未经加工的豆类籽实中含有多种抗营养因子，最典型的是胰蛋白酶抑制因子、脲酶等。绝大部分抗营养因子不耐热，可通过加热处理来提高其消化利用率。大豆经膨化后，所含的胰蛋白酶抑制因子、脲酶等物质大部分被破坏，适口性及蛋白质消化率明显改善。

所谓抗营养因子是指食品中对营养物质的消化、吸收和利用产生不利影响的物质以及影响宠物健康和生产能力的物质。抗营养因子存在于所有的植物性食物中，也就是说，所有的植物都含有抗营养因子，这是植物在进化过程中形成的自我保护物质，起到平衡植物中营养物质的作用。抗营养因子有很多，已知抗营养因子主要有蛋白酶抑制剂、植酸、凝集素、芥酸、棉酚、单宁酸、硫苷等。一些抗营养因子对机体健康具有特殊的作用，如大豆异黄酮、大豆皂苷等，这些物质在食用过多的情况下，会对机体的营养素吸收产生影响，甚至会造成中毒。

豆类籽实中含有的抗营养因子主要有蛋白酶抑制剂、植物红细胞凝聚素、胀气因子及抗维生素因子以及对无机盐吸收不利的植酸等。

①蛋白酶抑制剂　蛋白酶抑制剂是会抑制胰蛋白酶、糜蛋白酶、胃蛋白酶等多种蛋白酶活性的物质的统称。其中以抗胰蛋白酶因子（或称胰蛋白酶抑制剂）存在最普遍，对宠物胰蛋白酶的活性有部分抑制作用，使蛋白质的消化率降低。对多数宠物胰蛋白酶抑制因子均会引起生长抑制、胰腺肥大，甚至产生肿瘤等不良影响。

采用常压蒸汽加热30 min即可破坏大豆中的抗胰蛋白酶因子。大豆中脲酶的抗热能力较抗胰蛋白酶因子强，且测定方法简单，故常用脲酶反应来判断大豆中抗胰蛋白酶因子是否已被破坏。

②大豆凝集素　大豆凝集素是一种能够凝集动物和人红细胞的蛋白质。其分子量大，难以完整地被机体吸收进入血液，从而导致红细胞凝集，但仍会引起宠物生长抑制，甚至产生其他毒性。对豆类籽实进行加热即可破坏大豆凝集素。

③胀气因子　占大豆碳水化合物一半的水苏糖和棉籽糖，在肠道微生物作用下可产气，故将两者称为胀气因子。大豆通过加工制成豆制品时胀气因子可被除去。水苏糖和棉籽糖都是由半乳糖、葡萄糖和果糖组成的支链杂糖，又称大豆低聚糖，是生产浓缩大豆蛋白和分离大豆蛋白时的副产品。

④植酸　植酸又称肌酸，它主要存在于植物的种子、根干和茎中，其中以豆科植物的种子、谷物的麸皮和胚芽中含量最高。植酸具有很强的螯合能力，会导致食物中多种营养消化率下降。植酸在消化道还与消化酶联合，使其活性下降。生产上，可通过添加植酸酶降低植酸的抗营养作用。

⑤豆腥味　大豆特有的不良气味，即大豆腥味，一般称作豆腥味，在豆浆、豆粉、豆腐及其再制品中普遍存在。大豆食品豆腥味的产生主要是由于在大豆粉碎时大豆中的脂肪氧化酶被氧气和水激活，其中的亚油酸、亚麻酸等多价不饱和脂肪酸被氧化，生成氢过氧化物，再降解成多种具有不同程度异味的小分子醇、醛、酮、酸和胺等挥发性化合物，从而形成了大豆腥味。豆腥味一旦形成，很难去除。大豆脱腥方法很多，主要有：基因工程技术、加热处理法、化学处理法、微生物法、去皮法和

风味掩盖法。加热处理是一种最常用的消除豆腥味的方法。加热可钝化脂肪氧化酶的活性，使一些豆腥味成分挥发并产生豆香味掩盖部分豆腥味，热处理还可破坏胰蛋白酶抑制因子、血球凝聚素和脲酶等抗营养因子。不过，脂肪氧化酶比较耐热，110℃下处理 10 min 才完全失活，而加热时间过长可引起蛋白质变性、某些氨基酸破坏损失、氮溶解指数降低等，且加热后大豆蛋白质不易为机体吸收，蛋白还会失去一些加工特性。因此选择适当的加热条件十分重要。

⑥皂苷和异黄酮　大豆皂苷在大豆中的含量为 0.1%～0.5%，对热稳定，当达到一定浓度时具有苦涩味。其生物学作用有抗突变作用、抗癌作用、抗氧化作用、免疫调节作用、抗病毒作用和降低血胆固醇和血脂的作用。大豆异黄酮是一类具有弱雌性激素活性的化合物，具有苦味和收敛性，长期以来被认为是大豆中的不良成分。近年的研究表明：大豆异黄酮对癌症、动脉硬化、骨质疏松症以及更年期综合征具有预防甚至治愈作用，这就赋予大豆及大豆制品在食品中特别的意义。

2. 其他豆类

蚕豆、豌豆、绿豆、赤小豆、豇豆、芸豆等豆类含碳水化合物 55%～60%，蛋白质为 20%～25%，蛋白质组成中赖氨酸丰富，但含硫氨酸偏低；脂肪仅含 0.5%～2%；微量元素、B 族维生素含量均高于谷类。

（1）绿豆　绿豆是我国夏季常食的豆类，它具有某些特殊的保健作用。《本草纲目》中就曾有"绿豆煮食，可消肿下气，清热解毒，消暑止渴"之说，近代医学研究也证实绿豆皮有抗菌作用，绿豆确有利尿、促进机体代谢及促进体内毒物排泄的功效。

（2）菜豆　菜豆又称四季豆、刀豆。主要用来烹调菜肴。菜豆中含凝集素、刀豆氨酸。食用烹调不充分的菜豆易引起中毒。有实验结果表明，当大鼠饲料中含 0.5%的菜豆凝集素时，会明显影响大鼠生长，剂量再高时会引起死亡。用油炒或沸水加热 15～45 min，可使菜豆凝集素失去活性，因此菜豆应充分煮熟后食用。

（3）蚕豆　蚕豆又称胡豆、南豆、罗汉豆。蚕豆的营养素含量与豌豆相似。蚕豆中含有毒氨基酸 β-氰基丙氨酸和 L-3,4-二羟基丙氨酸。β-氰基丙氨酸是一种神经毒素，中毒后会出现肌肉无力、腿脚麻痹等症状。L-3,4 - 二羟基苯丙氨酸是"蚕豆病"的致病因子，病症表现为急性溶血性贫血，通常加热烹制可消除其毒性。

（三）饼粕类

饼粕是油料作物的籽实脱油之后留下的副产品。脱油的方法主要有两种：机械压榨法和溶剂浸提法。用压榨法脱油得到的副产物叫油饼，而用浸提法脱油得到的副产物称油粕。压榨法脱油效率低，油饼内常残留 4%以上的油脂，可利用能量高，但油脂易氧化酸败。浸提法脱油效率高，油粕中残油量很少，有的可在 1%以下，而蛋白质含量高。

饼粕类由于原料种类、品质及加工工艺不同，其营养成分差别较大。饼粕类饲料通常含蛋白质较多（30%～45%），且品质优良；脂肪含量由于加工方法不同差别较大，通常土榨、机榨、浸提的含油量分别为 10%、6%、1%；含磷较多，富含 B 族维生素，缺乏胡萝卜素。但杂粕（饼）有 4 个主要缺陷：①氨基酸平衡性差，有效氨基酸含量低；②有效能值低；③含有毒素；④有时粗纤维含量高，有效养分含量变异大。使用时，针对上述特点可采用真可利用氨基酸和有效能含量设计配方，补充氨基酸和油脂、多种饼粕搭配使用，必要时进行脱毒处理等。

1. 大豆饼（粕）

大豆饼（粕）在所有饼粕类蛋白质原料中质量最好，也是宠物食品中较常用的一种植物性蛋白质原料。粗蛋白质含量为 40%～50%，去皮豆粕可高达 49%，蛋白质消化率达 80%以上。富含必需氨基酸，尤以赖氨酸的含量为最高，常用来调节食品中的赖氨酸的含量，蛋氨酸含量低，配制食品时要注意平衡氨基酸。大豆饼（粕）的常规营养成分和氨基酸含量分布见表 2-29 和表 2-30。

表 2-29　大豆饼和大豆粕的常规营养成分

名称	干物质/%	粗蛋白/%	粗脂肪/%	粗纤维/%	无氮浸出物/%	粗灰分/%	钙/%	磷/%	非植酸磷/%	总能/(MJ/kg)
大豆饼	87.0	40.9	5.7	4.7	30.0	5.7	0.30	0.49	0.24	18.07
大豆粕	87.0	43.0	1.9	5.1	26.1	6.0	0.32	0.61	0.17	16.48

表 2-30　大豆饼和大豆粕的氨基酸含量　　　　　　　　　　%

名称	干物质	赖氨酸	蛋氨酸	胱氨酸	苏氨酸	异亮氨酸	亮氨酸	精氨酸	缬氨酸	组氨酸	酪氨酸	苯丙氨酸	色氨酸
大豆饼	87.0	2.38	0.59	0.61	1.41	1.53	2.69	2.47	1.66	1.08	1.50	1.75	0.63
大豆粕	87.0	2.45	0.64	0.66	1.88	1.76	3.20	3.12	1.95	1.07	1.53	2.18	0.68

在我国,过去大豆饼(粕)是大豆加工的副产品,随着饲料工业和宠物食品工业的发展,大多数情况下是为了得到大豆饼(粕)而制油,目前大豆饼(粕)实际上是大豆加工的主要产品。

大豆饼(粕)中胰蛋白酶抑制因子含量与其加工过程中熟化程度呈正相关,但是如果熟化过度又会导致蛋白质变性而影响蛋白质的消化。因此,生产上常把大豆饼(粕)熟化程度作为评定大豆饼(粕)质量的依据。大豆饼(粕)熟化程度主要依靠大豆饼(粕)的色泽、脲酶活性和氢氧化钾蛋白质溶解度来判断。大豆饼(粕)的色泽应该一致,呈深黄色至棕色说明过热,呈浅黄色至乳白色说明加热不足;用色度计进行测定,红色色度值在4.50～5.50时,品质良好。大豆饼(粕)中的脲酶活性在0.03～0.4 U/g时,饲喂效果最佳。生大豆饼(粕)氢氧化钾蛋白质溶解度可达到100%,当其大于85%时,则说明大豆饼(粕)加热处理不足;当低于65%时,则表明大豆饼(粕)加热过度。饲料用大豆饼(粕)质量标准见表2-31和表2-32。

2. 棉籽饼(粕)

棉籽饼(粕)是以棉籽为原料经脱壳取油后的副产品,完全去壳的称为棉仁饼(粕)。根据取油工艺不同,分为棉籽饼和棉籽粕。

表 2-31　饲料用大豆饼质量标准(NY/T 130)　%

质量指标	一级	二级	三级
粗蛋白质	≥41.0	≥39.0	≥37.0
粗脂肪	<8.0	<8.0	<8.0
粗纤维	<5.0	<6.0	<7.0
粗灰分	<6.0	<7.0	<8.0

表 2-32　饲料用大豆粕质量标准(GB-T 19541—2017)

质量指标	等级			
	特级品	一级	二级	三级
粗蛋白质/%	≥48.0	≥46.0	≥43.0	≥41.0
粗纤维/%	≤5.0	≤7.0	≤7.0	≤7.0
粗灰分/%	≤7.0	≤7.0	≤7.0	≤7.0
脲酶活性/(U/g)	≤0.3	≤0.3	≤0.3	≤0.3
氢氧化钾蛋白质溶解度/%	≥73	≥73	≥73	≥73

注:各项理化指标数值均以88%干物质为基础计算。

棉籽饼(粕)的营养价值相差很大,影响棉籽饼(粕)营养价值的主要因素是棉籽脱壳程度及制油方法。完全脱壳的棉仁制成的棉仁饼(粕)粗蛋白质可达40%,与大豆饼(粕)的粗蛋白质相比,棉籽饼(粕)蛋白质组成不太理想,精氨酸含量高达3.6%～3.8%,而赖氨酸含量仅有1.3%～1.5%,只有大豆饼(粕)的一半,蛋氨酸也不足,约0.4%。同时,赖氨酸的利用率较差。多数情况下,赖氨酸是棉籽饼(粕)的第一限制性氨基酸。棉籽饼(粕)中有效能值主要取决于粗纤维含量,即棉籽饼(粕)的含壳量。维生素含量因加热损失较多。矿物质中含磷多,但多属植酸磷,利用率低。棉籽饼(粕)的常规营养成分和氨基酸含量分布见表2-33和表2-34。

我国饲料用棉籽饼粕质量标准见表2-35和表2-36。

表 2-33　棉籽饼和棉籽粕的常规营养成分

名称	干物质/%	粗蛋白/%	粗脂肪/%	粗纤维/%	无氮浸出物/%	粗灰分/%	钙/%	磷/%	非植酸磷/%	总能/(MJ/kg)
棉籽饼	88.0	36.3	7.4	12.5	26.1	5.7	0.21	0.83	0.28	17.15
棉籽粕	88.0	42.5	0.7	10.1	28.9	6.5	0.24	0.97	0.33	18.37

表 2-34　棉籽饼和棉籽粕的氨基酸含量　　　　　　　　　　　　　　　%

名称	干物质	赖氨酸	蛋氨酸	胱氨酸	苏氨酸	异亮氨酸	亮氨酸	精氨酸	缬氨酸	组氨酸	酪氨酸	苯丙氨酸	色氨酸
棉籽饼	88.0	1.32	0.39	0.38	1.05	1.18	2.36	4.60	1.28	0.83	1.31	1.81	0.42
棉籽粕	88.0	1.40	0.41	0.40	1.11	1.25	2.50	4.88	1.36	0.88	1.39	1.92	0.45

表 2-35　饲料用棉籽饼质量标准(NY/T 129—1989)　　　　　　　　　%

质量指标	一级	二级	三级
粗蛋白质	≥40.0	≥36.0	≥32.0
粗纤维	<10.0	<12.0	<14.0
粗灰分	<6.0	<7.0	<8.0

表 2-36　饲料用棉籽粕质量指标及分级标准(GB/T 21264—2007)　　　%

指标项目	一级	二级	三级	四级	五级
粗蛋白质	≥50.0	≥47.0	≥44.0	≥41.0	≥38.0
粗纤维	≤9.0	≤12.0	≤14.0	≤16.0	
粗灰分	≤8.0		≤9.0		
粗脂肪			≤2.0		
水分			≤12.0		

注:各项理化指标数值均以88%干物质为基础计算。

棉籽饼(粕)中也存在很多抗营养因子,最主要的是游离棉酚。棉酚被宠物摄食后,在体内有明显的蓄积作用,会引起累积性中毒。棉酚中毒表现为生长受阻、生产性能下降、贫血、呼吸困难、繁殖力下降甚至不育,严重会导致宠物死亡,剖检可见肺水肿、出血、心脏肿大、胸腔积水、肝脏充血、胃肠炎等。

棉酚在体内会与蛋白质、铁结合,干扰一些重要的功能蛋白质、酶及血红蛋白的合成,从而引起缺铁性贫血。

宠物食品中使用棉籽饼(粕)时,要限量使用,且最好使用经过脱毒处理的棉籽饼(粕)。其脱毒方法很多,生产中最常用的是硫酸亚铁处理法,方法简单,脱毒效果亦好。也可以将棉籽饼(粕)进行膨化脱毒,棉籽饼中游离棉酚含量在0.08%以下的,可不加脱毒剂膨化,脱毒率50%~60%;游离棉酚含量在0.08%以上的,可在膨化前加入脱毒剂,脱毒率在60%~90%或更高。两者均可达到安全的饲用标准。近年来,也有很多固态发酵棉籽饼脱毒技术研究,即微生物脱毒法,但成本较高。棉籽粕中游离棉酚(FG)含量≤300 mg/kg为低酚棉籽粕,300<FG≤750 mg/kg为中酚棉籽粕,750<FG≤1 200 mg/kg高酚棉籽粕。

3.菜籽饼(粕)

菜籽饼(粕)是以油菜为原料经脱壳取油后的

副产品,经过机械压榨取油后得到的残渣称为菜籽饼,经过浸提取油后得到的残渣称为菜籽粕。油菜是我国的主要油料作物之一,具有悠久的栽培历史,主产区在四川、湖北、湖南、江苏、浙江、安徽等省,四川菜籽产量最高。菜籽饼(粕)的蛋白质含量中等,在36%左右。其氨基酸组成特点是蛋氨酸含量较高,在饼粕中仅次于芝麻饼(粕),居第二位。赖氨酸含量2.0%～2.5%,在饼粕类中仅次于大豆饼(粕),居第二位。菜籽饼(粕)中硒含量高,达1 mg/kg,其中磷的利用率也较高。菜籽饼(粕)的常规营养成分和氨基酸含量见表2-37和表2-38。

表2-37　菜籽饼和菜籽粕的常规营养成分

名称	干物质/%	粗蛋白/%	粗纤维/%	无氮浸出物/%	粗灰分/%	钙/%	磷/%	非植酸磷/%	总能/(MJ/kg)
菜籽饼	88.0	35.7	7.4	11.4	26.3	7.2	0.59	0.96	0.33
菜籽粕	88.0	38.6	1.4	11.8	28.9	7.3	0.65	1.02	0.35

表2-38　菜籽饼和菜籽粕的氨基酸含量　　　　　　　　　　　　　　　　　%

名称	干物质	赖氨酸	蛋氨酸	胱氨酸	苏氨酸	异亮氨酸	亮氨酸	精氨酸	缬氨酸	组氨酸	酪氨酸	苯丙氨酸	色氨酸
菜籽饼	88.0	1.33	0.60	0.82	1.40	1.24	2.26	1.82	1.62	0.83	0.92	1.35	1.42
菜籽粕	88.0	1.30	0.63	0.8	1.49	1.29	2.34	1.83	1.74	0.86	0.97	1.45	0.43

菜籽饼(粕)是一种良好的蛋白质原料,但因含有硫代葡萄糖苷、芥子碱、植酸和单宁等抗营养因子,应用受到限制,极大浪费了蛋白质资源。

硫代葡萄糖苷的降解产物噁唑烷硫酮和异硫氰酸酯等有毒物质均会引起甲状腺肿大。使用量过大,轻则影响食品适口性,减少采食量;重则影响宠物生长性能甚至发生中毒。芥子碱有苦味,导致菜籽饼(粕)适口性不良。菜籽饼(粕)中植酸含量在2%左右,在一定程度上会影响营养物质的利用。单宁有苦涩味,易在中性或碱性条件下产生氧化和聚合作用,使菜籽饼(粕)产品颜色变黑,并有不良气味和干扰蛋白质的消化利用。

菜籽饼(粕)的脱毒方法主要有坑埋法、浸泡法、蒸煮法、干热钝化酶法、酸碱法、氨化处理、紫外线照射法、微波处理法、发酵中和法及其他微生物发酵法等。

近年来,国内外培育的"双低"(低芥酸和低硫代葡萄糖苷)品种已在我国部分地区推广,并取得较好效果。我国饲料用菜籽饼质量标准是NY/T 125—1989(表2-39),饲料用菜籽粕质量指标及分级标准是GB/T 23736—2009(表2-40)。

表2-39　饲料用菜籽饼质量标准　　　　　　　　　　　　　　　　　　%

项目	菜籽饼		
	一级	二级	三级
粗蛋白质	≥37.0	≥34.0	≥30.0
粗纤维	<14.0	<14.0	<14.0
粗灰分	<12.0	<12.0	<12.0
脂肪	<10.0	<10.0	<10.0

表 2-40　饲料用菜籽粕质量指标及分级标准 (GB/T 23736—2009)　　　%

指标项目	一级	二级	三级	四级
粗蛋白质	≥41.0	≥39.0	≥37.0	≥35.0
粗纤维	≤10.0	≤12.0		≤14.0
赖氨酸	≥1.7		≥1.3	
粗灰分	≤8.0		≤9.0	
粗脂肪	≤3.0			
水分	≤12.0			

注:各项理化指标数值均以 88％干物质为基础计算。

4. 花生饼 (粕)

花生饼 (粕) 是指脱壳或部分脱壳花生取油后的副产物,经过机械压榨取油后副产物称为花生饼,经过浸提取油后得到的副产物称为花生粕。花生饼 (粕) 的蛋白质含量高,花生饼的蛋白质含量为 44％左右,花生粕的蛋白质含量为 48％左右,比大豆饼 (粕) 还高,但蛋白质品质较差,氨基酸不平衡,赖氨酸、蛋氨酸含量低,而精氨酸含量和组氨酸含量较高,其中精氨酸含量可高达 5.2％。花生饼 (粕) 中胡萝卜素、维生素 D 含量较低,但烟酸和泛酸含量特别丰富。花生饼 (粕) 的常规营养成分和氨基酸含量见表 2-41 和表 2-42。

生花生中含有胰蛋白酶抑制因子,可在取油后过程中经加热除去,但加热温度过高会影响蛋白质的利用率。花生饼 (粕) 极易感染黄曲霉菌而产生黄曲霉毒素,黄曲霉毒素有多种,其中以黄曲霉毒素 B_1 毒性最强,会引起宠物中毒。蒸煮、干热对去除黄曲霉毒素无效。为了安全,宠物食品配制尽量少用花生饼 (粕),而且选用优质花生取油后得到的饼 (粕),不能饲喂发霉的花生饼 (粕)。

我国饲料用花生饼的质量标准是 NY/T 132—2019,见表 2-43,饲料用花生粕质量标准是 NY/T 133—1989,见表 2-44。

表 2-41　花生饼和花生粕的常规营养成分

名称	干物质/%	粗蛋白/%	粗脂肪/%	粗纤维/%	无氮浸出物/%	粗灰分/%	钙/%	磷/%	非植酸磷/%	总能/(MJ/kg)
花生饼	88.0	44.7	7.2	5.9	25.1	5.1	0.25	0.53	0.31	18.95
花生粕	88.0	47.8	1.4	6.2	27.2	5.4	0.27	0.56	0.33	17.82

表 2-42　花生饼和花生粕的氨基酸含量　　　%

名称	干物质	赖氨酸	蛋氨酸	胱氨酸	苏氨酸	异亮氨酸	亮氨酸	精氨酸	缬氨酸	组氨酸	酪氨酸	苯丙氨酸	色氨酸
花生饼	88.0	1.32	0.39	0.38	1.05	1.18	2.36	4.60	1.28	0.83	1.31	1.81	0.42
花生粕	88.0	1.40	0.41	0.40	1.11	1.25	2.50	4.88	1.36	0.88	1.39	1.92	0.45

表 2-43　饲料用花生饼质量标准 (NY/T 132—2019)　　　%

指标项目	一级	二级	三级
粗蛋白质	≥48.0	≥40.0	≥36.0
粗纤维	≤7.0	≤9.0	≤11.0
粗灰分	≤6.0	≤8.0	≤9.0
粗脂肪	≤3.0		
赖氨酸	≥1.2		
水分	≤11.0		

注:各项理化指标数值均以 88％干物质为基础计算。

表 2-44　饲料用花生粕质量标准(NY/T 133—1989)　　　　　　　　　　　%

质量指标	一级	二级	三级
粗蛋白质	≥51.0	≥42.0	≥37.0
粗纤维	<7.0	<9.0	<11.0
粗灰分	<6.0	<7.0	<8.0

(四)玉米蛋白粉

玉米蛋白粉也叫玉米麸质粉,是玉米粒经湿磨工艺制得玉米粗淀粉乳后经过水解、分离、浓缩、发酵烘干制成的,其蛋白质含量为 20%～70%,可用作饲料使用。

玉米蛋白粉中的抗性淀粉不易消化吸收。粗纤维成分主要由非淀粉多糖和木质素组成,非淀粉多糖的含量、种类、结构会影响玉米蛋白粉的消化吸收。玉米蛋白粉氨基酸比例不太合理,矿物质和维生素组成、含量也较差。粗蛋白含量 60%的玉米蛋白粉粗纤维含量一般都在 2%以下;粗蛋白含量在 40%的玉米蛋白粉粗纤维含量在 3%～6%。依据粗纤维含量,可判断是否有植物性物质掺入。灰分含量一般不超过 4%,灰分偏高可以推断是否掺入黄土、砂石等杂质。对于掺入非蛋白氮的检测,测定氨基酸组成是最有效的方法。玉米蛋白粉感官要求浅黄色至黄褐色,色泽均匀。具有固有气味,无腐败变质气味。呈粉状或颗粒状,无发霉、结块、虫蛀。不含砂石杂质;不得掺入非蛋白氮等物质。饲料用玉米蛋白粉质量标准 NY/T 685 见表 2-45。

表 2-45　饲料用玉米蛋白粉质量标准(NY/T 685)　%

项目	指标		
	一级	二级	三级
水分	≤12.0	≤12.0	≤12.0
粗蛋白质(干基)	≥60.0	≥55.0	≥50.0
粗脂肪(干基)	≤5.0	≤8.0	≤10.0
粗纤维(干基)	≤3.0	≤4.0	≤5.0
粗灰分(干基)	≤2.0	≤3.0	≤4.0

注:一级饲料用玉米蛋白粉为优等质量标准,二级饲料用玉米蛋白粉为中等质量标准,低于三级者为等外品。

二、动物性蛋白质原料

动物性蛋白质原料来自动物机体及其副产品,包括畜禽的肉、内脏、血粉、肉粉(肉骨粉)、鱼类、鱼粉、蛋和乳品类,是宠物日粮中不可缺少的成分。

(一)动物性蛋白质原料的营养特点

(1)蛋白质含量高,一般在 40%以上,蛋白质品质好,必需氨基酸种类齐全,比例合理,生物学价值高,是理想的蛋白质来源。

(2)有些种类粗脂肪含量也较高,加之蛋白质含量高,故能值也较高。

(3)除乳品外,碳水化合物含量低,不含粗纤维,消化利用率高。

(4)钙磷丰富且比例适宜,磷为有效磷,利用率高,富含微量矿物元素。

(5)富含 B 族维生素,尤其是植物性食品中缺乏的维生素 B_{12}。

(6)含有促进幼龄宠物生长的动物性蛋白因子。

(二)鱼类和鱼粉类

1. 鱼类

鱼类一般含蛋白质 13%～20%,脂肪含量差别很大。低脂肪鱼类含脂肪 2%左右,而高脂肪鱼类脂肪含量高达 5%～20%。鱼类蛋白质的组成好,能被宠物全部吸收;微量元素中含碘较多;含脂肪高的鱼类维生素 A、维生素 D 等含量丰富。常用鱼类的营养成分见表 2-46。

表 2-46　常用鱼类及鱼粉的营养成分（每 100 g 的含量）

品名	能量/(kJ)	水分/g	蛋白质/g	脂肪/g	灰分/g	钙/mg	磷/mg	镁/mg
大黄鱼	327.6	81.8	17.6	0.8	0.9	33	135	1.0
小黄鱼	415.8	79.2	16.7	3.6	0.9	43	127	1.2
带鱼	583.8	74.1	18.1	7.4	1.1	24	160	1.1
草鱼	462.0	77.3	17.9	4.3	1.0	36	173	0.7
白鲢	495.6	76.2	18.6	4.8	1.2	28	167	1.2
鲫鱼	260.4	85.0	13.0	1.1	0.8	54	203	2.5
鱼粉	1348.2	9.2	55.6	11.0	24.2	7705	2928	47.5

鱼类常被分为脂肪类鱼和蛋白类鱼。蛋白类鱼的脂肪含量低于 2%，如鳕鱼、小口鳕、小鳕鱼；而脂肪类鱼的脂肪含量较高，达 5%～20%，如鲱鱼、沙丁鱼、鳗鱼、鲭鱼、金枪鱼、鳝鱼、鲑鱼和鳟鱼，根据捕获时的成熟阶段和季节的不同，其脂肪含量为 5%～18%。总之，蛋白类鱼肉中蛋白质组成和瘦肉相同，而且蛋白类鱼中蛋白质的含量相对高些，但维生素 A 和维生素 D 的含量一般缺乏或者仅微量。但是鱼肉中含有适量的碘，而且由于骨骼常与肉一起加工，因而钙、磷的含量更均衡。去骨的鱼片中严重缺钙和磷。含油的鱼的鲜肉中含有维生素 D 和维生素 A，而且像鳕鱼和大比目鱼这样的鱼肝中维生素 A 和维生素 D 的含量尤其丰富。含骨的整鱼（如果熟制或磨成粉则更安全），作为宠物猫营养物质的来源比多数肉类更好。脂肪类鱼含脂溶性维生素丰富。

虽然鱼的适口性常常不如肉类，却总能被宠物很好地接受，但是它们的味道和外观可能不太容易被宠物的主人接受。与肉一样，鱼也有寄生虫，因而饲喂前必须制熟。另外，有些鱼肉中含有硫胺酶而能分解维生素 B_1，而维生素 B_1 的缺乏会导致猫的神经炎症，严重时会致命。加热可以破坏此酶或使之失活，这是要用熟制鱼饲喂宠物的又一原因。

2. 鱼粉

鱼粉是由整鱼或渔业加工废弃物制成的。优质鱼粉含蛋白质 60% 以上。国产鱼粉原料不同，加工条件不同，鱼粉品质相差很大。优质国产鱼粉含蛋白质 60% 以上，但也有的蛋白质含量很低，而食盐含量却很高。如在食品中添加食盐比例过高，易发生食盐中毒。鱼粉中必需氨基酸含量丰富，蛋白质营养价值高，是很好的蛋白质原料。

饲料用鱼粉要求原料应新鲜。不应使用腐败变质、发生疫病、农兽药残留超标、受到石油或重金属等有毒有害物质污染的原料。必要时应进行原料分拣，去除沙、石、草木、金属等杂物。可添加饲料添加剂抗氧化剂、防腐剂，其使用见《饲料添加剂品种目录》和《饲料添加剂安全使用规范》。外观和性状以及理化指标应符合 GB/T 19164 的要求，见表 2-47、表 2-48。

表 2-47　饲料用鱼粉的外观和性状（GB/T 19164）

项目	红鱼粉	白鱼粉	鱼排粉
色泽	黄褐色至褐色或青灰色	黄白色至浅黄褐色	黄白色至黄褐色
状态	肉眼可见粉状物，可见少量鱼骨、鱼眼等。显微镜下可见颗粒状或纤维状鱼肉、颗粒状鱼内脏和鱼溶浆以及鱼骨、鱼磷；鱼虾粉中可见虾、蟹成分。无生虫、霉变、结块	肉眼可见粉状物，可见鱼骨、鱼眼等。显微镜下可见纤维状鱼肉，有较多鱼骨。无生虫、霉变、结块	肉眼可见粉状物，可见鱼骨、鱼眼、鱼鳞等。显微镜下可见纤维状鱼肉，较多鱼骨、鱼眼、鱼鳞等及褐色块状内脏。无生虫、霉变、结块
气味	具有鱼粉正常气味、无腐臭味、油脂酸败味及焦糊味	具有白鱼粉正常气味，无腐臭味、油脂酸败味及焦糊味	具有鱼排粉正常气味，无腐臭味、油脂酸败味及焦糊味

表 2-48　饲料用鱼粉的指标标准（GB/T 19164）

项目	红鱼粉				白鱼粉		鱼排粉	
	特级	一级	二级	三级（含鱼虾粉）	一级	二级	海洋捕捞鱼	其他鱼
粗蛋白质/%	≥66.0	≥62.0	≥58.0	≥50.0	≥64.0	≥58.0	≥50.0	≥45.0
赖氨酸/%	≥5.0	≥4.5	≥4.0	≥3.0	≥5.0	≥4.2	≥3.2	
17种氨基酸总量[a]/粗蛋白质/%	≥87.0		≥85.0	≥83.0	≥90.0		≥85.0	
甘氨酸/17种氨基酸总量/%	≤8.0			—	≤9.0		—	
DHA[b]与EPA[c]占鱼粉总脂肪酸比例之和/%	≥18.0						—	
水分/%	≤10.0							
粗灰分/%	≤18.0	≤20.0	≤24.0	≤30.0	≤22.0	≤28.0	≤34.0	
砂分（盐酸不溶性灰分）/%	≤1.5			≤3.0	≤0.4	≤1.5		
盐分（以NaCl计）/%	≤5.0				≤2.5		≤3.0	≤2.0
挥发性盐基氮（VBN）/(mg/100 g)	≤100	≤130	≤160	≤200	≤70		≤150	≤80
组胺/(mg/100 g)	≤300	≤500	≤1.0×10³	≤1.5×10³	≤25.0		≤300	
丙二醛（以鱼粉所含粗脂肪为基础计）/(mg/100 g)	≤10.0	≤20.0	≤30.0		≤10.0	≤20.0	≤10.0	

[a]17种氨基酸总量：胱氨酸、蛋氨酸、天门冬氨酸、苏氨酸、丝氨酸、谷氨酸、甘氨酸、丙氨酸、缬氨酸、异亮氨酸、亮氨酸、酪氨酸、苯丙氨酸、赖氨酸、组氨酸、精氨酸和脯氨酸之和。

[b]DHA：二十二碳六烯酸。

[c]EPA：二十碳五烯酸。

以全鱼或鱼下脚料（鱼头、尾、鳍、内脏等）为原料，经过蒸煮、压榨、干燥、粉碎加工之后的粉状物为普通鱼粉。如果把制造鱼粉时产生的煮汁浓缩加工，做成鱼汁，添加到普通鱼粉里，经干燥粉碎，所得的鱼粉叫全鱼粉。以鱼下脚料为原料制得的鱼粉叫粗鱼粉。各种鱼粉中，全鱼粉质量最好，普通鱼粉次之，粗鱼粉最差。

（1）营养特性　鱼粉的营养价值因鱼种、加工方法和贮存条件不同而有较大差异。鱼粉含水量变化幅度大（4%～15%），平均为10%，取决于加工中的干燥方法。鱼粉蛋白质含量高，消化率好（达90%以上）。鱼粉蛋白质含量为40%～70%不等，进口鱼粉一般在60%以上，国产鱼粉约50%。粗蛋白质含量太低，可能不是全鱼鱼粉，而是粗鱼粉；蛋白质含量太高，则可能掺假。鱼粉蛋白质品质好，氨基酸含量高，蛋白质中的氨基酸相当平衡，利用率也高。鱼粉含粗脂肪5%～12%，一般在8%左右，高于12%可能会给使用带来很多问题。海产鱼的脂肪中含大量不饱和脂肪酸，具有特殊的营养生理作用。鱼粉的粗灰分含量

高,磷主要以磷酸钙形式存在,利用率高。鱼粉含有丰富的 B 族维生素,尤以维生素 B_{12}、维生素 B_2 含量高。真空干燥的鱼粉含有较丰富的维生素 A、维生素 D,此外,鱼粉中含有未知生长因子。

(2)饲用价值 新鲜鱼粉适口性好。因此,鱼粉的饲用价值比其他蛋白质原料高。使用鱼粉时,应考虑到鱼粉含有较高的组织胺,组织胺会与赖氨酸结合,形成糜烂素。鱼粉含有较高的脂肪,贮存过久易发生氧化酸败,影响适口性,幼龄宠物食用后会出现下痢。鱼粉中添加抗氧化剂可延长其贮存期。生鱼粉中含有维生素 B_1 分解酶。如果使用加热不充分的鱼粉或鲜鱼需添加维生素 B_1,或将鱼粉再加热处理。

目前市场上鱼粉掺假掺杂现象比较严重。掺假的原料有血粉、羽毛粉、皮革粉、硫酸铵、菜籽饼、棉籽饼、钙粉等,起不到鱼粉应有的作用。食盐含量也是限制鱼粉用量的因素之一。

3. 鱼溶粉、虾(蟹)粉

(1)鱼溶粉 鱼溶粉是制造鱼粉时所得的鱼黏液,经浓缩干燥而成;或以鱼体内脏经自体消化后的液状物,经离心分离鱼肝油后的蛋白液浓缩干燥而成的产品。如上述鱼黏液经浓缩为含水约 5% 的鱼溶浆,再以脱脂米糠、麸皮等原料吸附,干燥而得的产品则称混合鱼溶粉。

鱼溶粉所含蛋白质以水溶性蛋白为主,其中部分属非蛋白氮;水溶性维生素及矿物质含量较高,且含有丰富的未知生长因子,是良好的食品原料。

(2)虾(蟹)粉 将虾(蟹)可食部分除去后的新鲜虾(蟹)杂,经干燥、粉碎的产品称虾(蟹)粉。虾粉及蟹粉的成分随原料品种、处理方法及鲜度不同而有很大差异,含蛋白质多为来自几丁质的氮,利用价值很低;虾(蟹)粉还含有着色效果的虾红素。使用时应注意其鲜度及含盐量。

(三)肉类及其加工副产物

1. 畜禽肉的营养价值

从广义上讲,畜禽胴体则是肉。胴体是指畜禽屠宰后除去毛、皮、头、蹄、内脏(猪保留板油和肾脏,牛、羊等毛皮动物还要除去皮)后的部分,因带骨又称为带骨肉或白条肉。从狭义上讲,原料肉是指胴体的可食部分,即除去骨的胴体,又称其为净肉。

肉(胴体)是由肌肉组织、脂肪组织、结缔组织和骨组织 4 部分组成,其组成比例大致为:肌肉组织 50%～60%,脂肪组织 15%～20%,结缔组织 9%～13%,骨组织 5%～20%。

各种肉类都含有水分、蛋白质、脂肪、碳水化合物、矿物质、维生素。一般碳水化合物含量极少,其中不含淀粉和粗纤维。其营养成分的含量依动物的种类、性别、年龄、营养与健康状况、部位等不同,见表 2-49、表 2-50。

表 2-49　各种畜禽肉的营养成分

名称	水分/%	蛋白质/%	脂肪/%	碳水化合物/%	灰分/%	热量/(kJ/kg)
牛肉	72.91	20.07	6.48	0.25	0.92	6.19
羊肉	75.17	16.35	7.98	0.31	1.99	5.89
肥猪肉	47.40	14.54	37.34	—	0.72	13.73
瘦猪肉	72.55	20.08	6.63	—	1.10	4.87
马肉	75.90	20.10	2.20	1.88	0.95	4.31
兔肉	73.47	24.25	1.91	0.16	1.52	4.89
鸡肉	71.80	19.50	7.80	0.42	0.96	6.35
鸭肉	71.24	23.73	2.65	2.33	1.19	5.10

表 2-50 猪肉各部位的营养成分 %

名称	水分	蛋白质	脂肪	灰分
腿肉	74.02	20.52	4.46	1.00
背肉	73.39	22.38	3.20	1.03
里脊	75.28	18.72	5.07	0.93
肋骨肉	65.02	17.05	17.14	0.78
肩肉	61.50	17.47	20.15	0.88
腹肉	58.40	15.80	25.09	0.71

(1)畜肉的营养价值 畜肉就是指猪、牛、羊等家畜的肉。这类原料的营养价值高,蛋白质含量丰富,蛋白质品质好,并且加工后适口美味,是宠物食品搭配时提高营养价值、改善适口性的重要原料。

①蛋白质 畜肉含蛋白质一般为 15%~25%,主要为肌肉蛋白质、肌浆蛋白质和结缔组织蛋白质。通常牛、羊肉的蛋白质含量高于猪肉,兔肉含蛋白质最多,而脂肪含量最少;蛋白质含量最高的部位是脊背的瘦肉,蛋白质含量高达 22%,里脊肉鲜嫩,水分含量较多,奶脯蛋白质含量最少,而含有最多的脂肪。畜肉蛋白质品质好,为完全蛋白质,营养价值高,但结缔组织中所含的胶原蛋白和弹性蛋白缺乏色氨酸和蛋氨酸等必需氨基酸,故结缔组织含量越多,营养价值越低。

②脂肪 从胴体获得的脂肪称为生脂肪,生脂肪熔炼提出的脂肪称为油。猪肉脂肪含量高于牛肉、羊肉,但动物的肥瘦程度使肉的脂肪含量差异很大。脊背肉含脂肪较少,而猪肋、腹肉的脂肪含量较高。动物脂肪主要成分为甘油三酯(三脂肪酸甘油酯),占 96%~98%,还有少量的磷脂和胆固醇脂。畜肉脂肪酸以饱和脂肪酸含量较高,磷脂和胆固醇脂是能量的来源之一,也是构成细胞的特殊成分,它对肉类制品的质量、颜色、气味具有重要意义。

③矿物质 畜肉矿物质含量约为 1%,其中钙含量较低,仅为 70~110 mg/kg,磷为 1 270~1 700 mg/kg,铁为 62~250 mg/kg。畜肉是锌、铜、锰等多种微量元素的良好来源,宠物对肉中矿物元素的吸收率都高于植物性食品,尤其对铁的吸收率均高于其他食品。

④碳水化合物 肉类碳水化合物含量很低,一般为 0.3%~0.9%,主要以糖原形式存在。动物被宰杀后保存过程中由于酶的分解作用,糖原含量下降,乳酸含量上升,pH 逐渐下降,对畜肉的风味和贮存有利。

⑤维生素 畜肉肌肉组织中维生素 A、维生素 D 含量低,B 族维生素含量较高,猪肉中维生素 B_1 的含量较牛羊肉高,牛肉的叶酸含量比猪肉高。

(2)禽肉的营养价值 通常指鸡、鸭、鹅等家禽的肉,禽肉所含营养成分与畜肉接近,是一类营养价值很高的食品原料。

①蛋白质 禽肉一般含蛋白质 17%~23%,属优质蛋白质。一般禽肉较畜肉有较多的柔软的结缔组织,且均匀地分布在肌肉组织中,故禽肉较畜肉更细嫩,并容易消化。

②脂肪 禽肉中脂肪含量不一,一般含脂肪 7% 左右。鸡肉含脂肪较低,如鸡胸脯肉仅含脂肪 3%,但肥的鸭、鹅脂肪含量可高达 40%,如北京填鸭脂肪含量可达 41%。禽肉脂肪含有丰富的亚油酸,其含量约占脂肪总量的 20%,禽脂的营养价值高于畜肉脂肪。

③矿物质 禽肉中钙、磷、铁等的含量均高于畜肉,微量元素锌也略高于畜肉,硒的含量明显高于畜肉。

④维生素 禽肉含丰富的维生素,B 族维生素含量与畜肉相近,其中烟酸含量较高,为 40~80 mg/kg,维生素 E 为 900~4 000 μg/kg,禽肉内脏富含维生素 A 和核黄素。

禽肉所含含氮浸出物(水浸出)与年龄有关,同一品种的幼禽肉汤中含氮浸出物少于老禽,故老禽烹制的肉汤比幼禽汤鲜美。禽肉中碳水化合物的含量亦很低。

(3)加工处理对肉类营养价值的影响

①食品加工的前处理　肉类去骨、整形后采用盐腌再进一步加工，盐腌对肉类维生素 B_1、维生素 B_2 及烟酸的影响较小，其损失率为 1%～5%，对蛋白质无不利影响。

②贮存　牲畜屠宰后发生一系列变化，肉经过僵直、解僵、自溶 3 阶段，僵直状态的肉持水性低，成熟后的肉风味、营养价值都得到提高，但如继续贮存在常温下，肉就会腐败，营养价值降低。冷冻贮藏是肉类保藏的最好方法，营养物质损失较少，微生物繁殖减缓，解冻时仅有少量的水溶性物质可能随汤液流失。冷冻对畜肉蛋白质变性影响较小。

罐装的肉制品在 38℃ 贮藏 6 个月，维生素 B_1 大约损失 50%，但在 0℃ 贮藏时，3 年后维生素 B_1 只损失 10%，而在 -18℃ 贮藏时维生素 B_1 几乎无损失。带汤汁的罐头食品在贮藏中由于沥滤作用，固形物中的水溶性物质流入汤汁中，如采用冷藏保存带汤汁的罐头，这种沥滤作用会大大缓慢。

③烹调　畜肉的烹调方法多种多样，常用的有炒、蒸、焖、煮、煎炸、熏烤等方法。在肉的表面加少许水淀粉后炒炸，加热时会在原料表面迅速形成保护层，从而减少原料中水分和营养物质的逸出，又可避免原料与空气过多接触而产生的氧化作用，蛋白质也不致过分变性，维生素的破坏和流失相应减少，鲜嫩并容易消化。

煮、炖、蒸时，随温度逐渐升高，肉中结缔组织收缩而使瘦肉块收缩，肉汁逸出。若温度保持在 100℃ 煮 30 min，瘦肉中约有 4% 的蛋白质和部分含氮浸出物、40%～50% 的游离无机盐，20% 或更多的 B 族维生素进入汤汁，因此肉汤味道鲜美，营养价值高。

熏烤时肉汁逸出，其中的水分蒸发，大部分肉汁在肉的表面浓缩，使烤肉香味更浓。熏烤温度通常超过 200℃，表层的蛋白质因结硬壳，吃后不易消化，B 族维生素破坏 30% 左右。煎炸肉时，油的温度通常在 180～200℃，使肉的表面蛋白质迅速结成硬壳，内部的可溶性物质不易流出，因此味美多汁。煎炸时因油温过高（高于 250℃），甘油三酯的脂肪酸之间会发生聚合，使油脂黏稠度增大，同时亦会生成环状单聚体、二聚体及多聚体，环状单聚体能被机体吸收，产生毒性。

2.肉类副产品的营养价值

（1）新鲜副产品　畜禽副产品包括头、蹄、翅、爪、尾、内脏及骨架。它们的营养价值差异较大，如心、肝、肾、脑等含骨较少，营养价值高，而肠、胃、肺营养价值则低些，骨架、蹄等含骨较多，且氨基酸不齐全，营养价值更低些。因此，使用畜禽副产品时要注意合理搭配，以达到营养平衡和氨基酸互补。

①肝脏　各种动物的肝都是宠物优质的食物，具有丰富的蛋白质和多种维生素、微量元素，维生素 A 和维生素 D 含量比其他动物性食品高。肝对宠物的生长发育和繁殖有良好的作用，特别是在繁殖期的日粮中加入 5% 的鲜肝，可以提高宠物的繁殖率。但肝有轻泻作用，喂量太多会引起稀便。

②心和肾　心和肾含有丰富的蛋白质和维生素，尤其是肾中的维生素 A 含量丰富，但胆固醇的含量太高。

③胃和肠　营养价值较低，并且胃肠里寄生虫、微生物含量较多，不易清洗，所以最好熟喂。肠系膜上脂肪的含量很多，应除去全部或部分脂肪后饲喂。禽肠主要用于饲喂宠物，制成的干粉含粗蛋白约 45%，粗脂肪 16%，无氮浸出物 26.5%。

④脑　各种动物的脑内含有大量的磷脂和必需氨基酸，营养丰富，消化率高，对生殖器官的发育有促进作用，通常作为催情食品。在发情配种前，给宠物饲喂一定量的动物脑可以促进性腺的发育，尤其对雄性宠物的性器官发育、精子形成、增强性欲都有良好的作用。

⑤肺　肺的营养价值较低，含蛋白质较低，含有较多的结缔组织，对胃有刺激作用，易产生呕吐现象。一般煮熟后饲喂。

⑥血　血是屠宰场废弃的一种副产品。血中水分含量高，含较多的蛋白质、维生素和矿物质，赖氨酸含量极为丰富。一般需要熟喂，消化率较低，不易多喂。

另外，骨架的产量很高，也是宠物食品的优质原料。根据含骨的比例不同，可食部分比例差异较大，营养成分含量亦差异较大。各种畜禽副产品营养价值见表 2-51。

表 2-51 畜禽副产品营养成分含量(每 100 g 的含量)

名称	食部/%	能量/kJ	水分/g	脂肪/g	灰分/g	视黄醇当量/μg	钙/mg	磷/mg
牛心	100	444	77.2	3.5	0.8	17	4	178
羊肝	100	561	69.7	3.6	1.4	20 972	8	299
猪大肠	100	799	74.8	18.7	0.8	7	10	56
猪肚	96	460	78.2	5.1	1.8	3	11	124
猪肝	99	540	70.7	3.5	1.5	4 972	6	310
猪心	97	498	76.0	5.3	1.0	13	12	189
猪血	100	230	85.8	0.3	0.8	—	4	16
鸡翅	69	817	65.4	11.8	0.8	68	8	161
鸡肝	100	506	74.4	4.5	1.0	10 414	7	263
鸭翅	67	611	70.6	6.1	6.3	14	20	84
鸭肝	100	536	76.3	7.5	1.2	1 040	18	283

(2)干燥副产品

①肉骨粉和肉粉 这类原料是不能用作食品的畜禽下水及各种废弃物或畜禽尸体经高温、高压脱脂干燥而成的产品。含骨量大于 10%的称为肉骨粉,其蛋白质含量随骨的比例提高而降低。一般肉骨粉含粗蛋白质 35%~40%,进口肉骨粉粗蛋白质含量为 50%;粗脂肪为 8%;含钙、磷丰富,钙为 8.5%,磷为 4%,且磷的利用率较高。1 kg 干物质消化能为 11.72 MJ(猪),并含有一定量的钙、磷和维生素 B_{12}。饲料用肉骨粉为黄至黄褐色油性粉状物,具肉骨粉固有气味,无腐败气味。除不可避免的少量混杂以外,产品中不应添加毛发、蹄、角、羽毛、血、皮革、胃肠内容物及非蛋白含氮物质。不得使用发生疫病的动物废弃组织及骨加工饲料用肉骨粉。加入抗氧剂时应标明其名称。产品应符合《动物源性饲料产品安全卫生管理办法》(中华人民共和国农业部令〔2004〕第40 号)的有关规定;应符合国家检疫有关规定;应符合 GB 13078 的规定。沙门氏杆菌不得检出。铬含量≤ 5 mg/kg,总磷含量≥3.5%,粗脂肪含量≤12.0,粗纤维含量≤3.0%,水分含量≤10.0%,钙含量应当为总磷含量的 180%~220%,以粗蛋白质、赖氨酸、胃蛋白酶消化率、酸价、挥发性盐基氮、粗灰分为定等级指标,见表 2-52。

表 2-52 饲料用肉骨粉质量指标(GB/T 20193—2006)

等级	粗蛋白质/%	赖氨酸/%	胃蛋白酶消化率/%	酸价 KOH/(mg/g)	挥发性盐基氮/(mg/100 g)	粗灰分/%
一	≥50	≥2.4	≥88	≤5	≤130	≤33
二	≥45	≥2.0	≥86	≤7	≤150	≤38
三	≥40	≥1.6	≥84	≤9	≤170	≤43

肉粉是以纯肉屑或碎肉制成的饲料。

肉粉的粗蛋白质含量一般为 50%~60%,牛肉粉可达 70%以上。赖氨酸和色氨酸含量低于鱼粉,适口性也略差。某些厂家生产的肉粉含蛋白质较低,在 40%~50%,品质相对较差,且原料变化较大,质量难以保持稳定,影响使用效果。某些肉粉由于高温熬制使部分蛋白质变性,消化率降低。尤其赖氨酸受影响较严重。

肉粉虽作为一类蛋白质饲料原料,可与谷类饲料搭配补充蛋白质的不足。但由于肉粉主要由肉、腱、韧带、内脏等组成,还包括毛、皮及血等废弃物,所以品质变异很大。若以腐败的原料制成

产品,品质更差,甚至可导致中毒。加工过程中热处理过度的产品适口性和消化率均下降。贮存不当时,所含脂肪易氧化酸败,影响适口性和动物产品品质。总体饲养效果不是很理想。

肉粉的原料很易感染沙门氏菌,在加工处理畜禽副产品过程中,要进行严格消毒。

②血粉　血粉是畜禽被屠宰后所得鲜血经干燥而制成,其蛋白质含量在80%～90%。血粉的赖氨酸含量相当高,为6%～8%,但其蛋氨酸和异亮氨酸含量较低,此外精氨酸含量亦较低。在使用血粉时应注意与精氨酸、异亮氨酸高的饲料搭配使用。血粉蛋白质与氨基酸的利用率受血粉加工工艺的影响,一般干燥方法所获血粉的消化率较低,而喷雾干燥血粉的氨基酸消化率较高,可达90%。血粉的适口性较差,日粮中的使用量不宜过高,一般在3%左右为宜。

发酵血粉是我国饲用血粉开发的一个重要方向。利用米曲霉发酵后,血粉的消化吸收率得以改善,营养价值有所提高。发酵血粉的蛋白质含量一般在60%～65%,赖氨酸为3.47%～4.32%,氨基酸表观消化率较普通干燥血粉提高20%左右。饲料用血粉理化指标见表2-53。

(四)乳及乳制品

乳品包括牛奶、脱脂乳、奶油、乳清粉、酸奶和乳制品,如奶粉、黄油等。代乳品有糕干粉和代乳糕。乳中含有犬所需要的大多数的营养成分,但铁和维生素D缺乏,每100 g乳含能量271.7 kJ,蛋白质3.4 g,脂肪3.9,乳糖4.7 g,钙0.12 g,磷0.1 g,乳对犬的适口性较好。

表2-53　饲料用血粉理化指标(LS/T 3407—1994)

质量指标	一级品	二级品
色泽	暗红色或褐色	暗红色或褐色
气味	具有本制品固有气味;无腐败变质气味	具有本制品固有气味;无腐败变质气味
粗蛋白质/%	≥80	≥70
粗纤维/%	<1	<1
水分/%	≤10	≤10
灰分/%	≤4	≤6

表2-54　常用乳及乳制品的营养成分(每100 g的含量)

品种	能量/kJ	水分/g	蛋白质/g	脂肪/g	灰分/g	碳水化合物/g	钙/mg	磷/mg	铁/mg
牛奶	289.8	87.0	3.3	4.0	5.0	0.7	120	93	0.2
羊奶	289.8	86.9	3.8	4.1	4.3	0.9	140	106	0.1
牛奶粉	2 192.4	2.0	26.2	30.6	25.5	5.7	1 030	883	0.8
奶油	865.2	73.0	2.9	20.0	3.5	0.9	140	106	0.1
代乳糕	1 806.0	5.0	18.6	13.6	58.1	3.6	661	419	5.6
糕干粉	1 621.2	7.6	5.1	5.6	79.0	0.6	508	540	1.7

乳制品中含有比肉和鱼中更多的蛋白质和更齐全的氨基酸,犬比猫更爱吃乳制品,但个别犬体内缺乏乳糖分解的消化酶——乳糖酶,食用后会引起腹泻,这种现象称为乳糖不耐受。出现乳糖不耐受,立即停止给予牛奶或其他乳制品。对于其他宠物,按每千克体重给予20 mL左右的乳是有益的。乳中含有犬、猫所需的大部分营养物质,但是铁与维生素D含量缺乏。乳是容易利用的高质量的蛋白质、脂肪、碳水化合物、钙、磷和许多微量元素、维生素A和B族维生素的很好来源。维生素B_2(核黄素)对阳光敏感,如果暴露在阳光下1～2 h及以上则维生素B_2与维生素C容

易被破坏。

（1）巴氏杀菌乳　亦称消毒牛乳，它是将新鲜生牛奶经过过滤、加热杀菌后分装出售的饮用奶。巴氏杀菌乳除维生素 B_1 和维生素 C 有一定损失外，营养价值与新鲜牛乳差别不大。市售巴氏杀菌乳常常强化一些维生素，如维生素 D 和维生素 C 等。

（2）脱脂乳　脱脂乳是将鲜牛奶脱去脂肪再干燥而成，除脂肪可降低至 1% 左右外，其他变化不大。对于老年宠物、消化不良的幼宠及经常腹泻、有胆囊疾患、高脂血症、慢性胰腺炎等患宠有一定益处。脱脂乳因其脂肪含量较少，所以易保存，不易发生氧化作用，是制作饼干、零食等其他食品的最好原材料。脱脂乳中不含脂肪，适宜肥胖而又需要补充营养的宠物饲用。

（3）奶粉　根据使用要求，奶粉又分为全脂奶粉、脱脂奶粉、加糖奶粉和强化奶粉等。

①全脂奶粉　鲜奶消毒后除去 70%～80% 水分，采用喷雾干燥法将奶制成雾状颗粒。该法生产的奶粉溶解性好，对奶的性质、奶的气味及其他营养成分影响较小。

②脱脂奶粉　生产工艺同全脂奶粉，但原料奶经过脱脂过程。由于脱脂使脂肪的含量大为减少，脂溶性维生素含量亦大为减少。

③加糖奶粉　为改变奶粉的口味，加入一定数量的蔗糖，使奶粉的甜度增加。

④强化奶粉　在奶粉中加入一些维生素、矿物质等营养成分，使其更符合宠物某一生理阶段的营养需要或特殊生理要求。强化奶粉又称为调制奶粉。

（4）炼乳　炼乳是一种浓缩乳，种类较多，有甜炼乳、淡炼乳、全脂炼乳、脱脂炼乳、强化炼乳等。

①甜炼乳　是在牛奶中加入约 16% 的蔗糖，并经减压浓缩到原体积的 40% 的一种乳制品。成品中蔗糖含量为 40%～45%，渗透压增大，成品保质期较长。

②淡炼乳　为无糖炼乳，又称为蒸发乳。将牛奶浓缩到原体积的 1/3 后装罐密封，经加热灭菌后制成具有保存性的乳制品。其与甜炼乳的差别在于一是不加糖；二是进行了均质操作，即为防止脂肪上浮，使用适当压力和温度，使脂肪球变小，表面积变大，增加脂肪球表面酪蛋白的吸附，脂肪球比重增大，上浮能力变小；三是密封装罐后再经过一次灭菌消毒。淡炼乳经高温处理后维生素有一定损失，经均质后脂肪的消化率提高。

（5）奶油　由牛奶中分离出的脂肪制成的产品，一般脂肪的含量为 80%～83%，而含水量低于 16%。

（6）乳清粉　乳清脱水干燥后的产品即为乳清粉，蛋白质含量不低于 11%，乳糖含量不低于 61%。乳清粉中一般乳糖含量在 70% 左右，足以供给宠物所需的热能，且乳糖有促进乳酸菌繁殖的作用，可抑制大肠杆菌的生长。此外，钙、磷等矿物质及 B 族维生素含量丰富。此外，还可做黏结剂使用。

（7）酪乳　酪乳是制作奶油的副产品。从全乳分离出脱脂乳，再抽出奶油后剩下的部分就是酪乳。酪乳的成分与脱脂乳相近，只是酪乳比脱脂乳脂肪含量略高，同时还含有乳酸。酪乳的蛋白质易被机体吸收，可以加强新陈代谢，促进幼宠增重，但要注意发酵了的酪乳以及腐败的酪乳不能做原料。酪乳可经干燥加工成干燥酪乳，用法与脱脂乳相同。宠物猫非常爱吃富含脂肪和脂溶性维生素的奶油和奶酪（乳蛋白凝结物）。当乳糖和 B 族维生素被移入乳清中时，乳中的大部分蛋白质、脂肪、钙和维生素 A 仍留在奶酪内。除了用脱脂奶粉的软干酪几乎不含脂肪外，大多数酪乳的蛋白质和脂肪含量相似。奶油乳酪所含脂肪量最高。对于猫来说，乳制品是许多营养物质的极佳来源，但是个别有乳糖不耐受的应避免给予任何乳及乳制品。

（五）蛋及蛋制品

蛋内平均含蛋白质 12.6%，氨基酸品质很好，宠物能很好地消化吸收。蛋中含有丰富的维生素 A、维生素 D、维生素 B_2，但缺乏尼克酸（烟酸）；微量元素中富含铁。

常用的蛋及蛋制品的营养成分见表 2-55。

蛋类常用于饲喂生长发育期的犬、猫，因为蛋中富含铁、蛋白质、维生素 B_2、叶酸、维生素 B_{12}

和维生素 A、维生素 D。蛋中还含有除维生素 C 和碳水化合物之外的大多数其他营养物质。蛋清中几乎全是蛋白质、水、微量元素和某些 B 族维生素(烟酸在蛋中含量甚微)。蛋黄中有多数 B 族维生素、全部脂溶性维生素,而且蛋黄中脂肪和蛋白质含量高于蛋清而水分少于蛋清。未加热的

蛋清(蛋白)含有一种被称为卵白素的蛋白质,影响生物素的生物活性,会导致犬、猫掉毛、生长减缓,出现骨骼畸形等症。此外,生鸡蛋通常也含有病菌,容易导致犬、猫生病,加热可以消灭病菌,还可以提高蛋清的消化率,因此饲喂蛋类前应先煮熟为宜。

表 2-55　蛋及蛋制品的营养成分(每 100 g 的含量)

品种	能量/kJ	水分/g	蛋白质/g	脂肪/g	灰分/g	碳水化合物/g	钙/mg	磷/mg	铁/mg
鸡蛋	714.0	71.0	14.7	11.6	1.6	1.1	55	210	2.7
鸭蛋	688.8	70.0	8.7	9.8	10.3	1.2	71	210	3.2
鸡蛋粉	2 238.6	1.9	42.2	34.5	13.4	8.0	24	160	1.1
蛋壳粉	—	1.2	—	—	—	94.1	7 705	2 928	47.5

任务 2-4　矿物质类宠物食品原料

【任务描述】 用来补充宠物食品中常量矿物质营养的原料即为矿物质类宠物食品原料。学生通过学习,了解宠物食品中常用的矿物质原料的种类,掌握各种矿物质原料的营养特点,培养针对不同宠物的营养需要选择合适的矿物质原料的能力。

一、矿物质原料的营养特点

宠物所需常量矿物质元素包括钙、磷、钾、钠、氯、镁和硫 7 种。其中,钾、镁和硫 3 种元素普遍存在于各种食品原料中,基本不会缺乏。虽然在动物性食品原料和植物性食品原料中都含有钙、磷、氯和钠等矿物质元素,但钙、氯和钠等的含量与宠物的需要量相差很多。植物性食品原料中含磷较多,但大部分磷是以利用率较低的植酸磷的形式存在的,因此可利用的磷不能满足宠物需要。在宠物食品中,要平衡矿物质营养时,必须补充各种矿物质原料,以满足宠物对矿物质元素的需要。

二、含钙的原料

(一)石粉

主要指石灰石粉,为天然的碳酸钙,俗称钙粉,主要成分为碳酸钙,一般含碳酸钙 80%～

90%,含钙 35% 以上,是补钙来源最广、价格最低的矿物质原料。天然的石灰石只要镁、铅、汞、砷、氟含量在卫生标准范围之内均可使用。

(二)贝壳粉

贝壳粉是将贝类外壳(牡蛎壳、蚌壳、蛤蜊壳等)经烘干粉碎而成的粉状或颗粒状产品。在烘干时要求高温消毒。优质的贝壳粉含钙高,杂质少,呈灰白色,杂菌污染少。但如果肉质未除尽或水分高,放置过久,容易腐臭发霉。贝壳粉内常夹杂碎石和沙砾,使用时应予以检查并注意有无发霉、发臭的情况。贝壳粉一般含钙 38% 左右。

三、含钙、含磷的原料

选用含钙和磷的原料时,一般都作为磷的补充原料,钙的不足部分用含钙的矿物质原料补充,可以降低成本。

(一)骨粉

骨粉是以新鲜无变质的动物骨骼,经高压蒸汽灭菌、脱脂或经脱胶干燥粉碎后的产品,为浅灰褐至浅黄褐色粉状物。骨粉中含钙量为 30%～35%,含磷量为 8%～15%,钙磷比为 2∶1 左右,符合宠物机体的需要,同时还富含多种微量元素,是宠物补充钙磷的良好矿物质原料。骨粉按加工方法可分为煮骨粉、脱脂煮骨粉、蒸汽处理骨粉、

脱脂蒸汽骨粉、骨制沉淀磷酸钙等。其磷、钙含量略有不同,见表2-56。

使用骨粉时,要注意氟中毒。有些骨粉品质低劣,有异臭,呈灰泥色,这种骨粉常携带有大量致病菌。更有的兽骨收购场地,为避免蝇蛆繁殖,喷洒敌敌畏等药剂,致使骨粉带毒。

(二)磷酸钙盐类

磷酸钙盐类包括磷酸氢钙、磷酸二氢钙和磷酸三钙等,最常用的是磷酸氢钙。

表2-56 骨粉中钙和磷的含量 %

名称	磷	钙
煮骨粉	10.95	24.53
脱脂煮骨粉	11.65	25.40
蒸汽处理骨粉	12.86	30.71
脱脂蒸汽骨粉	14.88	33.59
骨制沉淀磷酸钙	11.35	28.77

1.磷酸氢钙

磷酸氢钙又称磷酸二钙,白色或灰白色,粉末或粒状,分无水磷酸氢钙和二水磷酸氢钙两种,后者的钙磷利用率较高。饲料添加剂磷酸氢钙质量标准见表2-57。

2.磷酸二氢钙

磷酸二氢钙又称磷酸一钙、过磷酸钙,纯品为白色结晶粉末,含量为22%左右,含钙量为15%左右。利用率比磷酸氢钙、磷酸三钙好,尤其在水产动物日粮中更为明显。由于本品磷高钙低,在配制食品时,可用于调整钙、磷平衡。水产动物对其吸收率比其他含磷原料高,因此磷酸二氢钙常用作水产动物的磷源。饲料级磷酸二氢钙质量标准见表2-58。

表2-57 饲料添加剂磷酸氢钙质量标准(GB 22549—2017)

指标名称	指标	指标名称	指标
钙(Ca)/%	≥20.0(Ⅰ型)	铅(Pb)/(mg/kg)	≤30
	≥15.0(Ⅱ型)		
	≥14.0(Ⅲ型)		
总磷(P)/%	≥16.5(Ⅰ型)	砷(As)/(mg/kg)	≤20
	≥19.0(Ⅱ型)		
	≥21.0(Ⅲ型)		
氟(F)/(mg/kg)	≤1 800	细度/% 粉状,通过0.5 mm试验筛	≥95
		细度/% 粉状,通过0.2 mm试验筛	≥90

表2-58 饲料级磷酸二氢钙质量标准(GB 22548—2017)

指标名称	指标	指标名称	指标
钙(Ca)/%	≥13.0	砷(As)/(mg/kg)	≤120
总磷(P)/%	≥22.0	pH(2.4 g/L溶液)	3~4
水溶性磷(P)/%	≥20.0	游离水分/%	≤14.0
氟(F)/(mg/kg)	≤1800	细度(通过0.5 mm网孔的试验筛)/%	≥95.0
铅(Pb)/(mg/kg)	≤130		

四、含钠与氯的原料

(一)食盐

在植物性食品原料中,钠、氯含量都低,食盐是钠、氯的最简单、价廉和有效的添加源。食盐中含氯60%,钠39%。碘化食盐中还含有0.007%的碘。

为了保证宠物的生理平衡,饲喂以植物性食品原料为主的食品,应补充食盐。食盐还可以改善口味,增进食欲,促进消化。食盐不足会引起宠物食欲下降、采食量降低、生长性能下降;还有可能导致宠物异食癖。食盐过量时,只要有充足饮水,一般对宠物健康无不良影响。但若饮水不足,可能出现食盐中毒。犬的盐分摄入量很低,使用含盐量高的鱼粉等原料时应特别注意。食盐还可作为微量元素添加剂的载体。但由于食盐吸湿性强,在相对湿度75%以上时就开始潮解。因此,作为载体的食盐必须保持含水量在0.5%以下。制作微量元素预混料以后也应妥善贮藏保管。

(二)碳酸氢钠

碳酸氢钠,俗称小苏打,除提供钠离子外,还是一种缓冲剂,可缓解宠物热应激,保证胃正常pH。可增加机体的碱贮备,防治代谢性酸中毒,饲用后可中和胃酸,溶解黏液,促进消化,平衡电解质。

任务 2-5　蔬果类宠物食品原料

【任务描述】蔬菜、水果一直是人类热爱的食品,那么宠物需不需要吃一些蔬菜和水果呢?哪些宠物需要吃蔬菜和水果?哪一些蔬菜水果是宠物可是吃的?哪些蔬菜水果是宠物万万不可以吃的呢?学生通过学习,掌握一些蔬菜、水果的营养特点,培养针对不同宠物的营养需要选择合适的蔬菜、水果类宠物食品原料的能力。

一、蔬果类原料的营养特点

(一)碳水化合物

蔬菜、水果所含的碳水化合物包括可溶性糖、淀粉及食物纤维,可溶性糖主要有果糖、葡萄糖、蔗糖,其次为甘露糖和阿拉伯糖等,随着水果成熟可溶性糖增多,甜味增加。如香蕉在成熟过程中淀粉含量由20%降到5%,而可溶性糖含量由8%增至17%。

大多数叶菜、嫩茎、瓜果、茄果等蔬菜,其碳水化合物含量为3%～5%,鲜毛豆、四季豆、豇豆等含5%～7%,豌豆、刀豆约含12%。根茎类蔬菜通常含碳水化合物略高,如白萝卜、大头菜、胡萝卜等含7%～8%,而马铃薯、芋头、山药等含14%～25%,大多数鲜果碳水化合物含量为8%～12%。

蔬菜、水果含有丰富的纤维素、半纤维素、果胶等食物纤维。蔬菜中粗纤维含量为0.3%～2.8%,水果中粗纤维含量为0.2%～0.41%。食物纤维含量低的蔬菜和瓜果,肉质柔软,反之肉质粗、皮厚多筋。水果中的果胶物质,在一定条件下形成凝胶,利用此特性可制造果酱和果冻。果胶能与肠内致癌物质结合,使其排出体外,粗纤维中的木质素能使体内吞噬细菌及癌细胞的巨噬细胞活力提高3～4倍。

(二)维生素

蔬菜水果含有丰富的维生素C和胡萝卜素,是供给维生素C的重要来源。绿色的叶、茎类蔬菜维生素C含量为200～400 mg/kg;茄果类维生素C含量丰富的有柿子椒和青辣椒,每千克为1 250～1 600 mg/kg,其次为番茄;瓜类维生素C含量相对较少,其中苦瓜维生素C含量高,为600～800 mg/kg。水果中维生素C含量最丰富的是鲜枣,可达3 000 mg/kg左右,其次分别是猕猴桃为1 300 mg/kg,山楂为900 mg/kg,柑橘为400 mg/kg,苹果、梨的维生素含量也较丰富。刺梨、沙棘等野生果类的维生素C含量比一般水果高10倍,甚至数十倍。

胡萝卜素含量与蔬菜颜色有关,凡绿叶菜和

橙黄色菜都有较多的胡萝卜素。蔬菜、水果中含有丰富的胡萝卜素,绿色、黄色蔬菜如油菜、苋菜、莴苣叶等胡萝卜素含量超过 20 mg/kg;水果中橙黄色的杧果、杏、枇杷、红橘含胡萝卜素较高,约为 15～30 mg/kg,一般水果的胡萝卜素较少。

蔬菜、水果中含有丰富的 B 族维生素,但不含维生素 B_{12},维生素 B_2 的含量也较低。

(三)矿物质

蔬菜、水果中含有丰富的钾、钙、钠、镁及铁、铜、锰、硒等矿物质元素,其中以钾最多,钙、镁含量也丰富,各种微量元素的含量虽比其他食品少,但锰的含量高于肉类食品。某些绿叶蔬菜中钙、镁、铁等元素虽含量丰富,但由于同时含有较多的草酸,因此吸收利用率均低于动物性食品。

(四)蛋白质

蔬菜蛋白质含量极低,为 1%～3%,质量不如动物蛋白,赖氨酸、蛋氨酸不足,但比谷类好。

(五)其他

1.蔬果中天然色素

如叶绿素、类胡萝卜素、花青素、花黄素等鲜艳的色泽,可增进食欲。

2.水果中有机酸

如柠檬酸、酒石酸、苹果酸等含独特果酸味,可增强消化液分泌,以利消化。

3.某些蔬菜含有促进消化的酶

如萝卜中的淀粉酶。

4.特殊保健作用

大蒜含二烯丙基硫有助于降低肺癌发病率。黄瓜含丙醇二酸有抑制糖类转化为脂肪的作用。南瓜能促进胰岛素的分泌。萝卜所含的酶和芥子油一起有促进胃肠蠕动、增进食欲、帮助消化的功效。

常见蔬菜和水果的营养价值见表 2-59、表 2-60。

表 2-59 常见蔬菜和水果的营养价值(每 100 g 的含量)

名称	食部 /%	水分 /g	蛋白质 /g	脂肪 /g	纤维 /g	糖 /g	灰分 /%	胡萝卜素 /μg	钙 /mg	磷 /mg
萝卜	95	93.4	0.9	0.1	1.0	4.0	0.6	20	36	26
胡萝卜	96	89.2	1.0	0.2	1.1	7.7	0.8	4 130	14	27
马铃薯	94	79.8	2.0	0.2	0.7	16.5	0.8	30	8	40
藕	88	80.5	1.9	0.2	1.2	15.2	1.0	2.0	39	58
黄芽白菜	92	93.6	1.7	0.2	0.6	3.1	0.4	250	69	30
菠菜	89	91.2	2.6	0.3	1.7	2.8	1.4	2 920	96	54
大白菜	83	95.1	1.4	0.1	0.9	2.1	0.4	80	35	28
茭白	74	92.2	1.2	0.2	1.9	4.0	0.6	30	4	36
黄花菜	98	40.3	19.4	1.4	7.7	27.2	4.0	1 840	301	216
芦笋	90	93.0	1.4	0.1	1.9	3.0	0.6	100	10	42
芹菜(茎)	66	94.2	0.8	0.2	1.4	2.5	1.0	60	48	103
芹菜(叶)	100	89.4	2.6	0.6	2.2	3.7	1.5	2 930	40	64
空心菜	76	92.6	2.2	0.3	1.4	2.2	1.0	1 520	99	38
莴苣	62	95.5	1.0	0.1	0.6	2.2	0.6	150	23	48
莴苣叶	89	94.2	1.4	0.2	1.0	2.6	0.6	880	34	26
苋菜(紫)	73	88.8	2.8	0.4	1.8	4.1	2.1	1 490	178	63
小白菜	81	94.5	1.5	0.3	1.1	1.6	1.0	1 680	90	36

续表2-59

名称	食部/%	水分/g	蛋白质/g	脂肪/g	纤维/g	糖/g	灰分/%	胡萝卜素/μg	钙/mg	磷/mg
冬瓜	80	96.6	0.4	0.2	0.7	1.9	0.2	80	19	12
哈密瓜	71	91.0	0.5	0.1	0.2	7.7	0.5	920	4	19
黄瓜	92	95.8	0.8	0.2	0.5	2.4	0.3	90	24	24
苦瓜	81	93.4	1.0	0.1	1.4	3.5	0.6	100	14	35
南瓜	85	93.5	0.7	0.1	0.8	4.5	0.4	890	16	24
西瓜	59	93.4	0.6	0.1	0.2	5.5	0.2	210	4	11
西葫芦	73	94.9	0.8	0.2	0.6	3.2	0.3	30	15	17
长茄子	96	93.1	1.0	0.1	1.9	3.5	0.4	180	55	2
番茄	97	94.4	0.9	0.2	0.5	3.5	0.5	550	10	2
蘑菇	99	92.4	2.7	0.1	2.1	2.0	0.7	10	6	94
鸭梨	82	88.3	0.2	0.2	1.1	10.0	0.2	10	4	14
苹果	76	85.9	0.2	0.2	1.2	12.3	0.2	20	4	12
香蕉	59	75.8	1.4	0.2	1.2	20.8	0.6	60	7	28

表 2-60　常见蔬菜和水果中维生素的含量(每 100 g 的含量)

名称	食部/%	水分/g	视黄醇当量/μg	硫胺素/mg	核黄素/mg	烟酸/mg	抗坏血酸/mg	维生素 E/mg
萝卜	95	93.4	3	0.02	0.03	0.3	21	0.92
胡萝卜	96	89.2	688	0.04	0.03	0.6	13	0.41
马铃薯	94	79.8	5	0.08	0.04	1.1	27	0.34
藕	88	80.5	3	0.09	0.03	0.3	44	0.73
黄芽白菜	92	93.6	42	0.06	0.07	0.8	47	0.92
菠菜	89	91.2	487	0.04	0.08	1.2	32	0.52
大白菜	83	95.1	13	0.03	0.04	0.4	28	0.36
茭白	74	92.2	5	0.02	0.03	0.5	5	0.99
黄花菜	98	40.3	307	0.05	0.21	3.1	10	4.92
芦笋	90	93.0	17	0.04	0.05	0.7	45	…
芹菜(茎)	66	94.2	10	0.01	0.08	0.4	8	2.21
芹菜(叶)	100	89.4	488	0.08	0.15	0.9	22	2.5
空心菜	76	92.6	253	0.03	0.08	0.8	25	1.09
莴苣	62	95.5	25	0.02	0.02	0.5	4	0.19
莴苣叶	89	94.2	147	0.06	0.10	0.4	13	0.58
苋菜(紫)	73	88.8	248	0.03	0.10	0.6	30	1.54
小白菜	81	94.5	280	0.02	0.09	0.7	28	0.70

续表2-60

名称	食部 /%	水分 /g	视黄醇当量 /μg	硫胺素 /mg	核黄素 /mg	烟酸 /mg	抗坏血酸 /mg	维生素E /mg
冬瓜	80	96.6	13	0.01	0.01	0.3	18	0.08
哈密瓜	71	91.0	153	…	0.01	…	12	…
黄瓜	92	95.8	15	0.02	0.03	0.2	9	0.46
苦瓜	81	93.4	17	0.03	0.03	0.4	56	0.85
南瓜	85	93.5	148	0.03	0.04	0.4	4	0.36
西瓜	59	93.4	35	0.02	0.04	0.3	6	0.13
西葫芦	73	94.9	5	0.01	0.03	0.6	6	0.34
长茄子	96	93.1	30	0.03	0.03	0.6	7	0.20
番茄	97	94.4	92	0.03	0.03	0.6	19	0.57
蘑菇	99	92.4	2	0.08	0.35	4.0	2	0.56
鸭梨	82	88.3	2	0.03	0.02	0.2	4	0.31
苹果	76	85.9	3	0.06	0.02	0.2	4	2.12
香蕉	59	75.8	10	0.02	0.04	0.7	8	0.24

二、蔬果类原料的饲喂价值

(一)蔬菜和水果对宠物的作用

新鲜的蔬菜和水果,水分含量一般在90%以上,碳水化合物、蛋白质、脂肪含量均很低,能够给宠物提供的能量也很低。大多数叶类蔬菜、瓜果可以为宠物提供的碳水化合物在3%～5%,新鲜水果相应的要高一些,一般在8%～12%,但蔬菜水果含有丰富的维生素、矿物质等,对宠物具有相当重要的积极作用。由蔬菜、水果为宠物提供的植物纤维素、半纤维素等食物纤维,在宠物生理发育过程中也起到了非常重要的作用,一般蔬菜中粗纤维含量0.3%～2.8%,水果中含粗纤维0.2%～0.4%,这些营养物质对宠物的生理健康与促进消化系统的正常运行,都起着举足轻重的意义。

(二)哪些宠物需要吃蔬菜和水果

除了完全喂食含真新鲜蔬菜狗粮的,并且是处于正常生理阶段的宠物犬,可以不需要额外补充蔬菜、水果外,给宠物补充一定数量的蔬菜、水果,作为营养补充均有一定积极意义。尤其是对处于特殊生理阶段的宠物,如幼年宠物、怀孕期宠物和产后泌乳期宠物,及时补充一些如胡萝卜、菠菜、倭瓜甚至是比较昂贵的蓝莓、蔓越莓等,对宠物健康都是大有益处的。

同时,对于在日常饲喂时经常吃生食生肉的宠物,也应该补充一些蔬菜水果。这类宠物日常的饮食结构多以生肉、未经高温预熟化的植物类食物为主,就更加需要额外补充一些蔬菜、水果,以提供足够的维生素营养物质。

如果是以肉食为主的饲喂方式,那么补充蔬菜、水果就更加必要了,肉里含有20%左右的蛋白质和多种维生素,但是肉中的碳水化合物仅为0.3%～0.9%,而且,肉中的矿物质含量非常有限,仅为1%左右,钙元素仅有100 mg/kg,这就需要从其他多种蔬菜、水果中获取。

三、几种常用的蔬果类原料

1.胡萝卜

胡萝卜含有丰富的胡萝卜素,近50%的胡萝卜素可以转变成维生素A,维生素A在肝脏中大量贮存,有利于维持与提高宠物在弱光环境下的视力,避免宠物患上"夜盲症"。

此外,维生素D、维生素E、维生素K含量也很高,还含有丰富的植物纤维,吸水性强,在宠物肠道中体积容易膨胀,是肠道中的"充盈物质",可加强宠物肠道的蠕动,防止宠物便秘,如果发现宠

物的粪便过于干燥,可以在食品中适量添加一些胡萝卜,宠物的肠道相对较短,一天的时间就可以看到宠物粪便的变化。

宠物食品添加胡萝卜最好要切成细丁过油,因为胡萝卜含的维生素绝大部分都是脂溶性的,也就是说要和油脂充分接触才能融于油脂中并被吸收。

2. 薯类

红薯能提供非常好的碳水化合物,同时还为宠物提供纤维素、维生素 B_6、维生素 C、β-胡萝卜素和锰元素。和红薯一样,马铃薯(土豆)也富含碳水化合物,亦能为宠物补充能量,还可以帮助平衡膳食。

3. 菠菜

菠菜中含有大量的抗氧化剂维生素 E 和硒元素,具有延缓宠物衰老、促进宠物细胞增殖的作用。

随着宠物生活环境的变化与宠物饮食结构的改善,宠物患糖尿病的概率大大增加,菠菜叶中含有铬和一种类胰岛素物质,其作用与胰岛素非常相似,因此给宠物喂食一定数量的菠菜能使宠物血糖保持稳定,过于肥胖宠物补食一些菠菜可以有效预防宠物糖尿病的发生。

营养性缺铁是宠物经常发生的一种营养不均衡症,宠物缺铁则会表现出贫血、食欲下降、轻度腹泻、被毛枯涩无光等症状,严重时,出现血红蛋白下降、呼吸困难甚至死亡,而菠菜是宠物获得天然铁的极佳来源,每 1 kg 菠菜可以为宠物提供约 18 mg 的铁元素,充足的铁元素营养物质,可以有效预防宠物机体感染疾病,减少宠物患病概率。

4. 南瓜

南瓜中富含纤维、维生素 A 和抗氧化剂,能促进宠物心血管的健康。南瓜含 β-胡萝卜素、维生素 E、维生素 K,这些对宠物犬、猫的消化和泌尿系统相当有好处,而且还可以帮助宠物减肥和治疗便秘。

5. 白菜

白菜的营养成分很丰富,富含胡萝卜素、维生素 B_1、维生素 B_2、维生素 C、粗纤维以及蛋白质、脂肪、钙、磷、铁等。

宠物犬可以吃生大白菜。生大白菜的营养元素比如维生素、矿物质以及一些活性物质没有被破坏,直接食用比煮熟的白菜更有营养,而且里面的活性物质能刺激机体免疫系统,提高抗病能力。

但要注意,现在很多蔬菜会喷洒农药,所以喂食之前,一定要将大白菜清洗干净,并用水浸泡 1 个小时以上。同时注意一次不能喂得过多,因为生大白菜偏凉性,吃多了容易腹泻。白菜有助于消化,提高皮肤的抵抗力,甚至有抗癌作用。但大白菜吃多了会导致宠物犬胃肠道产生大量气体,引起胃肠胀气的症状。所以给犬吃大白菜不能喂太多,只喂一点点,比如在自制狗粮中撒上切碎的白菜。

6. 黄瓜

黄瓜富含蛋白质、糖类、维生素 B_2、维生素 C、维生素 E、胡萝卜素、钙、磷、铁等营养成分。同时也具有除热、利水利尿的作用。但黄瓜性凉且含水量很高,吃多了容易导致宠物犬、猫出现腹泻等情况,所以在平时生活中可以少量混合在宠物的食物里食用。

7. 苹果

苹果被称为"水果之王",含有宠物犬、猫生长发育所需的矿物质、维生素 C、维生素 K、钙质和水溶性纤维,营养丰富,宠物犬、猫可以适量食用。

8. 香蕉

香蕉含有丰富的钾元素,对宠物犬、猫很有益处,而且香蕉含有丰富的膳食纤维,能够促进胃肠蠕动。当宠物犬、猫便秘的时候,可以给它们吃一点香蕉,能够促进肠道蠕动,有利于排便。

9. 蓝莓

宠物犬、猫也可以适量吃些蓝莓,蓝莓含有丰富的营养元素,包括维生素 A、B 族维生素、维生素 C、维生素 E、维生素 K、植物纤维和抗氧化剂,有保护眼睛、增强免疫和减缓衰老等效果,因此目前部分高端宠物犬、猫食品中也会添加蓝莓。

10. 西瓜

天气炎热时,宠物犬、猫也可以适量食用西瓜来清热解暑,不过主人在喂食前最好将西瓜籽全部剔除,避免宠物犬、猫误食后引起肠胃不适。而且宠物犬、猫每次吃一块西瓜就可以了,吃多了容易拉稀。

11. 蔓越莓

蔓越莓可以促进肠胃蠕动,预防便秘,并且起到调理肠胃的作用。适量给宠物犬、猫吃些蔓越莓,可以帮助维护泌尿系统,预防许多疾病。目前,许多宠物罐头中都含有蔓越莓成分。

四、宠物食品中禁用的蔬果类原料

现实中,普遍存在一个宠物的饮食误区,就是绿色蔬菜就是新鲜的、天然食品就是营养价值高的,其实在这个世界上,不是所有的绿叶蔬菜水果植物都可以给人吃、不是所有的"天然"食物都能够给人类带来安全。针对宠物,还要补充一句,在这个世界上不是所有人能吃的蔬菜、水果都可以给宠物吃。人类已经将能吃与不能吃的食物挖掘到了极限,而宠物对于蔬菜、水果,却有着它们独特的安全采食范围,很多蔬菜和水果是人们热衷的,却是宠物必须远离的禁区。

1. 洋葱

宠物犬、猫采食一定数量的洋葱就会死亡,洋葱会破坏红细胞从而让宠物丧命。这是为什么呢?因为,红细胞在宠物的生理机能上承担着重要作用,红细胞是把氧气运输给宠物身体组织各部位的重要"中介",通过输送给各部位氧气,然后再从各部位运送出代谢产物二氧化碳,所以红细胞是宠物身体内不可缺少的"运输队"。而洋葱中主要含有二硫化物成分,对人体无害,却能够破坏宠物犬、猫体内红细胞,造成红细胞氧化,引发宠物溶血性贫血、溶血性黄疸或者血红细胞破坏中毒症。一到两片剂量的洋葱片就能够损害宠物体内红细胞正常运作,阻碍输氧量,使宠物出现意志昏迷、中毒性死亡等严重后果。因此,以高营养价值著称,被欧美国家誉为"菜中皇后"的洋葱,尽管对人而言益处多多,但对宠物犬、猫却是足以致命的毒药。

2. 菠萝

菠萝是一种很容易造成过敏的水果,它含有特殊的酶可以消化蛋白质,磨损胃黏膜的厚度,当体内的蛋白质减少,酶的成分增多就会产生过敏症状。犬吃了菠萝会造成腹泻,更为严重时会给犬造成生命危险,所以犬不适合吃菠萝。

3. 葡萄

人们赋予葡萄一个美丽的称号——水晶明珠,因为其果色艳丽、汁多味美、营养丰富而备受人们喜爱。但是,即便是这样一种美食,却也列入了宠物犬禁食的范畴。葡萄将会导致宠物犬腹泻,严重的会出现氮血症。

科研人员曾经在实验室给一只金毛猎犬、一只巨型贵宾犬、一只阿拉斯加雪橇犬,分别喂食100 g新鲜葡萄,观察12～24 h,三只犬均出现轻微腹泻与食欲不振,进行血检,呈弱氮血症,记录该现象后立刻给宠物输液,并加大饮水量,继续观察24 h,腹泻症状逐渐减弱,开始恢复。这主要是因为葡萄中含有大量的葡萄糖及果糖,狗对于糖类非常敏感,最终引发中毒。

4. 柿子、桃子、李子、樱桃、杏、牛油果等

这些也尽可能不给宠物犬、猫吃,吃也不能吃太多,量过多会使宠物犬、猫的肠胃出现问题,甚至出现堵塞的情况,严重的还会使宠物犬、猫出现呼吸困难的情况。

5. 辣椒、胡椒、生姜、大蒜

大蒜、胡椒、生姜、辣椒等辛辣蔬菜,是宠物食物中不可使用的调味料。这类食品具有较强的刺激性,对宠物犬的嗅觉神经具有麻痹作用,而宠物犬则主要是依赖嗅觉来对整个世界进行判断与分析的,一般宠物面对胡椒、花椒会表现出不适应,比如出现打喷嚏等,但是长期在这种刺激性味道的环境中,会减弱宠物犬嗅觉的灵敏度,造成不能准确判断周围环境和所面对食物的安全性,发生误食引起其他各种问题。因此,在狗粮的调味料中应避免这类物质的出现。

五、加工处理对蔬果类原料营养价值的影响

(一)加工的前处理的影响

蔬菜加工前必需进行清理、修整和漂洗。如蔬菜、水果的清洗、去皮、切短、浸泡等。在蔬菜前

处理中,营养素大量流失,特别是水溶性维生素和无机盐流失分别达60%和35%。蔬菜去除外叶,会损失维生素和矿物质,如莴苣外部的青叶比内部的嫩叶含有更多的钙、铁和胡萝卜素,圆白菜外部的绿叶比内部的白色叶子所含的胡萝卜素高20倍,铁高2倍,维生素C高50%。一些蔬菜、水果切片或切碎后在空气中放置,维生素C损失严重,如黄瓜切片放置1 h,维生素C损失33%～35%。蔬菜在洗修、浸泡,大量水溶性维生素流失。

（二）热处理的影响

加热可破坏蔬菜中的酶、杀灭微生物,使营养物质免遭氧化分解和损失;可破坏蔬菜中的天然有毒蛋白质、抗胰蛋白酶、植物血球凝结素和其他有害物质;改善风味,提高适口性。浸在热水中热烫蔬菜、水果,对维生素特别是水溶性维生素的流失和破坏严重,而蒸汽热烫能减少水溶性物质的损失,如菠菜用蒸汽热烫2.5 min,维生素C的损失率仅为3%。

（三）生物加工

黄豆和绿豆发芽后蛋白质营养基本不变,但棉籽糖和鼠李糖等不被人体吸收使腹部胀气的寡糖消失,植物凝结素和植酸盐分解,磷、锌等矿物质分解释放出来,黄豆发芽到长1.5～6.5 cm时,绿豆芽长4～6 cm时,维生素C含量最高（豆芽很短时维生素C不高）,高寒地区冬季可把豆芽作为维生素C良好的来源。黄豆发芽时胡萝卜素增加2倍,维生素B_2增加3倍,维生素B_{12}增加则达10倍。

（四）烹调的影响

蔬菜烹调一般采用煮、炒、炸等方法,烹调过程中要注意维生素、胡萝卜素的破坏及无机盐的损失。胡萝卜素不溶于水,性质比较稳定,通常烹调后损失率为10%～20%,但长时间加热会使损失率大大提高。维生素C损失较多,一般烹调会破坏50%左右维生素C,钙、磷、铁等矿物质元素损失率均低于25%。蔬菜经烹调后,维生素的损

失率因蔬菜品种和烹调法、加热时间而有差异。温度越高、时间越长,维生素损失越多。维生素C损失率一般急炒少于煮菜,若在烹调过程中加少许醋,可有利于维生素C、维生素B_1、维生素B_2的保存,凉拌生吃蔬菜维生素损失最少。为防无机盐和水溶性维生素的损失,应注意尽量减少用水浸泡和弃掉汤汁及挤去菜汁的做法;烹调加热时间不宜过长,叶菜快火急炒保留维生素较多,做汤时宜后加菜;鲜蔬勿久存,勿在日光下曝晒,烹制后的蔬菜应尽快吃掉;加醋烹调可降低B族维生素和维生素C损失,加芡汁也可降低维生素C的损失。

（五）贮藏过程中的变化

食品保藏的方法很多,有物理的、化学的和生物的保藏法。

1. 常温保藏

果蔬在常温贮存期损失最多的是维生素,苹果贮存2～3个月,维生素C仅存1/3,绿色蔬菜在室温下数天维生素丧失殆尽,在0℃则可保存一半;刚收获的土豆维生素C 3 000 mg/kg,3个月后为2 000 mg/kg,7个月后为1 000 mg/kg。

2. 冷藏或冷冻

大多数食品在冷冻状态下贮存可降低营养素的损失,柑橘冷藏半年维生素C损失5%～10%,如再加上缺氧、低pH可进一步降低维生素C的损失;浓缩橘汁在－22℃保存1年,维生素C仅损失2.5%。

3. 脱水处理

利用阳光或自然风使蔬菜、水果干燥脱水,由于长时间与空气接触,某些容易氧化的维生素损失率比人工脱水大得多。如杏子用晒干、阴干和人工脱水法制成杏干,维生素C的损失率分别为29%、19%和12%,β-胡萝卜素损失率分别为30%、10.1%和9.2%。在冷冻干燥时维生素的损失最少,脂溶性维生素损失低于10%,而在空气中损失达26%。

任务 2-6 宠物食品添加剂

【任务描述】学生通过学习,掌握宠物食品营养性添加剂和非营养性添加剂的种类和作用,培养针对不同宠物的营养需要选择合适的宠物食品添加剂的能力。

一、宠物食品添加剂概述

宠物食品添加剂是指为了某种目的而以微小剂量添加到宠物食品中物质的总称。使用食品添加剂的目的有改善宠物食品的营养价值,提高食品利用率,促进宠物生长,改善食品的物理特性,增加食品耐贮性,增进宠物健康等。食品添加剂的使用剂量通常以 mg/kg 或 g/t 计,部分添加剂的添加量按百分含量计。

食品添加剂的使用涉及宠物的安全,必须防止滥用。宠物食品使用的添加剂原料,同样必须在 2018 年修订的饲料添加剂目录中。选择和使用添加剂时,应遵循以下原则:

(1)经食品毒理学安全性评价证明,在使用限量内长期使用对宠物安全无害。

(2)不影响食品自身的感官性状和理化指标,对营养成分无破坏作用。

(3)食品在宠物机体中应有较好的稳定性,应有明确的检验方法。

(4)不影响食品的适口性。

(5)不得以掩盖食品腐败变质或以掺杂、掺假、伪造为目的。

(6)所有化工原料,其中所含有毒金属不得超过允许限度。

(7)不影响种用宠物的生殖生理或胎儿的健康。

(8)不得超过有效期或失效。

二、添加剂的种类

宠物食品中使用的添加剂,包括营养性添加剂和非营养性添加剂。添加剂种类繁多,性能各异,按其作用分类如图 2-1。

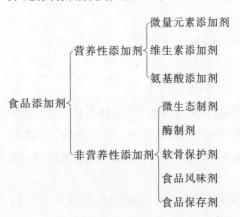

图 2-1 食品添加剂的分类

(一)营养性添加剂(营养强化剂)

营养性食品添加剂是指用于补充食品营养成分的少量或微量物质,包括饲料级微量元素、维生素、氨基酸等。

1.微量元素添加剂

为宠物提供微量元素的添加剂叫微量元素添加剂。此类食品添加剂多为各种微量元素的无机盐类或氧化物。近年来微量元素的有机酸盐和螯合物以其生物效价高和抗营养干扰能力强而受到重视,但因质量不稳定和价格昂贵而使其在生产上大范围的使用受到限制。常用的补充微量元素类有铁、铜、锌、锰、钴、碘、硒等,这些微量元素除为宠物提供必需的养分外,还能激活或抑制某些维生素、激素和酶,对保证宠物的正常生理机能和物质代谢有着极其重要的作用。确定微量元素添加剂原料时,应注意 3 个问题:①微量元素化合物及其活性成分含量(表 2-61);②微量元素化合物的可利用性;③它们的规格(包括细度、卫生指标及某种化合物的特殊特点等)。

常用的微量元素添加剂有:氯化钾、硫酸铁、硫酸铜、硫酸锌、碘化钾、亚硒酸钠等。

表 2-61　常用微量元素及含量

化合物名称	微量元素含量/%
碳酸亚铁	30
硫酸铜	25
硫酸锰	31.8
硫酸锌	34.5
10%碘化钾	10
10%亚硒酸钠	10

注:数据引自王金全,2018

有机微量元素主要有:氨基酸微量元素,如蛋氨酸锌、蛋氨酸锰、蛋氨酸铁、蛋氨酸铜、蛋氨酸硒、赖氨酸铜、赖氨酸锌、甘氨酸铜、甘氨酸铁、胱氨酸硒等。

蛋白质-金属螯合物包括二肽、三肽和多肽与金属的螯合物,有钴-蛋白化合物、铜-蛋白化合物、碘-蛋白化合物、锌-蛋白化合物和铬-蛋白化合物等。另外还有酵母硒等。

微量元素螯合与不螯合对吸收率的影响取决于微量元素本身,研究发现,与无机状态相比,有机螯合硒、铬、铁更容易被吸收。锌和铜,有机螯合与不螯合没有区别。钙和镁的没有必要螯合,本身吸收率就很高。

2.氨基酸类食品添加剂

添加氨基酸作为提高日粮蛋白质利用率的有效手段,是配方中用量较大的一类添加剂。宠物常用的氨基酸为蛋氨酸、精氨酸和赖氨酸,牛磺酸作为类氨基酸,在猫粮中泛使用。

(1)蛋氨酸食品添加剂　食品工业中广泛使用的蛋氨酸有两类,一类是 DL-蛋氨酸,另一类是 DL-蛋氨酸羟基类似物(液体)及其钙盐(固体)。目前国内使用最广泛的是粉状 DL-蛋氨酸,含量一般为99%。后者虽没有氨基,但含有转化为蛋氨酸所特有的碳架,故具有蛋氨酸的生物活性,其生物活性相当于蛋氨酸的88%左右。蛋氨酸及其同类产品在宠物食品中的添加量,一般按配方计算后,补差定量供给。D 型与 L 型蛋氨酸的生物利用率相同。

(2)赖氨酸食品添加剂　生产中常用的商品为98.5%的 L-赖氨酸盐酸盐,其生物活性只有 L-赖氨酸的78.8%。天然食品中赖氨酸的 ε-氨基比较活泼,易在加工、贮藏中形成复合物而失去作用,故可利用氨基酸一般只有化学分析值的80%左右。此外,还有一种赖氨酸添加剂为 DL-赖氨酸盐酸盐,其中的 D 型赖氨酸是发酵或化学合成工艺中的半成品,没有进行或没有完全进行转化为 L-型的工艺,价格便宜,使用时应引起注意,因为宠物体只能利用 L-型赖氨酸。

3.维生素类食品添加剂

维生素是最常用也是最重要的一类添加剂。列入饲料添加剂的维生素有16种以上。在各维生素添加剂中,氯化胆碱、维生素 A、维生素 E 及烟酸的使用量所占的比例最大。维生素添加剂的种类很多,常见的有维生素 A、维生素 D₃、维生素 E、维生素 K₃、维生素 B₁、维生素 B₂、维生素 B₆、维生素 B₁₂、烟酸、生物素、叶酸、胆碱、维生素 C 等维生素类食品添加剂,表 2-62。

表 2-62　常用维生素及含量

维生素种类	规格
维生素 A	500 000 IU/g
维生素 D₃	500 000 IU/g
维生素 E	50%
维生素 K₃	96%
维生素 C	35%
维生素 B₁	98%
维生素 B₂	80%
D-泛酸	98%
烟酰胺	99%
维生素 B₆	98%
叶酸	8%
D-生物素	2%
维生素 B₁₂	1%

①维生素 A 添加剂　维生素 A 添加剂多由维生素 A 醋酸酯制成,用维生素 A 棕榈酸酯制成的也较多。维生素 A 添加剂的活性成分维生素 A 的含量,常见的为 50 万 IU/g,多由维生素 A 醋酸酯原料制成。也有其他规格如 65 万 IU/g 和 20 万 IU/g。

紫外线和空气中的氧都可促使维生素 A 醋酸酯或棕榈酸酯分解。湿度和温度较高时,稀有金属可使维生素A的分解速度加快。与氯化胆碱接触时,活性将受到严重破坏。在强酸或强碱环境中,维生素A很快分解。维生素A酯经包被后,可使损失减少。

维生素A添加剂的贮存,要求容器密封、避光、防湿,温度在20℃以下,且温差变化小,在这种情况下贮存一年,仍可使用。

②维生素D添加剂　食品工业上使用的维生素D大多为维生素D_3。

维生素D_3添加剂,是用胆固醇醋酸酯为原料制成,维生素D_3添加剂的活性成分含量多为50万IU/g,也有20万IU/g的产品。

维生素D_3酯化后,又经明胶、糖和淀粉包被,稳定性好。常温(20~25℃)条件下,在含有其他维生素添加剂的预混剂中,即使贮存一年,损失量亦较低。但是,如果温度为35℃,在预混剂中贮存一年,活性将损失35%

③维生素E添加剂　在自然界中,具有维生素E活性的化合物有多种,商品形式皆为α-生育酚。维生素E添加剂多由DL-α-生育酚醋酸酯制成。

1 mg DL-α-生育酚醋酸酯＝1 IU维生素E＝1美国药典单位。

人工合成的α-生育酚醋酸酯添加剂比较稳定。维生素E添加剂,在维生素预混剂中,贮存一年,5℃条件下,仅损失2%;20~25℃条件下,将损失7%;在35℃条件下,则损失13%。可见低温是贮存的重要条件。

④维生素K添加剂　在食品添加剂中使用的是人工合成的维生素K_3(α-甲基萘醌)。维生素K_3添加剂的活性成分是甲萘醌。甲萘醌是黄色粉末,会刺激皮肤和呼吸道。操作时要有保护措施。

生产中常使用的维生素K_3添加剂是亚硫酸氢钠甲萘醌(MSB),含活性成分50%,比较稳定。它在添加剂预混料中,在23.9℃条件下,每月损失6%~20%,微量元素对它影响不大,但湿度高时加速它的分解。

亚硫酸氢钠甲萘醌复合物(MSBC)为晶粉状维生素K_3添加剂,可溶于水,含活性成分25%。将其加热到50℃活性也无损失。

亚硫酸嘧啶甲萘醌(MPB)是近年来维生素K_3添加剂的新产品,它的活性比MSBC还稳定,含活性成分22.5%。但是,MPB有一定毒性,应谨慎限量使用。

⑤维生素B_1添加剂　维生素B_1添加剂,常用的有两种,一种是盐酸硫胺素,简称盐酸硫胺;一种是单硝酸硫胺素,简称硝酸硫胺。一般活性成分含量为96%。在干燥环境下很稳定,在酸性溶液(pH≤3.5)中最稳定,在碱性溶液中很快被破坏,在中性或碱性环境中对热敏感,食品pH＞5.5时即可使其破坏。单硝酸硫胺素的水溶性较差,水溶液清而无色,pH 6.8~7.5时其稳定性较好。

⑥维生素B_2添加剂　为橘黄色结晶粉状,具特殊气味。纯品对热和氧都稳定,但易被还原剂,如亚硫酸盐、维生素C等破坏,也易被碱破坏。

维生素B_2在维生素预混剂中稳定性很好,在5℃、20℃和35℃条件下,贮存24个月基本没有损失。但是,在贮存过程中要避免高湿。维生素B_2添加剂常用的浓度是含核黄素96%和80%,也有55%或50%的剂型。96%的有静电作用,有附着性,如预处理成80%或55%的产品,流散性好。

⑦泛酸添加剂　泛酸是不稳定的黏性油质,在宠物食品中很难使用。作为添加剂的是泛酸钙。泛酸钙是白色粉末,有亲水性,极易吸水,易溶于水。5%水溶液的pH为6.0~9.0。

作为添加剂的泛酸钙有两种:一为D-泛酸钙;另一为DL-泛酸钙,只有D-泛酸钙才具有活性。如果D-泛酸钙的活性为100%,DL-泛酸钙的活性只有50%。1 mg D-泛酸钙相当于0.92 mg D-泛酸,两者相差不大,故在实际应用中,不必考虑D-泛酸和D-泛酸钙二者间的差数。

泛酸钙单独贮存时,稳定性尚好,在维生素预混剂中,温度升高时,破坏严重。当与酸性添加剂接触时,很易受到破坏。贮存一个月就要损失25%。加之泛酸钙吸湿性强,而湿度又加快了这种分解反应。

⑧胆碱添加剂　用作食品添加剂的是胆碱的衍生物——氯化胆碱。氯化胆碱是黏稠的液体,呈酸性。

氯化胆碱添加剂有两种形式:一种为液体;另一种为固体粉粒。对于液体氯化胆碱添加剂,常用的有两种：一种含氯化胆碱为 70%；另一种含氯化胆碱为 75%。固体氯化胆碱添加剂多为含氯化胆碱 50%，实含胆碱 43.5%；另外也有含氯化胆碱 60% 的产品。目前生产中使用较多的是固体氯化胆碱添加剂。

贮存和使用氯化胆碱时，必须注意两个特点：一是它的吸湿性强；二是它本身虽很稳定，但对其他添加剂活性成分的破坏很大。它对维生素 A、维生素 D_3、维生素 K_3、泛酸钙等都有破坏作用，而且它的添加量比上述添加剂的添加量大得多，故它在预混料或维生素预混剂中，破坏作用很强。因而，维生素预混剂如果不即刻使用，不要预先加入氯化胆碱，而应在使用时再加。

⑨烟酸添加剂　烟酸添加剂有两种，一种是烟酸（也叫尼克酸），另一种是烟酰胺（尼克酰胺）。烟酸为白色或灰白色粉状，1% 水溶液的 pH 为 3.0～4.0，稳定性好。烟酸被宠物吸收的形式是烟酰胺，烟酰胺的营养作用与烟酸相同，两者的活性计量相同；烟酰胺为白色结晶粉状，水溶液透明无色（5% 水溶液），pH 为 6.0～7.5。

烟酸本身稳定性好；烟酰胺有亲水性，在常温条件下，容易起拱、结块，容易与维生素 C 形成黄色复合物，使两者的活性都受到损失。

⑩维生素 B_6 添加剂　维生素 B_6 添加剂其商品形式为盐酸吡哆醇制剂，为白色或近乎白色的结晶粉。吡哆醛和吡哆胺具有与吡哆醇一样的生物学效用。活性成分有 98% 及其他规格。

盐酸吡哆醇的稳定性一般，在两年贮存期内，25℃ 以下环境中贮存将损失 10%，在 35℃ 环境中贮存将损失 25%。

⑪叶酸添加剂　为黄色结晶粉末。干粉稳定。由于叶酸有黏性，一般经预处理，商品的叶酸添加剂活性成分为 95% 或其他规格。

⑫生物素添加剂　生物素添加剂一般为 2% 的 D-生物素，标签上标有 H-2，为白色到浅褐色的细粉。也有 1% D-生物素制品，标签上标有 H-1。

⑬维生素 B_{12} 添加剂　维生素 B_{12} 为红褐色细粉。作为食品添加剂，分别有维生素 B_{12} 含量为 1%、2% 和 0.1% 等剂型，制成 0.1% 含量的制品，更便于配料使用。

维生素 B_{12} 容易受到盐酸硫胺素和抗坏血酸的损害。在 25℃ 以下贮存两年，损失 5% 左右，在 35℃ 下贮存两年，损失将近 60%。

⑭维生素 C 添加剂　维生素 C 是白色的结晶粉末，它的水溶液（5%）清而无色，pH 为 2.2～2.5；抗坏血酸钠为白色或浅黄色粉末，pH 为 7.0～8.0（5% 水溶液）；抗坏血酸钙为白色粉状，pH 为 6.8～7.4（10% 水溶液）；包被的抗坏血酸为白色或浅黄色的微粒粉状，包被材料是乙基纤维素。

抗坏血酸极易氧化，在光照和高温条件下很易破坏，故须在密封、避光和 20℃ 以下贮存。另外，抗坏血酸的酸性很强，对其他维生素会造成损失，故在制作添加剂预混料时，要尽量避免维生素之间的直接接触。抗坏血酸钙、抗坏血酸钠和包被了的抗坏血酸避免了以上缺点。

为了生产中使用方便，预先按各种宠物对维生素的需要，拟制出实用型配方，按配方将各种维生素与抗氧化剂和疏散剂加到一起，再加入载体和稀释剂，经充分混合均匀，即成为多种（复合）维生素预混料，使用十分方便。

（二）非营养性添加剂

非营养性食品添加剂是指为保证或者改善食品品质、提高食品利用率而掺入到食品中的少量或微量物质。

1. 微生态制剂

宠物消化道内存在的正常微生物群落对宿主具有营养、免疫、生长刺激和生物拮抗等作用，如乳酸杆菌能抑制有害微生物而起到屏障作用或生物保护作用。据此，经动物微生态学理论指导下采用已知有益的微生物，经培养、发酵、干燥等特殊工艺制成的用于动物生产的生物制剂或活菌制剂，称为微生态制剂，也叫益生素、竞生素或生菌剂。这类产品在国内外均已开始使用。

（1）微生态制剂的作用机理

①微生态制剂对病原菌的拮抗作用　补充有益菌群，维持宠物肠道菌群平衡，通过改变肠道环境抑制有害微生物的生长繁殖，促进有益菌群的生长繁殖。

②通过产生某种抗菌物质抑制有害菌生长　乳酸菌除产生有机酸、醇、过氧化氢、丁二酮、氨等外，还可合成溶菌酶以及其他抗菌物质，如乳酸菌素、乳酸链球菌肽、嗜酸菌素、乳酸杀菌素等，这些

产物对肠道病原菌都有抑制作用。

③在肠道内与有害菌竞争营养素　肠道内虽然富含营养素,很难对微生物菌系产生影响。但如果某种营养素能够成为限制因素时,营养素的竞争机制就会充分发挥作用。

④通过占据肠道位置组织病原菌附着　沙门氏菌黏附于肠黏膜或滞留在盲肠内,是病原微生物存在于寄主消化道,产生临床症状的前提条件。试验表明,当给动物饲喂乳酸菌时,其肠道内乳酸杆菌的数量多于未饲喂的,而大肠杆菌的数量则减少。

⑤刺激免疫系统,强化非特异性细胞免疫反应　研究证实,口服乳酸杆菌能提高干扰素和巨噬细胞的活性,提高机体免疫力。

⑥净化肠内环境　微生态制剂的使用可减少氨基及其他腐败物质的生成,阻碍肠内细菌产生胺,中和大肠杆菌内毒素等毒性物质。

(2)微生态制剂的种类及使用

常用的活菌剂有:乳酸杆菌制剂、枯草杆菌制剂、双歧杆菌制剂、链球菌属、酵母菌等。

微生态制剂不会使宠物产生耐药性,不会产生残留,也不会产生交叉污染,因此,是一种可望替代抗生素的绿色添加剂。为防止失活,一般采用后喷涂工艺。为保证足够的活菌数量,需要稳定而持续地添加。

2.酶制剂

酶制剂是将一种或几种利用生物技术生产的酶与载体和稀释剂采用一定的生产工艺制成的一种添加剂。它可以提高宠物的消化能力,提高食品的消化率和养分利用率,改善宠物的生产性能,减少粪便中氮、磷、硫等给环境造成的污染,转化和消除食品(原料)中的抗营养因子,并充分利用新的原料资源。

(1)酶制剂的种类　宠物食品中使用的酶制剂主要要有消化碳水化合物酶类、蛋白酶类、脂肪酶及植酸酶。

①消化碳水化合物的酶　这类酶包括淀粉酶和非淀粉多糖酶。非淀粉多糖酶又包括纤维素酶、葡聚糖酶、木聚糖酶、甘露糖酶、半乳糖苷酶和果胶酶。

②蛋白酶　根据最适 pH 不同,蛋白酶可分为酸性蛋白酶、中性蛋白酶和碱性蛋白酶。由于

宠物胃液呈酸性,小肠液多为中性,所以食品中多添加酸性蛋白酶和中性蛋白酶,其主要作用是将食品中蛋白质水解为氨基酸。

③脂肪酶　脂肪酶是水解脂肪分子中甘油酯键的一类酶的总称,在 pH 3.5～7.5 时水解最好,最适温度为 38～40℃。脂肪酶一般从动物消化液中提取。

④植酸酶　植酸酶是一种可使植酸磷复合物中的磷变成可利用磷的酸性磷酸酯酶,广泛存在于植物组织中,微生物(细菌、真菌、酵母)中也有存在。植酸酶可显著提高磷的利用率,促进宠物生长和提高食品营养物质转化率。

(2)酶制剂的作用

①补充内源性酶的不足　尽管宠物能自身分泌淀粉酶、蛋白酶、脂肪酶等内源性消化酶,但幼龄宠物内源酶分泌不足,应添加外源酶以弥补这一缺陷。

②破碎植物细胞壁,提高养分消化率　植物细胞中淀粉和蛋白质等营养物质被细胞壁包裹,除少部分草食宠物外,其他宠物不能很好地消化植物细胞壁,这样就大大影响了植物性食品原料中淀粉、蛋白质等营养物质的消化率。在食品中适当添加能分解细胞壁的酶,使细胞中的营养物质释放出来,可提高宠物食品中各种营养物质的利用率。

③消除抗营养因子　有些食品养分是无法被宠物内源酶消化的,同时这些不能被消化的养分还会产生抗营养作用。添加外源酶制剂可以部分或全部消除抗营养因子的不良影响。

④降低消化道食糜黏度　构成植物细胞壁的非淀粉多糖物质能够结合大量的水,增加消化道食糜的黏度,使营养物质和内源酶难以扩散,这不仅降低了食品中营养物质的利用率,而且也使宠物产生黏粪。外源性酶制剂可降低食糜黏度,减少粪便量,降低氮的排出率,提高宠物生长性能。

3.软骨保护剂

宠物犬、猫中常用的软骨保护剂是硫酸软骨素和葡萄糖胺。

硫酸软骨素是一类硫酸化的黏多糖-糖胺聚糖,大量存在于人和动物的结缔组织中,主要分布于软骨、骨、肌腱和血管壁中。硫酸软骨素主要是从牛和猪的骨组织中提取出来,在关节的软骨中,

硫酸软骨素能将水分吸入蛋白多糖分子中,使软骨变厚并增加关节内的滑液量,从而增强关节的减震能力并缓和行走或跳动时的冲击和摩擦。在犬临床上,主要用于治疗骨关节疾病(如骨关节炎、缓解关节疼痛、保护关节剂)和骨质疏松。

葡萄糖胺是动物体内自然存在的一种物质,是构成蛋白多糖的主要成分,葡萄糖胺在机体内被进一步用于合成软骨和关节组织内的黏多糖(GACS),同时还有刺激黏多糖的生成和抑制降解酶的作用。商业用途的葡萄糖胺由螃蟹和虾壳含有的几丁质合成物中得到,多数的葡萄糖胺是以盐酸盐的形式得到,也存在硫酸盐。将软骨素结合葡萄糖胺合并服用,能更有效地保护、逆转损坏及促进修复关节软骨。

4. 食品风味剂

食品风味剂(诱食剂)是以刺激宠物嗅觉、味觉、神经性等器官为基础,提高宠物对食物喜爱程度的促进物质,对宠物的采食、适口性和增进食欲有明显的提高效果。

在宠物食品行业中,适口性是衡量产品品质的典型指标。关于适口性的定义,一直没有统一的说法。Bailliere的兽医词典中对适口性有这样的描述:动物品尝一种饲料时的愉悦程度;与另一种饲料相比,动物更愿意吃这种饲料;饲料的气味、外观等会影响动物的选择倾向。宠物食品行业的科研工作者,一直在为追求更好的适口性、更准确的适口性测试方法努力着。

作为对适口性提升效果显著,又被广泛使用的重要原料,宠物食品风味剂值得重点介绍。宠物食品风味剂又称为诱食剂或口味增强剂,但不同于传统概念中化学或其他成分的诱惑,宠物食品风味剂是以刺激宠物嗅觉、味觉、神经性等器官为基础的营养物质所构成的。科学配制的宠物风味剂所含成分均为人类或动物可食用的部分,并完全按照饲料添加剂卫生标准执行,对宠物无任何其他副作用,仅对宠物的采食、适口性和增进食欲有明显的提高效果。

风味剂,顾名思义对宠物食品的风味影响很大,但这种风味同时也受脂肪、肉粉等原料以及工艺带来的熟化度等方面的显著影响。宠物食品刚生产出来时,气味更多受风味剂的影响,在放置2周及以上时间,则会逐渐形成复合的稳定的风味,并最终影响食品的整体感官和适口性。风味剂中出于保质考虑,通常会用到磷酸,磷酸的普遍使用会影响总的磷的摄入,同时会部分影响尿中的pH,这点对猫粮尤其重要。因为适口性是显而易见的产品品质,很容易被消费者看到并重视,因此宠物食品适口性是市场非常关注的要素,也进而影响到风味剂成为宠物食品原料竞争激烈的环节。

(1)风味剂的种类 按照形态主要分为液体和粉末。液体多由动物内脏、酵母膏和酶解蛋白等混合,呈液体或黏稠状;固体粉末大多为鸡肝粉、鸡肉粉、鱼肉粉等,由相关原料绞碎、酶解,再加载体喷雾干燥成粉。

按照用途主要分为犬粮风味剂和猫粮风味剂,犬和猫对适口性的喜好有着显著的区别,可以追溯到猫、犬不同的生理特性及在不同区域长期以来的生活习性和习惯问题。相对来说,犬是一种杂食动物,肉类和植物类原料都可以消化并获取营养;猫是肉食动物,过多的植物性原料对猫并无多少意义。这看起来是营养性问题,但实际上也影响到了猫、犬食品风味剂的不同特点。至于不同区域的影响,比如亚洲和欧洲,相对来说,亚洲的猫很喜欢鱼的味道,欧洲的猫对肝脏及肉的味道则更有兴趣,这是因为传统上亚太地区饮食中鱼类更普遍。

(2)风味剂的添加方式

常规喷涂:油脂,液体浆,粉依次均匀喷涂。在设备受限或者必要时,油和浆混合均匀喷涂,也是较为常用的做法。

真空喷涂:所喷涂的油脂或风味剂吸收到颗粒内部,因此相比常规喷涂,能极大提升喷涂上限。但一般来说,我们不认为风味剂的使用越多越好,还是要考虑营养的整体平衡。

犬粮和猫粮对不同形态风味剂的需求是有差异的。犬更喜欢软的或者有一定湿度的食品,因此喷点液体风味剂很适合,猫更喜欢酥脆干燥的口感,因此也有猫粮只喷撒固体粉末风味剂。

(3)添加量 风味剂添加量范围1%～10%日粮干物质,一般固体粉末诱食剂添加为1%～2%,液体风味剂添加一般为3%～10%。具体添加比例,按照厂商对自己产品的适口性要求、成本以及产品的品质等综合考虑。

（4）风味剂制作　以比较常用的液体风味剂为例，主要依据美拉德（Maillard）反应，蛋白质加热至100～150℃时，蛋白质肽链上的游离氨基（如赖氨酸 ε-氨基）与还原糖（如葡萄糖或乳糖）中的醛基形成了一种氨糖复合物，不能被蛋白酶消化。制作风味剂的原料一般有动物肝脏、蛋白酶、风味酶、氨基酸、酵母抽提物、糖、维生素 B_1、麦芽糊精等。

典型风味剂制作过程：制备好的肝脏加入蛋白酶类，在各种酶的最适温度下置于恒温干燥箱内对其进行生物酶解；经酶解后的肝脏浆液，加入各种氨基酸、维生素、酵母抽提物、糖类等进行美拉德反应。在美拉德反应后的产物中加入糊精、防腐剂、抗氧化剂、增鲜剂等改善风味和防止风味变性的各类食品添加剂，以维持产品的质量稳定。如果是粉状风味剂，则大多采用喷雾干燥的方式来制作。

5. 食品保存剂

为了保证食品的质量，防止食品品质的下降或提高食品调制的效果，有必要在食品中添加各种食品保存剂。

（1）抗氧化剂　添加抗氧化剂的目的是阻止或延迟食品成分氧化，提高食品稳定性和延长贮存期。常用的抗氧化剂有乙氧基喹啉、二丁基羟基甲苯（BHT）、丁基羟基茴香脑（BHA）、没食子酸丙酯（PG）及维生素类抗氧化剂（如维生素 E、维生素 C 等）。

（2）防腐剂　食品防霉防腐剂是一种抑制霉菌繁殖、消灭真菌，防止食品发霉变质的有机化合物，对于水分含量高的食品或贮存于高温、高湿条件下的食品，均宜使用防霉剂。常见的防霉防腐剂有苯甲酸及其钠盐、山梨酸及其盐类、脱氢醋酸及其钠盐、对羟基苯甲酸酯类、丙酸、丙酸钙、丙酸钠等。

【项目总结】

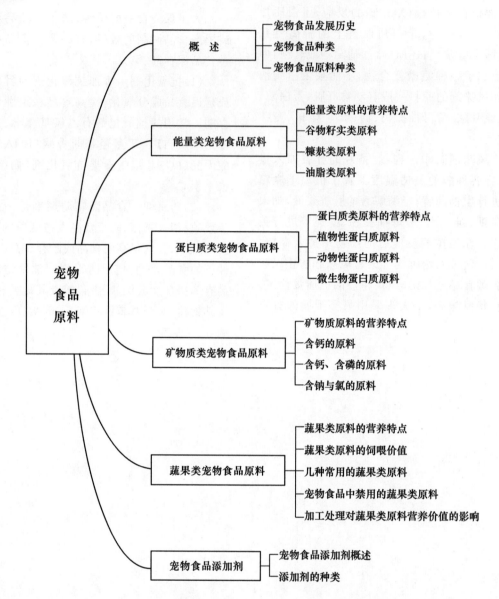

宠物食品原料
├─ 概述
│   ├─ 宠物食品发展历史
│   ├─ 宠物食品种类
│   └─ 宠物食品原料种类
├─ 能量类宠物食品原料
│   ├─ 能量类原料的营养特点
│   ├─ 谷物籽实类原料
│   ├─ 糠麸类原料
│   └─ 油脂类原料
├─ 蛋白质类宠物食品原料
│   ├─ 蛋白质类原料的营养特点
│   ├─ 植物性蛋白质原料
│   ├─ 动物性蛋白质原料
│   └─ 微生物蛋白质原料
├─ 矿物质类宠物食品原料
│   ├─ 矿物质原料的营养特点
│   ├─ 含钙的原料
│   ├─ 含钙、含磷的原料
│   └─ 含钠与氯的原料
├─ 蔬果类宠物食品原料
│   ├─ 蔬果类原料的营养特点
│   ├─ 蔬果类原料的饲喂价值
│   ├─ 几种常用的蔬果类原料
│   ├─ 宠物食品中禁用的蔬果类原料
│   └─ 加工处理对蔬果类原料营养价值的影响
└─ 宠物食品添加剂
    ├─ 宠物食品添加剂概述
    └─ 添加剂的种类

项目三

宠物食品配方设计

【项目描述】

宠物食品配方设计是指导宠物食品加工生产的依据,直接关系到宠物食品的质量和效益。学生通过本项目的学习,了解宠物食品的种类及营养成分;熟悉不同品种、不同生理阶段宠物的营养需要;掌握宠物食品配方设计的原则,培养根据不同宠物的营养需要设计食品配方的技能。

【知识目标】

- 了解宠物食品的种类及营养成分。
- 不同品种、不同生理阶段宠物的营养需要。
- 掌握宠物食品配方设计的原则和方法。

【技能目标】

- 能根据不同宠物的营养需要设计科学合理的宠物食品配方。

【思政目标】

- 宠物营养需要具有科学性,但其应用也具有局限性,学习过程中要培养辩证思维。
- 针对不同宠物的营养特点选择适合的原料,设计新型食品配方,培养创新精神。

任务 3-1 宠物营养需要

【任务描述】宠物营养与食品研究的根本目的,就在于按照宠物的营养需要平衡供应各种营养物质,以最大限度地满足宠物在不同的阶段对于营养物质的需求。学生通过学习,理解宠物营养需要的概念、表示方法和研究方法,掌握犬、猫的营养需要。

一、宠物营养需要的概念

由于宠物品种、性别、体重及生理阶段的不同,对营养物质的需要亦不相同。

宠物从食品中摄取的营养物质,一部分用来维持正常体温、血液循环、组织更新等必要的生命活动,另一部分则用于妊娠、泌乳、生长等。宠物的营养需要是指宠物达到期望的生长性能时,每天对能量、蛋白质、氨基酸、矿物质、维生素等养分的需要量。

研究宠物的营养需要,就是要探讨各种宠物对营养物质需要的特点、变化规律及影响因素,作为制定营养标准和食品配制的依据。

二、宠物营养需要量的表示方法

宠物的营养需要不仅要考虑所需养分的种类，还要考虑各种养分的数量或比例。通常养分需要量的表示方法有每天每只需要量、养分浓度、能量与养分的比例等。

1.每天每只需要量

以1只宠物每天对能量和各种养分的需要量表示，单位根据不同养分而定，如能量用 MJ/kg 表示；蛋白质、氨基酸、矿物质元素、维生素等单位用 g、mg、μg、IU 等表示。

2.养分浓度

用每千克日粮的养分含量（MJ、mg、g）或百分含量（%）表示，可按日粮状态（含自然水分）或绝干状态计算，此法适用于自由采食和食品配制的宠物。

3.能量与养分的比例

按日粮单位能量中的养分含量（g、mg）表示。能量和蛋白质的关系表示为能量蛋白比或蛋白能量比。此法适用于平衡日粮养分用。

4.体重和养分的比例

按养分需要量与体重（自然体重或代谢体重）比表示。

三、宠物营养需要量的研究方法

宠物的生理活动包括维持、生长、妊娠、产蛋、产奶等多个方面。

任何宠物在任何时候都至少处于一种生理状态及维持状态，常常处于两种或三种生理状态，宠物的营养需要就是满足各项生理活动需要的总和。因此，宠物营养需要量可从生理活动角度分为维持需要和生产需要两部分。生产需要又可分为生长、妊娠、哺乳等各项需要。

（一）综合法

综合法是根据"维持需要和生产需要"统一的原理，采用饲养试验、代谢试验及生物学方法笼统地确定某种宠物在特定的阶段、生产水平下对某一养分的总需要量。综合法是研究营养需要量最常用的方法，可直接测定宠物对养分的总需要量，但综合法不能区分开构成总需要量的各项组分，

不能将维持和生产需要分开，难于总结变异规律。

（1）饲养试验法　即将试验宠物分为数组，在一定时期按一定的营养梯度，喂给一定量已知营养含量的食物，观察其生理变化，如体重的增减、体尺的变化等指标。例如，有一批宠物犬平均每天喂 2 kg 食物既不增重，也不减重；而另一组同样的犬，每天喂 3 kg 相同的食物，可获得平均日增重 0.8 kg。则 2 kg 食物中所含的能量和蛋白质为该宠物维持需要的能量和蛋白质数量，其余 1 kg 所含的能量和蛋白质可视为增加 0.8 kg 体重所需要的养分。若已知每千克食物含若干千焦热量（消化能、代谢能或净能），就可推断出维持和一定生产水平的能量需要。

饲养试验法简单，需要的条件也不高，比较容易进行，但此法较粗糙，没有揭示宠物机体代谢过程中的本质，因此，必须要有大量的统计数据才能说明问题。

（2）平衡试验法　根据宠物对各种营养物质或能量的"食入"与"排出"之差计算而得。这种方法可知道机体内营养物质的收支情况，由此可测得该物质的需要量和利用率。此法适用于能量、蛋白质和某些矿物质需要量的测定。根据平衡试验法所测数值是绝对沉积量，并非宠物的供给量。例如，对某宠物采用氮平衡试验，测定饲喂日粮、粪及尿中的含氮量。若测得该宠物每天在体内沉积氮 10 g（相当于粗蛋白质 62.5 g），则需要可消化粗蛋白质量为：沉积数/利用率。

（二）析因法

析因法是根据"维持需要和生产需要"分开的原理，分别测定维持需要和生产需要，各项需要之和即为宠物的营养总需要量。可概括为：

养分总需要量 = 维持需要 + 生产需要

详细剖析：$R = aW^b + cX + dY + eZ + \cdots\cdots$

式中：R 为某养分的总需要量；W^b 为代谢体重；a 为常数，即每千克代谢体重的需要量；X、Y、Z 为不同产品中某养分的含量；c,d,e 为宠物饲料养分转化为产品养分的利用率。

按此公式，可以推算任一体重、任一生理阶段、任一生产水平下宠物的养分需要量。

析因法比综合法更科学、合理，但所确定的需

要量一般低于综合法。析因法原则上适用于推算任何体重和任一生产目的的宠物对各种养分的需要量,但在实际应用中由于某一生理阶段的生产受多种因素干扰,且饲料养分转化为产品的利用率难以准确测定,因此大多数情况下仍用综合法。又如维生素、矿物质元素在体内代谢比较复杂,利用率难以准确测定,因而也采用综合法来确定。

总之,在饲养实践中,综合法和析因法都可用来确定养分需要量,并且两种方法相互渗透,使确定的需要量更为准确。

四、宠物犬的营养需要

不同生理阶段的犬,包括幼犬、妊娠犬、哺乳犬等对营养的需要有很大差异,在维持需要的基础上要补充不同的营养成分,以增加额外的能量、蛋白质、矿物质及维生素的需求,以满足犬在生长阶段、繁殖阶段及哺乳阶段的营养需要。

(一)维持需要

维持需要是指犬既不生长发育又不繁殖和工作,体重没有任何增长,保持正常的营养状态的情况下,犬所需要的营养物质。维持需要来维持正常的体重,并保持呼吸、循环、消化等器官的正常机能,以及供给起卧、行走等必要行动。维持需要简称"维持",是最低程度的需要,若不能满足,犬就会消瘦下去。对维持营养来说,宠物体重越小,其单位活动所需的维持营养越高;因此,维持需要是按代谢体重来计算的。为了便于研究比较,犬在不同情况下的营养需要总是从维持需要开始的,再进一步研究其他情况的营养需要。维持状态下各种营养物质的需要如下。

1. 能量需要

(1)犬的维持消化能(DE)需要量计算公式:

$$DE(kJ) = 292.89 \times W^{0.75}$$

式中,W 表示体重(kg),$W^{0.75}$ 表示每千克代谢体重(kg),下同。

(2)犬的维持代谢能(ME)需要量计算公式:

$$ME(kJ) = 589.97 \times W^{0.734}$$

2. 蛋白质需要

成年犬按体重每千克在维持状态下每天蛋白质需要量为 4.8 g。

3. 矿物质及维生素需要

犬在维持状态下每天每千克体重对矿物质和维生素的需要量见表3-1。

表3-1 犬在维持状态下每天每千克体重对矿物质和维生素的需要量

矿物质元素种类	需要量	维生素种类	需要量
钙/mg	242	维生素 A/IU	110
磷/mg	198	维生素 D/IU	11
钾/mg	132	维生素 E/IU	1.1
氯化钠/mg	242	硫胺素/μg	22
镁/mg	8.8	核黄素/μg	48
铁/mg	1.32	泛酸/μg	220
铜/mg	0.16	烟酸/μg	250
锰/mg	0.11	维生素 B₆/μg	22
锌/mg	1.1	叶酸/μg	4.0
碘/mg	0.034	生物素/μg	2.2
硒/μg	2.42	维生素 B₁₂/μg	0.5
		胆碱/mg	26

(二)幼犬生长的营养需要

生长期是指从出生到性成熟为止,包括哺乳和育成两个阶段。在这段时间内,宠物机体的物质代谢十分旺盛,同化作用大于异化作用。根据宠物生长发育规律,提供适宜的营养水平,是促进幼龄宠物生长发育的重要条件之一。

1. 生长的概念

生长是指宠物通过集体的同化作用进行物质积累,细胞数量增多和组织器官体积增大,从而使宠物整体体积及重量增加的过程。

生长的过程包括:体尺增长,体重增加;细胞增殖与增大、组织器官发育与功能日趋完善;化学成分积累。

生长的概念包括生长与发育,生长实质上是宠物体重量和体积的增加,它是以细胞增大和分裂为基础的量变过程;如宠物体重由小到大,体高由低变高等。发育则是宠物体组织内在特征上的变化,它是以细胞分化为基础的质变过程。生长和发育既不可混淆,也不能截然分开,生长是发育的物质基础,没有生长不可能有发育,而发育又促进了生长,并可影响生长的方向。因此,生长乃是宠物发挥潜在生长性能的基础,幼龄时期生长发育不良的宠物将会直接影响其生长性能的充分发挥。

2. 生长的规律

(1)体重 宠物在生长过程中,前期生长速度较快,随着年龄的增长,生长速度逐渐转缓,生长速度由快向慢有一转折点,称为生长转缓点。根据这个生长规律,在饲养实践中应充分利用动物的生长前期,即动物达到生长转缓点前生长速度快的特点,加强饲养促进其生长发育,可取得较好的生产效益。其次,应根据公、母宠物生长率不同的特点,在饲养上自幼龄时期开始即区别对待。

(2)体组织、骨骼、肌肉和脂肪 体组织、骨骼、肌肉和脂肪的增长与沉积具有一定规律性,即生长初期以骨骼生长为主,其后肌肉生长加快,接近成熟时脂肪沉积增多乃至生长后期则以沉积脂肪为主。宠物体内肌肉、骨骼、脂肪三者的增长阶段并非截然划分,而是相互重叠,同时增长,只是在不同生长阶段其生长重点不同。根据这一规律,在生长早期重点保证供给幼龄宠物生长骨骼所需要的矿物质;生长中期则满足生长肌肉所需要的蛋白质;生长后期必须供给沉积脂肪所需的碳水化合物。

(3)部位 宠物在生长期间,各部位的生长速度并不一致,某些部位在生长早期生长速度较快,而某些部位则在晚期生长速度较快。各种宠物其各部位的生长均有一定的转移规律。例如,头、腿因属于早熟部位,故年龄越幼小所占比重越大,且结束发育的时期也越早。所以,初生宠物表现为头大、腿高。胸、臀部位快速生长的时期开始较晚,腰部更晚。

(4)器官 宠物内脏器官的生长发育亦具有一定规律。幼龄宠物的各种内脏器官生长发育速度不尽相同。

3. 生长犬的营养需要

(1)能量需要 根据饲养试验测定能量需要的方法,是在整个生长阶段分组喂给不同能量水平的日粮,测定出能得到正常生长的能量水平,进而确定生长阶段适宜的能量需要量。经试验表明:生长犬的代谢能需要量是维持能量的1.5~2

倍,即:

$$ME = (1.5\sim2) \times 589.97 W^{0.734} \text{ kJ}$$

3~4周龄的犬,每天需要代谢能为:

$$ME(kJ/d) = 1146.47 W^{0.75} (kJ/d)$$

在生长中期的犬,每千克代谢体重为836.84 kJ。用公式表示其每天需要的代谢能为:

$$ME(kJ/d) = 836.84 W^{0.75} (kJ/d)$$

为生长幼犬提供的能量既不能过多,也不能过少。过少则犬生长发育受阻,身体瘦;过多则会导致犬肥胖。

(2)蛋白质的需要 犬生长阶段所增加的体重,除水分外,主要成分是蛋白质。从理论上讲,蛋白质的最低需要量就是体内蛋白质的实际贮积量。但由于食品蛋白质在消化代谢过程中有损失,所以事实上蛋白质的需要量远远超过这个数字。

生长犬需要的蛋白质,不仅数量上要足够,而且品质也要好。因为蛋白质品质优劣对于幼犬生长的影响比成年犬更大。如果日粮中缺乏必需氨基酸,幼犬的生长发育将受到严重影响。

表示蛋白质需要量的方法有两种:一种是以风干日粮中所含的百分比表示,另一种是以绝对量表示,而以后者比较合理。犬生长期蛋白质的需要量应包括维持需要在内,维持部分随体重的增加而增加;而构成单位重量新组织的需要量,则随年龄和体重的增加而减少。虽然蛋白质总的需要量随年龄和体重增加而增加(至少早期是这样的),但每单位体重的蛋白质需要量却减少了。

生长犬每千克体重每天约需蛋白质9.6 g,用公式表示:

$$蛋白质需要量(CP) = 9.6 W^{0.75} (g/d)$$

能量和蛋白质之间存在一个比例关系,称为蛋白能量比(简称蛋能比),其含义为每兆焦代谢能所含粗蛋白质的克数。

生长犬最适宜的蛋能比:在断乳后3周,蛋能比为11.8 g/MJ,3~4周为9.6 g/MJ,至生长中期为7.6 g/MJ。

(3)矿物质和维生素的需要 犬在生长阶段,骨骼的增长很快,骨盐沉积较多,故生长期钙、磷的需要量很高,维生素 D 与钙、磷的吸收和利用有关,也是生长期造骨所必需的。生长犬每天对矿物质和维生素的需要量见表 3-2。

表 3-2　生长犬对矿物质和维生素的需要量

矿物质元素种类	需要量	维生素种类	需要量
钙/mg	484	维生素 A/IU	220
磷/mg	396	维生素 D/IU	22
钾/mg	264	维生素 E/IU	2.2
氯化钠/mg	484	硫胺素/μg	44
镁/mg	17.6	核黄素/μg	96
硒/μg	4.84	泛酸/μg	440
铁/mg	2.64	烟酸/μg	500
铜/mg	0.32	维生素 B_6/μg	44
锰/mg	0.22	叶酸/μg	8.0
锌/mg	2.20	生物素/μg	4.4
碘/mg	0.068	维生素 B_{12}/μg	1.0
		胆碱/mg	52

(三)妊娠犬的营养需要

妊娠犬的营养需要特点是妊娠后期比前期需要多,妊娠的最后 1/4 阶段是最重要时期;妊娠母犬的基础代谢率高于空怀母犬,在妊娠的后期提高 20%～30%。

1.能量需要

在妊娠前 5 周,妊娠犬的代谢能量需要可采用略高于维持时的代谢能即可,到了第 6、7、8 周,能量需要量在维持的基础上分别增加 10%、20% 和 30%;妊娠后期代谢能量需要约为每千克代谢体重 786.6 kJ。

2.蛋白质需要

妊娠期的蛋白质需要高于维持需要,但低于泌乳期需要。妊娠后期,每千克代谢体重需要可代谢蛋白质 5～7 g。在确定母犬妊娠期蛋白质需要时须注意:蛋白质需要是与能量的需要平行发展的,在正常情况下,妊娠母犬利用蛋白质效率高于空怀母犬,对蛋白质的需要在最后 1/3 时期急剧增长,要求提供适量的碳水化合物和脂肪作能源,防止蛋白质的不足和浪费。

3.矿物质和维生素的需要

妊娠期母犬日粮中,钙应占 1.2%、磷占 1.2%(干物质基础),钙、磷比约为 2∶1;其他矿物质元素和维生素略高于维持时的需要量,低于哺乳期的需要量。

(四)种公犬的营养需要

正确饲养的种公犬应保持良好的种用体况及较强的配种能力,即精力充沛,性欲旺盛,能产生量多质优的精液;日粮中各种营养物质的含量,无论对幼年公犬的培育或成年公犬的配种能力都有重要作用。

1.能量需要

能量供给不足,对幼年公犬的育成或成年公犬的配种性能均会产生不良影响;反之,如能量供应过多则会造成种公犬过肥,其危害性更为严重。通常,种公犬的能量需要大致在其维持需要量的基础上增加 20% 左右。公犬代谢旺盛,活动量较大,所以种公犬与同体重的母犬维持需要相比,需要较多的能量。

2.蛋白质需要

种公犬日粮中若蛋白质不足,会使公犬的射精量、总精子数量显著下降。因此,配种旺季,可在维持的基础上增加 50%;日粮含钙 1.1%、磷 0.9%,一般可满足种公犬的需要。

3.维生素的需要

维生素 A 与种公犬的性成熟和配种能力有密切关系。维生素 A 在犬体内有一定贮备,一般不致缺乏,每千克体重约需 110 IU;长期缺乏维生素 E,亦会导致公犬睾丸退化,每千克干物质中含维生素 E 50 IU 可满足其需要。

(五)哺乳母犬的营养需要

1.能量需要

哺乳母犬在哺乳期的第 1 周,代谢能需要量为维持时的 1.5 倍($1.5×141 W^{0.75}$),即增加 50%;在第 2 周增加 100%;在泌乳的第 3 周达到高峰,代谢能需要量是维持状态的 3 倍。之后,逐渐下降。哺乳母犬每千克代谢体重($W^{0.75}$)需要代谢能 1 966.58 kJ。

2.蛋白质需要

哺乳期母犬,每天每千克代谢体重代谢蛋白

质的需要量为 12.4 g。

3.矿物质和维生素需要

哺乳母犬的矿物质和维生素营养是维持时需要量的 2～3 倍。每天每千克体重的摄入量等于或超过生长犬的摄入量。

(六)工作犬的营养需要

主要指军犬、警犬(包括训练期)的营养需要。

1.能量需要

对已成年的工作犬,每天每千克代谢体重所需代谢能为:在维持基础上再增加 100%,生长发育的未成年犬在紧张训练时,每天每千克代谢体重需要代谢能为在维持基础上再增加 200%。

2.蛋白质需要

成年工作犬蛋白质需要为在维持的基础上增加 50%～80%。未成年训练犬则为在维持基础上增加 150%～180%。

3.矿物质和维生素需要

成年工作犬对于矿物质和维生素营养需要无特殊要求。未成年训练犬对矿物质和维生素的营养需要与生长犬的需要一致。

图 3-1 为不同品牌的犬粮。

图 3-1　不同品牌的犬粮

五、宠物猫的营养需要

(一)维持需要

1.能量需要

猫进食的食物产生的能量,用以维持猫的新陈代谢和体温。猫需要的能量可根据猫的体重和年龄计算出来。猫因年龄、生理状况和周围环境温度不同,对能量的需要也不一样(表 3-3)。

处于生长发育阶段的幼猫,每天代谢能的需要量随年龄的增长而迅速下降。5 周龄的小猫,每千克体重每天需要能量为 1.05 MJ,30 周龄时每千克体重只需要 0.42 MJ。成年猫对维持体重的能量需要减少更多,尤其是去势猫,如不注意控制食量,很容易发胖,母猫妊娠时需要增加维持能量,哺乳母猫需要能量更多,哺乳高峰时,每天每千克体重可超过 1.05 MJ 代谢能,此时即使饲喂不限量的合理配方食品,母猫体重也会有下降的趋势。

表 3-3　猫每日需要的代谢能和最多食品量

年龄	体重/kg	每千克体重每日需要 的代谢能/MJ	每日需要的 总代谢能/MJ	每日需要的最多 食品量/g
初生至 1 周内	0.12	1.6	0.19	30～60
1～5 周龄	0.15	1.05	0.53	85
5～10 周龄	1.00	0.84	0.84	140～145
10～20 周龄	2.00	0.55	1.10	175～185
20～30 周龄	3.00	0.42	1.26	200～210
成年公猫	4.50	0.34～0.35	1.53	240～250
妊娠母猫	3.50	0.40～0.42	1.47	245～260
泌乳母猫	2.50	1.05	2.63	415～425
去势公猫	4.00	0.34	1.36	200～210
去势母猫	2.50	0.34	0.85	140～150
老年猫	—	0.80	—	150

2. 蛋白质需要

蛋白质是猫粮中需要量较大的营养成分,它对维持猫的健康、修补和更替破损或衰老的组织,保证繁殖和促进生长发育都是十分重要的。猫需要含高蛋白质的食品,动物性蛋白质通常要比植物性蛋白质更适合猫的需要,如肉、鱼、鸡蛋、肝脏、肾脏和动物的其他器官组织,可使猫生长发育快,身体健康,对疾病抵抗力强。图 3-2 为成猫湿粮。

图 3-2　市售成猫湿猫粮

成年猫的干粮中，蛋白质含量不应低于21%，生长发育期的幼猫不应低于33%。如果是含有70%左右水分的湿性食物，成年猫猫粮的蛋白质含量不应低于6%，幼猫不应低于10%，最适宜蛋白质含量为12%～14%；另一种计算方法是对于成年猫，每天每千克体重应该供给3 g蛋白质。猫乳的营养成分为蛋白质4.5%，脂肪4.8%，乳糖4.9%，灰分0.8%和水分80%。

3. 矿物质需要

猫需要的矿物质主要有钙、磷、钾、钠、氯、铜、铁、钴、锰、碘、镁、锌等，这些物质大多数不是独立存在的，而是存在于普通的食物之中。成年猫每日对各种矿物质的需要量见表3-4。

4. 维生素需要

猫需要的维生素主要有维生素A、维生素D、维生素E、维生素K、维生素C和B族维生素，这些物质存在于普通的食物中。成年猫对各种维生素的需要量见表3-5。

表3-4 成年猫每日对矿物质的需要量

矿物质名称	钠/mg	钾/mg	钙/mg	磷/mg	镁/mg	铁/mg	铜/mg	碘/μg	锰/μg	锌/μg	钴/μg
每天需要量	20～30	80～200	200～400	150～400	80～110	5	0.2	100～400	200	250～300	100～200

注：钠为最小需要量，氯化钠是指食盐需要量，肉和鱼中含有适量的钾，镁在食物中常大量存在，铁应从血红蛋白中获得，肉中缺乏碘。钙供应量在生长期和泌乳期为400 mg，钙与磷之比为0.9∶1.0。应防止缺乏铜、锰、锌、钴。

表3-5 成年猫对各种维生素的需要量

维生素种类	每日需要量	说明
维生素A/(μg 或 IU)	500～700 或 1 500～2 100	不能利用胡萝卜素
维生素D/IU	50～100	能在皮肤合成
维生素K	很少	肠道可以合成
维生素E/mg	0.4～4.0	有调节多不饱和脂肪酸成分的作用
维生素B_1/mg	0.2～1.0	泌乳或高热时需要量增加
维生素B_2/mg	0.15～0.2	泌乳或高热和高脂肪时需要量增加
烟酸/mg	2.6～4.0	机体不能合成，泌乳或高热时需要量增加
维生素B_6/mg	0.2～0.3	泌乳或高热时需要量增加
泛酸/mg	0.25～1.0	—
生物素/mg	0.1	—
胆碱/mg	100	—
肌醇/mg	10	必需的
维生素B_{12}/mg	0.003	有钴存在时肠道可合成
叶酸/mg	0.1	食品中必须含有
维生素C	适量	能代谢合成

（二）幼猫生长的营养需要

幼猫出生后的前几周完全依靠母乳，无须另加食物。这一时期，理想的生长率应该是每周100 g。但由于营养、品种及母猫体重的影响，不同个体间存在很大的差异。有时发生母乳供给不足，则应供给特别的乳代用品，昼夜24 h分次供应，像幼犬一样，不仅需要人工帮助喂奶，也要人工帮助排尿、排粪。

从3～4周龄时起，幼猫开始对母猫的食物感兴趣。可给幼猫一些细碎的软质食物或经奶或水泡过的干型食品。食品可以是母猫的，也可以是为幼猫特制的。一旦幼猫开始吃固体食物，也就开始了断奶过程。当幼猫逐渐吃越来越多的固体食品，7~8 周龄时，则完全断奶。

威豪宠物营养研究所（WCPN，Munday 和 Earle，1991）调查猫完全断奶之前取自固体食物中的能量发现，4 周龄时，每天每只幼猫吃大约 19 g（相当于每千克体重 10~40 kJ 能量）食物，其余大部分仍由母乳供给；到 5 周龄时（泌乳的第 6 周），每天每只幼猫吃 15~45 g 食物，等于每千克体重 250~350 kJ 能量（取决于日粮中能量水平）。幼猫自固体食物中摄取能量从哺乳 2、3 周龄时的零增加到 8 周龄时的每千克体重超过 800 kJ。这说明在哺乳末期幼猫摄取的食物占母猫和幼猫总耗能中相当高的比例。在母猫和幼猫的总摄取量中，幼猫摄取的比例从哺乳 4 周龄的 5%增加到 6、7 周龄的 20%和 30%。

幼猫一旦断奶，则不再需要乳汁。随着幼猫消化道的发育，对乳糖的消化能力逐渐减弱，成年猫则不能消化乳糖。如果想要给幼猫乳汁，则应供给特制的无乳糖奶，而且随时供给新鲜饮水。

因为幼猫的生理功能尚未健全，所以建议供给高能食物，多次喂食；与幼犬不同，幼猫不喜欢吃得过饱，应自由采食；幼猫断奶时体重在 600~1 000 g，公猫明显重于母猫，这种趋势将保持终生；能量需求的高峰约在 10 周龄，其能量需要为每千克体重 840 kJ，以后则逐渐降低，但在前 6 个月由于快速生长仍保持相对高的需求。

幼猫的食物不仅能量要高，而且还应考虑将某些营养成分再提高些。例如，幼猫日粮中蛋白质含量要比成年猫高（约 10%），钙和磷的含量要严格保持在适宜水平，因过高或不足均会导致骨骼发育不正常；还要重点强调的是向均衡日粮中加入钙添加剂反而与喂给不平衡日粮一样会引起许多问题。牛磺酸在生殖和生长发育中的作用已被证实，生长期幼猫的食物中均应添加这种氨基酸。

6 月龄时，大多数小猫的体重已达最大体重的 75%；此后体重增加并非骨骼发育所致，因此，

6 月龄后的猫适宜喂给成年猫的食物。成年公猫明显重于母猫，而且发育时间也较长。因为在 6~12 月龄，公、母猫都还在缓慢生长，所以自由采食将持续一段时间，到一周岁时发育就达到了稳定状态。尽管许多人实行全天多次喂食，但 6 月龄以后喂食次数可以减少。

（三）妊娠猫的营养需要

母猫交配成功后其采食量将增加，体重从妊娠的第 1 天逐渐发生变化，这一点在哺乳动物中猫是独具特色的。妊娠时总平均增重（不考虑窝仔数）是配种前体重的 39%，然而，增重是随窝仔数而变化的。

猫体重增加是妊娠早期子宫外组织沉积的结果，随妊娠天数增加，妊娠后期的增重则主要是胎儿本身所致；而窝产仔数、胎次等许多因素也都影响妊娠期；然而每一个体的不同胎次及个体之间，其妊娠期的变化很大。

显然，母猫为维持增重需要，妊娠期间对食物和能量的摄取均增加，摄取能量的增加随体重的增加而变化。以体重为基础，就能量摄取来说，从成年的维持需要量为每千克体重 250~290 kJ 增加到妊娠期的每千克体重 370 kJ。从实践看，猫很少过食，所以可以自由采食，按这种方式母猫能准确地摄取到它所需要的能量，给予母猫比未妊娠时稍多的能量即可；妊娠母猫对营养缺乏或过剩更敏感，所以此时的日粮应精心调节，如钙、磷比例更需严格控制，因为仔猫骨骼发育的最早期在子宫内就开始了，同时蛋白质的需要量也稍高。

（四）泌乳母猫的营养需要

猫的泌乳期是对营养需要的最大考验，母猫不但自身需获得营养，还必须为幼猫提供乳汁。幼猫初生体重在 85~120 g，每窝 1~8 只，这些数字将随猫的品种、对日粮的需求等因素而变化，但明显与母猫体重无关。幼猫出生后前 4 周全靠母猫的乳汁生活，因此母猫在此时的能量需求远远大于妊娠期，同时幼猫生长也非常快，尽管从 4 周龄起幼猫开始吃固体食物，但母猫的营养需要仍在提高，直到完全断奶（此时小猫在 7~8 周龄），因为母猫还在喂奶（尽管有一定程度减少），而且母猫也在重建自身的储备；分娩时母猫只减轻体

重的 40%，分娩后及在 8 周的泌乳期内，母猫逐渐减轻体重直到配种前的水平。

泌乳母猫的能量需要取决于幼猫的数量和年龄，这两个因素将影响母猫的产奶量。母猫乳汁的能量水平是每 100 g 含能量 444 kJ，比牛奶的每 100 g 含能量 272 kJ 要高。母猫的能量需要几乎是维持期的 3～4 倍，因此要提供适口性好、易消化和含能量高的食物。因为猫需少量多次地吃食，所以自由采食很可取，母猫也能有效地控制自己的能量摄取；由于母猫在产生乳汁时会损失大量的水分，故应供给充足的新鲜饮水。对于妊娠的母猫来说，食物中的营养水平更应严格控制，为此，泌乳母猫应喂给专门设计的食物，如某些维生素、矿物质及蛋白质的水平要更严格地控制，也要

增加食物的能量水平；如果喂的是平衡食品则无须再添加营养成分，否则会引起养分失衡。

（五）种公猫的营养需要

种公猫在非配种季节按一般成年种猫的维持饲养即可，但在公猫配种期间，为了保持有旺盛的性欲、有高质量的精液，必须加强饲养管理，保证全面的营养供给，这对提高母猫的受胎率、产仔数和仔猫成活率等有极大的作用；特别应注意食物体积较小，质量高，适口性好，易消化，富含丰富的蛋白质、维生素 A、维生素 D、维生素 E 和矿物质，如鲜瘦肉、肝、奶等。猫的配种时间一般安排在晚上 6—8 时，每次配后 1 h 喂食。同时还应每天有适当的运动，以促进食欲和营养的消化、吸收，增强精子的活力。

任务 3-2　宠物饲养标准

【任务描述】 学生通过学习，掌握饲养标准的概念、内容及指标，明确饲养标准的意义、作用，并且能够正确灵活地使用饲养标准。

一、饲养标准的概念

根据宠物的不同种类、性别、年龄、体重、生产方向和水平，以生产实践中积累的经验，结合能量与物质代谢试验和饲养试验的结果，科学地规定 1 头（只）宠物每天应该给予的能量和各种营养物质的数量标准，称为饲养标准。

在实际应用中，饲养标准是设计宠物食品配方、制作宠物食品和食品营养性添加剂及规定采食量等的依据，而营养需要又是制订饲养标准的依据。运用饲养科学原理和食品原料科学理论与技术来测定宠物的营养需要，根据宠物的营养需要，制订相应的饲养（营养）标准，进行科学饲养，满足宠物生长、繁殖、泌乳等营养需要，最大限度地降低饲养成本。

饲养标准的种类大致可分为两类，一类是国家规定和颁布的饲养标准，称为国家标准；另一类是大型宠物食品公司根据各类宠物的特点，制订的符合该宠物品种营养需要的饲养（营养）标准，称为专用标准。饲养标准在使用时应根据具体情况灵活运用。

"标准"是一个传统专业名词术语，其含义和准确程度受科学研究条件和技术进步程度制约。现行饲养标准则更为确切和系统地表述了经试验研究确定的特定宠物个体（不同种类、性别、年龄、体重、生理状态、不同环境条件等）能量和各种营养物质的定额数值。

宠物饲养（营养）标准是一个概括的，但又是系统的、宠物合理营养需要量或供给量的表格式的规定。一个饲养标准应包括两个主要部分：一是宠物的营养需要量或供给量；二是关于宠物常用食品原料的营养价值表。此外，在必要时，应附有宠物典型日粮配方，以便在实际应用中参考。

二、饲养标准的指标

1.采食量

采食量以干物质或风干物质采食量表示。干物质是指在105℃条件下烘箱内烘干后剩余的物质。风干物质是指食品（原料）自然风干或在60~70℃烘箱内烘干失去部分水分后的物质。通常以24 h采食的干物质表示宠物的采食量。饲养标准中规定的采食量是根据宠物营养原理和大量试验结果得出的，科学地规定了宠物不同生长（或生理）阶段的采食量。宠物所需营养物质必须通过采食食品而获得，宠物年龄越小，生长性能越高，采食量占体重的百分比越高。因而，采食量也是确定宠物适宜营养需要量时不可缺少的资料。

在考虑宠物采食量的同时，还要注意日粮的养分浓度，如果日粮养分浓度过高，可能因主要养分的需要量已经满足，而造成采食量的不足。因此，在日粮配制时，应正确协调采食量和养分浓度之间的关系。

2.能量

能量是宠物的第一营养需要，没有能量就没有宠物体的所有功能活动，甚至没有机体的维持。因此，充分满足宠物的能量需要具有十分重要的意义。宠物体内能量来源于食品中的3大有机物，即碳水化合物、脂肪、蛋白质。由于食品存在消化利用率问题，因此就有消化能、代谢能、净能之说。一般禽类对能量的需要用代谢能表示，而猪对能量的需要量，有的国家用消化能表示，有的国家用代谢能表示，如美国、加拿大、中国等用消化能表示，而欧洲多用代谢能表示，也有的用消化能表示。反刍动物对能量的需要多用净能表示。

3.蛋白质及氨基酸

蛋白质的需要，单位一般是克（g），目前一般用粗蛋白质（CP）或可消化粗蛋白质（DCP）表示宠物对蛋白质的需要。配制宠物食品时用百分数表示。粗蛋白质实际上是作为氨基酸的载体使用，宠物对日粮中必需氨基酸有着特殊的需要。随着"理想蛋白质"概念的提出与应用，平衡供给氨基酸，可在降低宠物日粮粗蛋白质浓度的情况下（即减少蛋白质的浪费），提高宠物的生长性能和经济效益。用总可消化氨基酸、表观可消化氨基酸和真可消化氨基酸表示日粮蛋白质营养价值或宠物的蛋白质需要量是总的发展趋势。

4.维生素

宠物所需的维生素应全部由食品供应。一般脂溶性维生素需要量用国际单位IU表示，而水溶性维生素需要量用mg/kg或μg/kg表示。

5.矿物质

钙、磷、钠是各类宠物饲养标准中的必需营养素，一般用克（g）表示。给宠物补充各种微量矿物质元素已普遍应用于饲养实践，并产生了良好的效果和效益。微量矿物质元素是近年宠物营养研究中比较活跃的内容。因此，宠物所需的微量矿物质元素在宠物食品中添加应严格掌握用法和用量。

三、饲养标准的应用

实际宠物饲养中影响饲养和营养需要的因素很多，而饲养标准为具有广泛的、普遍性的指导原则，不可能对所有影响因素都在制订标准过程汇总并加以考虑。如同品种宠物之间的个体差异对需要和饲养的影响；千差万别的食品适口性和物理特性对需要和采食的影响；不同环境条件的影响；甚至市场、经济形势变化对饲养者的影响，从而影响宠物的需要和饲养等。诸如这些在饲养标准中未考虑的影响因素只能结合具体情况，按饲养标准规定的原则灵活应用。饲养标准规定的数值，并不是在任何情况下都固定不变，它随着饲养标准制定条件以外的因素变化而变化。因此，在采用饲养标准中营养定额，拟定饲养日粮、饲粮配方和饲养计划时，对标准要正确理解，灵活应用。既要看到饲养标准的先进性和科学性，又要重视饲养标准的条件性和局限性。不同国家、地区、季节、宠物生长性能、食品规格及质量、环境温度和经营管理方式等存在差异，所以，在适用饲养标准时，要按实际的生产水平、食品饲养条件，对饲养标准中的营养定额酌情进行调整。

饲养标准在宠物的饲养实践中起着重要作用，但由于它是在不同国家和不同地区根据不同

情况和条件制订的,在制订的过程中,尽管总结了生产实践中的经验并进行了一些试验,但这些试验材料和经验还是有限的,所以这种标准适合于不同国家、不同地区,也只能是相对的。因此,在参考应用统一标准时,应注意以下几个问题。

(1)饲养标准不是固定不变的,只是一个相对稳定的标准。它随宠物品种的改良和提高、日粮全价性的进一步完善、宠物对日粮的利用率不断提高而应不断修改,使之成为提高宠物生长性能的一种手段。

(2)各国各地区制定的饲养标准,虽然有一定的代表性,但因为饲养宠物的选择和试验条件的限制,决定了标准的合理性是相对的。同时,因自然条件的差异对食品品质的影响,以及宠物品种和生产方向的不同,所以饲养标准在应用时,应根据具体条件经常进行检验和修正。

(3)饲养标准中所规定的能量和各种营养物质的需要量只是一个概括的平均数,在生产实践中,应根据本地的具体条件灵活运用,切忌生搬硬套。

总之,对饲养标准的认识,应该一分为二,既要看到它是合理饲养的科学依据,也要看到它的相对合理性和不完善的一面。

四、犬的饲养标准

(一)犬的营养物质需要量

美国NRC(1985)建议的生长犬和成年犬的每日营养物质需要量见表3-6。

(二)生长犬日粮营养成分最低需要量

美国NRC建议的生长犬日粮营养成分最低需要量见表3-7。

表3-6　生长犬和成年犬每千克体重每日营养物质需要量

营养成分	生长犬	成年犬	营养成分	生长犬	成年犬
脂肪/g	2.7	1.0	铁/mg	1.74	0.65
亚油酸/mg	540	200	铜/mg	0.16	0.06
蛋白质组成			锰/mg	0.28	0.10
精氨酸/mg	274	21	锌/mg	1.94	0.72
组氨酸/mg	98	22	碘/mg	0.032	0.012
异亮氨酸/mg	196	48	硒/μg	6.0	2.2
亮氨酸/mg	318	84	维生素		
赖氨酸/mg	280	50	维生素 A/mg	202	75
蛋氨酸+胱氨酸/mg	212	30	维生素 D/mg	22	28
苯丙氨酸+酪氨酸/mg	390	86	维生素 E/mg	1.2	0.5
苏氨酸/mg	254	44	维生素 K/μg	—	—
色氨酸/mg	82	13	维生素 B_1/μg	54	20
缬氨酸/mg	210	60	维生素 B_2/μg	100	50
非必需氨基酸/mg	3 414	1 266	泛酸/μg	400	200
矿物质			烟酸/μg	450	225
钙/mg	320	119	吡哆醇/μg	60	22
磷/mg	240	89	叶酸/μg	8	4
钾/mg	240	89	生物素	—	—
钠/mg	30	11	维生素 B_{12}/μg	1.0	0.5
氯/mg	46	17	胆碱/mg	50	25
镁/mg	22	8.2			

表 3-7 生长犬日粮营养成分最低需要量

营养成分	每千卡代谢能中含量	干物质中含量（代谢能 0.02 MJ/g）	营养成分	每千卡代谢能中含量	干物质中含量（代谢能 0.02 MJ/g）
必需氨基酸			铁	8.7 mg	31.9 mg/kg
精氨酸	1.37 g	0.50 %	铜	0.8 mg	2.9 mg/kg
组氨酸	0.49 g	0.18 %	锰	1.4 mg	5.1 mg/kg
异亮氨酸	0.98 g	0.36 %	锌	9.7 mg	35.6 mg/kg
亮氨酸	1.59 g	0.58 %	碘	0.16 mg	0.59 mg/kg
赖氨酸	1.40 g	0.51 %	硒	0.03 mg	0.11 mg/kg
蛋氨酸＋胱氨酸	1.06 g	0.39 %	维生素		
苯丙氨酸＋酪氨酸	1.95 g	0.72 %	维生素 A	1 011 IU	3 710 IU/kg
苏氨酸	1.27 g	0.47 %	维生素 D	110 IU	404 IU/kg
色氨酸	0.41 g	0.15 %	维生素 E	6.1 IU	22 IU/kg
缬氨酸	1.05 g	0.39 %	维生素 K	—	—
非必需氨基酸	17.07 g	6.26 %	维生素 B_1	0.27 mg	1.0 mg/kg
脂肪	13.6 g	5.0 %	维生素 B_2	0.68 mg	2.5 mg/kg
亚油酸	2.7 g	1.0 %	泛酸	2.7 mg	9.9 mg/kg
矿物质			烟酸	3 mg	11.0 mg/kg
钙	1.6 g	0.59 %	吡哆醇	0.3 mg	1.1 mg/kg
磷	1.2 g	0.44 %	叶酸	0.054 mg	0.2 mg/kg
钾	1.2 g	0.44 %	生物素	—	—
钠	0.15 g	0.06 %	维生素 B_{12}	7 μg	26 μg/kg
氯	0.23 g	0.09 %	胆碱	340 mg	1.25 mg/kg
镁	0.11 g	0.04 %			

（三）不同生理阶段的犬的代谢能及蛋白质需要量

美国 NRC 建议的不同生理阶段的犬代谢能及蛋白质需要量见表 3-8。

（四）成年犬的维持能量需要量

美国 NRC 建议的成年犬的维持能量需要量见表 3-9。

表 3-8 不同生理阶段的犬代谢能及蛋白质需要量

生理阶段	蛋白质需要量（每千克代谢体重 $W^{0.75}$ 每日需要量/g）	代谢能需要量（每千克代谢体重 $W^{0.75}$ 每日需要量/MJ）
断奶初期（3 周龄）	8.1	1.67
断奶末期（6 周龄）	6.5	1.57
生长早期	6.0	1.48
生长中期	3.8	0.94
成年期（平均）	1.5	0.55～0.67
妊娠后期	5.7	0.94
哺乳期	12.4	2.34

表3-9　成年犬的维持能量需要量　　　　　　　　　　　　　　　MJ/d

体重/kg	NRC(1974) ($132 \times W^{0.75}$)	Thonney(1983) ($100 \times W^{0.88}$)	Thonney(1983) ($144 + 62.2 \times W^{0.88}$)
1	0.55	0.42	0.87
3	1.26	1.10	1.38
5	1.85	1.72	1.90
10	3.10	3.17	3.20
20	5.22	5.84	5.81
30	7.08	8.35	8.41
40	8.78	10.75	11.01
50	10.38	13.08	13.61
60	11.91	15.36	16.22

五、猫的饲养标准

(一)猫每千克体重每日代谢能采食量

美国 NRC 建议的生长猫、成年犬和哺乳母猫每千克体重每日代谢能采食量分别见表3-10、表3-11 和表3-12。

(二)猫的营养需要量

美国 NRC 建议的猫的营养需要量见表3-13。

表3-10　生长猫每千克体重每日代谢能采食量

周龄	体重/kg		代谢能/(MJ/kg)	预期增重/(g/d)	
	公	母		公	母
10	1.1	0.9	1.05	20	14
20	2.5	1.9	0.54	14	11
30	3.5	2.7	0.42	M7	4
40	4.0	3.0	0.35	—	—

表3-11　成年猫每千克体重每日代谢能采食量

成年猫	代谢能/(MJ/kg)
不活跃	0.29
活跃	0.35
妊娠	0.45

表3-12　哺乳母猫每千克体重每日代谢能采食量　　　　　　　MJ/kg

哺乳周数	哺乳仔数/只					
	1	2	3	4	5	6
1	0.25	0.32	0.38	0.45	0.52	0.52
2	0.28	0.35	0.42	0.49	0.56	0.56
3	0.30	0.39	0.49	0.58	0.67	0.67
4	0.33	0.44	0.56	0.68	0.79	0.79
5	0.35	0.49	0.63	0.77	0.91	1.05
6	0.38	0.57	0.76	0.95	1.15	1.34

表 3-13 猫的营养需要量

营养物质	需要量	营养物质	需要量
脂肪		钠/mg	500
亚油酸/g	5	氯/mg	1.9
花生油酸/mg	20	铁/mg	80
蛋白质/g	240	铜/mg	5
精氨酸/g	10	锰/mg	5
组氨酸/g	3	锌/mg	50
异亮氨酸/g	5	碘/mg	350
亮氨酸/g	12	硒/μg	100
赖氨酸/g	8	维生素	
蛋氨酸＋胱氨酸总含硫氨基酸/g	7.5	视黄醇/IU	13 333
蛋氨酸/g	4	胆钙化醇/μg	12.5(500 IU)
苯丙氨酸＋酪氨酸/g	8.5	α-生育酚/mg	30(30 IU)
苯丙氨酸/g	4	叶绿醌/μg	100
牛磺酸/mg	400	硫胺素/mg	5
苏氨酸/mg	7	核黄素/mg	4
色氨酸/mg	1.5	吡哆醇/mg	4
缬氨酸/mg	6	烟酸/mg	40
矿物质		泛酸/mg	5
钙/g	8	叶酸/μg	800
磷/g	6	生物素/μg	70
镁/mg	400	氰钴铵/μg	20
钾/g	4	胆碱/g	2.4
		肌醇	—

任务 3-3 宠物食品配方设计

【任务描述】学生通过学习,掌握宠物食品配方的概念、宠物食品配方设计的原则和方法步骤,明确宠物对日粮的要求,并且能够正确灵活地进行配方设计。

科学合理地设计宠物食品配方是科学饲养宠物的一个重要环节,食品配方的设计也是一项技术性及实践性很强的工作。宠物食品配制的研究发展较晚,并不像动物饲料配方研究那么完善具体。但是,从不断的实践工作中总结大量生产经验,以及结合动物饲料配方设计方法的理论成果,宠物食品的配制已经形成了一整套较成熟的理论体系。

一、宠物食品配方的概念

宠物在一昼夜所采食的各种食品的总量叫日粮。由于目前我国销售的商品性宠物食品价格较贵,故家庭宠物日粮也有由宠物主人自己配制。

配制日粮必须根据宠物的营养需要和各种原料的营养成分,将各种原料按一定比例混合在一起,使日粮营养全面,适口性好,饲喂方便。生产实践中,尤其商品性宠物食品的配制,是为同一类宠物在某个生长时期配制食品,通常按日粮中原料的组成的百分比例配得大量的混合食物,我们把这类配合饲料叫饲粮。不论日粮,还是饲粮,都是由多种原料根据宠物的营养需要及饲养特点按相应的比例配制而成的。宠物食品中各种原料的搭配比例,即为食品配方。宠物食品厂可根据不同的食品配方,生产出符合各种宠物不同营养需要的系列宠物食品。

二、宠物食品配方设计的原则

食品配方的设计涉及许多制约因素,为了对各种资源进行最佳分配,配方设计应基本遵循以下原则。

(一)营养性原则

必须按宠物相应的营养需要,首先保证能量、蛋白质及限制氨基酸、钙、有效磷、地区性缺乏的微量元素与重要维生素的供给量,对选用的饲养标准做10%左右的增减调整,最后确定实用的营养需要。在设计宠物食品配方时,一般把营养成分作为优先条件考虑,同时还必须考虑适口性和消化性等方面。例如,观赏宠物首先考虑的是适口性;鳗鱼饲料和幼龄鱼饲料则以食性优先考虑;幼龄宠物人工乳的适口性与消化性都是优先考虑的。

食品配方的营养性表现在平衡各种营养物质之间错综复杂的关系,调整各种原料之间的配比关系,宠物食品的实际利用效率等诸方面。配方的营养受制作目的(种类和用途)、成本和销售等条件制约。

(1)设计食品配方的营养水平,必须以饲养标准为基础。

①能量优先满足原则。在营养需要中最重要的指标是能量需要量,只有在优先满足能量需要的基础上,才能考虑蛋白质、氨基酸、矿物质和维生素等养分需要。

②多养分平衡原则。能量与其他养分之间和各种养成分之间的比例应符合需要,如果食品中营养物质之间的比例失调、营养不平衡,必然导致不良后果。食品中蛋白质与能量的比例关系用蛋白能量比或能量蛋白比表示。蛋白能量比,即每千克食品中蛋白质(g)与能量(MJ)之比。日粮中能量低时,蛋白质的含量需相应降低。日粮能量高时,蛋白质的含量也要相应提高。此外,还应考虑氨基酸、矿物质和维生素等养分之间的比例平衡。

③控制粗纤维的含量。不同宠物具有不同的消化生理特点,一般宠物对粗纤维的消化力很弱,食品配方中不宜采用含粗纤维较高的原料,而且食品中的粗纤维含量也直接影响其能量浓度。

图3-3为市售某成犬全价粮原料组成。

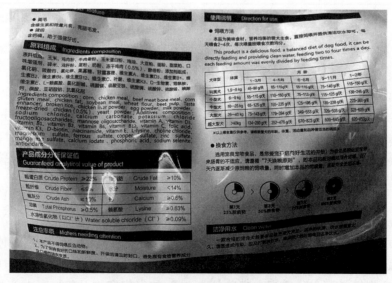

图3-3 市售某成犬全价粮原料组成

（2）食品配方分型。一是地区的典型食品配方，以利用当地原料资源为主，发挥其饲养效率，不盲目追求高营养指标；二是优质高效专用食品配方，主要是面对国外同类产品的竞争以及适应不同的市场要求。在实际工作中，经常以特定的重量单位，如100 kg、1 000 kg或1 t为基础来设计食品配方。也可用百分比来表示食品的用量配比和养分含量。

设计食品配方时，对食品原料营养成分含量及营养价值必须做出正确评估和决定。食品配方营养平衡与否，在很大程度上取决于设计时所采用的原料营养成分值。原料成分值尽量选用有代表性的，避免极端数字。原料成分并非衡定，因收获年度、季节、成熟期、加工、产地、品种等不同而异。要注意原料的规格、等级和品质特性。在设计食品配方时，最好对重要原料的重要指标进行实际测定，以便提供准确参考依据。

（3）所配的食品必须保证宠物能够采食进去，才有意义。因此要注意食品的适口性、容积和宠物的随意采食量。

（二）科学性原则

饲养标准是对宠物实行科学饲养的依据，因此，经济合理的食品配方必须根据饲养标准所规定的营养物质需要量的指标进行设计。在选用的饲养标准基础上，可根据饲养宠物的生长、繁殖等情况做适当的调整。

设计食品配方应熟悉所在地区的原料资源现状，根据当地原料资源的品种、数量以及各种原料的理化特性和饲用价值，尽量做到全年比较均衡地使用各种食品原料。在这方面应注意的问题有以下几点。

1. 原料品质

应选用新鲜无毒、无霉变、质地良好的原料。黄曲霉和重金属砷、汞等有毒有害物质不能超过规定含量。含毒素的原料应在脱毒后使用，或控制一定的喂量。

2. 食品体积

应注意食品的体积尽量和宠物的消化生理特点相适应。通常情况下，若食品的体积过大，则能量浓度降低，不仅会导致消化道负担过重而影响宠物对食品的消化，而且会稀释养分，使养分浓度不足。反之，食品的体积过小，虽然能满足养分的需要，但宠物达不到饱腹感而处于不安状态，影响宠物的生长性能及食品利用效率。

3. 食品的适口性

食品的适口性直接影响采食量。通常影响食品的适口性的因素有：味道（甜味、某些芳香物质、谷氨酸钠等可提高食品的适口性）、粒度（过细不好）、矿物质或粗纤维的多少。应选择适口性好、无异味的原料。若采用营养价值虽高，但适口性差的原料，需限制其用量。对适口性差的原料也可采用搭配适口性好的原料或加入风味剂的方法以提高其适口性，促使宠物采食量增加。

4. 配料多样化原则

使不同原料间养分的有无和多少互相搭配补充，提高食品的营养价值。

（三）经济性和市场性原则

经济性即考虑合理的经济效益。产品的目标是市场，设计配方时必须明确产品的定位，例如，应明确产品的档次、客户范围、现在与未来市场对本产品可能的认可与接受前景等。另外，还应特别注意同类竞争产品的特点。

（四）可行性原则

此处的可行性即生产上的可行性。配方在原材料选用的种类、质量稳定程度、价格及数量上都应与市场情况及企业条件相配套。产品的种类与阶段划分应符合宠物的生产要求，还应考虑加工工艺的可行性。图3-4所示犬粮产品生产标准为企业制订的标准。

（五）安全性与合法性原则

按配方设计出的产品应严格符合国家法律法规及条例，如营养指标、卫生指标、包装等。尤其是违禁药物及对宠物有害的物质，应强制性遵照国家规定。企业标准应通过合法途径注册并遵照执行。

图 3-4　执行企业生产标准的某款犬粮

三、宠物食品配方设计的方法步骤

常用宠物食品配方设计方法很多,它是随着人们对原料、营养知识了解的深入,对新技术的掌握而逐渐发展的,最初人们使用较为简单的对角线法、试差法,后来发展为联立方程式法、比价法等。近年来,随着计算机技术的发展,人们开发出了计算机专用配方软件,使配方越来越合理、便捷。

设计完善的宠物食品配方,至少需要两方面的资料:宠物的营养需要量和常用原料营养成分含量。为了使配方更先进和更科学,必须及时查阅各种原料营养成分数据库,最好要了解最近的原料营养成分分析表,对把握不准、概念含糊的原料掌握宁肯放弃也不可盲目使用的原则,确保宠物食用后的安全。

下面介绍两种简单实用的手工设计方法供参考。

(一)方块法

方块法又称正方形法、交叉法、四角法或对角线法,此法简单,易于掌握。在原料种类不多,所要求营养指标比较简单的情况下,使用该种方法比较方便,但如果原料种类、要求的营养指标较多时,采用这种方法则要进行两两反复组合计算,比较麻烦,而且也不能同时满足多项指标。例如,用玉米、高粱、麸皮、鱼粉、肉粉、豆饼、骨粉、食盐及复合预混料等为成年犬配制食品配方,其步骤如下。

(1)查成年犬的饲养标准,确定成年犬日粮粗蛋白质为 20%。

(2)把能量原料按一定比例配合起来,作为第 1 组;再把所有蛋白质原料按同样方法配合,作为第 2 组。计算 2 组的粗蛋白质含量,其他原料作为第 3 组。根据各原料粗蛋白质含量及初拟比例,分别计算出混合能量原料和混合蛋白质原料的粗蛋白质含量(表 3-14)。其中,骨粉、食盐、复合预混料不含蛋白质,在饲粮中各占 1%、1%、0.5%。因此,在饲粮中,混合能量原料和混合蛋白质原料所占配方比例为 97.5%。

表 3-14　各原料的粗蛋白质的含量及初拟比例

原料种类	原料名称	粗蛋白质含量/%	初拟比例/%	粗蛋白质含量计算/%	合计
混合能量原料	玉米	8.7	70	8.7×70%=6.09	
	高粱	9.0	15	9.0×15%=1.35	9.8
	麸皮	15.7	15	15.7×15%=2.36	
混合蛋白质原料	鱼粉	63.5	20	63.5×20%=12.7	
	肉粉	54.0	20	54.0×20%=10.8	47.5
	豆饼	40.0	60	40.0×60%=24.0	

（3）计算混合能量原料和混合蛋白质原料在饲粮中的配比。

①先计算出混合能量原料和混合蛋白质原料应含有的粗蛋白质的百分数：

$$20÷97.5\%=20.5\%$$

②画对角线交叉图，把混合原料预达到的粗蛋白质含量 20.5% 放在对角线交叉处，能量混合原料和蛋白质混合原料的粗蛋白质含量分别放在左上角和左下角；然后以左方上、下角为出发点，分别通过中心向对角线交叉，用大数减小数，并将得数分别记在右上角和右下角。

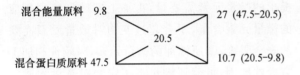

混合能量原料　9.8　　　　　27 (47.5-20.5)

20.5

混合蛋白质原料 47.5　　　　10.7 (20.5-9.8)

③用以上所得到的两个差，分别除以两差之和，经计算得出 2 组原料在最后配方中的百分含量。

混合能量原料：$27÷(27+10.7)×100\%=71.62\%$

混合能量原料占最后配方中的百分含量

$$71.63×97.5\%=69.83\%$$

混合蛋白质原料：$10.7÷(27+10.7)×100\%=28.38\%$

混合蛋白质原料占最后配方中的百分含量

$$28.38×97.5\%=27.67\%$$

即混合能量原料和混合蛋白质原料的总和是 69.83%+27.67%=97.5%。

④进一步计算各单项原料的用量百分比：

玉米：69.83%×70%=48.9%

高粱：69.83%×15%=10.5%

麸皮：69.83%×15%=10.5%

鱼粉：27.67%×20%=5.5%

肉粉：27.67%×20%=5.5%

豆饼：27.67%×60%=16.5%

（4）列出最终配方：玉米 48.9%，高粱 10.5%，麸皮 10.5%，鱼粉 5.5%，肉粉 5.5%，豆饼 16.5%，骨粉 1%，食盐 0.5%，复合预混料 1%。复合预混料添加剂按产品说明书添加。

（二）试差法

试差法是一种经验法，先初步拟定一个配方，再计算该配方的营养成分含量，并与饲养标准对照比较，若能量和蛋白质成分含量不足，需适当调整配方比例，直到满足为止。注意的是，配方中营养成分的浓度可稍高于饲养标准，一般控制在 2% 以内。试差法的步骤如下。

（1）首先确认宠物的年龄、体重、生理状态和阶段水平，选用相应的营养标准。标准需要适当调整时，先确定各阶段的必需能量指标，然后根据宠物营养食品标准中能量和其他营养素的比例关系，再调整其他营养物质的需要量。注意充分考虑各营养阶段的营养成分的排他性和药物添加物的配伍禁忌。

（2）根据当地的原料资源特点来确定参配营养食品的种类和数量，做到因地制宜、采购便利。

（3）查阅原料营养价值表，并记下营养食品中与需要量相应的重要养分的含量。

（4）采用适当的计算方法初拟配方，配方要求基本满足蛋白质、脂肪、灰分、粗纤维、氨基酸水平、功能性特点等常规理化指标的均衡与营养全

面要求。

（5）在初拟配方的基础上，进一步调整钙、磷、氨基酸的比例。首先用含磷高的原料（肉骨粉、氢钙、碳酸钙）调整磷的含量，再用碳酸钙调整钙的含量，同时用麦芽糊精、变性淀粉、玉米粉、沸石粉等作为载体，再调整各种氨基酸的含量。

（6）主要矿物质原料的用量确定后，再调整初拟配方营养成分（百分含量）。

（7）根据宠物不同的生理阶段和不同的生存状态补加微量元素和多种维生素。

（8）宠物食品配方中（以宠物犬为代表）营养成分的计算种类和顺序是：能量→粗蛋白质→脂肪→磷→钙→食盐→氨基酸→其他矿物质→维生素。

（9）在进行维生素的设计时，要充分考虑维生素在高温下的损失与变异，并根据具体变异数值进行维生素的准确定量。

（10）结合工厂化生产的设备特点，将营养性配方按照设备条件调整成生产配方，注意要求做到，充分考虑生产工艺过程中的变形、变性、损失、损耗等因素。

通过以上步骤，可设计出宠物食品的配方，在实际生产中应用。试差法道理简单，容易理解掌握，但是通过试差法配制食品配方也存在一定的缺点，由于要进行多次的配方调整，反复计算，所以计算量非常大；再有，由于初拟配方时盲目性较大，所以一般获得的配方营养含量常与饲养标准有一定差异，很难筛选出最佳配方，获得最佳饲养效果。

（三）配方软件法

随着计算机的普及应用，有关配方的线性规划与目标规划法软件已经广泛运用于生产实践中。这类软件给予运筹学所提供的计算各类配方的数学方法，通过机上操作和运行，能够在满足多项营养需要指标的同时，给出最佳配方。

配方软件的种类很多。目前，流行的计算机配方软件有：REFSLI.0配方与管理软件、三新智能配方系统、AMIX配方系统、金牧123、畜禽配方优化系统及其他软件。

有关配方软件，各厂家推出的产品各有特点，

应根据其使用说明进行操作。但必须注意，最低成本配方未必是最佳配方，故有时应附加限制条件，以弥补计算机所不能顾及的方面。如计算机运行中倾向于选择廉价原料，而不用高价原料，廉价原料往往质量不够理想。为了保证配方原料的组成适应特定的动物，应对某些原料限定最高用量，而对另一些原料设定最低用量，即通过"人机对话"解决某些技术问题。

四、宠物食品预混料配方设计

（一）微量元素预混料配方设计原则和步骤

1. 确定各种微量元素的需要量

根据宠物种类、体重、生长性能和生理状况等因素查找相应的饲养标准，确定各种微量元素的需要量。

2. 查原料成分表，计算基础饲粮中各种微量元素的总含量

在进行有关的科学研究时，有条件者最好对各原料中的微量元素含量进行实测。而实际生产中不一定要实测，这主要是因为：①按饲养标准所提出的微量元素需要量，再加上基础日粮中相应的微量元素含量，不会超过宠物对微量元素需要的安全限度；②所添加的微量元素，因效价和加工方面的原因，可能还满足不了宠物对微量元素的需要，因而把基础饲粮中的微量元素作为保险系数是很有必要的；③忽略基础饲粮中的微量元素含量可简化配方设计步骤，因而可把饲养标准中规定的各种微量元素需要量作为添加量对待。

3. 计算所需微量元素的添加量

添加量＝饲养标准中规定的需要量－基础饲粮中的相应含量，如果基础饲粮中的含量忽略不计，则：

添加量＝饲养标准中的规定需要量

除此之外，确定各微量元素的添加量还应考虑：①各种微量元素的生物学效价；②各种微量元素的最大用量；③各种矿物质元素之间的干扰及合理比例；④选用适宜的微量元素添加剂原料；⑤把应添加而且已确定的各种微量元素添加量折算为相应的化合物纯原料重；⑥根据所选用的微量

元素添加剂规格（纯度），把各种微量元素纯化合物原料量折算成所选用的市售商品添加剂原料重量；⑦确定根据配方所生产的产品准备使用剂量（即添加剂占食品的比例），同时根据使用剂量计算出所用载体量；⑧选用适合的载体；⑨列出微量元素预混料添加剂配方。

（二）维生素预混料配方设计种类和原则

1.维生素预混料配方的种类

维生素预混料可分为通用型和专用型维生素预混料。通用型的维生素预混料是根据宠物不同生理阶段、不同环境条件和健康状况，分别设计的维生素预混料。专用型维生素预混料是专为某种宠物而配制的预混料。通用型维生素预混料，使用方便，只要按预先设计要求，将一定量该预混料加入全价食品中即可。通用型维生素预混料的缺点是按不同用量来满足宠物各种维生素需要时，会出现一些维生素能满足需要，个别维生素含量与需要量相比较可能过多或过少。专用型维生素预混料就可避免上述情况，但小型食品加工厂较难采用专用型维生素预混料。

2.确定维生素添加量的原则

维生素预混料的配方设计应根据宠物饲养标准进行。但饲养标准是在试验条件下测得的不使宠物出现缺乏症所需要的最低需要量，故不适于在生产条件下应用。实际生产中的维生素预混料配方是在饲养标准的基础上，适当增加维生素供给量，以取得最佳生长性能和饲养效益。

维生素预混料配方设计关键是确定维生素添加量。因维生素的生物学效价受环境条件、饲养技术、基础原料组成、抗维生素因子、维生素稳定性、贮藏加工条件等因素的影响很大，故维生素的添加量应根据饲养标准以及上述几方面因素来确定。总结科学研究结果和生产实践，确定维生素添加量时，具体应考虑以下几种情况：

第一，维生素制剂的稳定性。维生素 A 和维生素 D_3 制剂比其他维生素易失去活性，即使已采用包囊技术也易失去活性，而且常用原料中不含有维生素 A 和维生素 D_3。所以维生素 A 和维生素 D_3 供给量要比需要量高出 5～10 倍。有

时，维生素 E 的供给量也要提高。

第二，在常用原料中，维生素 B_1、维生素 B_6 和生物素含量较丰富，为了降低维生素预混料的成本，这 3 种维生素的用量可以比需要适当降低一些。

第三，氯化胆碱呈碱性，与其他维生素添加剂一起配合时，会影响其他维生素的效价，一般不予混合在内，需单独添加。

第四，其他维生素可按宠物营养需要添加，基础原料中维生素的含量可作为安全系数。

第五，为了保证维生素的稳定，必须在维生素预混料中加入抗氧化剂。

五、宠物对日粮的要求

（一）犬对日粮的一般要求

1.营养要全面

根据各种原料的营养成分，针对犬只的生长发育情况、生理消化吸收特点以及营养的需求分别取舍、合理搭配。首先应考虑满足犬只对于蛋白质、脂肪和碳水化合物的需要，然后再适当补充维生素和矿物质；在犬日粮的质量及数量上，首先满足质量要求，其次考虑数量。

2.不能长期使用单一配方

长期给犬只饲喂单一的食物，极易导致犬只因长期食用一种食物而胃口变坏、甚至拒食。应多准备几种配方，定期调整变换，调剂饲喂。犬日粮先应加工处理。在给犬喂食前，食品（原料）应进行加工处理，不宜生吃的要加热处理；有些影响犬只胃口的，也可经过处理提高食物的适口性，提高食品的消化率，使犬只食量增加。

3.注意食物中热量的比例

犬日粮中各种营养物质的搭配恰当与否，将直接影响犬只的健康。如果犬日粮中碳水化合物过多，将使提供的热量偏高，犬只长期食用，其躯体的均匀性将受到影响，甚至还会使犬只的食欲减退。

4.要考虑食物的消化率

犬只进食的食物不一定能全部吸收与利用，干燥型食品的消化率为 68% 左右，而半湿型食品

的消化率为80%～85%。因此,日粮中的各种营养物质含量应高于犬只的营养需要量。

5.要注意卫生

为犬只准备的各类食品一定要新鲜且制作之前应清洗干净,如果变质一定不能饲喂给犬只。

另外,各种食品在饲喂前要经过一定的加工处理,以增加食品的适口性,提高犬的食欲,提高食品的消化率,防止有害物质对犬的伤害。生肉或内脏要用水洗争,切碎煮熟,再混入蔬菜,短时间煮沸,使之成为混合的肉菜汤。蔬菜应充分冲洗,除去泥沙。不能用生肉和生菜喂犬,以防寄生虫病和传染病,但又不宜长时间蒸煮,以免损失大量的维生素。米类不宜多次过水,以充分保存养分。米可做成米饭,面粉做成馒头,玉米面做成饼或窝窝头,然后与肉菜汤拌喂。骨头可直接喂犬,让其啃食,也可制成骨粉,与其他食物一起拌饲。

(二)猫对日粮的一般要求

1.营养要全面

要根据猫的体重及其需要的蛋白质、脂肪、糖类、矿物质和水的数量来配制,使日粮营养成分能满足猫的营养需要(表3-15)。在配制猫日粮时,首先要考虑营养全面,然后考虑猫要能吃得下。

2.因猫种类而异

要根据不同品种猫的食性特点灵活掌握。田园猫适应性强,对食品要求不严,可以以淀粉类原料为主,少加点肉、鱼或角肉汤;纯种猫要以鱼肉等为主,少加点米饭或馒头等淀粉类原料。

3.要卫生

不能用发霉变质的原料来配制猫的日粮。此外,猫的日粮最好现喂现配,特别在夏季更应如此。

表3-15　猫理想日粮的营养成分　　　　　　　　　　　　　　%

项目	水	蛋白质	脂肪	糖类	灰分	钙
初生猫	72.0	9.5	6.8	10.0	0.75	0.035
仔猫和成年猫	70.0	14.0	10.0	5.0	1.0	0.6

六、宠物食品配方举例

1.犬的食品典型配方(表3-16至表3-19)

表3-16　幼犬粮配方一　　　　　　　　　　　　　　　　　　%

原料	配比	原料	配比
玉米	36	鱼粉	5
次粉	4	肉粉	15
碎米	8	肉骨粉	5
麸皮	2	蛋粉	1.5
豆粕	15	添加剂	1
甜菜颗粒	1	食盐	0.5
油脂	6	合计	100

注:幼犬粮配方制作时要注意选用消化率高的优质动物蛋白质原料,比如鱼粉、全蛋粉等,同时注意配比一定的粗纤维。

表 3-17　幼犬粮配方二　　　　　　　　　　　　　　　　　　　　　　　　　　　%

原料	配比	原料	配比
玉米	40	鱼粉	4
次粉	5	肉粉	12
碎米	5	肉骨粉	5
麸皮	3	蛋粉	0.5
豆粕	17	添加剂	1
甜菜颗粒	2	食盐	0.5
油脂	5	合计	100

注:幼犬粮配方制作时要注意选用消化率高的优质动物蛋白质原料,比如鱼粉、全蛋粉等,同时注意配比一定的粗纤维。

表 3-18　成犬粮配方一　　　　　　　　　　　　　　　　　　　　　　　　　　　%

原料	配比	原料	配比
玉米	40	甜菜渣	2
碎米	20	肉粉	5
花生饼	12	肉骨粉	4
麸皮	4	添加剂	1
菜籽饼	4.5	食盐	0.5
油脂	7	合计	100

注:成犬可以选用一定常规的蛋白质原料,例如肉骨粉、普通肉粉、豆粕等,为了保持粪便成型,适当增加粗纤维的比例。

表 3-19　成犬粮配方二　　　　　　　　　　　　　　　　　　　　　　　　　　　%

原料	配比	原料	配比
玉米	62	甜菜渣	3
碎米	7	肉粉	5
花生饼	7	肉骨粉	4
麸皮	9	添加剂	1
菜籽饼	2.5	食盐	0.5
油脂	6	合计	100

注:成犬可以选用一定常规的蛋白质原料,例如肉骨粉、普通肉粉、豆粕等,为了保持粪便成型,适当增加粗纤维的比例。

2. 猫的食品典型配方(表 3-20 至表 3-23)

表 3-20　幼猫粮配方一　　　　　　　　　　　　　　　　　　　　　　　　　　　%

原料	配比	原料	配比
玉米	25	肉粉	13
小麦面	20	鸡肝	5
玉米蛋白粉	10	多维矿物质	3.7
豆粕	9	鱼浸膏	3
鱼粉	5	食盐	0.3
油脂	6	合计	100

注:幼猫粮配方要注意选择优质蛋白质原料,如鱼粉、鱼浸膏,同时应该选择蛋白质含量在 65% 以上的优质鸡肉粉,配方中还要注意牛磺酸的添加。

表 3-21　幼猫粮配方二　　　　　　　　　　　　　　　　　　　　　　　　　　　　%

原料	配比	原料	配比
玉米	26	肉粉	15
小麦面	22	鸡肝	3
玉米蛋白粉	2	多维矿物质	2.7
豆粕	10	鱼浸膏	3
鱼粉	10	食盐	0.3
油脂	6	合计	100

注:幼猫粮配方要注意选择优质蛋白质原料,如鱼粉、鱼浸膏,同时应该选择蛋白质含量在65%以上的优质鸡肉粉,配方中还要注意牛磺酸的添加。

表 3-22　成猫粮配方一　　　　　　　　　　　　　　　　　　　　　　　　　　　　%

原料	配比	原料	配比
玉米	36	肉粉	10
小麦面	18	鸡肝	3
玉米蛋白粉	5	多维矿物质	2.7
豆粕	12	鱼浸膏	2
鱼粉	4	食盐	0.3
油脂	7	合计	100

注:成猫可以选用一定常规的蛋白质原料,但是也应偏重鱼类的优质蛋白原料,配方中要注意牛磺酸的添加,日粮中添加必要的粗纤维以促进毛球吐出。

表 3-23　成猫粮配方二　　　　　　　　　　　　　　　　　　　　　　　　　　　　%

原料	配比	原料	配比
玉米	30	肉粉	12
小麦面	24	鸡肝	1
玉米蛋白粉	10	多维矿物质	1.7
豆粕	8	鱼浸膏	2
鱼粉	4	食盐	0.3
油脂	7	合计	100

注:成猫可以选用一定常规的蛋白质原料,但是也应偏重鱼类的优质蛋白原料,配方中要注意牛磺酸的添加,日粮中添加必要的粗纤维以促进毛球吐出。

图 3-5 为某市售全价猫粮原料组成及成分保证值。

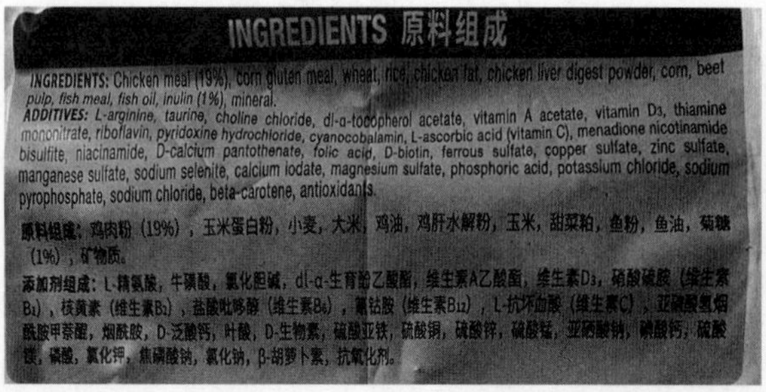

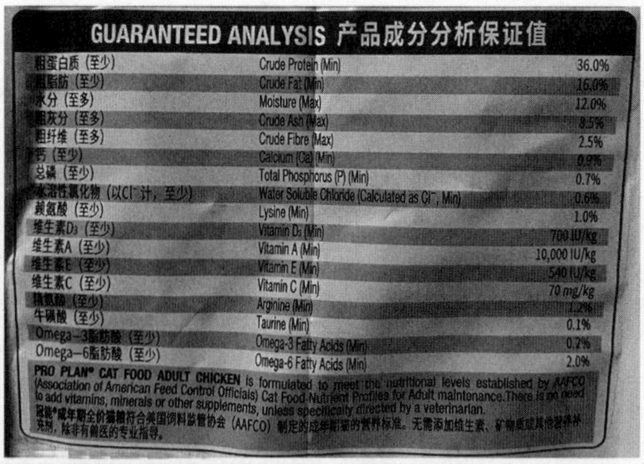

图 3-5　某市售全价猫粮原料组成及成分保证值

【项目总结】

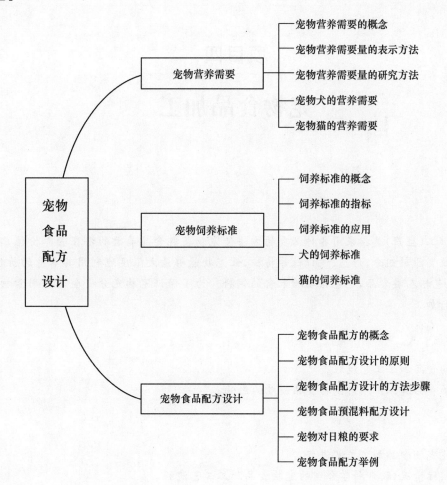

宠物营养需要的概念

宠物营养需要量的表示方法

宠物营养需要 ─── 宠物营养需要量的研究方法

宠物犬的营养需要

宠物猫的营养需要

饲养标准的概念

饲养标准的指标

宠物食品配方设计 ─── 宠物饲养标准 ─── 饲养标准的应用

犬的饲养标准

猫的饲养标准

宠物食品配方的概念

宠物食品配方设计的原则

宠物食品配方设计 ─── 宠物食品配方设计的方法步骤

宠物食品预混料配方设计

宠物对日粮的要求

宠物食品配方举例

项目四

宠物食品加工

【项目描述】

宠物食品加工（生产）是指采用各种必要的方法使宠物获取食品最大的潜在营养价值，实际上就是指以某种方式改变原料组分、形态、适口性等特征，让宠物能够最大限度地利用其本身的价值。宠物食品范围很广，既包括人类食品，也包括动物采食的饲料。为了保证宠物充分安全地利用食物营养，必须对所用原料进行加工。

【知识目标】

- 掌握宠物食品加工工艺流程。
- 理解宠物食品加工工序对宠物食品质量的影响。

【技能目标】

- 能够阐述宠物食品加工工艺流程。
- 能根据实际情况，设计科学合理的宠物食品加工工艺流程。

【思政目标】

- 了解企业文化，提高个人素养。
- 了解食品加工设备的操作和维护技术，提高遵纪守法、安全生产意识。

任务 4-1 宠物食品的加工工序与设备

【任务描述】原料进厂接收是宠物食品生产的第一道工序，也是保证生产连续性和产品质量的重要工序。学生通过学习，了解宠物食品原料预处理的方法和意义，熟悉原料接收和筛选的设备和设施，理解原料接收与清理对宠物食品品质的影响。

宠物食品加工的方法可以分为物理方法、化学方法和生物方法。物理方法包括改变食品的水分、加热、加压、黏结或粉碎；化学方法包括淀粉的结构变化、蛋白质的降解、某种物质的分解以及新物质的产生等。宠物食品加工影响食物的营养价值，某些养分有所提高，而另一些却有所下降。谷物工业化加工中采用的许多方法会降低某些成分的营养价值。

食品加工的目的是：a.改变适口性。b.提高养分的利用率。c.改变粒度，食品的粒度减小有助于咀嚼、吞咽。在某些情况下，通过制粒或压块来增大其粒度。d.改变水分含量,调节原料的水分含量,以利于贮存,增强适口性,利于消化或为其他加工做准备。e.改变食品的密度,食品单位体积的重量(容重)会影响总采食量。例如,制粒或压块可增加其能量密度和食物摄入量,减少运输费用和贮存空间。f.减少霉菌、沙门氏菌等有害物。h.脱毒或除去不必要的成分,某些原料中可能含有有毒物质,过量摄入会导致生长不良,甚至引起死亡。

宠物采食不仅是要获取食物中的营养,而且是要保证所获营养的数量及比例符合机体健康成长的需要。在选择宠物食品时不仅要考虑食品中所含营养物质的总量,还要考虑宠物对营养物质的消化利用率。例如,就蛋白质含量来说,羽毛粉、鱼粉和豆粕,其蛋白质含量依次降低,但是就宠物对其消化利用来说,羽毛粉最差,这主要是由于其氨基酸组成比例不平衡所致。另外,尽管犬不能消化吸收粗纤维,对高纤维食品的消化率较低,但通过适当加工,可提高犬对其的消化率,同时在食物中适当选择添加一定水平的粗纤维食物,可防止或治疗犬的腹泻、便秘。

宠物食品还要考虑适口性。犬喜食脂肪,喜好甜味和氯化钠。猫一般拒食苦味,喜酸味、氨基酸等。犬喜欢高质量的饲粮,劣质食物会影响犬的采食,大多数犬喜欢经常变换食物并从中得到营养,但不能突然变换。因此,在宠物的食品加工过程中,仅仅考虑食物的营养水平和价值是不够的,食物还必须为宠物所喜爱,如果食物不为宠物喜食,甚至会影响宠物与主人的感情。宠物的喜食性和食物的气味、外观等因素对于宠物食品质量是非常重要的。

安全性是食品质量的一项关键指标。食品不能含有有毒成分或被污染。食品的加工和烹饪可提高食品的外观、口味、质地和消化率,更主要的是保证食品安全可用。通过加热可杀死细菌(如大肠杆菌、沙门氏菌、肉毒梭菌等)、霉菌、寄生虫及多数毒素和毒物;可破坏一些植物中含有的对机体有害的物质,如大豆中的胰蛋白酶抑制剂、木薯中的氰糖苷;还可使淀粉糊化,提高宠物对淀粉的消化率。烹饪可使肉类嫩化,破坏蛋白质结构,使蛋白质肽链断裂,一定程度上可提高消化率,但过度烹饪是有害的,会造成维生素和矿物质的损失。因而,宠物食品加工要全面考虑安全性、适口性、喜食性、可接受性、外观、方便购买和存放等因素。为防止偏食,尽量避免每天饲喂单一食物,可将通常饲喂的食物混合搭配或轮换交替,以满足宠物各种营养的需求。

犬和猫都是以肉食为主的杂食性动物,其主食为肉类、鱼类及其副产品,下脚料如肝脏、肉粉都是很好的主食原料。奶类、蛋类、谷物及薯类、蔬菜等是很好的犬、猫食品辅助原料。各种原料的副产品也是很好的原料来源,这一点为生产宠物食品提供了丰富的原料。

一、宠物食品的预处理

肉类是宠物主要的食物来源,主要包括动物肌肉组织,也包括位于肌肉上的皮下脂肪、肌肉内部含有的脂肪,无论是猪、牛、羊、兔等畜肉,还是鸡、鸭等禽肉,宠物对其利用没有明显差别。尽管宠物可以采食生肉,但为了保证食品卫生和安全,要进行适当的加工处理,尤其是血液、骨骼、肝脏、肾脏、胃等。对于宠物猫来说,可适当喂一些经过检疫的无病生肉,以满足猫对某些维生素的需要。例如,在猫的发育阶段、妊娠期和哺乳期需要大量的烟酸,烟酸对于维持皮肤和消化器官正常功能有重要作用,猫本身不能合成烟酸,只能从动物肉中获得,烟酸遇热会很快分解,因而要补充烟酸必须喂生肉。

如果使用冻结肉,则应采用正确的解冻方法,无论是空气解冻,还是水解冻,应尽量避免微生物大量繁殖。按照国家和地区的分割标准对肉进行分割,应当修割掉碎骨、软骨、淋巴结、脓包等。

水产原料的预处理是水产食品加工的主要工序,因原料品种不同,制品的形式要求不同,操作内容也不同。冷冻水产品解冻的理想方法是在低温下短时间内进行,以防止营养品质降低。在进行大量快速处理时,常采用流水解冻法。水温控制在 $15\sim20℃$,水的流速一般在 1 mL/min 以上。在水槽中充气,可加速解冻。解冻程度以中心部位有冷硬感的半解冻状态为好。

鱼肉的营养非常丰富,但饲喂鱼肉也有一些不利影响。鱼肉的适口性和肉相比稍差,而且犬一般很难接受鱼的气味和外观;鱼肉中有时含有寄生虫,食用鱼骨有风险;鱼肉中含有硫胺酶(可

降解硫胺素,加热可破坏其活性),因而经过适当的烹饪可使之更安全。猫不能喂过多的鱼肉,过量的鱼肉会消耗猫体内的维生素E。

动物骨骼是一种很好的钙源食物。饲喂动物骨骼一定要慎重,要防止卡住食道或刺伤消化道。可以将骨头加工成骨粉来饲喂,将骨骼上的肉剔净,然后砸碎骨骼,上火烘焙,碾成粉末,或将骨骼晒干,用机器粉碎或砸成碎骨渣,拌在食物中饲喂。

乳制品主要包括奶油、脱脂乳、乳清、酸奶、奶酪、酥油等,绝大多数犬喜食,且消化利用率较高,但鲜乳最好能够加热消毒后饲喂。发现有乳糖不耐受现象的犬要停止饲喂。

蛋类是非常完美的食物,营养丰富,利用率高,可生食亦可熟食,生食可能会引起部分宠物腹泻,熟食有利于蛋白质的消化。

谷类及副产品是宠物能量的来源之一。一般来说,谷类产品比谷粒或粗粉更易利用,如面粉制成的馒头以及面包、饼干等烤制点心。生大米不能被犬、猫有效利用,除非经过烹饪。谷类对犬来说适口性差,与其他食物相比,消化率也低。只有经过精心烹饪加工才能显著提高其消化能和可消化的干物质。猫喜欢干食,液体或糊状的食物易使猫厌食,一般将大米做成米饭,面粉做成馒头、面包,玉米面做成饼、窝头等。

脂肪和油类(植物和动物油)也是很好的能量来源,消化利用率较高,但反复多次加工后的熟脂肪和油类不能食用,可能对宠物产生危害。

二、原料的接收

原料的接收是食品加工过程的第一道工序,也是保证生产连续性和产品质量的重要工序。原料接收的任务是通过运输设备,将食品加工过程中所需的各种原料运至加工厂内,经过质检、称重等过程,将符合质量要求的原料入库保存或直接使用。食品加工厂在设计过程中应根据原料的性质、运输形式及包装形式等具体情况,选择合适的接收设备。原料的接收能力大小应以满足食品厂的生产需要为前提,采用适用的先进工艺与设备,以减轻工人的劳动强度,节省能耗,降低成本及保护环境。食品原料和其他粮食一样,在收割、贮藏和运输中难免会混入各种不同的杂质。食品原料中混杂的杂质如不事先清除,会影响宠物的健康生长,甚至会损坏设备,影响生产。

(一)原料及成品的基本特性

1. 加工特性

按原料及成品的加工特性,大致可分为以下几类。

(1)待粉碎组分 主要有谷物、油料种子、饼粕等。其多为颗粒状,占总量的70%~80%。

(2)各种谷物及动物加工副产品 如米糠、麸皮、蛋白粉、豆粉、血粉等,占总量的20%~30%,其状态多为粉状。

(3)容重较大的无机盐类 如硫酸盐、石粉、食盐等。这类物质多有包装,因盐类对金属有腐蚀作用,并易吸湿结块,所以贮藏时要注意其特性。

(4)液态原料 如糖蜜、油脂及某些液态氨基酸、维生素等。

(5)微量组分 主要有一些维生素、风味剂等。这些物料其特点是品种多、数量少,价格较高,有些品种对人体有害,贮藏时要有专门的场所存放和专人管理,不可与其他物料混杂。

(6)生产的成品 有粉料、粒料,有带包装的也有散装的。

从原料及成品的种类可知,食品加工中除有少量的液体外,大部分是颗粒状和粉状原料。颗粒体和粉状体统称为散粒体。

2. 物理特性

(1)散落性 散落性是反应物料在自由状态下向四周扩散的能力,它是物料流动性的一个特性。粉状和粒状物料在粒度上大致分为:粉体,10μm至2.0mm;粒体,2.0mm至5.0cm;5.0cm以上称为"块";不足10μm的属胶体范畴。

散粒体具有与液体相似的流动性质,这种流动性表现为散落性。由于颗粒之间有一定的剪切应力,使这种流动性能有很大的局限性,散粒体的剪切应力由摩振力及吸附力组成,剪切应力与散粒体受到的垂直压力成正比。当垂直压力为零时的剪切应力又称为初剪切应力。流动性好的散粒体,又称理想散粒体。粉状或片状物料属于流动性不良的散粒体。另外,物料的水分、粒度、压实程度都将影响其散落性。

（2）摩擦系数　散粒体颗粒之间的摩擦称为内摩擦,内摩擦力的大小常用内摩擦角来表示。内摩擦角的正切值为内摩擦系数。散粒体与多种固体材料表面间的摩擦因素称为外摩擦因素。相应的有外摩擦角,又叫自流角,即散粒体沿固体材料表面滑落时,该表面与水平面形成的最小角度。

（3）自动分级　微粒体在运输、流动、振动的过程中,由于各颗粒间的密度、粒度及表面特性不同,会按各自特性重新分类积聚的现象称为自动分级。一般来说,大而轻的颗粒易浮在粒堆的上部,小而重的物料易堆积在下部。当输送距离远,振动大时,自动分级就容易。自动分级对原料清理和分级是有利的,因为杂质聚集后便于清理,而对于食品原料的混合是影响原料混合均匀度的主要因素,所以在食品加工工艺设计中,要尽量减少混合料的分级并采取如制粒、添加液态原料、减少输送工段来保证产品质量。

（4）密度　密度是散粒体自然堆积时的单位体积质量。散粒体的体积质量与粒子大小、表面光滑程度及水分等因素有关。在计算仓容时密度是一个重要指标。

（二）原料及成品的化学特性

1.吸附性

对食品行业来讲,吸附性即为某种原料将其他物质吸附于自身表面上的性质。吸附性是为微量(微量元素或维生素及氨基酸)添加剂选择载体和稀释剂的依据之一。为了使微量添加剂在食品中混合均匀,需要先选择具有良好吸附性的物料作载体,与微量的小组分物料混合,然后再将其均匀地混合到大批量的食品中,以保证食品的效价与安全,原料的吸附能力往往与物料的形状(粒状、片状)、表面特性(光滑、粗糙)以及含水量有很大关系。

2.吸湿性

吸湿性是指原料对周围空气中的水分的吸收与放出能力。某些原料具有较强的吸湿性,如食盐、硫酸盐、氯化胆碱以及含盐量较高的鱼粉等。吸湿性强的原料,其稳定性不好,易失效、霉变、结块或自动分解。另外,在食品中也会影响其他原料的贮藏和品质保持。

3.热稳定性

热稳定性是指原料中的某些化学成分在热加工条件下,抵抗热破坏的能力。饲料中的维生素(如维生素 C、维生素 A 等)、氨基酸在高温下易氧化失效。某些矿物质在高温作用下生物学效价也会降低。另外,原料中的某些有害成分,如大豆中的胰蛋白酶抑制剂、菜籽饼(粕)中的芥子酶以及一些有害的微生物和细菌在高温作用下也会失去活性或被杀死。

4.化学稳定性

化学稳定性是指某种饲用生物活性物质在外来化学物质的作用下,抵抗破坏的性能。化学稳定性是选择维生素、微量元素盐类和某些其他添加剂如抗氧化剂、防霉剂等的主要条件。

5.毒性

某些原料,主要是微量矿物质添加剂以及一些药物等含有对人体和宠物体有害的重金属和其他有毒成分,如硫酸铜、硫酸锌等都含有对人、畜有害的铅、砷、镉等有害重金属。因此,选用微量矿物质添加剂时一定要选用达到国家质量标准的产品。

6.静电性

静电现象通常与活性成分有关。干燥而粉碎得很细的物料常常会带有静电荷,产生吸附作用使活性成分吸附在混合机或输送设备上,造成混合不均匀。为克服静电现象通常在主要设备上装有接地装置。

（三）原料接收设备和设施

常用的原料接收设备包括刮板输送机、斗式提升机、螺旋输送机、带式输送机、气力输送设备和计量设备等。原料接收设备应根据原料的特性、数量、运输距离等具体情况来选用。例如,刮板输送机和螺旋输送机都可用于水平输送,但前者多用于远距离而后者宜用于短距离。气力输送特别适用于船舶散装原料的装卸,其优点为粉尘小、劳动强度低,缺点为动力消耗大。

原料的称重设备包括台秤、自动秤、地中衡等,台秤多用于小批量的包装原料进厂的称重;自动秤适合于散装原料称重;地中衡用于以公路运输为主的原料和成品的称重,地中衡应安

装于地势较高、便于汽车出入的位置。原料的贮存通常采用筒仓、房式仓等形式,筒仓主要用于粒状原料贮存,房式仓主要用于存放各种包装原料;微量矿物质原料和添加剂则要求在专用储存仓中保存,由专人保管,液态原料一般采用液罐存放。

(四)原料的接收工艺

原料接收工艺要适合食品加工厂的具体情况,根据接收原料的种类、包装形式及运输工具的不同而采用不同的方法。

1.原料的陆路接收

汽车或火车拉入厂的原料,经汽车地中衡和火车轨衡称重后,自动卸入下粮坑。然后原料由水平输送设备、斗式提升机进行输送,再经清理、称量入库贮存或直接进入待粉碎仓或配料仓。

2.原料的水路接收

在我国南方地区有纵横交错的水网,有发达的水上运输体系,因其费用较低,在有条件的情况下是首选的运输形式,气力运输接收工艺适合于水路运输装卸粮食之用。它的吸管为软管,可适应水位的涨落,同时吸管可以前后左右移动,不受轮船的外形和大小限制,同时也保证了船舶内有良好的卫生条件和船体结构不被损坏。

气力输送装置可分为移动式和固定式两种。一般大型饲料厂宜采用固定式的,小型厂可采用移动式的。气力输送装置的优点是吸料干净,粉尘少,结构简单,操作方便,劳动强度低,缺点是能耗较高。

3.液体原料的接收

饲料厂接收最多的液体原料是糖蜜和油脂。液体原料接收时,首先需进行检验。检验内容有颜色、气味、比重、浓度等。经检验合格的原料方可入库贮存。

(五)原料接收的要求

在接收原料时,应按原料采购标准及预订的供货渠道仔细核对进厂原料。查对包装,核实原料名称、品牌、含量、包装方式、包装完好程度、标签、生产日期、保质期、包装数量、饲料原料的实际重量;观察饲料原料的颜色、有无霉变和杂质、粒度、流散性、均匀一致性、口味、气味、手感等,与典型的、正在使用的同类产品相比较,以初步确认原料质量。

三、原料的清理

宠物食品原料可分为植物性原料、动物性原料、矿物性原料和其他小品种的添加剂。其中动物性原料(如鱼粉、肉骨粉)、矿物性原料(如石粉、磷酸氢钙)以及维生素、药物等的清理已在原料生产过程中完成,一般不再清理。需清理的主要是谷物性原料及其加工副产品。糖蜜、油脂等液体原料的清理则是在管道上放置过滤器等进行清理。

原料清理除杂不单是为了保证成品的含杂量不要过量,也是为了保证加工设备的安全生产,减少设备损耗以及改善加工时的环境卫生。常用的清理方法有2种。a.筛选法:用以筛除泥沙、秸秆等大杂质和小杂质;b.磁选法:用以去除各种磁性杂质。此外,在筛选、磁选以及其他加工过程中常辅以吸风除尘,以改善生产车间的环境卫生。

(一)筛选

1.筛选的基本原理

筛选是根据物料颗粒与杂质宽厚尺寸或粒度的不同而达到清理目的,是加工厂使用最普遍的方法。其基本工作原理主要是根据颗粒大小不同,利用一定规格的筛网与谷物原料发生相对运动,一般大的杂质不能通过筛网,而谷物类原料在重力作用下穿过筛网,以获得清理。

2.常用的筛选设备

常见的初清设备有振动筛、网带式初清筛、圆锥式初清筛、圆筒式初清筛。SCY型冲孔圆筒初清筛已广泛被应用(原料清理),其由冲孔圆形筛筒、清理刷、传动装置、机架和吸风部分组成,该设备结构简单,造价低,单位面积处理量大,清理效果好,杂质含谷少,更换筛面方便,占地面积较小。

工作时,原料由进料口经进料管进入筛筒中部,筛筒的一端封闭。整个筛筒由主轴呈悬臂状支撑。整筛筒分前、后两段,靠近轴端的半段多用20 mm×20 mm方形筛孔,可使料粒较快地过筛;而靠近出杂口的半段常用13 mm×13 mm的较小方形筛孔,以防止较大杂质穿过这段筛孔而混入谷物中去，而且在该段筛筒上装有导向螺旋片，以便将杂质排向出杂口。为避免筛孔堵塞，在筛架上装有清理刷，在顶部设有吸风口，可以及时吸走灰尘。图4-1为网带式初清筛结构示意图。

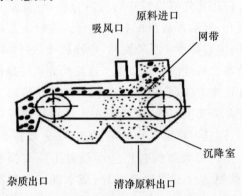

图 4-1 网带式初清筛结构示意图

（二）磁选

在生产中一般只按除强磁性杂质的要求选用磁选设备，用以清除各种磁性杂质。利用磁场的吸力分离磁性杂质的方法，称为磁选。

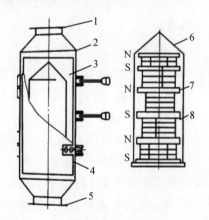

1.进料口 2.外筒 3.磁体 4.外筒门 5.出料口 6.不锈钢外罩 7.导磁板 8.磁铁块

图 4-2 永磁筒结构示意图

永磁筒工作时，物料由进料口落到内筒顶部的圆锥体表面，向四周散开，随后沿磁体外罩表面滑落。其中的铁质因密度大而弹向外筒内壁，在筒壁反作用力及重力的作用下，铁质将沿着近于磁力线方向下落，故易被磁铁吸住。而非磁性物料则从出料口排出。永磁筒具有结构简单、磁选效果好、不需动力等优点。

1. 磁选的原理

磁选的任务是清除原料和成品中的金属杂质，以保证安全生产和产品质量。磁选设备的主要工作元件是磁体。每个磁体都各有2个磁极。在磁极周围空间存在着磁场。当饲料原料通过磁场时，由于谷物为非导磁性物质，在磁场内能自由通过，而其中的金属杂质则被磁化，跟磁场的异性磁极相互吸引而与谷物分开。通常对磁选设备的要求是：原料通过磁选，磁性金属杂质去除率需大于95%以上。

2. 常用磁选设备

常用磁选设备有永磁滚筒、永磁筒、悬浮或电磁分离器等，其中以不用动力的永磁筒为好。永磁筒由内筒和外筒两部分组成，外筒通过上下法兰连接在饲料输送管道上；内筒即磁体，它由若干块永久磁铁和导磁板组装而成，磁体的特点是磁极极性沿圆柱体表面轴向分段交替排列。磁体外部有一表面光滑而耐磨的不锈钢外罩，并用钢带固定在外筒门上。图4-2为永磁筒结构示意图。

四、粉碎

粉碎工序是宠物食品生产的主要工序之一，粉碎的目的是制作最适合于宠物消化的日粮。粉碎质量直接影响到犬、猫粮生产的质量、产量和电耗等综合成本，粉碎效果的好坏对宠物犬、猫粮的适口性、消化性及后续工段的加工品质有着重要影响。

(一)粉碎的目的和要求

粉碎是使用机械通过撞击、研磨或剪切等方式将物料颗粒变小的过程。

1.粉碎的目的

(1)增加颗粒表面积,促进养分的消化吸收　对物料进行粉碎处理的目的是增加物料的表面积,可使胃肠道内的消化酶与物料充分接触,促进养分的消化吸收。

(2)改善物料的加工性能　粉碎可使物料的粒度基本一致,减少混合均匀后的物料分级工序,同时适宜的粉碎细度有利于调制和膨化等后续工段。

2.粉碎的要求

宠物犬、猫属肉食性动物,对非动物性原料要求熟化。宠物犬、猫粮有干挤压膨化产品、半湿产品、软挤压膨化产品等。干挤压膨化产品的粉碎筛网一般要求是 1.5 mm 或 2.0 mm 的筛孔,但在实际生产中,商家常用更细的筛孔,以生产高质量的产品。在生产半湿或软挤压膨化产品时,粉碎机应采用 0.8 mm 的筛孔。

(二)粉碎的方法

在宠物犬、猫粮加工过程中,对于大颗粒物料常采用以下 4 种方法将其粉碎。

(1)击碎粉碎——物料在瞬间受到外来的冲击而粉碎,它对于粉碎脆性物料最为有利,因其适应性广、生产效率高,在饲料厂被广泛应用。

(2)磨碎——物料与运动的表面之间受一定的压力和剪切力作用,当达到物料的剪切强度极限时物料被破碎。

(3)压碎——物料置于两个粉碎面之间,施加压力后当达到物料抗压强度极限而被粉碎,所以粉碎效果较好。

(4)锯切碎——用一个平面和一个带尖棱的工作表面挤压物料时,物料沿压力作用线的方向劈裂,当达到或超过物料拉伸强度极限时物料破碎。

(三)粉碎工艺

宠物食品粉碎工艺与配料工艺密切相关。按

粉碎与配料工艺的组合形式可分为先粉碎后配料(先粉后配)和先配料后粉碎(先配后粉);按食品原料粉碎次数分为一次粉碎和二次粉碎。

1.先粉碎后配料工艺

该工艺先将待粉碎物料进行粉碎,分别送入配料仓,然后再进行配料和混合。这种工艺的优点是:因粉碎单一品种物料,粉碎机可达到最高工作效率和最佳的粉碎效果。这给粉碎机的操作和管理带来方便,管理工作也较单纯。在粉碎工艺后配备许多配料仓,这不但在生产过程中起缓冲作用,而且可短期维修粉碎机前的工艺设备,不影响生产。对大型饲料厂还可设置不同类型粉碎机,以便适应不同原料粉碎,或实现二次粉碎工艺。该工艺的缺点是由于每一种原料都需要配料仓,则配料仓增多,增加建厂的投资和以后的维修费用;受原料品种增加时料仓数的限制。粉碎后的粉料进配料仓存放,增加了物料在仓内结拱的可能性。该工艺适用于生产规模大、产品质量要求高、产品种类多、需粉碎物料在配方中占配比较小的企业采用。图 4-3 为先粉碎后配料工艺流程。

2.先配料后粉碎工艺

该工艺是将各种原料按照配方的比例分别计量,混合后进行粉碎。这种工艺的特点是对需粉碎原料品种变更的适应性强,工艺连续性强,便于实现自动化控制。由于减少了后配料工艺的众多配料仓、粉碎机前的待粉仓,因而降低了企业建设投资,可有效防止配料仓结拱。缺点是装机容量高,能耗较大;配料质量控制较难;由于多种原料混合后粉碎,粒度、软硬度不同,很难像单一原料粉碎那样控制粉碎机在最佳工作状态,粉碎机磨损严重;粉碎工序制约整个机组生产率,且当粉碎机发生故障或更换筛片时,机组停产。该工艺流程适合于需粉碎种类多、配方中占配比大,且经常变更的大中型企业。由于受设备投资控制,我国小型加工机组常使用该工艺流程。图 4-4 为先配料后粉碎工艺流程。

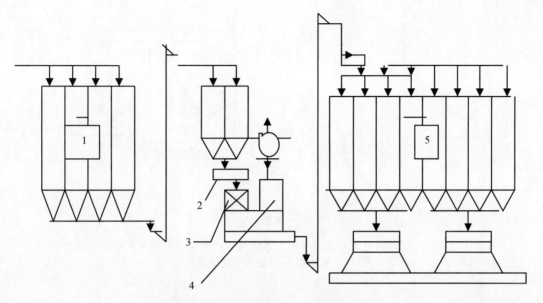

1.原料仓 2.喂料器 3.粉碎机 4.除尘器 5.配料仓

图 4-3 先粉碎后配料工艺流程

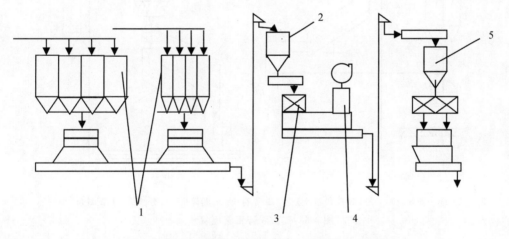

1.原料仓 2.缓冲仓 3.粉碎机 4.除尘器 5.混合机

图 4-4 先配料后粉碎工艺流程

3.一次粉碎工艺

该工艺是将物料经过一次粉碎工序,使其满足产品粒度要求,直接进入下面工序。按使用粉碎机的台数可分为单机粉碎和并列粉碎,小型加工厂大多采用单机粉碎,中型加工厂有用两台或两台以上粉碎机并列使用,缺点是粒度不均匀,电耗较高,一般而言对于 10 t/h 以下的加工厂宜采用一次粉碎工艺。图 4-5 为一次粉碎工艺流程。

4.二次粉碎工艺

二次粉碎工艺是在第一次粉碎后,将经粉碎的物料进行筛分,对不符合要求的较大颗粒再进行一次粉碎的工艺。该工艺又分为单一循环粉碎工艺、阶段粉碎工艺和组合粉碎工艺。

(1)单一循环粉碎工艺 该工艺的工艺流程为:粒状原料经粉碎机粉碎,输送到分级筛中进行筛分;将不符合要求的大颗粒粉碎物连续输送回粉碎机再进行粉碎,符合要求的粉碎物直接进入混合机进行混合。工艺流程见图 4-6(a)。

该工艺特点是:生产效率高,比一次粉碎工艺提高 30%～60%;单产能耗低,能耗降低 30%～40%,物料粒度均匀度高。

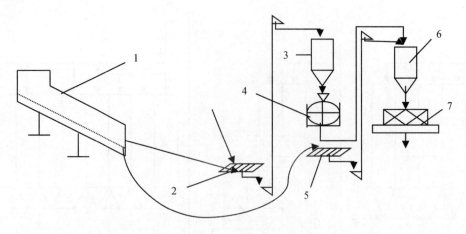

1.分级筛　2.颗粒状原料入口　3.原料仓　4.粉碎机　5.粉状原料入口　6.配料仓　7.混合机

图 4-5　一次粉碎工艺流程

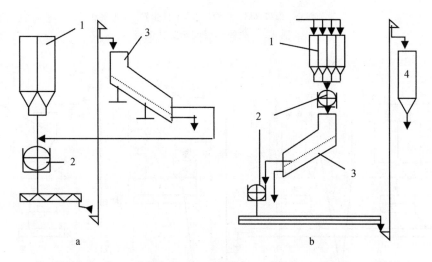

a.单一循环粉碎工艺　b.阶段粉碎工艺　1.原料仓　2.粉碎机　3.分级筛　4.配料仓

图 4-6　二次粉碎工艺流程

（2）阶段粉碎工艺　该工艺是使用两台锤片式粉碎机,饲料原料在第一台粉碎机粉碎后,经分级筛筛分后,不符合要求的大颗粒粉碎物再经第二台粉碎机粉碎。

其工艺流程是:粒状原料经第一台粉碎机(筛片直径 6 000 μm)粉碎;输送到分级筛筛分;将不符合要求的大颗粒粉碎物输送到第二台粉碎机(筛片直径 3 000 μm)再进行粉碎,符合要求的粉碎物直接进入混合机进行混合;经第二台粉碎机粉碎后,进入混合机进行混合。工艺流程见图 4-6(b)。

该工艺特点是:生产效率较高,单产能耗较低,对物料的适应性好,不受饲料软硬度和含水量限制。

（3）组合粉碎工艺　该工艺是使用对辊式、锤片式两台粉碎机作业,原料经对辊式粉碎机初步粉碎,再经锤片式粉碎机二次粉碎的工艺。其工艺流程是:用对辊式粉碎机进行一次粉碎;输送到分级筛中进行筛分;将不符合要求的大颗粒粉碎物输送到锤片式粉碎机再进行粉碎,符合要求的粉碎物直接进入混合机进行混合。对辊式粉碎机粉碎速度快,能耗低,其对高纤维原料破碎能力差的缺陷由锤片式粉碎机弥补,所以该工艺的特点是生产效率高,能耗低,物料温升低,粉碎粒度均匀度高,但当原料含水量高时,粉碎效果不理想。工艺流程见图 4-7。

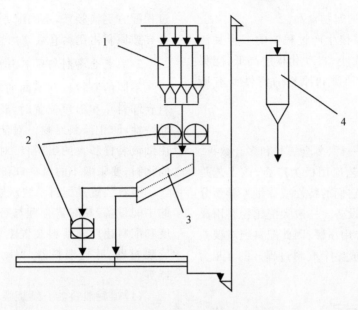

1.原料仓 2.粉碎机 3.分级筛 4.配料仓

图 4-7 组合粉碎工艺流程

宠物食品原料相比一般饲料原料油脂含量要高,原料含油量高是不易于粉碎的,为了避免粉碎不畅,要从工艺上进行优化。将原料先进行称重配料,再进行粉碎处理,既提高了粉碎机的产量,又满足配料精度,这种方法已在宠物食品生产工艺中被广泛应用。

粉碎系统包括喂料器、锤片式粉碎机、沉降室、料封绞龙、斗式提升机、脉冲除尘器、离心通风机等设备。一般宠物食品原料粉碎工艺采用常规的粉碎形式,粉碎后的物料收集一般采用容积沉降、脉冲除尘二级除尘的方式进行,料封绞龙作为水平输送设备,经斗式提升机输送至后路设备或料仓。

这种粉碎系统工艺方式的优点是设备投资少,成本低,粉碎风机动力低,耗能少,能够满足常规宠物食品的生产。

(四)粉碎设备

1.粉碎设备的分类(表4-1)

表 4-1 粉碎设备的分类

按产品粒度分	原料/cm	成品/cm	粉碎比
粗粉碎	100～1 500	25～500	3～4
中粉碎	6～500	1～50	5～7
微粉碎机	0.2～50	<0.6	10～50
超微粉碎机		<0.07	>50

2.常用粉碎设备

常用的粉碎设备有锤片粉碎机、振动粉碎机、立轴式粉碎机、微粉碎机和超微粉碎机等。

立轴式超微粉碎机是集粉碎、筛选及分离于一体的微粉碎设备。粉碎由锤头和位于内圈的齿圈来完成,粉碎粒径则由风速和位于中央的倒伞状排列的叶片的转速来控制,粉碎粒度可在 60～200 目之间任意调节。由于达到粉碎要求的物料能及时分离,能有效防止过细粉碎,另外风选过程能降低料温,提高粉碎效率,该设备能耗低、产品粒度均匀且产量高,是目前较为理想的宠物幼犬、幼猫粮微粉碎设备。

振动粉碎机。它的独特结构是具有两层可振动的筛片。筛片的内筛孔大,可使物料迅速通过筛面;外筛孔小,用于精确控制物料的粒度。振动筛面可保持筛面不堵,避免物料过度粉碎,能较好地适应水分含量较高、纤维含量和油脂含量较高的原料,因而能较好地适应宠物食品的原料粉碎要求。

五、配料计量

配料计量是按照预设的配方要求,采用特定的配料计量系统,对不同品种的食品原料进行投料及称量的工艺过程。经配料计量的物料送至混合设备进行搅拌混合,生产出营养成分和混合均

匀度都符合产品标准的宠物食品。

配料是现代犬、猫粮生产过程中的一个关键工序,根据生产规模大小,自动化程度高低,配料工艺类型,配方产品种类和原料的特性而有所差异。

(一)配料工艺

配料工艺有一仓一秤、多仓一秤和多仓数秤。其中多仓数秤配料工艺应用极为广泛,该工艺是将各种被称物料按照它们的特性或称量差异而分批分档次称量的称量设备。一般大配比物料用大秤,配比小或微量组分用小秤,因此配料绝对误差小,能经济、精确地完成整个配料过程。图4-8为该工艺流程示意图。

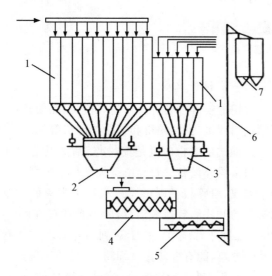

1.配料仓 2.大配料秤 3.小配料秤 4.混合机
5.水平输送机 6.斗提机 7.成品仓

图4-8 多仓数秤配料工艺流程

(二)配料设备

配料计量系统是指以配料秤为中心,包括配料仓、喂料装置、卸料装置等,实现物料的供料、称量与排料的循环系统。犬、猫粮生产需配置高精度、智能化、数字化和自动化配料计量系统。

1.配料仓

配料仓用以存放参与自动配料的原料组分,根据配方比例确定每一个原料所占料仓的数量和料仓的总数量,配料仓的总数量还与所生产产品的品种数量和品种类型有关。产品种类多,生产

过程配方更换频繁,不同配方中所用原料的差异,会导致原料占用料仓数增加。

2.配料仓卸料与配料秤喂料装置

不同的原料具有不同的喂料特性,在设计配料仓卸料斗和出口位置时,要充分考虑原料的流动特性,防止原料结拱。对流动性差的物料要采用助流装置和大的出料口,对流动性好而粒度细的物料,要采取小的出料口和阻流装置。

喂料装置是配料系统从原料仓向配料秤供料的中间设备,其配置合理与否直接影响到配料精度和配料速度。喂料装置主要有料仓卸料斗、螺旋喂料器、叶轮喂料器、振动喂料器和皮带喂料器等。

(1)螺旋喂料器 螺旋喂料器是犬、猫粮工厂自动配料系统中使用最为广泛的喂料器,其结构简单、工作可靠。螺旋喂料器主要用于粉状、颗粒和小块物料的输送,对易变质、黏性大和易结块的物料不宜采用。物料的输送方向有一端进料,另一端出料;两端进料、中间卸料和中间进料、两端卸料几种。单向输送时,一般均为水平安置。驱动装置有左装、右装和直装等多种形式。传动方式有联轴器,电动机减速器和链条传动,电动机皮带传动,电动机、皮带和轴装式减速器直接传动等几种方式。其中电动机、皮带、轴装式减速器组合传动方式最为合理。螺旋喂料器的结构有变径、变螺距结构(单螺旋、双螺旋和多螺旋),也有变螺距不变径螺旋喂料器,外形有U形和圆筒形两大类。以变螺距不变径螺旋喂料使用最为广泛。

(2)叶轮喂料器 叶轮喂料器主要用于料仓出口与配料秤入口水平中心距离较小的场合,也可以用作非配料系统设备的供料器。主要由叶轮、壳体、出料控制机构和传动机构等部分组成。根据需要可配置旋转式减压板。该类喂料器具有体积小、质量轻、便于安装和操作简便的特点。

(3)电磁振动喂料器 电磁振动喂料器由料槽、电磁振动器、减振器、吊架、吊钩、法兰等组成。工作时,电磁振动器通电产生激振力,使料槽振动,物料从进料口处振动输送至卸料口。物料的流量可通过改变喂料器的振幅来调节。

电磁振动喂料器一般用在需要频繁调节给料

量的场合,在宠物犬、猫粮生产配料系统主要用于微量元素预混合原料配料,在其他系统可用于粉碎机等功能设备喂料等。振动槽可用金属材料,也可用聚氯乙烯等制造。微量元素预混合原料配料秤使用电感振动喂料器的槽宽为 150 mm,进出料口中心距离 410 mm,进料口为圆形(ϕ145 mm),采用座式结构,喂料槽与振动器之间通过振动连接板固定。其他类型的振动器采用悬挂式结构,电磁振动器与喂料槽直接固定在一起。

3.配料秤

选择配料装置时,必须充分考虑称量范围和配料精度。尤其是添加剂预混合饲料,不同添加量的原料必须采用相应称量范围及精度的配料秤来完成称量。电子秤以其称量精度高、速度快、稳定性好、使用维护方便、重量轻、体积小等显著特点,已得到了普遍应用。电子秤以称重传感器为基础,已成为配料秤的主流。

电子配料秤速度快,可用于快速配料工艺;可连续采集数据(每秒钟 100 次以上),可反映配料过程,能随时观察、记录配料结果;传感器体积小,减小了配料秤的体积;分辨率高,可用于小容量、高精度的称量要求;能与电子计算机连接,可使用各种专用软件来控制,并进行在线实时控制。控制功能包括配方设计、储存、排序生产、配料误差跟踪纠正、报警,生产的批次、班产、月度、季度、年度报表统计等。先进的控制系统还可以实现实时动态显示生产作业,还可与上位机联网,实现系统控制和远程通信与监控;进行实时动态能耗监控与生产质量追踪功能;电子配料称量系统主要由喂料器、秤斗、称量传感器、称量仪表、排料阀门、机架、电子控制系统所组成。

称量传感器是影响电子配料秤精度的重要因素。称量传感器应采用高精度型,测量精度应达 0.05%~0.01%。作为电子配料秤,配料精度应达到静态 0.1%、动态 0.2%,微量配料秤配料精度静态 0.05%、动态 0.1%。

电脑配料秤是以工业用控制计算机为核心,用专用配料仪表接收和显示来自高精度传感器检测到的信号,通过工控机的 EIA-RS232 串行口与配料仪表的 RS232 串行口之间进行数据传输,工控机能够通过传感器的质量信号实现配料过程中

快加料、慢加料、停止下料,以及转换到另一种物料的配料,能够全自动实现配料这一复杂过程。系统实时进行数据采集、开关量检测、秤斗门控制、螺旋喂料器控制、故障检测、声光报警;配置CRT 终端显示、称量显示仪、打印终端、计算机主机与相应的软件。

六、混合

混合工艺是将配方中各组分原料经称重配料后,送入混合机进行均匀混合的工艺过程。混合是确保产品质量和提高饲养效果的重要环节。

为保证宠物每餐都能采食到包含有各种营养成分的食物,就必须保证各组分物料在整批产品中均匀分布,尤其是一些添加量极少而对宠物生长又影响很大的"活性成分",如维生素、微量元素及其他微量成分等,更要求分布均匀。

(一)混合类型

混合过程实际上是物料间相互混合并相对运动的一个过程。在外力作用下,物料混合可分为对流混合、剪切混合和扩散混合 3 种类型。

1.对流混合

对流混合又称体积混合,对流混合中许多成团的物料颗粒从混合物一处移向另一处,即物料团做相对流动,因此物料可以很快地结合。这种类型的混合受物料物理特性影响较小,但是混合过程中是以物料团作为混合单元而运动的,因此物料团内的不均匀状态不易被破坏,混合程度决定于机械作用的强度。

2.剪切混合

在混合机构作用下,使物料粒子与粒子间彼此形成剪切面,粒子间通过相互穿插而增加物料的混合均匀程度。

3.扩散混合

扩散混合是在外力作用下,物料受到压缩、扩散等作用,物料的单个粒子与其他粒子之间相互吸引、排斥或者穿插,进行着无规律的移动。扩散混合的速度很慢,物料的物理特性对混合效果的影响较大,分散性良好的物料比黏滞性物料易混合均匀。

无论采用何种混合设备,3 种混合类型总是

同时存在的。但混合机类型与混合时间不同,所起的作用大小也不同。在混合过程中,一方面机械对物料起着混合作用,而另一方面由于物料粒子间存在的相对密度、粒度、表面特性等的差异,在运动时必定也产生着自动分级。自动分级将使物料的均匀状态受到破坏,这种使均匀状态受到破坏的现象,称之为"离析",也称为"自动分级"。无论采用什么混合设备,混合和离析这对矛盾都是同时存在的,只是程度不同而已。在这一过程中,对流混合起着主要作用,使物料很快从不均匀到粗略均匀,这一过程的快慢主要决定于混合设备的构件。随着时间的进行,对流混合作用逐步减弱,而扩散混合作用逐步成为主流混合。对流混合使物料混合得更为细致、更为均匀。这一阶段的混合主要决定于物料的物理特性,以及组分的多少和组分的大小。伴随着混合的进行,离析也始终存在。进一步的作用使混合与离析达到动态平衡,达到动态平衡后,混合的均匀性随时间不再改变。

(二)混合工艺

混合工艺一般与配料结合比较紧密,宠物犬、猫粮厂的基本配料与混合工艺主要由先配料后粉碎再混合工艺、先粉碎后配料再混合工艺和先粉碎后大宗配料再混合+二次粉碎二次配料和二次混合的组合工艺组成。根据配料的方式又可分为自动一仓一秤配料工艺、自动多料一秤和多秤配料工艺、连续多料多秤和单秤配料工艺。工厂化、规模化生产均采用多料多秤的分批自动配料工艺。多料一秤和多秤连续配料工艺是发展的趋势。从工艺组成来看,配料工艺、混合和粉碎工艺是一个不可分割的有机整体,尤其是将粉碎过程组合在工艺中间时显得尤为突出,而此类工艺在原料品种日益增多的今天已成为发展的方向。

(三)混合质量的评定和标准

生产中评定混合质量的指标采用混合均匀度。混合均匀度指的是混合物中任意单位内所含某种组分的粒子数与平均含量的接近程度。目前公认的表达混合均匀度的方法是利用统计学上的变异系数,即混合均匀度变异系数(CV)值。它是指粒度相同的基本组分和检测组分(示踪剂)经搅拌混合后,检测组分存在于几个混合子空间内

的颗粒 m 的离散程度。以 x_i($i = 1,2,\cdots,n$)表示对第 i 个混合子空间的测量结果,单位是测量单位(如颗粒数目、毫克或光密度值等)。物料混合均匀度的样本变异系数为:

$$CV = 混合物样本的标准差/混合物样本的平均值 \times 100\%$$

变异系数表示的是样本的标准差相对于平均值的偏离程度,是一个相对值。当前,国内外通用的规范是:合格的混合产品 $CV \leqslant 10\%$,优秀的混合产品 $CV \leqslant 5\%$。如果物料混合产品 $CV > 20\%$,则无论是产品质量还是成本,都无法接受。

(四)混合设备

混合机是实现混合工序的主要设备,其主要功能是根据配方的要求将宠物食品中各组分均匀混合,达到宠物食品组分配合的最佳效果,为下道工艺提供单位成分含量均匀的原料。

在犬、猫粮生产中常见的分批式混合机有卧式环带式(单/双轴)混合机、卧式桨叶式(单/双轴)混合机、圆锥形行星式混合机和整体回转型"V"形混合机。连续式混合机有卧式单/双轴桨叶式混合机。

1.卧式环带式混合机

卧式环带式混合机主要由机体、螺旋轴、传动部分和控制部分组成。机体为槽形,其截面有"O"形、"U"形和"W"形 3 种。其中,"U"形混合机应用最普遍。在"U"形混合机中,又以单轴双螺旋最为常见。该机的内外螺旋分别为左、右螺旋,使物料在混合机内按逆流原理进行充分混合。外圈螺旋叶片使物料沿螺旋轴向个方向流动,内圈螺旋则使物料向相反方向流动,使物料成团地从料堆的一处移到另处,很快地达到粗略的团块状的混合,并在此基础上有较多的表面进行细致的、颗粒间的混合,从而达到均匀混合。

2.卧式单轴桨叶式混合机

卧式单轴桨叶式混合机,由于其独特的结构、性能和特点,被广泛应用于添加剂预混合饲料生产和各类配合饲料生产,也用于食品、化工等行业。卧式单轴桨叶式混合机(又称"混合王")具有如下特点:

①高效混合技术,混合均匀度好。特殊设计

的高强度双层桨叶结构,使物料在瞬间失重状态下混合,混合柔和,一般物料混合 45～60 s,混合比在 1:10 000 时混合均匀度 $CV \leqslant 5\%$。

②密封可靠、效果好。出料门密封采用硅胶条密封条,密封效果好,使用寿命长,装配式结构,更换、调整方便。

③液体添加均匀、雾化效果好。可升降的液体添加装置,清理、维修、调整方便,选用特殊的压力喷嘴,液体雾化效果好,添加量调整方便。

④开关门机构可靠。采用双联摇杆结构形式的开关门机构,开关门快速可靠,且有自锁功能,销轴处设有耐磨衬套,使用寿命长,维护方便。

⑤有安全互锁装置,安全性高。清理门处设有安全互锁开关,安全性好,保证操作者的安全。

3.卧式双轴桨叶式混合机

卧式双轴桨叶式混合机机内并排装有两个转子,转子由转轴和多组桨叶组成。大部分桨叶呈 45°安装在轴上,只有一根轴最左端的桨叶和另一根轴最右端桨叶与轴线的夹角小于其他桨叶,其目的是让物料在此处获得更大的抛幅而较快地进入另一个转子的作用区。两轴上的桨叶组相互错开,其轴距小于两桨叶长度之和。转子旋转时,两根轴上的对应桨叶端部在机体中央部分形成交叉重叠,但不会相互碰撞。混合机工作时,机内物料呈现多方位的复合运动状态:一是沿转子轴方向的对流混合;二是剪切混合,即由于物料内有速度梯度分布,在物料中彼此形成剪切面,使物料之间产生相互碰撞和滑动,从而形成剪切混合;三是特殊的扩散混合,在其机体中部一线区域,即两转子反方向旋转所形成的运动重叠区,由于两转子的相向运动使该区域物料受旋转桨叶作用比在其他区域强两倍以上。此外,被一侧桨叶提起的物料,在散落过程中,物料相互摩擦渗透,在混合机中央部位形成了一个流态化的失重区,使该区域的固体物料的混合运动像液体中的分子扩散运动一样,形成一种无规则的自由运动,充分进行扩散混合。混合作用轻而平和,摩擦力小,混合物无离析现象,不会破坏物料的原始物理状态。

4.圆锥形行星混合机

当曲柄转动时,通过曲柄与齿轮的传动,使螺

旋轴在围绕圆锥形筒体公转的同时又进行自转,致使物料不仅上下翻动,而且还绕着筒体四周不断转动并在水平方向混合。由于外壳为锥形,因此上下部的运动速度不同,同一高度层的运动速度也不一样,使得物料之间存在相对运动,从而达到混合的目的。因此,该混合机工作时主要是扩散混合,而且混合作用强,混合时间短,最终的混合质量较好。此外,混合料的粒径、密度、散落性及物料在混合筒内的充满系数都不会对混合机的正常工作产生明显影响。

5.整体回转型"V"形混合机

整体回转型"V"形混合机是机壳转动式混合机,机壳转动式混合机有带搅拌叶片的圆筒形、"S"形、"V"形等。常作为维生素、微量矿物质元素等微量添加剂的第一级预混合设备。

整体回转型"V"形混合机是将两只圆筒以一定的角度作"V"形相接,两侧的重心位置上分别固定一段支撑转轴,并与动力及减速设备相连。当两种以上物料放入混合管并开始运转以后,物料就在"V"形筒内翻动混合。当混合均匀后,料筒倒置,开启封闭门卸出混合料。适用于高浓度微量的第一级混合,在机壳转动型中则以"V"形及带导向叶片的圆筒混合机混合速度快,更适用于生产微量饲料添加剂。该机的充满系数较小,混合速度快。理想的充满系数为 30%左右。

(五)影响混合质量的因素

在宠物犬、猫粮生产中,混合速度与最终的混合均匀度是评定混合工艺效果的两个主要指标。影响混合速度及最终混合均匀度的主要因素有以下几点。

1.混合机机型的影响

混合机机型的不同,混合机内主要的混合类型有可能不同,混合的结果也有差异。例如以卧式单轴双螺带混合机和卧式单轴(双轴)桨叶式混合机相比,前者混合 3.5 min 后达到 $CV < 10\%$,后者在 20.90 s 内可达到 $CV < 5\%$。很显然,后者更适合于各类饲料的生产,"V"形和立式锥形行星式混合机适宜预混合饲料的生产($CV < 5\%$混合时间较长,批量小)。混合机结构特点造成残留的多少也决定其适用的对象。

2.混合机主要工作部件的磨损

混合机的主要工作部件(转子、叶片或螺带)磨损后会影响工作间隙,降低混合效果。因此在选用混合机时,要选用耐磨材料,磨损后应及时更换。

3.混合机转速的影响

混合机转速低可能会使混合机内物料不能很好地横向移动,除非延长混合时间,否则混合不均匀。物料在混合机内的横向移动对完全混合是必要的。通常卧式双螺带混合机的转速在30～40 r/min,卧式双轴桨叶式混合机也在此范围,但卧式单轴桨叶式混合机的转速根据有效容积的大小而有差异。

4.充满系数对混合效果的影响

混合机内装入的物料容积 $V_物$ 与混合机容积 $V_机$ 的比值称为"充满系数"(或叫装满系数),充满系数 $= V_物/V_机$。充满系数的大小影响混合的精度及速度,各类混合机在生产中适宜的充满系数见表4-2。

表 4-2 混合机适宜的充满系数

混合机类型	适宜装满系数 $V_物/V_机$	混合机类型	适宜装满系数 $V_物/V_机$
卧式螺带混合机	30%～60%	行星绞龙混合机	50%～60%
卧式双轴桨叶式混合机	10%～85%	水平圆筒混合机	30%～50%
立式绞龙混合机	80%～85%	"V"形混合机	30%～50%

卧式螺带式混合机在实际操作过程中,通常使加入的物料盖住中轴,或混合时断断续续地可见到物料在螺带上表面。在上述情况下都能达到良好的混合效果。当物料料面高度平于混合机转子的顶部时也可以获得良好的混合效果,且这种装满状态下,混合机的产量最高,能耗最低,因此,习惯上饲料生产中都在这种状态下工作。如料面超过转子时,则混合效果将降低。如物料上表面与转子上顶端平齐装满系数为100%,则当物料的装满系数低于45%时,混合效果也将降低。而且混合机的电力消耗也不再随装满程度下降而显著降低。物料的装满系数应在45%～100%范围内,以装满系数100%为最好。卧式单、双轴桨叶式混合机的装满系数10%～140%,并不影响混合效果。

5.进料程序的影响

对卧式螺带混合机、卧式桨叶式混合机及行星绞龙式混合机,应先将配比率高的组分投入混合机,再将配比率低的物料投入,以防止微量组分成团地落入混合机的死角或底部等某些难以混匀之处。对于易飞扬的少量及微量组分,则应放置在80%的大量组分上面,然后再将余下的20%大量组分覆盖在微量组分上,这样既可保证这些微量组分易于混匀,又可避免飞扬损失。如在间隙混合机中混合液态组分,则先投入所有粉料并混合一段时间,然后加入液态组分并将其与粉料混合均匀。

6.物料物理特性和稀释比的影响

对混合效果有影响的物料特性主要有相对密度、粒度、粒度均一度、粒子表面粗糙程度、物料水分、散落性以及结团性等。

混合物料的平均粒径小、粒径均匀,混合的速度慢,而混合所能达到的均匀程度高。当两种粒径不同的物料混合时,如两者粒径的差别越大,混合所能达到的精度越差。所以应力求选用粒度相近的物料进行混合。当混合物之间的体积质量差异较大时,所需的混合时间较长,而且混合以后产生分离现象也较严重,最终混合精度较低。在条件许可时,尽量采用体积质量相似的原料。特别是预混料载体和稀释剂的选择,更应该注重这一点。

稀释比对混合速度有影响,稀释比大,混合速度慢。要使极微量的组分均匀地分布到其他组分中去,必须依赖剪切混合和扩散混合作用力,只有较长时间的混合,才能使这两种混合方式起作用。而稀释比对最终混合均匀度的影响,实质上是极微量组分的粒子个数对最终混合均匀度的影响。任一组分,如粒子数低于某一值,则不管怎样混合,都得不到混合均匀程度高的产品。因此,对于那些占总量比例很小的微量组分,提高其分布均匀性的关键是增加它的粒子数,而不是降低它的稀释比。

混合过程中,除了上述因素的影响外,还应防止维生素等细粉料因静电效应而黏附在机壁或因粉尘飞扬而散失并集聚到集尘器中。

综上所述,使用混合机应注意如下几点。

(1)尽量使各种常量及少量组分的相对密度相近,粒度相当。

(2)依据物料特性确定合适的混合时间,以免混合不足或减低混合产量。

(3)掌握适当的装满系数及安排正确的装入程序。

(4)注意混合机的转动螺带与机筒的间隙,合理选用螺带或绞龙的转动速度,使之处于最佳的工作状态。

(5)混合后的物料不宜进行快速流动或剧烈震荡,不宜采用稀相气力输送,以避免严重的自动分级。

(6)定期(每年一次)检查混合机的混合效果。螺带、桨叶等类型的混合机需及时调整转子与机壳的间隙,去除黏结于转子和机壳上的物料。

七、挤压膨化

宠物粮的膨化工段将不同配比的原料经过调质后进入膨化腔,经过螺杆进行混合、射机、挤压、成型等动作,是物料物理状态发生改变的深加工设备,赋予物料改变性状的机械能、热能,基本原理是让原料在加热、加压的情况下突然减压而使之膨胀。膨化也是宠物食品成型的一次过程,成型过程中以蒸汽的形式将水分加入,使宠物食品原料淀粉糊化,升温至 $100\sim180℃$。膨化干粮有营养均衡、使用方便、保质期长等优点。水分含量一般在 $6\%\sim12\%$,膨化干粮的消化率一般可以达到 70% 上,总能可以达到 $6.27\sim6.69$ kJ/kg。

膨化粮的优点:一是提高适口性,酥脆,膨化过程中释放香味物质,宠物在咬断和吞咽过程中,有比较好的口感和清洁口腔牙齿的作用;二是改变和提高宠物粮的营养价值,营养物质经过熟化和膨化,消化吸收率提高;三是改变密度,挤压制

粒、膨化还可以调整宠物食品的容重密度,便于采购和运输;四是高温高压过程可以杀灭各种有害菌,保证安全性、卫生性。

(一)工作原理

配制混合好的并经过粉碎的物料首先进入破拱喂料仓等待加工。工作时,喂料器把破拱喂料仓中的物料均匀而连续地喂入双轴差速调质器进行调质,在物料进入调质器的同时,向调质器中加入均匀、连续并计量的蒸汽、水和其他液体添加物。宠物配方中有时添加鲜肉,需要将肉浆均质,通过搅拌罐、管式换热器、秤、泵送系统,加入挤压机的进口。物料在调质器中经过一定的调质时间后进入挤压总成的喂料区段开始挤压作业,物料由喂料区段输入,喂料区段主要作用是把物料输送至揉和区以及对物料的初步压缩;在揉和区段,物料经过强烈搅拌、混合、剪切等作用,物料逐渐熟化或溶化;进入最终熟化区段压力和温度进一步升高,物料进一步得到熟化,淀粉进一步糊化、脂肪和蛋白质变性,组织均化并形成非晶体化质地,最终物料通过出料总成挤出、切割成型。

挤压总成的 3 个分区根据生产的需要可进行相应的调整。螺杆的输送作用推动着物料流过整个挤压腔,螺杆旋转运动所产生的机械能由于物料与挤压机各部件之间的摩擦以及物料内部摩擦而转化为热能。挤压螺杆的转速是可调节的,因此在工作过程中根据加工要求可调节挤压作用强度,从而可控制产品密度和熟化程度。物料在被挤压通过机腔末端的模孔时,面团状的物料被加工成一定的形状。由于机腔内螺杆的巨大推进和搅拌作用,导致物料内形成一定的压力和温度,从而使这些物料从模孔中挤出来后或瞬间内汽化掉物料中大量的水分产生大量膨胀,或少量闪失水分产生微弱膨胀。这可根据产品要求,通过严格控制各项操作参数来实现。在生产低密度产品时,依赖于物料的构成特性,以及在挤压操作过程中所使用的各种条件,物料会发生大量的膨胀并保持相应的形状和尺寸。在生产高密度产品时,依赖于挤压腔上设置的泄压口,以及在挤压操作过程中所使用的各种条件(包括增加水分、降低挤压强度和温度等),使产品不至于发生大量的膨胀。

(二)挤压膨化设备

宠物食品所使用膨化机系统的机械设备部分主要由喂料仓、喂料器、调质器、膨化机主机、管路架等5大部分组成。系统之外还可选电气控制部分和肉浆添加系统与之配套。

1.喂料仓

喂料仓主要由仓体、搅料器、密封圈、减速器、电机等组成。挤压机在工作时,保证物料连续稳定地喂入是非常重要的,如果喂料量不稳定,会造成挤压工作不稳定,挤压产品品质不均一;如果断料,很可能造成堵机,使生产停顿。

2.喂料器

喂料器的主要作用是定量地向调质器中送料,匹配电机为变频调速电机,其转速可根据生产具体情况进行调整。喂料器主要由轴承密封、筒体、绞龙、清理门、链传动、变频调速电机等组成。考虑到清理需要,在喂料器筒体上部设有清理门。

喂料器采用变频调速控制喂料量。不同的频率对应了不同的喂料量,变频器控制频率的变化是线性的,但是物料的流量并非线性的,会在喂料器转速对应的流量上波动,引起流量差异的因素主要有以下3点。

(1)不同配方的容重差异。

(2)物料不同粉碎细度的容重差异。

(3)喂料仓中物料的多或少造成喂料器中物料的容重差异。

3.调质器

(1)调质器的结构　双轴差速桨叶式调质器,从外观结构上看其主要由传动箱、水添加管路、调质器壳体、排汽筒、温度传感器、门、蒸汽添加管路和支撑架等部分组成。

调质器与物料接触的金属材质多使用不锈钢,调质器内部主要由轴承、调质器壳体、长桨叶、慢轴、短桨叶、快轴和传动支撑装置组成。目前市场上普遍采用快轴与慢轴转速比为2:1,对于高油脂的配方可能会用到更高的转速比。两根搅拌轴快轴桨叶短,高速旋转使物料与蒸汽、水或其他液体能充分混合,慢轴桨叶长,与快轴作背交叉运动对物料进行搅拌,提高调质器的充满度,使物料在一定温度和一定含水率的条件下保持足够的时间,以达到预熟化的目的。

(2)调质处理的优点

①生产能力得到提高　因为使用蒸汽对物料进行部分蒸煮,使得将产品加温至最高温度所需的机械能要少得多,因而对一个给定功率的设备而言,生产能力要比具有相同功率的干式挤压机要高得多。

②成型的能力更高　蒸汽和水的使用使得物料的水分含量得到提高,这就大幅度改进了产品的成型性能以及产品最终的品质。

③挤压件的磨耗减少　由于蒸煮过的物料已具有相应的温度和熟化度,因此其在机腔内无须很高的压力及摩擦力,同时水分起到润滑作用,这些都大大降低了摩蚀,从而使机腔及螺杆寿命得到提高。

④有效的混合能力　调质器相当于一个连续混合机,调质的同时可以将加入的肉浆与物料进行有效混合。

⑤产品的范围更加广泛　由于"蒸汽煮作业"所提供的经改良的各种物理性能,使挤压机能够生产更加广泛的产品。

4.挤压膨化机

膨化机主机是整个膨化机系统工作的核心,其主要由变频电机、减速箱、电气控制箱、旁通、挤压总成、出料总成、切割总成、主机管路等组成。

调质器调质完的物料经过旁通进入挤压总成进行挤压熟化,从出料总成挤出,由切割总成切割成型。变频电机提供主机动力,主机转速由变频电机通过减速箱减速后得来。在生产过程中,主机管路为膨化机提供水和蒸汽,膨化机系统的启动与停止,以及物料的流量、水和蒸汽的添加量等所有涉及膨化机系统的操作都由电气控制箱来控制。

(1)挤压总成　膨化机中的最核心部件是挤压总成。挤压总成中的挤压腔采用分段式组合结构,内孔的横断面呈"8"字形,每段腔体有独立的夹套外腔,可利用夹套外腔对该段腔体进行加热或冷却。同时在每段腔体上配有注入孔和注入装置,利用这些装置可直接向膨化腔体内添加水、蒸汽及其他液体。

挤压总成中挤压螺杆的设计和加工水平能够

体现整台挤压机的水准。挤压螺杆的结构形式是分节带空心螺旋组装式,采用花键定位,由于该结构螺杆具有通用性和互换性的特点,可根据加工物料品种和配方的要求进行螺杆组合来提供不同的剪切力。

(2)切割总成　切割装置是通过两个吊装连接组件吊装在架体上,通过转动吊装连接组件可以实现切割装置高度的调整。通过吊装调节组件上的滚轮可实现切割装置沿架体上的轨道前后移动。生产时,切割装置通过4个定位销定位在膨化机上,并用对应的4个扣紧拉手锁紧。调节刀片前后位置时,转动调节手轮,与调节手轮固定的调节螺杆带动滑套体前后滑动,从而实现切刀的前后调节。切割装置系由切刀和变速传动装置组成。调节切刀转速,可以控制被切割物料的长度。变速传动采用变频调速电机,通过刀杆带动切刀旋转。

(3)出料总成　挤压机机腔体中经过挤压熟化的物料必须通过一个出料装置来成型,该出料装置首要作用是限制物料的流动,建立位于膨化腔末端使物料膨化所必需的压力。出料装置的结构及模具选择的优劣直接影响到物料的品质。

出料总成配件文丘里,它一方面能增加膨化腔末端的约束力,即增加膨化腔中物料的压力,另一方面又能对从膨化腔出的不均匀分布在整个端面的料流进行整流,使之均匀分布在与文丘里相连的模板上,从而保证物料从模板孔挤出的均匀性。

(4)旁通　旁通位于双轴差速调质器出料口与膨化腔进料口之间。通过旁通可以选择从调质器出口流出物料的流向。

①流入挤压膨化腔进行挤压膨化。②经过旁通的溜槽流出作废料处理。

旁通的控制方式采用气动控制方式。旁通翻板使用汽缸驱动,与汽缸配套的电磁阀由触摸屏电控系统控制。

配制旁通的作用:一是开机初始把调质器中未调质好的或未调质稳定的物料由溜槽排出,以免这些性质不均一的物料进入挤压总成造成系统工作的不稳定。二是在设备生产过程中出现异常,造成负载不稳定以及主电机超正常工作电流

时,可通过打旁通的操作方式及时处理,以免造成设备过电流、堵机等情况。

(5)管路架　管路架为整个膨化机系统提供水和蒸汽,它分为3个部分:水路、汽路和架体,水路在管路架的下方,汽路在其上方。一般管路架都包含分汽缸、安全阀、水汽的比例控制阀和流量计。

带自动控制系统的管路架可以设定流量来自动控制比例调节阀的开度。计算机直接控制"流量控制"单元,再通过"流量控制"单元给计算机反馈信息,从而形成闭环控制。

一般配套自动管路架的膨化机采用触摸屏控制,需要安装一个带触摸屏的电气控制箱。触摸屏控制箱主要包括触摸屏、膨化腔温度显示仪表、调质器温度显示仪表、门领扣、电源开关、切刀调速旋钮、紧急按钮、物料称重显示和报警器。

八、干燥

在宠物犬、猫粮生产工艺中,干燥机作为最重要的辅助设备,干燥效果的好坏直接影响着产品的最终品质。

(一)干燥的作用

干燥可以增进日粮稳定性,延长存放期;防止微生物的生长和产生毒素;促成日粮物理性能改变(如硬度、味觉、密度等);降低物料的黏性,便于后道工序的加工。

(二)干燥设备

常用的干燥机主要分为卧式履带干燥机和连续立式干燥机两种,其中卧式干燥机在宠物粮生产中较为常见。

1.卧式履带干燥机

卧式履带干燥机是一种卧式总体布局的通用干燥设备,因其具有结构简洁,控制可靠,操作方便直观,对颗粒表面无损伤,保持物料颗粒外观,干燥质量柔性调节,热交换效率高及水分相对均匀等特点,符合了当前高效、节能和环保的趋势,在宠物粮干燥工艺中得到了广泛的应用。

(1)主要结构　干燥机主机主要由摊布器、进料段、干燥段、回料段、输送带、支脚等主要部件组

成;如 SDZB3000 型分区带式干燥机,是一种卧式干燥机,以加热的空气为干燥介质,采用穿流(热空气流动方向与物料前进方向呈"十"字交叉状)干燥方法,使物料与热空气在干燥机内实现湿热交换,借以去除物料中的多余水分,使之达到成品所需的水分要求。基于烘干特性曲线及物料特性,烘干机分为 3 个温区,3 个温区完全独立控制温度。

(2)工作原理　上游膨化机生产的合格物料通过探步器撒落在输送带上,物料随输送带进入干燥段;循环风机鼓出的热空气,进入干燥段,并穿过输送带上的物料,实现物料与空气间的湿热交换;经过干燥的物料在回料段折返;经过两层输送带干燥的物料在干燥机进料段排出。

2.连续立式干燥机

连续立式干燥机相比卧式干燥机具有更加节能的优点,因为立式干燥机为内部循环,热气流经过的区域封闭,无开放漏能,最干燥的产品与最干燥的气流接触,充分热交换。卧式干燥机蒸发 1 kg 水分耗能低于 2 700 kJ(170 kg 蒸汽)。

(1)主要结构　立式干燥机主机主要由布料器、上箱体、翻板框架机构、下料斗、液压站、支脚等主要部件组成。

(2)工作原理　颗粒产品进入箱体,通过旋转阀,进入上料仓时经过分料布料器,确保颗粒料层一致,均匀分布在翻板上,热气流从翻板机构下方向上对颗粒进行干燥,被干燥气流带走的水蒸气从抽风口抽出。

九、喷涂

喷涂也叫后喷涂,是指在膨化、烘干后对附带一定温度的颗粒料进行油脂及风味剂的添加,经过冷却,最终成品打包。喷涂设备经过一段时间的发展更新,由最初的常压喷涂发展到现在的真空喷涂,常压喷涂根据不同工艺要求又分为批次式及连续式喷涂。真空喷涂主要是分批次喷涂,由最初的立式真空喷涂发展到现在的卧式真空喷涂,后者具有更大的检修门,能够全方位进行清理,更加符合食品卫生要求。

宠物粮用设备相比饲料设备要求更高,特别是卫生要求,膨化后的工段,与物料接触部分为不锈钢材质,设备结构设计都要考虑无残留、易清

理、不能感染沙门氏菌,达到食品卫生要求。喷涂油脂及风味剂让颗粒料更营养,外观更光滑美观,使产品在市场上更有竞争力。

(一)工序

(1)真空喷涂工序　宠物食品颗粒由冷却器出来,可以通过闸门控制料仓进料,也可以通过输送设备进料,冷却器出来的颗粒料温度应控制在 40～50℃。液体添加由相应搅拌罐、液体秤、泵送系统打入喷涂机内部,罐体有加热功能,添加油脂的温度应控制在 25～40℃,保证良好的流动性,经过喷嘴进行雾化。

(2)抽真空工序　在颗粒进入喷涂机后,喷涂机的上下蝶阀全部关闭,保持系统的密闭状态,进行抽真空到一定的负压后,开始油脂添加,添加完成后进行真空释放,再进行肉浆的添加,此后步骤和常压喷涂一致。风味剂的添加是由人工从投料口手动投料,再由失重秤进行精准分批次加入喷涂机内部,将喷涂完液体的颗粒表面进行包裹。喷涂机下方有一个缓冲料斗,缓冲斗的容积应大于喷涂有效容积的 1.5 倍,缓冲仓要开有检修门,下部安装蝶阀保证系统的密闭性。内部出料腔及下料缓冲斗结构简洁,无多余卫生死角,符合食品级卫生要求设计。

(二)喷涂设备

1.PTWL 系列连续式喷涂机

PTWL 系列连续喷涂机广泛运用于饲料行业中,不仅可以往膨化颗粒饲料中添加喷涂油脂、酶制剂、维生素、抗氧化剂、氨基酸等液体;也可以用于喷涂那些密实性高,虽然喷涂比例不高但普通表面喷涂效果不好的颗粒料。

通过喷涂机的颗粒料大小由变频器控制,经冲量秤称量计算,再由撒料盘控制,形成均匀的料帘。料帘通过雾化区,被喷涂到液滴,被喷涂后的颗粒再经螺带双转子混合后,排出喷涂机。喷涂的液体量根据经过的颗粒量,由变频泵控制,保证计量的准确性。喷涂液体进高速雾化盘雾化,形成细小的雾化颗粒,喷涂到颗粒表面。

喷涂机由关风器控制喂料速度,经冲量秤实时称量后,进入喷涂仓段。同时,程序根据实时称量的物料量和流量检测的油量,自动设定、调整供油速率。

2.CYPJ系列批次式喷涂机

常压批次式喷涂为宠物食品行业运用最为广泛的喷涂设备，其特殊的双轴桨叶式结构，使颗粒料在机槽内与雾状液体进行充分混合，混合均匀度变异系数 $CV \leqslant 7\%$。直联双电机传动，运转柔和，最大程度减少颗粒破碎，破碎率低至 0.1%。圆弧机壳，保证内部结构无卫生死角，清理时更方便。超大的双清理门设计，保证能够全方位清理。

该喷涂机由两个旋转方向相反的转子组成，转子上焊有多个特殊角度的桨叶，桨叶带物料一方面沿着机槽内壁逆时针旋转；一方面带动物料左右翻动；在两转子的交叉重叠处，形成了一个失重区，在此区域内，不论物料的形状、大小和密度如何，都能使物料上浮，处于瞬间失重状态，以此使物料在机槽内形成全方位连续循环翻动流动，保证物料被液体均匀喷涂。

3.PTCL系列立式真空喷涂机

PTCL系列立式真空喷涂机广泛运用于饲料行业中，往颗粒饲料中添加喷涂油脂、酶制剂、维生素、抗氧化剂、氨基酸等液体。

该喷涂机的优点有密闭性好，在密闭空间完成油脂喷涂，无油雾损耗；液体添加量范围广，液体添加量范围为 1%～35%（与喷涂前物料质量的比值）；喷涂均匀性好，破碎率低。采用立式双螺旋提升结构，配合螺旋护筒，使物料能够在喷涂机内快速循环流动，并配合多组合理配置的大角度压力雾化喷嘴，确保喷涂均匀度变异系数 $CV \leqslant 7\%$；立式双螺旋提升结构，输送物料柔和，确保物料的破碎率极低；采用专利的锥形出料门结构，能够确保高效的密封，运动部件与密封部件相对移动距离小，降低磨损，延长密封件的使用寿命；立式的筒体结构，结合锥形的出料门，使得排料干净，残留率极低；出料门维修方便，且易于清理。

机体内有一立式螺旋提升的转子，配合螺旋护筒，将物料提升到上部后沿圆周方向均匀抛洒。机体上盖的圆周方向均匀分布有 8 套喷嘴，每套喷嘴位置安装有多个喷嘴，通过喷嘴的组合将大量的油脂（或液体）喷涂到被抛洒的颗粒表面。

（三）喷涂配套辅助设备

1.液体秤及添加系统

后喷涂工序需要用到油脂及肉浆的存储、称量、泵送及液体管路设备，由于油脂和肉浆物理状态的不同，所选择的设备也有所区别。

存储油脂用罐一般材质为 304 不锈钢，配有搅拌电机、液位计、电加热及保温层，保证油脂在一定温度下良好的流动性，便于泵送。存储肉浆（风味剂）用罐一般材质为 316 不锈钢，抗腐蚀性能更好，泵送系统也与油脂有所区别。

液体秤一般由称量筒和缓冲筒组成，下筒体配有搅拌电机、液位计、电加热及保温层，保证油脂在一定温度下良好的流动性，便于泵送。系统配有匹配流量的泵送系统，与物料接触都为食品级材质，保证卫生要求。配有回止阀、安全阀、喷出角座阀、压力变送器、手动球阀，保证系统完整性。输送肉浆泵为转子泵，保证泵出的稳定性。根据不同液体添加比例，设计不同管路结构，匹配相应规格的喷嘴。

2.配料添加系统

人工手动投料口，用于风味剂粉料的添加，设备配有除尘风机、过滤筒、脉冲控制仪、泄爆口、振动电机及筛网。

宠物食品失重秤，考虑宠物食品的卫生要求，采用合适的工艺，保证食品卫生级要求、使用的可靠性；出于对设备安全性的要求，考虑在输送设备上增加反排料口，便于后道设备堵料后，上料斗的排料。三点式称重结构设计，梅特勒-托利多也是世界领先的称重模块供应商，对于三点式模块设计需要考虑将设备的中心放置在三点传感器的形状中心，尽量保证三个传感器同时受压力，对信号的传输、反馈有很好的作用。根据系统设定的减重重量，在快达到设定值时提前将输送速度降低，保证绞龙下料量精准，传感器将设备及物料的总重量实时反馈给电控系统，PLC再实时控制绞龙电机的频率，首先保证批次下料量为设定值，其次要求喂料时间尽量在规定时间内完成，不影响混合时间，保证生产线产能。

失重秤上方的补料仓最小要求大于 5 倍失重秤料仓，当称重传感器反馈重量低于设定值时，PLC控制上方补料仓阀门打开及时补料，可以通

过增加振动器等破拱设备,以保证补料在短时间内完成(30 s内),整个过程在电控 PLC 程序的控制下实现全自动连续运行。

3.CIP 清洗系统

CIP 清洗既不分解生产设备,又可用简单操作方法安全自动地清洗系统,几乎被引进到所有的食品、饮料及制药等工厂。CIP 清洗不仅能清洗机器,而且还能控制微生物。

宠物食品生产线涉及油脂、肉浆的添加,存储及输送用的罐体、泵、管路需要及时清理,由于喷涂机的结构,内部有桨叶、出料门轴等,给人工清理带来一定不便,采用 CIP 自动清洗就能解决这一问题,也能保证卫生要求。

CIP 清洗装置有以下的优点:①能使生产计划合理化及提高生产效率;②与手洗相比较,不但没有因作业者之差异而影响清洗效果,还能提高其产品质量;③能防止清洗作业中的危险,节省劳动力;④可省清洗剂、蒸汽、水及生产成本;⑤能增加机器部件的使用年限。

一般厂家可根据清洗对象污染性质和程度、构成材质、水质、所选清洗方法、成本和安全性等方面来选用洗涤剂。常用的洗涤剂有酸、碱洗涤剂和灭菌洗涤剂。酸、碱洗涤剂的优点有:能将微生物全部杀死;去除有机物效果较好。缺点有:对皮肤有较强的刺激性;水洗性差。灭菌剂的优点有:杀菌效果迅速,对所有微生物有效;稀释后一般无毒;不受水硬度影响;在设备表面形成薄膜;浓度易测定;易计量;可去除恶臭。缺点有:有特殊味道;需要一定的储存条件;不同浓度杀菌效果区别大;气温低时易冻结;用法不当会产生副作用;混入污物杀菌效果明显下降;洒落时易污染环境并留有痕迹。酸碱洗涤剂中的酸是指 1%～2%硝酸溶液,碱指 1%～3%氢氧化钠,在 65～80℃使用。灭菌剂为经常使用的氯系杀菌剂,如次亚氯酸钠等。

热能在一定流量下,温度越高,黏度系数越小,雷诺数(Re)越大。温度的上升通常可以改变污物的物理状态,加速化学反应速度,同时增大污物的溶解度,便于清洗时杂质溶液脱落,从而提高清洗效果、缩短清洗时间。水为极性化合物,对油脂性污物几乎无溶解作用,对碳水化合物、蛋白质、低级脂肪酸有一定的溶解作用,对电解质及有

机或无机盐的溶解作用较强。机械作用由运动而产生的作用,如搅拌、喷射清洗液产生的压力和摩擦力等。喷涂机利用 CIP 自动清洗技术可节省人工成本,提高清洗标准,是未来全自动化控制发展趋势。

(四)喷涂的运用

喷涂工艺简单讲就是给膨化烘干后的宠物颗粒料进行后加工,主要分两个步骤:第一步,液体添加,液体包含油脂、肉浆、色素等;第二步,表面裹粉工艺,在颗粒表面均匀覆盖一层粉状风味剂。这些步骤都在喷涂机内部完成,喷涂机再将所需添加的液体和粉体与颗粒料混合搅拌均匀。犬、猫粮高油脂配方(13%～40%)需要通过真空喷涂来实现。

喷涂工艺注意事项有如下两项。

1.喷涂顺序

按照油脂-浆剂-粉剂的顺序喷涂,喷涂顺序会影响到粮食的适口性,如果先喷涂浆剂,后喷涂油脂,或者浆和油脂先混合后喷涂,就会堵塞颗粒孔径,造成油脂无法浸入食物的现象。

2.喷涂时间

喷涂时间要在考虑配方成本,同时也要顾及诱食效果的情况下,尽可能延长喷涂时间,一般每道工序喷涂时间为 30～90 s,在进行下一段喷涂前,要有一定的间隔时间(30～60 s),喷涂的同时确保搅拌均匀,使油脂和风味剂充分与物料接触,完全浸润和包裹,目的是达到最佳适口性的效果。

十、包装

现代宠物食品包装必须由宠物食品包装机械来完成。包装机械是指完成全部或部分包装过程的机器。

(一)宠物食品包装机械的种类

宠物食品包装工艺过程操作及要求各不相同,大致分类如下。

(1)按功能不同　主要分为:充填机、灌装机、裹包机、封口机、贴标机、打印机、集装机、清洗机、多功能包装机等。

(2)按自动化程度不同　分为:半自动包装机和全自动包装机。

（3）按包装适应范围不同 分为：专用型、多用型和通用型包装机。

现代高新技术如计算机、激光、光电等技术广泛应用到宠物食品包装机械设备中，使宠物食品包装朝高速化、联动化、无菌化、智能化方向发展。

（二）宠物食品产品包装机械的基本构成

宠物食品包装机械一般都由被包装食品供送系统、包装材料或容器供送系统、主传送系统、包装操作执行系统、成品输出系统、包装机动力及传动系统、操纵控制系统和机身支架等几部分组成。

（三）宠物食品包装机械选配的一般原则

（1）满足宠物食品包装工艺要求，对宠物食品包装所用的材料及容器有良好的适应性，保证包装质量和包装生产效率的要求。

（2）技术先进，工作稳定可靠，能耗少，使用维修方便，通用性好，能适应多种宠物食品的包装需要。

（3）符合宠物食品卫生要求，易清洗，不污染宠物食品；对宠物食品包装所要求的条件，如温度、压力、时间、计量、速度等有合理的、可靠的控制装置，尽可能采用自动控制方式。

（4）长期生产单一产品，选用专用型机械；生产多品种、同类型、多规格产品时，选用多功能机械，一机可完成多项包装操作，能够提高工效，节省劳力及减少占地面积。

（5）改善工人劳动条件和减轻劳动强度。

（四）宠物食品充填技术

充填是宠物食品包装的一个重要工序，它是指将宠物食品按一定规格、质量要求充入到包装容器中的操作，主要包括宠物食品计量和充入。由于宠物食品的种类繁多，形态及流动性各不相同，包装容器也多种多样，用材各异，因此就形成了充填技术的复杂性和应用的广泛性。根据宠物食品的计量方式精度要求不同，可将宠物食品充填技术分为称重式充填、容积式充填、计数式充填。

1. 称重式充填

称重式充填适用于易吸潮、易结块、粒度不均匀、容重不稳定的物料计量。常用的称量装置有杠杆秤、弹簧秤、液压秤、电子秤。根据称量方式的不同可分为间歇式和连续式两类。

（1）间歇式称量装置 有净重充填法和毛重充填法两种。

a. 净重充填法：即先将物料通过称量后再充入包装容器中，由于称量结果不受容器皮重变化的影响，因此称重精度很高，所以净重称量广泛地应用于要求高精度计量的自由流动固体物料，如奶粉等固体饮料，也可用于不适于容积充填法包装的宠物食品，如膨化宠物食品等。

b. 毛重充填法：与净重充填法的区别在于没有计量斗，将包装容器放在秤上进行充填，达到规定质量时停止进料，故称得的质量为毛重。其计量精度受容器质量变化影响很大，计量精度不高，因此，除可应用于能自由流动的宠物食品物料外，还适用于有一定黏性物料的计量充填。

（2）连续式称量装置 采用电子皮带秤称重，可以从根本上克服杠杆秤发出的信号与供料停机时已送出物料的计量误差问题，同时还能大大提高计量速度，适应高速包装机的要求。

2. 容积式充填

容积式充填是通过控制宠物食品物料的容积来进行计量充填的，它要求被充填物料的体积质量稳定，否则会产生较大的计量误差，精度一般为 $\pm(1.0\% \sim 2.0\%)$，比称重充填要低。因此，在进行充填时多采用振动、搅拌、抽真空等方法使被充填物料压实而保持稳定的体积质量。

容积充填的方法很多，但从计量原理上可分为两类，即控制充填物料的流量和时间及利用一定的规格的计量筒来计量充填。

（1）计时振动充填法 贮料斗下部连接着一个振荡托盘进料器，进料器按规定时间振动，将物料直接充填到容器中，计量由振动时间控制。此法装置简单，但计量精度最低。

（2）螺旋充填法 当送料螺旋轴旋转时，贮料斗内搅拌器将物料拌匀，螺旋面将物料挤实到要求的密度，每转一圈就能输出一定的物料，由离合器控制选择圈数即可达到计量的目的。如果充填小袋，可在螺旋进料器下部安装一转盘用以截断密实的物料，然后将空气与之混合，形成可自由流动的物料，充填后再振动小袋及取实松散的物料。

螺旋充填法可获得较高的充填计量精度。

(3)重力-计量筒充填法　贮料斗下部装有两个或多个计量筒,均匀分布在回转的水平圆板上;计量筒上设有伸缩腔,使之上下伸缩而调整容积。计量筒转动到供料桶下面时,物料靠自重落入计量筒内,当计量筒转位到排料口时,物料通过排料管进入包装容器内。为了使物料迅速流入容器,有时要对容器加以振动。

(4)真空-计量充填法　贮料斗下面装有一个带可调容积的计量筒转轮,计量筒沿转轮径向均匀分布,并通过管子与转轮中心连接;转轮中心有一个圆环真空-空气总管,用来抽真空和进空气。物料从贮料斗落于计量筒中,经过抽真空后密实均匀,运输带不断将容器送入转轮下方,当转轮转到容器上方时,空气把物料吹入容器内。真空-计量充填法常用来充填安瓿瓶、大小瓶、大小袋、罐头等,充填容量范围从 5 mg 至几千克,一般的计量精度为 ±1%。

容积充填法工作速度高,装置结构简单,广泛用于计量流体、半流体、粉状和粒状宠物食品,但不适用于容重不稳定的物料。

3.计数式充填

计数式充填是将宠物食品通过计数定量后充入包装容器的一种充填方法,常用于颗粒状宠物食品和条、块、片状宠物食品的计量充填,要求单个宠物食品直接规格一致。计数充填法的设备和操作工艺简单,可手动、半自动和自动化操作,适用于多种包装方法,如热收缩包装、泡罩包装等。从计数的量来分,有单个包装和集合包装两种包装方法。

(1)长度计数装置　使物品具有一定规则的排列,按一定长度、高度、体积取出,获得一定数量。这种装置比较简单,由推板、输送带、挡板、触点开关 4 部分构成,常用于块状宠物食品。由于这类宠物食品形状规则,具有确定的几何尺寸和确定数值,通过适当调节推板的推程,便可进行计算。

(2)光电式计数　采用光电式计数器来完成,物品在传送带上逐个通过光电管时,从光源射出的光线因物品的通过而呈现穿过和被挡住两种状态,由光电管把信号转变为电信号送入计数器进行计数,并在窗口显示出数码。

(3)转盘式计数装置　特别适合于形状、尺寸规则的球形和圆片状食品的计数。固体物料充填方法的选择,要根据各种因素进行综合考虑,首先要考虑的是被充填物料的物理特性和充填精度。充填计量精度除受装置本身精度影响外,还受到物料理化性质的影响,如物料容重不稳定、易吸潮、易飞扬及不易流动等。为提高充填速度和精度,可采用容积充填和称量充填混合使用的方法,在粗进料时用容积式充填以提高速度,细进料时用称量充填以提高精度。一般来讲,价值高的宠物食品其计量精度要求也高。

(五)袋装技术及设备

松散态粉粒状宠物食品及形状复杂多变的小块状宠物食品,袋装是其主要的销售包装形式。在当今宠物食品加工工业中,袋装技术应用最为广泛。

1.袋装的形式和特点

(1)袋装的形式　袋装的形式较多,用于宠物食品销售包装的主要有以下几种:三边封口袋、四边封口袋、纵缝搭接袋、纵缝对接袋、侧边对折袋、筒袋、平底楔形袋、椭圆楔形袋、底撑楔形袋、塔形袋、尖顶柱形袋、立方柱形袋。

用于袋装宠物食品的包装材料有:纸袋、塑料薄膜袋、纸塑复合袋、铝箔、塑料复合袋等。目前还使用蒸镀铝的塑料薄膜袋。

(2)袋装的特点　袋装作为一种古老的包装方法至今仍被广泛使用,这是由袋装本身所具有的优点决定的。袋装具有 3 大功能。

①价格便宜、形式丰富,适合各种不同的规格尺寸。

②包装材料来源广泛,可用纸、铝箔、塑料薄膜及其他的复合材料,品种齐全,具备适应各种不同包装要求的性能特点。

③袋装本身重量轻、省材料、便于流通和消费,并且通过灵活多变的艺术设计和装潢印刷,采用不同的材料组合、不同的图案色彩,形成从低档到高档的不同层次的包装产品,满足日益多变的市场需求。图 4-9 为袋装的犬零食(成犬用袋鼠大尾骨)。

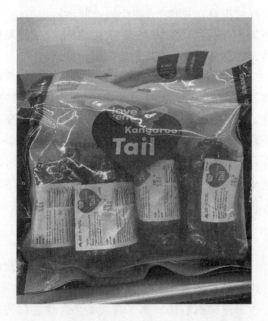

图 4-9　袋装的犬零食(成犬用袋鼠大尾骨)

2.袋装机械

(1)立式成型制袋—充填—封口包装机　这类包装机有很多形式,按包装结构分,主要有枕形袋、扁平袋、角形自立袋等类型。

①枕形袋　这类袋装机也有许多形式,多种规格,主要应用于松散态物品包装,也可用于松散态规则颗粒物品、小块状物品包装。

②扁平袋　这类袋装机也有多种形式,此类机型主要由包装膜卷筒装置、导辊预松装置、制袋成型装置、计量充填装置纵封、横封切断装置以及传动、电气控制和其他辅助装置等组成。

③角形自立袋　先将包装材料成型为圆形管筒,再制成角形自立袋,然后进行充填包装。

(2)卧式制袋—充填—封口包装机　与立式制袋—充填—封口包装机基本相同,制袋与充填都沿着水平方向进行,可包装各种形态的块状、颗粒状等各种形状的固态物料。包装尺寸可以在很大的范围内调节。这类包装机也有多种形式,按结构分为三面封结构和四面封结构的包装机。

3.袋装机械的选用

袋装机械及其配套设备种类很多,功能、生产能力、所用包装材料及价格、包装袋的形状和尺寸等均各不相同,差异很大,选用时必须根据生产规模和市场行情综合考虑,引进国外设备必须考虑原材料的国内供应情况。具体选用设备时可考虑以下几点。

(1)充填的计量装置要选择适当。当包装某些颗粒状和粉状物料时,其密度必须控制在规定的范围内才能选用容积式计量,否则应考虑称量式计量。对空气温度、湿度敏感的包装物料,在选用设备时尤应注意。

(2)封口时的加热温度和时间应能调节到与所用包装材料的热封性能相适应,以保证热封质量。

(3)充填粉末物料时,袋口部分因易沾污粉尘而影响封口质量,多数情况是由于塑料包装材料带静电而吸附粉尘,因此,这类袋装机必须设有防止袋口粉尘沾污的装置,如静电消失器等。

(4)当装袋速度快、被装物品价格较贵时,应采用称重计量充填,并配有检重秤,随时剔除超重或欠重包装件,并能自动调整充填量。

(5)单机形成自动化生产线时应选用高可靠性的机型,以免单机故障而影响整条生产线的正常生产。

(六)装盒技术及设备

包装纸盒一般用于销售包装,有时装瓶装袋后再装盒,或装小盒后再装较大的盒;有时直接用于盛装食品等内容物。在宠物食品包装上,折叠纸盒由于具有保护内容物、经济实用、便于机械化操作和促进销售等功能而广泛地应用于饼干、糕点等的包装。

1.装盒方法

目前,装盒方法有手工装盒法、半自动机械装盒法和全自动机械装盒法。

(1)手工装盒法　这是最简单的装盒方法,不需要设备投资和维修费用,但速度慢,生产率低,对食品卫生条件要求高的产品包装容易造成微生物污染。故在现代化的规模生产条件下一般不采用。

(2)半自动机械装盒法　由操作人员配合装盒机来完成装盒包装,一般取盒、打印、撑开、封底、封盖等由机器来完成,用手工将产品装入盒中。半自动装盒机的结构比较简单,但装盒种类和尺寸可以多变,改变品种后调整机器所需时间短,很适合多品种小批量产品的包装,而且移动方便,生产速度一般为 30～50 盒/min,随产品而异。有的半自动装盒机用来包装一组产品,每盒可装 10～20 包,装盒速度与制袋充填机配合,机器的运转方式为间歇转动,自动将小袋产品放入盒中并计数,装满后自动转位,放置空盒,取下满盒和封盖的工序由人工完成,一般生产速度为 50～70 小袋/min(每次装 1 小袋),或 100～140 袋/min(每次装 2 小袋),要与小袋制袋充填袋装机相配。

(3)全自动机械装盒法 除了向机器的盒坯贮存架内放置盒坯外,其余工序均由机器完成,即为全自动装盒。全自动装盒机的生产速度很高,一般为每分钟 500～600 盒,超高速的可达 1 000盒。但设备投资大,机器结构复杂,操作维修技术要求高,变换产品种类和尺寸范围受到限制,故在这方面不如半自动装盒机灵活,一般适合于单品种的大批量装盒包装。

2. 装盒机械

现代商品生产中应用的装盒机多种多样,下面主要介绍开盒成型—充填—封口、制盒成型—充填—封口等形式的自动装盒机。

(1)开盒成型—充填—封口自动装盒机 该机适用于开口的方体盒型,垂直于传送方向的盒体尺寸为最大,可包装限定尺寸范围内的多种固态物品。内装物和纸盒均从同一端供送到各自链带上,而与其一一对应并做横向往复运动的推杆可将内装物平稳地推进盒内,然后依次完成折边舌、折盖舌、封盒盖、剔空盒(或纸盒片)等作业,最后将包装成品逐个排出机外。该机生产能力较高,一般可达 100～200 盒/min。

(2)制盒成型—充填—封口装盒机 该机型适合于顶端开口难叠平的长方体盒型的多件包装。纸盒成型时借助模芯向下推动已横切压痕好的盒片,使之通过型模而折角黏搭起来,然后将带翻转盖的空盒推送到充填工位,分步夹持放入一定数量叠放在一起的竖立小袋。一列式每盒装15～40 袋,四列式每盒装 120～200 袋。经折边舌和盖舌后,就可插入对封。

(3)开盒—衬袋成型—充填—封口机 把预制好的折叠盒片撑开,逐个插入间歇转位的链座,并装进现场成型的内衬袋,充填各种状态的固体类宠物食品,然后再完成封口和封盒。

这种衬袋成型法的特点为:采用三角板成型器及热封器制作侧边封的开口袋,既省料简单,又便于实现袋子的多规格化;底边已被折叠,主传送过程将减少一道封合工序;纸盒平整,且衬袋现场成型,不仅有利于管理工作、降低成本,还使装盒工艺更加灵活,尤其能根据包装条件的变化适当组配不同品质的金属材料,且也可以不加衬袋,很方便地改为开盒—充填—封口包装过程。

(4)半成型盒折叠式裹包机 这类包装盒机有连续裹包法和间歇裹包法两种。

①连续裹包法 水平直线型多工位连续传送路线,适合于大型纸盒包装。工作时首先把模切压痕好的纸盒片折成开口朝上的长槽形插入链座,待内装物借水平横向往复运动的推杆转移到纸盒底面上之后,便开始各边盖的折叠、黏搭等裹包过程。此机型适合于尺寸较大的盒体,采用此裹包式装盒方法有助于把松散的成组物件(瓶、罐)包得紧实一些,以防止游动盒破坏。而且,沿水平方向连续作业可增加包封的可靠性,生产能力较高,达 70 盒/min。

②间歇裹包法 借助往复运动的模芯和开槽转盘先将模切压痕好的盒片形成开口朝外的半成型盒,以便在转位停歇时从水平方向推入成叠小袋或多层排列的小件物品,然后在转位过程中完成折边、涂胶和封合。

(七)装箱技术及设备

箱与盒的形状相似,习惯上小的称盒,大的称箱,它们之间没有明显界限。

1. 装箱方法

装箱与装盒的方法相似,但装箱的产品较重,箱坯尺寸大,堆叠起来比较重。因此,装箱的工序比装盒多,所用设备也较复杂。

(1)按操作方式分

①手工操作装箱 先把箱坯撑开成筒状,然后把一个开口处的翼片和盖片依次折叠并封口为箱底;产品从另一开口处装入,必要时先放入防震加固材料,最后封箱。用黏胶带封箱可手工进行,

如有生产线或产量较大时,宜采用封面贴条机;用捆扎带封箱,一般均用捆扎机,比用手工捆扎可节省接头卡箍和塑料带,效率较高。

②半自动与全自动操作装箱　这类机器的运作多数为间歇运动方式,有的高速全自动装箱也采用连续运动方式。在半自动装箱机上取箱坯、开箱、封底均为手工操作。

(2)按产品装入式分

①装入式装箱法有立式和卧式两种方式。

立式装箱:立式装箱机把产品沿垂直方向装入直立的箱内,常用于圆形和非圆形的玻璃、塑料、金属包装容器包装的产品,如瓶罐装的粉体类宠物食品。装箱方法为:取出箱坯撑开成筒状封底,然后打开上口的翼片和盖片;空箱移至规定位置,开始装入产品。装箱的产品多数已经包装,它们的堆积成行、成列、分层计数等均由机器完成,装箱后,即合盖封箱。

卧式装箱:卧式装箱机可使产品沿水平方向装入横卧的箱内,均为间歇式操作,有半自动和全自动两类,适合于装填形状对称的产品。装箱速度一般为 10～25 箱/min,半自动需要人工放置空箱,装箱速度为 10～15 箱/min。

②裹包式装箱法　与裹包式装盒的操作方法相同。适用于形状较规则且有足够耐压强度的物件进行多层集合包装。先将内装物按规定数量叠在模切纸箱坯片上,然后通过由上向下的推压使之通过型模一次完成箱体裹包成型、涂胶和封合,然后沿水平折线完成上盖的黏搭封口,经稳压定型后再排出机外。高速的裹包式装箱机可达 60 箱/min,中速的可达 10～20 箱/min,半自动的为 4～8 箱/min。

箱装袋出现于 20 多年前,由于塑料及其复合薄膜材料的性能不断改进提高,近年来,箱装袋的应用范围不断扩大,主要用来包装各种黏度的料液,包容积小袋为 4～25 cm³、大袋为 200～1 000 cm³。箱装袋可节省包装和贮运费用,流通也很方便。

2.瓦楞纸箱和装箱设备的选用

(1)瓦楞纸箱的选用　选用瓦楞纸箱首先应考虑商品的性质、重量、贮运条件和流通环境等因素;运用防震包装设计原理和瓦楞纸箱设计方法进行设计时应遵照有关国家标准;出口商品包装要符合国际标准或外商要求,并经过有关的测试,在保证纸箱质量的前提下,尽量节省材料和包装费用;另外,应考虑贮运堆垛时的稳定性。

(2)装箱设备的选用　对于生产率不高、质轻、体积小的产品,如盒、小袋包装品等,在劳动力不短缺的情况下可由手工装箱;但对于一些较重或易碎的产品,一般批量较大,可采用半自动装箱机;高生产率单一品种产品,应选用全自动装箱机。

(八)热成型包装技术

用热塑性塑料片材热成型法加工制成容器,并定量充填罐装宠物食品,然后用薄膜面盖并封合容器口完成包装,这种包装方法称为热成型包装。

1.热成型包装的特点

热成型包装目前应用极为广泛,其主要原因是这种包装方法有以下特点。

(1)包装适用范围广,可用于冷藏、微波加热、生鲜和快餐等各类食品包装,可满足食品贮藏和销售对包装的密封、半密封、真空、充气、高阻隔等各种要求,也可实现无菌包装要求,包装安全可靠。

(2)容器成型、食品充填、灌装和封口可用一机或几机连成生产流水线连续完成,包装生产效率高;而且避免包装容器转运可能带来的容器污染问题;节约包装材料、容器运输和消毒费用。

(3)热成型法制造容器方法简单,可连续送料连续成型,生产效率比其他成型方法一般高25%～50%。

(4)容器形状大小按包装需要设计,不受成型加工的限制,特别适应形状不规则的物品包装需要,而且可以满足商业销售美化商品的要求,可以设计成各种异形容器,制成的容器光亮,外观效果好。

(5)热成型法制成的容器壁薄,所以减少了包装用材量,而且容器对内装食品有固定作用,减少食品受振动碰撞的损伤,包装品装箱时不需另用缓冲材料。

(6)包装设备投资少,成本低。热成型加工用模具成本只为其他成型加工法用模具成本的

$10\% \sim 20\%$,制造周期也较短,一次性投资是其他容器成型法投资的 5% 左右。

2.常用热成型包装材料

热成型包装用塑料片材按厚度一般分为 3 类:厚度小于 0.25 mm 为薄片,厚度在 $0.25 \sim 0.5$ mm 为片材,厚度大于 1.5 mm 为板材。塑料薄片及片材用于连续热成型容器,如泡罩、浅盘、杯等小型食品包装容器。板材热成型容器时要专门夹持加热,因而是间接成型加工,主要用于成型较大或较深的包装容器。

热成型塑料片材厚度应均匀,否则加热成型时塑料片材因温度不均匀、软化程度不一而使成型的容器存在内应力,降低其使用强度或使容器变形,甚至不能获得形状完整合格的容器。一般热塑性片材都可用于热成型法制造容器,但目前用于包装食品的主要有 PE、PP、PVC、PS 塑料片材和少量复合材料片材。

(1)聚乙烯(PE) 由于卫生和廉价,因而在食品包装上大量使用,其中高压聚乙烯(LDPE)刚性差,在刚性要求较高或容器尺寸较大时可使用高密度聚乙烯(HDPE),但其透明度不高。

(2)聚丙烯(PP) 具有良好的成型加工性能,适合于制造深度与口径比较大的容器,容器透明度高,除耐低温性较差以外,其他都与高密度聚乙烯(HDPE)相似。

(3)聚氯乙烯(PVC) 具有良好的刚性和较高的透明度,可用于与食品直接接触的包装,但因拉伸变形性能较差,所以难以成型结构复杂的容器。

(4)聚苯乙烯(PS) 热成型加工时常用双向拉伸聚苯乙烯(BOPS)片材,这种材料刚性和硬度好,透明度高,表面光泽。但热成型时需要严格控制片材加热温度,也不宜作较大拉伸,同时应注意成型用的框架应有足够的强度,以承受片材的热收缩作用。聚苯乙烯泡沫(EPS)片材也可作热成型材料,一般用来制作结构简单的浅盘、盆类容器。它的优点是质轻,有一定的隔热性,可用作短时间的保冷或保热食品容器,但这种片材的热成型容器使用后回收处理困难,被视为"白色污染",目前已被限制使用。

(5)其他热成型片材 聚酰胺,俗称尼龙(PA)片材热成型容易,包装性能优良,常用于鱼、肉等包装,PC/PE 复合片材可用于深度口径比不大的容器,可耐较高温度的蒸煮杀菌。聚乙烯(PE)、聚丙烯(PP)涂布纸板热成型容器可用于微波加工食品的包装。聚丙烯(PP)/聚偏二氯乙烯(PVDC)/聚乙烯(PE)片材可成型各种形状的容器,经密封包装快餐食品,可经受蒸煮杀菌处理。

国际上对塑料包装废弃物的"白色污染"日益重视,纷纷推出可降解塑料片材用于热成型包装,用 PE、PVC、PP 等与淀粉共混制成可降解生物片材,是改革快餐热成型包装的主要发展方向之一。

(6)封盖材料 热成型包装容器的封盖材料主要是 PE、PP、PVC 等单质塑料薄膜,或者使用铝箔、纸与 PE 结合和复合薄膜片材和玻璃纸等材料,一般盖上事先印好商标和标签,所用印刷油墨应能耐 200℃的高温。

3.热成型加工方法

按成型时施加压力不同的方式不同,热成型加工分为压差成型、机械加压成型及介于两者之间的柱塞助压成型等几种热成型方法。

(1)压差成型 依靠加热塑料片材上下方的气压差使塑料片变形成型,有两种方法:空气加压成型,塑料片材被夹住并压紧在模口上。从片材上方送入压缩空气。片材下方模具上有排气孔,片材加热软化后,被空气压向膜腔而成型;真空成型法,从模具下方孔抽气,使塑料片材封闭的模腔成负压,上下压差使其向模腔方向变形成型。

压差成型加工法的优点是:制品成型简单,对模具材料要求不高,只要单个阴模,甚至可以不用模具生产泡罩包装制品,制品外形质量好,表面光洁度高,结构鲜明。缺点是制品壁厚不大均匀,最后与模壁贴合部位的壁较薄。

(2)机械加压成型 将塑料片加热到所要求的温度,送到上下模间,上下模在机械力作用下合模时将片材挤压成模腔形状的制品,冷却定型后开启模取出制品。这一成型法具有制品尺寸准确稳定,制品表面字痕、花纹显示效果好等特点。

(3)柱塞助压成型 是将上述两种热成型方法相结合的一种成型方法。塑料片材被夹持加热后压在阴模口上,在模底气孔封闭的情况下,柱塞将片材压入模内,封闭模腔内的空气反压使片材接近模底而不与模底接触,此时从模底处的孔中抽气或以上方气压最后完成塑变成型制品。这种成型方法可获得壁厚均匀的塑料容器。

4.热成型技术要求

包装容器热成型主要包括加热、成型和冷却脱模 3 个过程。为保证获得满意形状、质量合格的热成型容器,应注意以下技术要求。

(1)确定合理的拉伸比　容器深度 H 与其口径 D 之比 H/D 为成型容器的拉伸比。显然,H/D 愈大,容器愈难成型。热成型所能达到的 H/D 与塑料的品种有关。

(2)根据热成型所用材料的品种、厚度确定热成型温度、加热时间和加热功率　热成型容器的加热温度应在材料的 T_g 或 T_m 温度以上,而且受热应均匀稳定。各种塑料成型温度不同,一般在 $120\sim180℃$ 范围内。温度不合适,会出现成型不良、壁厚不均、气孔、白化、皱褶等缺陷。

(3)注意热成型模具的几何尺寸　热成型容器所用模具尺寸形状应符合设计要求,表面光滑,有足够的拔模的斜度。各种成型方法成型的容器底部的壁厚总要变薄,在拉伸比小于 0.7 的情况下,容器底部壁厚一般只有平均壁厚 60%。为了保证强度,容器底部采用圆角过渡,圆角半径应取 $1\sim3$ mm。

5.热成型包装机械

热成型包装根据自动化程度、容器成型方法、封接方式等的不同,可以分为很多种机型。主要有两种机型。

(1)高速卧式热成型包装机　适用于单一品种产品的大批量包装。

(2)间歇式大容器热成型包装机　当包装较大尺寸的圆体食品或灌装液体食品时适用。

任务 4-2　宠物食品加工工艺

【任务描述】食品加工工艺影响产品质量,贯穿整个生产过程。掌握食品加工工艺流程,理解加工工艺对产品质量的影响,能够根据不同种类的宠物食品选择适宜的工艺流程,为从事宠物食品的生产奠定一定的基础。

为了保证宠物食品的质量,提高食品的利用率,必须科学合理地选择先进的食品加工工艺。

宠物食品加工工艺是畜禽配合饲料生产工艺和食品加工工艺的结合。宠物食品的加工工艺除与畜禽配合饲料加工工艺基本相似外,尚有一定的特殊性,还需要挤压、膨化加工工艺。

一、膨化宠物食品的类型

干膨化宠物食品是犬、猫食品市场的典型产品,其销售量最大($>30\%$)。该类产品是通过挤压熟化方法加工而成的,一般为多种原料的混合物,如磨碎谷物(小麦、玉米)、大豆粕、肉骨粉、食盐、动物油脂、色素以及某种维生素预混料。添加较多的脂肪可改善食品的适口性,其方法一般是在食品成品的表面上喷涂液态油脂和(或)调味剂。这类产品通常含有 $10\%\sim12\%$ 的水分(湿基)。以干物质为基础,干的犬粮与猫粮的粗脂肪含量通常分别为 $5\%\sim12.5\%$ 与 $8\%\sim12\%$,粗蛋白质含量一般分别可达到 $18\%\sim30\%$ 与 $30\%\sim36\%$。

半湿产品为典型的挤压熟化产品,其加工工艺类似于干膨化产品。然而,由于配方不同,与干膨化产品在加工上存在明显的差异。半湿产品所用的基础原料有许多都与干膨化产品的相同,但半湿产品除了使用干谷物混合物外,在挤压前还要加入某种肉类或其副产品的浆液与干原料混合。从加工方面考虑,当干料明显多于湿料时($80\%:20\%$),可以将这两种原料分批混合,然后输送到挤压装置进行连续熟化。但当干湿原料比例达到($60\%:40\%$)~($50\%:50\%$)时,则必须采用连续法来混合这两种原料,即在位于挤压机之前的连续混合装置中直接进行混合。与加工挤压熟化的干膨化产品不同的是,半湿产品物料通过挤压机压模的目的不是为了“膨化”,

而是为了形成与模孔相似的料束或形状。挤压的目的则是为了使物料尽可能充分的熟化。通常，由于肉类原料的加入而使混合物料的油脂含量较高，所以不可能使产品高度膨化，但若挤压机螺旋的形状适当，则可以使混合物料得到充分熟化。

半湿产品与干膨化产品的另一个主要区别在于挤压时的物料水分以及最后加工对这些水分的处理。半湿产品在挤压时的适宜水分为30%～35%（湿度），其在挤压后或贮存前不去除水分，这是出于两方面的原因：一是为了保证贮存稳定性而在原料中添加了某种防腐剂；二是为了使成品保持柔软性（与肉类相似）。半湿产品的容重，无论是在挤压时还是在包装时，均与典型的干膨化产品大不相同。半湿产品在挤压时的容重为480～560 kg/m³，其在包装时的容重也大致在此范围内。因为水分没有除去，而且也不要求除去。生产半湿产品的主要目的之一就是在保证产品质量的同时尽可能使所出售的产品含有较多的水分。

软膨化宠物食品是宠物食品市场上的最新产品类型之一，在某些方面与半湿产品极其相似，即都含有相对较多的肉类或其副产品，因而它们的油脂含量一般都高于干膨化产品。此外，可采用前面在半湿产品中所述的任一种方式将肉类原料加入挤压机。然而，软膨化产品与半湿产品也存在差异，其最大的差别在于软膨化产品经挤压后呈现干膨化产品一样的膨化外观。与生产半湿产

品一样，生产软膨化产品也需要对生产干膨化产品的设备进行改造，此外还要改变加工操作方式。软膨化产品的基本挤压过程与干膨化产品相似：一是它们在挤压前都要用蒸汽和水进行调质；二是成品经过压模都得到膨化。然而，软膨化产品的原料组成特性却与半湿产品相似，其成品虽经过膨化，但仍具有软的特点。

宠物点心通常采用骨头的形状与外观，但也有其他形式的点心产品，如饼干状或薄饼状。生产这类产品一般不采用挤压熟化方法。最常用的传统加工方法包括面团制作、形状切割或模压以及焙烤等几个过程，最终获得合乎要求的成品。然而，这并不意味着点心类宠物食品不能采用或不可采用挤压熟化的方法来生产。

典型的点心类宠物食品挤压系统所采用的基本原理与设备布置与典型的半湿型产品的挤压系统相同。在某些情况下，还可将干膨化产品的挤压系统用来生产宠物点心。其主要区别在于，最后的压模与切割装置应设计成能够生产较大尺寸的，形如骨头状、饼干状及薄饼状等的产品。

二、膨化宠物食品生产工艺流程

1.挤压膨化工艺流程

利用螺杆挤压膨化可生产各种膨化谷物颗粒饲料，完整的挤压膨化工艺流程见图4-10。膨化宠物食品工艺流程图及所需附加设备如图4-11所示。

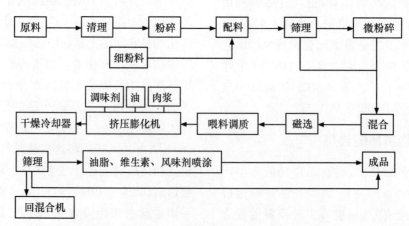

图 4-10　挤压膨化工艺流程

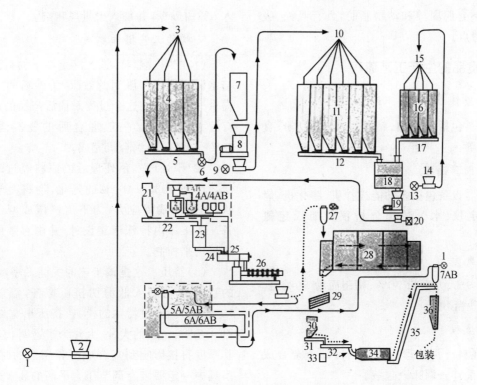

1. 风机　2. 卡车自动卸料处　3. 分配器　4. 原料仓　5. 螺旋输送机　6. 风机　7. 粗粉碎机　8. 锤片式粉碎机　9. 风机　10. 分配器
11. 粉碎料仓　12. 螺旋输送机　13. 风机　14. 拆袋卸料处　15. 分配器　16. 微量原料仓　17. 螺旋输送机　18. 称量混合机和
缓冲仓　19. 锤片式粉碎机　20. 鼓风机　21. 成料仓　22. 螺旋输送机　23. 活底仓　24. 喂料器　25. 预调质器
26. 膨化机　27. 集料仓　28. 干燥机/冷却机　29. 振动筛　30. 缓冲仓　31. 螺旋输送机　32. 皮带秤
33. 油脂罐　34. 脂肪喷涂器　35. 冷却输送带　36. 成品料仓
半湿食品生产所需附加设备: 1AB. 绞肉机　2AB. 接受罐与泵　3AB. 浆液料罐与泵
4AB. 液态添加剂罐与泵　5AB. 集尘器　6AB. 冷却器　7AB. 集尘器
软膨化食品生产所需附加设备: 4A. 液态添加剂罐与泵　5A. 集尘器　6A. 冷却器

图 4-11　膨化宠物食品工艺流程图及所需附加设备

2. 膨化宠物食品加工工艺要求及特点

（1）当对单种原料进行挤压膨化作业时，通常不加油脂、添加剂等，只使用汽或水来调质，或只进行干法膨化。当食品中加入较多肉浆、油等组分时，需采用双螺杆挤压膨化机。

（2）食品的调质效果和膨化效果与原料的粉碎粒度有密切关系。谷物及饼粕类基础原料应采用筛板孔径为 1.5～2 mm 的锤片式粉碎机进行粉碎，其粒度以控制在 16 目筛（孔径约为 1 mm），筛上物低于 9% 为宜。

（3）当进行湿法膨化时，物料的水分要达到 18%～25%，因而膨化后必须对食品进行烘干和冷却，以保证产品的安全贮存和运输。

（4）为了最大限度地保持风味剂和维生素效力，满足生产要求，对宠物食品或某些水产动物饲料通常进行表面喷涂。

三、猫食品的生产工艺流程

1. 工艺流程

原料配制→拌粉→挤压膨化→干燥→抛光→喷油→喷脂→包装。

2. 设备配置

拌粉机→螺旋上料机→调质器→膨化机→风送机→烤箱→抛光机→喷油机→喷脂机。

3. 特点

该生产线以豆粕、花生粕为主要原料，经粉磨、搅拌、调质、高温、高压、高剪切，将球形蛋白质分子打开成链状蛋白质分子并重新组织化，形成层片状纤维结构，其产品营养价值高，具有肉的状

态和口感,不含胆固醇和动物脂肪,具有吸油、吸水、吸味的特点。

四、犬食品的生产工艺流程

1.主要原料

主要原料包括鸡胸肉、精制面粉、大豆粉、食盐和白砂糖等。

2.主要仪器设备

主要仪器设备包括多功能搅拌机、膨化机、烤炉、比容测定仪、水分快速分析仪及凯氏定氮仪等。

3.基本配方

鸡胸肉9%、大豆粉30%、精制面粉50%、食盐3%和白砂糖8%。

4.工艺流程

配料、混料→预处理→挤压→冷却→复合成型→烘干→油炸→调味→包装。

①产品品质评定 利用凯氏定氮法测定产品的粗蛋白质含量,水分快速分析仪测定水分含量,比容测定装置测定比容,由硬度测定评判产品的质地。

②配方设计与原料选择 设计配方应考虑犬的营养需求。犬属于杂食性动物,故配方中应含有动物性营养成分与植物性营养成分。原料可选择鸡胸肉、大豆粉和小麦粉。鸡胸肉可提供优质蛋白质、丰富的脂肪、矿物质和大量维生素。而蛋白质是宠物食品质量的一个关键因素。氨基酸的缺乏,尤其是必需氨基酸的缺乏将导致宠物食欲减退、生长受阻、体重减轻、肌肉萎缩、消瘦和死亡,并且由于蛋白质具有保水性、弹性等功能特性,还能增强饲料的咀嚼性与韧性。鸡肉中含有丰富的亚油酸等犬所必需的脂肪酸,在满足机体对能量需要的同时,保证其毛皮光洁,且犬对动物性脂肪的消化吸收率也高。小麦粉和大豆粉除提供植物性蛋白质外,主要供给丰富的碳水化合物,它们不仅可为犬提供充足的能量,并且可降低机体对蛋白质和脂肪的消耗。如果食物中长期缺乏碳水化合物,将造成宠物的血糖下降,影响其正常的生长发育和活动。考虑到犬消化纤维素的能力十分有限,配方中纤维素的比例不能过高,故选用精制面粉。另根据"猫酸狗甜"原则,在配方中加

入6%白砂糖,并加入少量风味剂。

5.制作工艺操作要点

(1)配料、混料 该工序是将干物料混合均匀与水调和达到预湿润的效果,为淀粉的水合作用提供一些时间。这个过程对最后产品的成型效果有较大的影响。一般混合后的物料含水量在28%~35%,由混合机完成。

(2)预处理 预处理后的原料经过螺旋挤出使之达到90%~100%的熟化,物料是塑性熔融状,无任何残留应力,为下道挤压成型工序做准备。本工序由特殊螺旋设计,并由有效的恒温调节机构来控制。

(3)挤压 这是该工艺的关键工序,经过熟化的物料自动进入低剪切挤压螺杆,温度控制在70~80℃。经过特殊的模具,挤压出宽200 mm、厚0.8~1 mm的大片,大片为半透明状,韧性好。其厚度直接影响到复合成型和烘干的时间,所以模具中一定要装有调节压力平衡的装置来控制出料均匀。

(4)冷却 挤压过的大片必须经过8~12 m的冷却长度,有效地保证物料在产品成型时的脱膜,为节省占地面积,可把冷却装置设计成上下循环牵引来保证最少10 m的冷却长度。

(5)复合成型 该工序由3组程序来完成。第1步为压花,由2组压花辊来操作,使片状物料表面呈网状并起到牵引的作用,其他不需要表面网状的片状物料可更换为平辊使其只具有牵引作用。第2步为复合,压花后的两片经过导向重叠进入复合辊,复合后的产品随输送带进入烘干,多余物料进入第3步接收装置,由一组专往挤压机返回的输送带来完成,使其重新进入挤压工序,保证生产不间断。

(6)烘干 挤出的坯料水分处于20%~30%,而下道工序之前要求坯料的水分含量为12%,由于这些坯料此时已形成密实的结构,不可迅速烘干,这就要求在低于前两工序温度(通常为60℃)的条件下,采用较长的时间来进行烘干,以保持产品形状的稳定。

五、实罐罐头及软罐头生产工艺流程

宠物实罐罐头的生产工艺与人类食品罐头的生产工艺基本一致。其工艺流程大体为:洗罐→

装罐→预封→排气→密封→杀菌→冷却→检测→包装。

实罐罐头的排气方法主要有热力排气法、真空封罐排气法和蒸汽喷射法。

软罐头食品是指用高压锅经 100℃ 以上的湿热加热灭菌,用塑料薄膜与铝箔复合的薄膜密封包装的食品,其包装材料主要有普通蒸煮袋(耐 100～121℃)、高温蒸煮袋(耐 121～135℃)、超高温杀菌蒸煮袋(耐 135～150℃)。蒸煮袋的材质主要有聚乙烯(PK)薄膜、聚丙烯(PP)薄膜、聚酯(PET)薄膜、尼龙(PA)薄膜、聚偏氯乙烯(PVDC)薄膜、铝箔等。

软罐头生产工艺流程为:制袋(预制袋开袋口)→固体食品充填→流体食品充填→排气→袋口密封→杀菌→检验→包装。

软罐头的排气方法主要有蒸汽喷射法、真空排气法、抽气管法、反压排气法等。软罐头具有重量轻、体积小、杀菌时间短、不受金属离子污染等优点,但其容量限制在 50～500 g,蒸煮袋价格高,不适于带骨食品。

六、饼干生产工艺流程

人类食品中饼干的品种极其繁多,其生产工艺也随品种、配方的不同而有较大差别,这主要取决于饼干中糖、油含量及成型方法。宠物饼干生产工艺与之大体相同。图 4-12 为成猫磨牙饼干。

1. 辊印甜酥性饼干生产工艺流程

此类饼干由油、糖含量较多的半软性面团制成。

图 4-12　成猫磨牙饼干

生产工艺流程为:面粉和淀粉→过筛→调粉(加入预处理的辅料)→面团输送→辊印成型→焙烤→冷却→包装。

2. 冲印韧性饼干生产工艺流程

此类饼干由筋力中等面粉经长时间调制而成,也称硬质饼干,油、糖含量较少。生产工艺流程为:面粉和淀粉→过筛→调粉(加入预处理的辅料)→静置→辊印→冲印成型→焙烤→冷却→包装。

3. 苏打饼干生产工艺流程

此类饼干采用发酵工艺,油、糖含量较少。生产工艺流程为:面粉→过筛(加入活化酵母)→第 1 次调粉→第 1 次发酵(加入预处理辅料)→第 2 次调粉→第 2 次发酵→辊轧→冲印成型→焙烤→冷却→包装。

任务 4-3　宠物食品的质量控制与管理

【任务描述】学生通过学习,了解影响宠物食品质量的因素,在生产过程中,采用合理的加工生产方法,保证宠物食品的品质。

一、影响宠物食品质量的因素

影响宠物食品质量的因素很多,主要有选用配方、饲料原料、加工过程、产品贮运等环节,然而,食品的加工过程也就是食品质量的控制过程。

采用科学的加工方法,可以保证宠物食品原料中的淀粉成分转变成可溶的形式,避免对原料中蛋白质的过度加工或破坏,满足宠物食品的粒度、形状与容重等物理特性要求,以保证宠物食品的质量。

1.影响食品品质的因素

宠物食品的营养价值会因受到外界环境因素的影响而遭受破坏,这些因素包括光线、空气、热源、熏蒸消毒剂、辐照、运输与贮存条件等。

(1)光线 食品中多种成分经光照射后会起化学变化而破坏分解。常见者如核黄素、叶酸及维生素 B_2,因此制作、贮存、运送时,应将食品放在阴暗处以减少营养成分的破坏。

(2)空气 食品制作过程中如搅拌过度,会增加营养成分如维生素 A 的氧化,添加抗氧化剂有助于减缓氧化的过程。

(3)加热处理 食品经干热和蒸汽处理会导致营养成分的变化,甚至产生有毒的物质和抗养分吸收的物质。

一般而言,破坏的程度与温度及时间成正比,如加热不当氨基酸在蛋白质中会形成键结,或氨基酸与脂肪和碳水化合物键结而形成不可消化的物质。多数维生素在高温下也会破坏,特别是维生素 B_1、维生素 B_6、维生素 A 和维生素 C。加热处理对食品(原料)的物理性状也会有影响,如挤压膨化凝结成块、变硬、焦化、产生异味而降低适口性。另外,加热处理不当会导致食品(原料)发霉,脂肪酸氧化,适口性下降。

(4)60℃辐照处理 以谷类为主的原料通常采用 60℃辐照处理,其承受 5 min 的照射通常不会出现营养物质的破坏,维生素 B_1、维生素 B_6、维生素 E 可能会受到轻微的影响,而蛋白质成分几乎不受任何影响。原料中若有水汽存在,经照射后会产生羟自由基,不仅使维生素氧化增加,宠物吃下后也会对机体组织器官造成损害。

(5)熏蒸 较常使用的原料熏蒸消毒剂是环氧乙烷气体,经其处理的原料营养成分变化不大,但必须放在室温环境中充分通风,以免药剂残留,影响宠物生理特性。否则,残留的物质被吸收后,要在肝脏中代谢分解,其可能对肝脏造成毒害。

(6)运输 运输过程造成原料损害的原因有因挤压造成膨化食品的破碎以及包装破损和运输环境不良导致营养成分的丢失、变质或污染。可选用硬质容器、料袋和厚纸袋包装。硬质容器可防止食品被压碎,塑料袋可隔潮,但食品本身干燥,以防长期存放而变质,厚纸袋通气性好,最好混合使用上面的包装材料。国外有采用冷藏、充氮运输车运送食品的,在封柜前将氮气充入货柜。

2.质量监测

加工好的成品食品应进行抽样,检测是否达到国家规定营养标准、化学污染物标准(表 4-3)和微生物标准(表 4-4),质检合格的食品方可出厂。

表 4-3　化学污染物标准　　　　　　　　　　　　　　　　mg/kg

项目	标准	项目	标准
砷	≤0.7	六六六	≤0.3
铅	≤1.0	滴滴涕	≤0.2
镉	≤0.2	黄曲霉毒素	≤20.0
汞	≤0.02		

表 4-4　微生物标准

项目	大、小鼠	兔	豚鼠	地鼠	犬	猴
菌落总数/(CFU/g)	5×10^4	1×10^4	1×10^4	1×10^4	5×10^4	5×10^4
大肠杆菌/(MPN/100 g)	30	90	90	90	30	30
霉菌和酵母菌/(CFU/g)	100	100	100	100	100	100
致病菌(沙门氏菌)	不得检出	不得检出	不得检出	不得检出	不得检出	不得检出

3. 商品化饲料的标签要求

商品化宠物食品必须附有标签,以确保使用单位了解所购食品的有关内容,包括:宠物食品名称,食品营养成分分析保证值和卫生指标,主要原料名称,使用说明,净重,生产日期,保质期(注明储存条件及储存方法),生产企业名称、地址及联系电话等。还可以标注商标、生产许可证、质量认证标志等内容。标签不得与食品的包装物分离。

二、宠物食品质量控制

(一)原料的质量控制

食品原料质量是食品质量的基本保证,只有合格的原料才能生产出合格的产品,产品质量同原料质量密切相关。研究表明,食品产品营养成分及质量的差异 40%～70% 来自原料质量的差异。如果原料有结块、发霉、污染、虫蛀、变质等质量,则产品质量就得不到保证。因此,在采购原料时要注意质量,在运输、装卸等过程中,要防止潮湿、高温等不良因素对原料质量的影响;应按国家有关质量标准对原料进行质量检查与定量分析,保证新鲜、无生物性、化学性污染物质,如细菌毒素、微生物毒素、杀虫剂、虫害、植物性有毒物质、营养成分分解物质、亚硝酸盐类和重金属等;不使用异味、霉变、虫蛀的菜籽饼、棉籽饼和亚麻仁饼等作为原料,以保证原料的质量能满足食品加工的需要。

1. 食品的细菌污染

自然界中,细菌几乎无处不在,食品在生产、加工、储存、运输、销售及消费过程中,随时都有被细菌污染的可能。食品的细菌污染是最常见的食品污染,会引起食品腐败变质、食品中毒及借由食品传播的传染病等,从而对宠物健康造成损害。

所谓食品污染,按世界卫生组织的定义是指"食物中原来含有或者加工时人为添加的生物性或化学性物质,其共同特点是对机体健康有急性或慢性的危害。"

污染食品的细菌有致病菌、条件致病菌和非致病菌 3 类。污染食品后使机体致病的为致病菌,如伤寒杆菌、痢疾杆菌等;条件致病菌在通常条件下并不致病,当机体抵抗力下降时,就有可能致病,如变形杆菌、大肠杆菌等;非致病菌一般不引起疾病,但它们却与食品腐败变质密不可分,并为致病菌的生长繁殖提供条件,而且食品腐败变质时,细菌的代谢等也会对机体产生有害的物质,因此常常是评价食品卫生质量的重要指标,如芽孢杆菌属、假单孢菌属等。

2. 食品细菌污染的途径

食品在生产、加工、储存、运输、销售及消费过程中,随时都有被细菌污染的可能。

(1)原材料受污染 一般天然食品内部没有或很少有细菌,但食品原料在采集、加工前已被环境中的细菌等微生物污染,原料破损之处尤其居多。即使在运输贮藏过程注意卫生措施,但由于在产地早已感染了大量细菌,如果未能及时进行处理,这些细菌是不会消失的,而且还会不断繁殖。因此,加工前的原料中所含有的细菌比加工后多得多。

(2)加工过程的污染 容器、用具、管道未清洗干净或使用不当,生产工艺不合理,个人卫生及环境卫生不良等均可造成食品的细菌污染。食品加工过程中受细菌污染的机会很多,主要有以下 3 种方式。

①环境污染 生产车间内、外环境不良,空气中的细菌会随灰尘沉降到食品、食品加工原料及加工机械设备上而造成食品的污染。鼠、苍蝇及蟑螂等一旦接触加工食品,其体表面与排泄物就会造成污染。

②加工中的交叉污染 一般情况下,加工处理对食品上的细菌的生存是不利的,但如果加工过程不合理,灭菌不彻底,加工用水不卫生,不符合水质卫生标准也会造成细菌对食品的污染。此外,若加工过程原料、半成品、成品交叉污染,未能使生熟食品分开,则食品中细菌的数量不但不能得到控制,还会因此加重污染。

③从业人员的污染 食品从业人员如果不注意个人卫生,不认真执行卫生操作规范,或从业人员患有传染性疾病等均会通过其手、衣帽、呼吸道、痰沫、唾液等造成食品的污染。

(3)运输与销售过程的污染 食品运输的交通工具和容器具,散装食品的销售用具、包装材料不符合卫生条件都可使食品造成污染。

（4）食品消费的污染　食品在消费过程中也可能被污染且易被忽视，食品购买后不合理的存放，或存放时间过长或烹调用具的不卫生等均会造成食品的污染。

3.食品细菌污染的危害

（1）食品营养价值降低　污染食品的细菌会在食品中大量繁殖，引起食品的腐败变质，使食品的营养价值、感官品质和商品价值降低。

（2）食物中毒　细菌在适宜的温度、湿度、水分、pH 等条件下大量繁殖，使食品含有大量的致病菌，当宠物摄入一定量的活菌，就会导致消化道疾病，此外，有些污染菌在食品中繁殖并产生毒素，引起宠物中毒。目前，我国发生较多的细菌性食物中毒有沙门氏菌、副溶血性弧菌、变形杆菌、金黄色葡萄球菌、致病性大肠杆菌、肉毒梭菌等。

（3）传播人畜共患疾病　当食品经营管理不当，特别是对原料的卫生检查不严格时，销售和食用了严重污染病原菌的畜禽肉类，或加工、储藏、运输等卫生条件差，致使食品再次污染病原菌，可能造成人畜共患疾病（如炭疽病、布鲁氏杆菌病、结核菌、口蹄疫等）的大量流行。

（二）加工中的质量控制

1.加工工序质量管理

为了保证宠物食品的质量，在加工中应确保加工工序的工作质量。

（1）清理　原料及副料都应进行清杂、除铁处理。清理标准是：有机物杂质不得超过 50 mg/kg，直径不大于 10 mm；磁性杂质不得超过 50 mg/kg，直径不大于 2 mm。为了确保安全，在投料坑上应配置条距 30～40 mm 的栅筛以清除大杂质。此外，在原料粉碎或挤压膨化之前，还应进行去杂、除铁。要经常检查清选设备和磁选设备的工作状况，看有无破损及堵孔等情况。还要定期清理各种机械设备的残留料。

（2）粉碎　粉碎过程主要控制粉碎粒度及其均匀性。粒度过大和过小都导致物料离析现象的发生，从而破坏产品的均匀性。各种宠物都有一个合适的粒度范围，应按其要求保证合适的粉碎粒度，在粉碎作业中，要注意检查粉碎机筛板是否破坏、筛托固定螺栓有无松动漏料等情况，对预混

合原料的粉碎，最好使用气流分级。

（3）计量　配料计量精度的高低直接影响食品产品中各组分的含量，对宠物影响极大。要保证计量准确无误、计量设备定期校验。操作人员必须有很强的责任心，严格按配方执行。

（4）混合　在加工生产中，混合起着保证食品加工质量的作用。其控制要点主要有选择适合的混合机、正确的混合操作程序，并定时检查混合均匀度和最佳混合时间，还要防止更换配方时或预混料混合时的交叉污染。

（5）成型　挤压膨化食品生产率的高低和质量的好坏，除与挤压膨化机性能有关外，很大程度取决于原料的成型性能（压制成形的难易程度）和调质工艺。同样一台成型设备，由于物料特性、工艺条件和操作水平的差异，其生产率可能相差3～4 倍。膨化的工艺条件是根据食品配方中主要原料的理化特性、日粮的制粒性能制订的，它主要包括为成型做准备的物料调质情况，即蒸汽压力、温度、水分及调质时间。研究表明，按不同的原料和饲喂要求来调质，可提高膨化食品的硬度，减少粉化率，并对食品原料起到消毒作用。

（6）储藏　因为原料供应和产品销售受到诸多因素的制约，为保证食品厂生产、销售等正常运转，需要建立仓库，进行必要的贮存。影响原料或产品贮存质量的主要因素有：a. 仓库的温度和相对湿度如果控制不当，会使贮存物料结块、发霉、变质；b. 管理制度如不严格，会造成贮存物料乱堆放或混杂，不能按时间顺序和数量要求进出物料；c. 安全防护如不得力，会出现老鼠、昆虫啮咬，造成污染、损失等。

2.挤压膨化过程质量管理

食品在挤压膨化加工过程中，其营养成分会发生变化，挤压膨化加工对食品中蛋白质、脂肪、粗纤维、维生素等营养物质的影响如下。

（1）蛋白质　食品原料中蛋白质经适度热处理可以钝化某些蛋白酶抑制剂，如抗胰蛋白酶、脲酶等，提高消化利用率。研究表明：采用高温短时膨化，食品中蛋白质和氨基酸利用率降低不明显，但过分加热会使赖氨酸等重要氨基酸脱去氨基，与葡萄糖分子结合而影响酶的作用，使宠物机体难以消化吸收，造成蛋白质的损失。因此，动物性蛋白质原料的加热温度和时间要适当。

（2）脂肪　食品原料中含有多种由微生物分泌的脂肪酶，使食品（原料）中脂肪在贮存中易发生酸败，而这些脂肪酶在 $50\sim75℃$ 条件下会失活，经过膨化后脂肪酶会完全失活，原料中大部分微生物也会被杀死，有利于提高食品的贮藏性能。另外，膨化食品的游离脂肪酸含量有所升高，低密度的膨松结构使脂肪易被氧化，因此在食品原料中或在油脂中添加抗氧化剂亦有必要。

（3）粗纤维　宠物机体不能分解吸收纤维素、半纤维素，食品经过膨化后，由于湿、热、压力和膨化作用，使粗纤维中细胞间及细胞壁内各层木质素熔化，使部分氢键断裂，结晶度降低，高分子物质发生分解反应，原有的紧密结构变得蓬松，释放出部分被包围结合的可消化物质，扩大了食品的消化面积，从而提高了这部分食品的消化率和利用率。因此，纤维含量多的食品原料经过膨化后，消化率都有所提高。

（4）维生素　大部分维生素对热、湿敏感，在 $120\sim160℃$ 条件下会有不同程度的损失。因此，在加工过程中要选择经稳定化处理的维生素添加剂。研究表明：普通的维生素 A 在犬食品的挤压膨化中损失达 40%，而采用高稳定性维生素 A 损失只有 12.5%。对于稳定性好的维生素可在混合时或配料时加入，而稳定性差的维生素最好在膨化后进行颗粒表面喷涂，这样可大大减少损失。另外，要严格控制挤压膨化、调质的工作条件，在满足膨化的前提下，尽量减少对维生素的破坏。

另外，大豆中含有胰蛋白酶抑制剂等影响宠物对蛋白质消化利用的不良因子，采用挤压膨化可有效地降低抗胰蛋白酶抑制剂等抗营养因子的活性，提高大豆饲用价值。棉籽饼含有棉酚，菜籽饼含有芥子苷，后者在宠物体内还会分解成异硫氰酸盐和噁唑烷硫铜等毒素，膨化过程也能降低这些毒素的含量。原料常含有大肠杆菌、沙门氏菌等有害微生物，特别是动物性饲料原料中含量较多，这些有害微生物经高温、高湿、高压和膨化作用，亦可大部分被杀死。

3. 颗粒大小的影响

原料的颗粒大小，对宠物食品组织结构和均匀度有一定影响，而且只有原料的颗粒大小均匀，才能保证所有颗粒的吸水量一致，从而提高宠物食品质量。虽然挤压熟化加工可以利用各种大小的原料颗粒，但为了防止原料颗粒在挤压熟化前的混合与运输过程中产生分离，颗粒的大小与容重应尽量一致。

如果原料颗粒太大，可能导致成品中含有不合格和熟化不当的颗粒，使成品的外观与适口性变差。如果原料颗粒大于模孔，则会使模孔阻塞，甚至部分损坏，从而导致产品外观较差，并影响系统的加工能力。只有所有原料的颗粒大小均匀，才保证所有原料颗粒在挤压加工中得到充分而均匀地熟化，从而避免成品中出现硬的、熟化不足的颗粒。

一般多数宠物食品生产厂家都是先将原料粉碎后，才进行挤压加工。生产干膨化宠物食品时，通常在挤压加工前先经锤片式粉碎机粉碎，要求粉碎机的筛板孔 1.6 mm 或 2.0 mm。而生产半湿与软膨化宠物食品时，其原料混合物在挤压前所要求的颗粒大小可能较小。若原料混合物中未采用粉状原料，则通常用 20 目（美国标准）筛片过筛。如果成品的外形要求精细或挤压机的模孔较小，如模孔直径小于 3.2 mm，建议先将原料混合物粉碎，使其能通过 20 目筛片。

4. 宠物食品适口性的影响

为了促进宠物采食足量的必需营养物质，保证宠物具有良好的食欲，宠物食品必须具有良好的适口性。宠物食品的适口性受很多因素的影响。其中主要影响因子包括：原料的等级和配方、生产工艺、风味剂的使用。

原料的选择对适口性有着极大的影响。为了生产高质量的宠物食品，在选择配方所需原料时要十分谨慎。宠物食品制造商需要与原料供应商经常沟通，表达清楚自己的需求，定期对供应商进行考核和审计，这是保证高品质原料供应稳定的方式。肉粉、脂肪的品质与新鲜度对适口性有着显著影响，玉米、小麦是否霉变也会让敏感的宠物感受得到。不能单说某一种名称的原料是否具备好的适口性，而应该更多关注这一原料的品质。比如脂肪是一种重要的原料，在烘干的颗粒表面喷涂脂肪既可以增加产品风味，又可作为能量来源。但脂肪极易氧化，喷涂的脂肪须含有较低的游离脂肪酸和过氧化物，没有焦煳味、粪臭味和哈喇味。劣质脂肪会给适口性带来严重的问题。

生产工艺影响着产品的容重、质构、颗粒、大小等,从而对适口性有着显著的影响。预处理过程中对原料的混合和粉碎影响着成品的均匀度和质构。在挤压膨化前进行调质能够大大提高淀粉的糊化程度,还能改善颗粒质地和适口性。膨化的过程中形成了很好的颗粒形状和稳定的密度。猫更喜欢酥脆的口感,犬则能接受较硬的颗粒。干燥的过程影响着宠物食品最终的水分含量。如果水分过高(大于10%),会导致的宠物食品发霉,从而引起宠物拒食、消费者抱怨、产品召回等,会让宠物食品公司付出昂贵的代价。干燥准确率是非常重要的参数,对阻止发生颗粒内部还没有烘干外部已经硬化的现象很重要。

另一个影响宠物粮适口性的重要因素就是宠物食品风味剂的应用,风味剂是一种专门为宠物食品、零食、营养补充剂提供更好口味的复合成分体系。它能保证宠物从所食宠物粮中获得所需的关键营养素,能引诱宠物摄取一些天然食材中无法满足的营养成分。风味剂和宠物粮的配方一样重要,都是核心成分。如果宠物不喜欢吃一种宠物粮,或者宠物主人没有察觉到他们的宠物不喜欢所吃的日粮,不管这种日粮的配方搭配多健康,都会造成宠物营养缺乏,从而造成一系列严重的后果。因此宠物行业的龙头企业在研发上都不惜重金,确保能准确测试宠物粮的适口性。宠物风味剂在全球许多地区都有广泛的使用,在干粮上的使用比例比湿粮上大得多。

5. 可加工性

(1)淀粉类原料 对淀粉类原料进行适当加工可改善宠物食品的消化率。加工的难易程度随淀粉或淀粉类谷物的品种来源不同而变化。玉米与块茎类容易膨化,作为主要淀粉来源时,其宠物食品产品的容重一般较低。相比而言,小麦与稻谷或面粉则需要更大的功率才能使产品获得相似的容重与产量。即使在同一谷物品种内,其可加工性仍存在差异。软质小麦及其副产品要比含蛋白质较多的硬质小麦更容易膨化。

(2)蛋白质原料 未经熟化的油菜籽蛋白质是多数宠物食品的主要成分之一,可部分溶于水。这类蛋白质经挤压系统中的温度、水分及停留时间等条件作用后,将具有延展性,在其细胞结构外形成良好的包膜层,同时因变性而失去水溶性。蛋白质一旦失去水溶性,也就丧失了许多功能特

性,甚至变得没有活性,即难以再现其延展性。所以,许多可用的动物性蛋白质原料因其蛋白质溶解度较低而很少对产品膨化发生作用,甚至有可能阻碍产品的膨化。

许多植物性蛋白质的水溶性较高,这种蛋白质可通过挤压熟化加工成组织化的蛋白质产品。该产品的容重受到挤压过程的控制,这一点与淀粉类原料的容重非常相似。由于原料具有各自不同的可加工性,因此将淀粉类原料与蛋白质类原料混合可生产出各种不同质量的产品。

在挤压膨化期间,如果产品中淀粉类原料含量高,最利于产品的膨化,其次是植物性蛋白质,而动物性蛋白质对膨化则无促进作用,甚至会起阻碍作用。因此,在那些因蛋白质含量高而限制淀粉用量的配方中,淀粉类原料必须是纯淀粉或经严格选择的谷物,只有这样才能保证最佳的膨化。若不能使淀粉含量达到适当膨化所需的水平,则应添加小麦面筋或大豆粉等植物性蛋白质,以便促进膨化。

(3)脂肪或脂类 脂肪或脂类除具有与蛋白质相似的增强食品咀嚼性及韧性的作用外,还具有润滑性与弹性。当脂肪总含量低于8%时,可增强宠物食品的膨化性能,但当脂肪含量高于8%时,则会减弱面团强度与膨化性能,并使产品的质地变软。在生产加工脂肪含量17%以上的高能量宠物食品时,建议在产品干燥冷却后,从外部将脂肪以喷涂的方式添加到产品中。

脂肪来源对膨化率也会产生影响,以特定原料形式提供的脂肪与以纯脂肪或几乎纯脂肪的形式添加的脂肪相比,对膨化的影响小,如以全脂油菜籽提供脂肪对膨化的影响要小于纯菜籽油。

在宠物食品配方中添加0.5%～1%单酸甘油酯,可消除粗糙的表面,减少细粉尘,并使产品具有更明显的形状。另外,单酸甘油酯可与直链淀粉和蛋白质形成复合物,从而使许多膨化产品的黏度降低。

(4)粗纤维 粗纤维中纤维素和半纤维素等物质是食品(原料)中活性相对较差的成分,当其含量占混合物总重的15%以上时,则会减弱产品的膨化性能。

(5)灰分 低灰分原料可改善产品的膨化性能,并减少挤压部件的金属磨损。从营养与健康

的角度,低灰分原料的选择对于生产宠物猫的食品尤为重要。

多数宠物食品配方中都含有纤维素、矿物质、食盐、维生素及增色剂、乳化剂等,这些成分或原料含量的增加会降低产品的膨化性能。

6.挤压加工变量的影响

在宠物食品加工中,与挤压蒸煮系统有关的加工变量对宠物食品质量有很大影响,其中一些重要的加工变量对宠物食品的影响如下。

(1)颗粒大小　宠物食品原料或配方混合物的颗粒大小将影响成品的外观、质量及适口性。例如,当原料含有大量超过 16 目筛孔的颗粒时,会使成品产生较多粉尘,同时可能使淀粉类原料很少发生熟化或糊化,从而降低成品的适口性。

(2)喂料装置　变速喂料装置作为挤压机的配套部分用来调节物料进入挤压机的流量。为使挤压熟化系统达到最佳的效率,有必要对物料的流量进行微调节。若喂料装置设计良好可精确地计量物料流量,在生产条件下精确度可达 ±0.5%。喂料装置的精确度不能小于原料容重的变异。

(3)预调质　预调质是挤压熟化系统中的一个重要工序。可将蒸汽、水、调味剂、增色剂以及其他液体(如脂肪、肉浆与可溶物)加入调质圆筒中,与原料混合物掺和。预调质可以改善产品的风味与组织结构,增加物料进入挤压机的流量。当物料在 80~93℃调质圆筒中的停留时间稍有增加时,就可以明显提高挤压机的处理量及成品的熟化效果,而在同一调质圆筒中,增大蒸汽流量与能量输入则成品也能获得同样好的效果。

(4)熟化　挤压机螺筒内螺杆部件的几何设计或结构具有多变特性。合理的设计或结构,将有助于产生机械剪切力与摩擦,使原料混合物通过挤压机螺筒时,能提供充足的热量来熟化物料或使之糊化,并最终将物料挤出模孔。因此,挤压机螺筒内螺杆部件的设计与结构是重要的加工变量之一。

(5)添加水分　在挤压过程中添加水分对于淀粉糊化、成品风味的形成以及挤压机的处理量与维修费用都有重要的影响。挤压机螺体内低水分物料能增加摩擦阻力,从而需要更大的功率,而

高水分物料则会降低摩擦阻力,提高产量,并减少对挤压机部件的磨损。

(6)挤压机螺筒内的压力　一般取决于压模模孔与物料进入挤压机的流量。压力释放致使水变为蒸汽,从而引起成品膨化。因此,对物料给定模孔的流量进行调节,可有效地控制成品的容重。多数挤压机都装有夹套,热流体(蒸汽或水)可通过夹套循环流动来增加或减少传递给挤压机螺筒内物料的热能,从而利于控制成品的形状与容重。向挤压机螺筒内直接输入蒸汽是提高成品熟化程度的方法之一。

(三)储运中的质量控制

宠物食品在库房中存储时,要码放整齐,避免混料或发错现象发生,保持存储环境的干燥、避光、通风、整洁与卫生。

在运输过程中,要防止雨淋、日晒,避免包装破损,保证产品质量。

三、宠物食品质量管理

(一)相关概念

1.宠物食品质量概念

由于宠物食品的使用价值体现在其具有可食用性,因此,宠物食品质量可定义为:宠物食品满足宠物或宠物主人明确的或隐含的需要的特性。

2.食品质量管理体系

质量管理体系是指企业内部建立的,为保证产品质量或质量目标所必需的、系统的质量活动。它根据企业特点选用若干体系要素加以组合,加强从设计研制、生产、检验、销售、使用全过程的质量管理活动,并予制度化、标准化,成为企业内部质量工作的要求和活动程序。

(二)宠物食品质量管理的重要性

(1)搞好宠物食品质量管理有助于保障宠物机体健康。

(2)搞好宠物食品质量管理是提高宠物食品工业产品竞争力的重要手段。

(3)搞好宠物食品质量管理有助于提高宠物食品工业企业的经济效益。

(4)搞好宠物食品质量管理有助于提高我国宠物食品在国际市场上的竞争力。

（三）宠物食品质量管理的意义

随着人们生活水平的提高,宠物主人对宠物食品的要求也越来越高,宠物食品的安全性受到了更加广泛的关注。动物性原料必须经兽医部门批准并符合宠物食用的标准。宠物食品生产商首先要保证宠物食品的质量安全,宠物食品未来的发展可期,但优质、安全和达到营养标准仍是人们关注的主题。今天,人们对功能性宠物食品仍有争议,虽然功能性新产品不断推出,但由于欧洲对食品添加剂的使用没有美国那样普遍,因此,消费者可能不太愿意使用功能性添加剂饲喂宠物,而其他许多宠物保健食品或许更受欢迎,包括适口性好、功能性强、确实能改善宠物体质的产品及天然食品。

宠物主人对宠物食品怀有不同的期待,其中最主要的就是宠物食品是否安全、有充足的营养和能使宠物更健康等,这些是至关重要的。其中宠物食品的安全和宠物食用之后是否健康是很多消费者认为最重要的主题,对那些不惜花费大量金钱购买优质产品的消费者来说尤其如此。即使那些不那么看重健康因素的顾客也会给其宠物饲喂某种特殊的产品,期待在喂宠物时能感受到它们的愉悦;还有些宠物主人则主要对购买经济型产品感兴趣,但仍然对宠物食品的安全性和健康性有标准方面的要求。因而,对宠物食品的质量安全进行必要的管理和规定,不仅对于宠物的健康十分重要,而且对于消费者可以放心地饲养宠物具有重要的意义。

（四）宠物食品的质量标准

目前我国现行的宠物食品国家标准有《全价宠物食品 犬粮》(GB/T 31216—2014)、《全价宠物食品 猫粮》(GB/T 31217—2014)、《宠物食品 狗咬胶》(GB/T 23185—2008)、《出口宠物食品检验检疫规程 狗咬胶》(SN/T 1019—2017)、《进境宠物食品检验检疫监管规程》(SN/T 3772—2014)、《出口宠物食品检验检疫监管规程 第 2 部分:烘干禽肉类》(SN/T 2854.2—2012)、《出口宠物食品检验检疫监管规程 第 1 部分:饼干类》(SN/T 2854.1—2011)等。农业农村部在 2018 年发布了包括《宠物饲料管理办法》《宠物饲料生产企业许可条件》等 6 个相关规范性文件。2020 年,《宠物饲料标签规定》正式执行,这一规定规范了原料、配料、添加剂的说明和含量,提出美毛、去泪痕等功能性描述需具备证明材料。

全价宠物食品的质量标准,主要包括感官指标、水分指标、加工质量指标、营养指标和卫生指标。

(1)感官指标 主要指色泽、气味、口感和手感等,这些指标可对原料及成品进行初步鉴定。

(2)水分指标 含水量一般要求北方不超过14%,南方不超过 12%。

(3)加工质量指标 检测项目有产品的混合均匀度、粉碎粒度、杂质含量、颗粒的硬度、粉化度及糊化度等。

(4)营养指标 主要包括能量、粗蛋白质、粗纤维、钙、磷、盐、必需氨基酸、维生素及矿物质元素等。

(5)卫生质量指标 主要检测有毒有害物质及微生物等,如重金属砷、铅、汞等,以及农药残留、黄曲霉毒素等。

饲料质量标准及法规的实施,可使其生产、加工、销售、运输、贮存和使用都在监督之下,禁止使用不安全的原料,可确保动物健康。

标准化工作是一项复杂的系统工程,标准为适应不同的要求从而构成一个庞大而复杂的系统,为便于研究和应用,人们从不同的角度和属性将标准进行分类。

(1)根据适用范围分 根据《中华人民共和国标准化法》(以下简称《标准化法》)的规定,我国标准分为国家标准、行业标准、地方标准和企业标准4 类。

这 4 类标准主要是适用范围不同,不是标准技术水平高低的分级。

(2)根据法律的约束性分 可分为强制性标准、推荐性标准、标准化指导性技术文件。

(3)根据标准的性质分 可分为技术标准、管理标准、工作标准。

(4)根据标准化的对象和作用分 可分为基础标准、产品标准、方法标准、安全标准、卫生标准、环境保护标准。

这 4 种标准分类法的关系如图 4-13 所示。

以上每一种方法之一的标准共同组合成一项标准,如国际单位制(SI)为强制性的基础技术国家标准。因此,4 种方法共可组成2×4×3×6项标准。

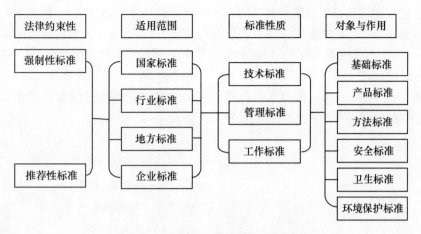

图 4-13　不同标准分类法关系示意图

(五)宠物食品质量管理的作用

1.有助于保障宠物的健康

宠物食品生产的流通环节比较多,如不注意加强质量管理,保证宠物食品卫生,很容易造成宠物食品污染,从而危害宠物健康。搞好宠物食品质量管理,可以预防、减少食物中毒和食源性疾病的发生,有助于保障宠物健康。

2.是提高宠物食品企业产品竞争力的重要手段

宠物食品企业产品能否占有市场,具有较强的竞争力,基本上取决于产品的质量状况。

3.有助于提高宠物食品企业的经济效益

搞好宠物食品质量管理,有助于减少生产过程中的损失和浪费,减少原材料、动力和工时的消耗,降低产品的成本,从而提高劳动生产率。用比较少的消耗生产出更多更好的宠物食品,尽快占有市场,易于销售,从而缩短库存时间,加速资金周转,同时还能不断提高宠物食品生产企业的经济效益。

4.有助于国际贸易的进行

加强宠物食品质量管理有助于企业按国际通用标准生产出高质量的产品。海关等部门依照我国的法规对进出口宠物食品质量和安全进行严格管理,对保护我国人民的健康是必不可少的。一方面,我们要加强品质质量管理,提高出口宠物食品质量,促进宠物食品出口;另一方面,我们也要提高检测检验水平,提供有利的质量保证,推动宠物食品的出口。

(六)宠物食品质量管理的基本措施

从事宠物食品的生产时,从原料到运输到加工检测再到包装的整个链条都容不得一丝马虎。而合格的原料是保证产品质量的基础和关键。企业选料的工厂必须是在检验检疫部门注册备案的工厂,在硬件、软件上都要达到一定标准。企业的质量控制模式要严格按照检验检疫部门的要求,安排专门的人员对全国各地的原材料市场进行调研,考察原料厂家的环境、卫生、生产能力等一系列的硬件条件,要求每一批原料在进厂时必须出具检验合格证、运输车辆消毒证,并派专人检验合格后方可入库。在对原料厂家的管理上,应参照检验检疫部门日常监管的方式对原料供应商进行定期评价,根据评价结果确定保持供应商或更换供应商,如果原料在验收时出现问题,立即封存原料,停止供应商供货资格。

为配合检验检疫的要求,企业对每一批产品的加工工序都要进行监控,严格控制生产过程中的温度、细菌等各项指标,定时将相应的监控记录进行备案。出厂的每一份产品都必须通过金属探测仪的测试,对不合格产品的生产时间和数量进行记录后再实施销毁,绝不能让问题产品流出厂外。在出运前,检验检疫部门要对产品按规定进行采样并送实验室检测,确保没有问题后才可放行。

企业要在检验疫部门的指导下进行 ISO 9000、ISO 14000 质量体系认证及 HACCP 系统认证和卫生登记备案,这些都是企业在国际市场制胜的法宝。GMP、HACCP 系统和 ISO 9000 标

准系列都是行之有效的食品卫生与质量控制的保证制度和保证体系。GMP 是食品企业自主性质量保证制度，是构筑 HACCP 系统和 ISO 9000 标准系列的基础，HACCP 系统是在严格执行 GMP 的基础上通过危害风险分析，在关键点实行严格控制，从而避免生物的、化学和物理的危害因素对食品的污染。ISO 9000 标准系列是更高一级的管理阶段，包含了 GMP 和 HACCP 的主要内容，体现了系统性和法规性，已成为国际通用的标准和进入欧美市场的通行证。这些保证制度和体系已被实践证明对确保食品卫生与安全是行之有效的。

【项目总结】

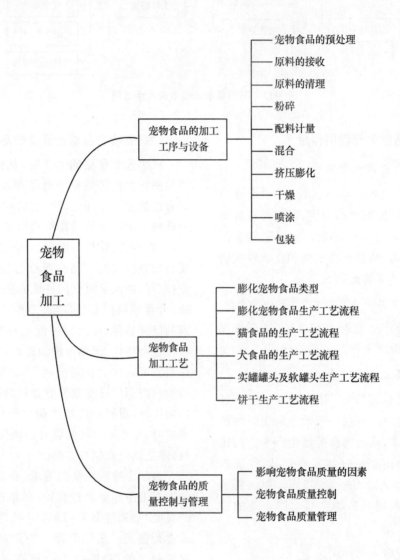

项目五

宠物食品品质检验

【项目描述】

宠物是人类的朋友,宠物食品的质量关乎宠物的健康。宠物食品生产企业的品管员和化验员承担着企业的原料采购、宠物食品生产和成品的监督检验、宠物食品质量控制等工作。本项目包括宠物食品质量检测的基本内容与方法、样品的采集与制备及实验室测定宠物食品中常规养分含量等任务。

【知识目标】

- 掌握宠物食品品质检验的内容和方法。
- 掌握宠物食品常规养分含量测定的原理。
- 掌握分析化学基本知识与实验仪器的基本操作要求。

【技能目标】

- 能够依据检验要求正确安装和调试所需仪器设备。
- 能快速和准确地检测宠物食品常规养分含量,撰写品质检验报告单。

【思政目标】

- 认真记录检测数据,培养严谨务实的态度,提高分析问题、处理问题的能力。
- 宠物食品常规养分含量检测过程中,规范使用仪器设备及试剂,提高安全意识。

任务 5-1 宠物食品质量检测的基本内容与方法

【任务描述】随着社会的变化发展,宠物饲养被赋予更多的陪伴和社交等社会功能,我国宠物饲养的数量不断增加,宠物消费展现出巨大潜力。广阔的市场前景,让一些不良商家看到了牟利商机,宠物食品安全问题也越来越突出。宠物食品质量检测,可以帮助宠主轻松得知宠物食品的质量状况。宠粮食品质量的好坏直接影响着宠物及其主人的安全与健康。通过学习,理解宠物食品质量检测的重要意义,了解宠物食品质量检测的基本内容与方法,为进行宠物食品原料或成品质量检测奠定基础。

随着人们对宠物食品需求日益增加,宠物食品工业正在迅速兴起,生产厂家繁多,产品类型各异,但是产品的质量差异很大。许多工厂和部门还未建立必要的品质检验和质量分析实验室,缺乏必要的分析检验手段与化验设备,缺少基本的检验队伍,缺乏对原料、生产工艺、成品的质量监督与控制,致使市场流通的产品质量不高、合格率低。此外,在宠物食品中还发现了违规违禁药物、激素等添加剂,难以保证宠物产品的质量及宠物的安全。因此,正确有效地进行宠物食品的质量检测,对于加强生产管理,提高宠物食品的质量,监督执行国家制定的相关质量标准具有重要的指导作用。

正确有效地进行宠物食品分析检验工作,可以达到如下5个方面的主要目的。

(1)检验原料成分是否符合国家标准、行业标准、企业标准或合同要求。

(2)有助于控制并改进宠物食品成品或半成品的加工工艺与制造方法。

(3)校准计算机配方的成分理论计算值与实际化验分析值的差异。

(4)指导选择宠物食品原料或宠物食品添加剂供应货源及供应厂商。

(5)指导宠物饲养者科学合理地使用宠物食品原料、成品及半成品。

但是,宠物食品的质量检测工作必须审慎、有根据地进行,做到"有的放矢"和"行之有效"。如果漫无目的地不加分析考察,不进行正确有效地宠物食品的检测方案和步骤设计,不论何种原料或产品都进行全面的分析检测,不仅浪费人力、财力,同时也由于项目过多过杂,抓不住宠物食品分析检测要解决的关键问题,达不到有效地进行质量控制的目的。

一、实验室检测

宠物食品实验室检测的一般程序和方法如下。

(1)明确进行检验的目的。

(2)明确必须分析检验的项目。

(3)确定进行项目分析检测的检测方法(感官法、物理法、化学法、微生物法、饲养实验法)。

(4)分析比较结果,看是否达到检验的目的。

(5)提交检验报告和其他检验相关文件。

二、实验室评价新食品原料及产品的步骤

宠物食品是宠物所需要营养物质的来源,是维系宠物生命活动、生产活动及构成宠物体的物质基础。在合理利用现有宠物食品原料资源的同时,也要积极开发新产品。新食品原料包括创新的原料或产品时,不可仅以简单的饲养实验便对其价值下结论。为了科学和经济地配制宠物食品,充分满足宠物对各种营养物质的需要,以充分调动宠物的身体素质,在实验室中必须进行以下步骤,逐项评鉴其价值。

1.感官性评价

宠物食品含有50种以上养分和非营养性添加剂,因此,对宠物食品营养全面性的控制要比对人类食物营养的控制更为严格。宠物食品的感官评价是最基本的必要的内容。

2.安全性评价

安全性是任何宠物食品和原料在应用之前的先决条件,经过国家饲料质量监督检验部门评价后,食品(原料)所含有的毒害物质一定要在允许范围之内。毒性来源包括原料本身毒性、有机磷和有机氯农药残留、氢氰酸、亚硝酸盐、黄曲霉毒素、杀虫剂、消毒剂、化学药剂、重金属等天然毒素与污染毒物。

3.化学成分分析

这是评价宠物食品潜在养分价值的重要步骤。成分分析资料可以让营养学专家判断原料的适用对象,预测可供利用的养分,并设计较完整的配方进行实验。比较重要成分资料包括水分、食品总能、粗蛋白质、氨基酸、粗脂肪、中性洗涤纤维、酸性洗涤纤维、脂肪酸组成(高脂原料才需要)、粗灰分、钙、磷、钠、氯、植酸磷、糖及淀粉等。

4.饲养实验分析

(1)了解宠物对食品接受性情况,日粮中逐渐增加使用比例,以测出用量限制范围。

(2)观察和分析食品外观、质地、加工等对适口性及粪便的影响。

(3)观察和分析食品对宠物生长、毛发发育、

骨骼生长、宠物情绪等的影响。

（4）消化率或代谢率的测定。这是一项相当重要但是常被忽略的重要步骤，测定结果可以被用来印证我们的预测及判断。这个步骤主要是算出能量及氨基酸消化率。

食品进入宠物消化道后，经物理的、化学的及微生物的作用后，大分子的食品颗粒被逐渐降解为简单的分子，并被宠物肠道吸收，这就是宠物消化的过程。

宠物食入某食品的养分含量减去粪中排出的该养分含量，即称为可消化养分含量。通常用消化率来表示食品养分被消化吸收的程度。

三、广泛性生产验证

目前，我国对宠物食品产品的检验项目及广泛性验证周期尚无统一规定，根据饲料工业企业多年来的实际操作实践，主要归纳为以下几类检验形式，供参考。

1.出厂检验项目

感官指标、水分、粗蛋白质、粉料成品粒度、挤压膨化食品含粉率为每批出厂检验项目。

2.形式检验项目

（1）钙、总磷、盐分每15 d检测1次。

（2）粗纤维、粗脂肪、粗灰分每季度检测1次。

（3）均匀度每半年检测1次。

（4）卫生指标每年检测1次。

3.判定规则

（1）卫生指标中有1项不合格，则该批产品即为不合格，并不得复检。

（2）感官指标、水分、粗蛋白质、钙、总磷、粗纤维、粗脂肪、粗灰分、混合均匀度为判定合格的指标，检验中有不合格项目，应重新取样进行复检，经复检仍有1项不合格者，即为不合格。干膨化食品含粉率、盐分为参考指标，必要时可按本标准检验或验收。

（3）检测与仲裁判定各项指标合格与否时，必须考虑检验项目分析允许误差。

四、宠物市场的监督管理与检疫解决措施

宠物市场兽医卫生监督管理与检疫在公共卫生和畜牧业养殖中有着重要意义。鉴于目前宠物市场监督管理工作还较为薄弱，很有必要加强。

1.要建立宠物交易市场

养宠热促进了宠物市场的繁荣。宠物饲养已开始向产业化、规模化方向发展，它不仅带动相关产业的发展，也为不少饲养者或养殖企业提供了致富的途径。但是，目前宠物市场还处于一种自发组成状态，属于一种游击性质的无序交易的"地下"市场，对公共卫生、社会环境造成威胁。为解决宠物市场目前的混乱局面，有必要建立一个合法有序的交易市场。

2.要进行宠物市场检疫

要制订严格的检疫制度，促使防疫制度的建立，形成完善的兽医卫生管理体系。派出具有检疫资格的检疫人员，对宠物市场、家庭宠物进行全面检疫。抓紧完善关于宠物检疫的一些法定项目、标准和技术参数，制订切实可行的宠物检疫操作规程，为宠物检疫工作的完善打好基础。

3.应加强地方法规建设

应尽快制订为本地相适应的且行之有效的法规政策，规范城市居民在人口密集区饲养各种宠物的行为。随着城市文明建设的推进及社区制度的完善发展，要对宠物的饲养、防疫实行社区登记管理制度，完善城市居民饲养宠物的管理制度和防疫制度，确保不出现疫情。

落实宠物的防疫制度是宠物饲养业（者）利益的体现。因此，必须加强宠物市场及家庭宠物疫病防治、兽医卫生监督管理。防检结合，以检疫促防疫，搞好疫病防治、免疫接种、驱虫等工作。

把好检疫关，落实宠物检疫工作，其关键是检疫要扎实过硬，依法检疫，强制免疫。目前，实行免疫证制度是较为可行的也是较为科学规范的制度。宠物饲养者要凭免疫证换取国家统一制定的检疫证明方可进行的其他活动，使宠物防疫工作全面、普及地开展起来。检疫部门要掌握本地动物疫病、寄生虫病流行与防治情况，作为宠物检疫的重要参考依据，尤其是传染病、寄生虫病长期流行地区，更应引起高度重视。

4.加强宣传力度

经常性地向群众宣传兽医卫生知识，提高群众公共卫生及自我保护意识。随意饲养、收购未

经检疫的宠物及乱扔动物尸体,会给人类、社会带来严重的危害。在城乡集贸市场、交易市场要做好宠物交易过程中的宠物检疫工作,对未进行过免疫接种或免疫过期的要进行补充免疫。对经过防疫接种的宠物,要发放免疫证、牌作为该宠物的档案,要一宠一证,有据可查,有源可寻,有主可找。

让人们更多地了解宠物与人之间的利害关系,更多地了解人宠共患病的常识和《中华人民共和国动物防疫法》的内容,使其从法律的高度认识宠(动)物防疫的目的和意义,自觉培养防疫意识,以更好地维护健康文明的生活。

任务 5-2　样品的采集和制备

【任务描述】 样品是待检宠物食品原料或产品的一部分。从待测宠物食品原料或产品中按规定采集一定数量、具有代表性样品的过程称为采样。将样品经过干燥、磨碎和混合处理,以便进行理化分析的过程称为样品的制备。样品采集是宠物食品品质分析中的第一步,也是最重要的一个环节,必须加以重视。学生通过学习,学会科学合理地采样,正确制备与保存样品,为进行宠物食品原料或成品检测化验奠定坚实基础。

从受检的宠物食品或原料中,按规定抽取一定数量具有代表性的部分,称为样品。样品一般分为原始样品、平均样品和试验样品。

1. 原始样品

从一批受检的宠物食品或原料中最初抽取的样品,称为原始样品。原始样品一般不少于 2 kg。

2. 平均样品

将原始样品按规定混合,均匀地分出一部分,称为平均样品。平均样品一般不少于 1 kg。

3. 试验样品

平均样品经过混合分样,根据需要从中抽取一部分,用作试验室分析,称为试样样品。

采集样品的过程叫采样。在某种程度上可以说采样比分析更重要。要求采集的样品具有代表性。

一、样品的采集

(一)样品采集的目的与要求

1. 样品采集的目的

采样的根本目的是通过对样品理化指标的分析,客观反映受检宠物食品原料或产品的品质。

样品的分析结果有不同的用途。对宠物食品工业而言,采样影响着许多方面的决策,并且这种影响面很广泛,具体表现在以下几个方面。

(1)为宠物食品配方选择原料。

(2)选择宠物食品原料供应商。

(3)接收或拒收某种原料。

(4)判断产品的质量是否符合规格要求和保证值,以决定产品出厂后仲裁买卖双方的争议。

(5)判断宠物食品加工程度和工艺控制质量。

(6)分析保管贮存条件对原料和产品质量的影响程度。

(7)保留每一批宠物食品原料或产品的样品,以备急需时用。

(8)分析测定方法的准确性和实验室或人员之间操作误差的比较。

由权威实验室仔细分析化验的样品可作为标准样品。将标准样品均匀分成若干平行样品,分别送往不同实验室或人员进行分析,比较不同实验室或人员测定结果的差异,用于校正或确定某一测定方法或某种仪器的准确性,规范实验分析操作规程,提高分析人员的操作水平。

2. 样品采集的要求

(1)样品必须具有代表性　受检宠物食品的容积和质量往往都很大,而分析时所用样品仅为其中的很小一部分,所以样品采集的正确与否决定分析样品的代表性,直接影响分析结果的准确性。因此,在采样时,应根据分析要求,遵循正确的采样技术,并详细注明宠物食品样品的情况,使采集的样品具有足够的代表性,让因采样引起的误差减至最低限度,使所得分析结果能为生产实际所参考和应用。否则,如果样品不具有代表性,即使一系列分析工作都非常精密、准确,无论分析了多少个样品的数据,其意义都不大,有时甚至会得出错误结论。事实上,实验室提交的分析数据不可能优于所采集的样品。

(2)必须采用正确的采样方法　正确的采样应该从具有不同代表性的区域取几个采样点,然后把这些样品充分混合成为整个宠物食品的代表样品,然后再从中分出一小部分作为分析样品用。采样过程中,做到随机、客观,避免人为和主观因素的影响。

(3)样品必须有一定的数量　不同的宠物食品原料和产品要求采集的样品数量不同,主要取决于以下几个因素。

①宠物食品原料和产品的水分含量高,则采集的样品应多,以便干燥后的样品数量能够满足各项分析测定要求;反之,水分含量低,则采集的样品可相应减少。

②宠物食品原料或产品的原料颗粒大、均匀度差,则采集的样品应多。

③同一样品的平行样品数量越多,则采集的样品数量就越多。

(4)采样人员应有高度的责任心和熟练的采样技能　采样人员应明白自己是宠物食品企业管理及产品质量的"眼睛",要具有高度的责任心。在采样时,认真按操作规程进行,不弄虚作假和谋取私利,及时发现和报告一切异常的情况。

采样人员应通过专门培训,具备相应技能,经考核合格后方能上岗。

(5)重视和加强管理　主管部门、权威检测机构和宠物食品企业必须高度重视采样和分析工作,加强管理。管理人员必须熟悉各种原料、加工工艺和产品;对采样方法、采样操作规程和所用工具作相应规定;给采样人员提供培训和指导。

(二)样本采集的工具

采样工具有很多,但必须符合要求:①能够采集宠物食品中任何粒度的颗粒,无选择性;②对宠物食品样品无污染,如不增加样本中微量金属元素的含量或引入外来生物及霉菌毒素。目前常使用的采样工具主要有以下几种。

1.探针采样器

探针采样器也叫探管或探枪,是最常用的干

物料采样工具。其规格有多种,有带槽的单管或双管,具有锐利的尖端,如图5-1。

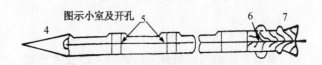

1.外形套管　2.内层套管　3.分隔小室　4.尖顶端
5.小室间隔　6.锁扣　7.固定木柄

图5-1　探针采样器

2.锥形袋式采样器

该种取样器是用不锈钢制作的,特点是具有一个尖头锥形体和一个开启的进料口(图5-2)。

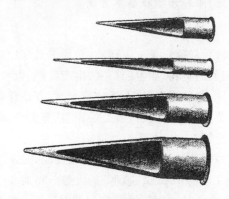

图5-2　锥形袋式采样器

3.液体采样器

(1)空心探针　实际上是一个镀镍或不锈钢的金属管,直径为25 mm,长度为75 mm,管壁有长度为715 mm,宽度为18 mm的孔,孔边缘圆滑,管下端为圆锥形,与内壁成15°角,管上端装有把柄。常用于桶和小型容器的采样。

(2)炸弹式或区层式采样器　炸弹式采样器(图5-3)为密闭的圆柱体,可用做散装罐的液体采样,能从贮存罐的任何指定区域采样。当到达贮罐底部时,一个阀提起,如果在中间的深度取样时,它可由一根连在该阀柱塞上的绳子手动提起。

图 5-3　炸弹式液体取样器

4.自动采样器

自动采样器可安装在宠物食品生产企业的输送管道、分级筛或打包机等处,能够定时、定量采集样品。自动采样器适合于大型生产企业,其种类很多,根据物料类型和特性、输送设备等选择使用。

5.其他采样器

剪刀(或切草机)、刀、铲、短柄或长柄勺等也是常用的采样器具。

(三)采样步骤和基本方法

1.采样步骤

(1)采样前记录　采样前,必须记录与原料或产品相关的资料,如生产厂家、生产日期、批号、种类、总量、包装堆积形式、运输情况、贮存条件和时间、有关单据和证明、包装是否完整、有无变形、破损、霉变等。

(2)原始样品采集　也叫初级样品,是从生产现场如田间、仓库、试验场等的大量分析对象中最初采取的样品。原始样品应尽量从大批(或大数量)原料或大面积牧地上,按照不同的部位即深度和广度来分别采取一部分,保证每一小部分的成分与其全部的成分完全相同,然后混合各小部分而成。原始样品一般不少于 2 kg。

(3)次级样品　也叫平均样品,是将原始样品混合均匀或简单剪碎混合,从中取出的样品。平均样品一般不少于 1 kg。

(4)分析样品　也叫试验样品,次级样品经过粉碎、混匀等制备处理后,从中取出的一部分即为分析样品,做样品分析用。分析样品的数量根据分析指标和测定方法要求而定。

2.采样基本方法

虽然采样的方法随不同的物料而不同,但一般来说,采样的基本方法有两种,即几何法和四分法。

(1)几何法　几何法是指把整个一堆物质看成一种有规则的几何体,如立方体、圆柱体、圆锥体等。取样时先将该立体分为若干体积相等的部分(虽然不便实际操作,但至少可以在想象中将其分开),这些部分必须在全体中分布均匀,而不只是在表面或只是在一面。从这些部分中取出体积相等的样品,称之为支样,将这些支样混合后即为"初级、次级、三级……"等样品,然后由最后一级样品中制备分析用样品。

(2)四分法　四分法是指将样品平铺在一张平坦而光滑的方形纸或塑料布、帆布、漆布等上(大小视样本的多少而定),提起一角,使物料流向对角,随即提起对角使其流回。将四角轮流反复提起,使物料反复移动混合均匀,然后将物料堆成等厚的正方体或圆锥,用药铲、刀子或其他适当器具,从中划一"十"字或以角线相连接,将样本分成4等份,任意除去对角的 2 份,将剩余的 2 份,如前述混合均匀后,再分成 4 个等份。重复上述过程,直至剩余样本数量与测定所需的用量相接近时为止。四分法示意图如图 5-4 所示。

四分法常用于小批量样品和均匀样品的采样或从原始样品中获取次级样品和分析样品。也可采用分样器或四分装置代替上述手工操作。如常用的锥形分样器(图 5-5)和具备分类系统的复合槽分样器(图 5-6)。对粉末状、均匀度高的样品,可直接通过四分法采集分析样品,一般 500 g 左右。对颗粒大、均匀度不好的原料,可通过四分法从原始样品中采集次级样品。次级样品至少在 1 kg 左右。

①将均匀样品堆成圆锥形

②平铺成圆堆

③分成四等份

④移去对角,缩分

图 5-4　四分法示意图

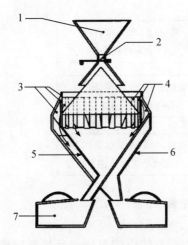

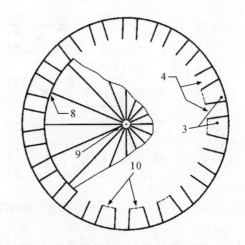

1.加料斗　2.截断阀门　3.通向外斗的槽　4.通向内斗的槽　5.内斗　6.外斗
7.容器　8.圆锥底　9.圆锥顶　10.与圆锥底相连的槽

图 5-5　锥形分样器

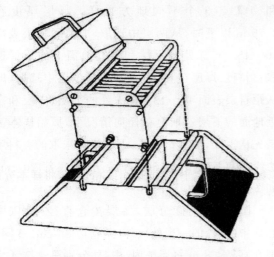

图 5-6　具备分类系统的复合槽分样器

对于不均匀的原料如各种块根块茎类原料、动物胴体等,则需要几何法与四分法结合起来反复使用,使用的次数随原料体积的大小和不均匀性质的情况而定。

（3）分样器法　采用槽式分样器进行缩分可省去混匀步骤。槽式分样器的内部并排焊接着一些隔板,这些隔板形成几个一左一右交替开口的隔槽,试样倒入后,分别由槽底两侧的开口流出,从而形成两等份试样。分样器的槽口越窄,缩分的准确性越高,但要保证试样不堵塞隔槽。

（四）不同原料样品的采集

不同物料样品的采集因原料或产品的性质、状态、颗粒大小或包装方式不同而异。

1.粉状和颗粒原料

（1）散装　散装的原料应在机械运输过程中的不同场所(如滑运道、传送带等处)取样。如果在机械运输过程中未能取样,则可用探针取样,但应避免因原料不匀而造成的错误取样。

取样时,用探针从距边缘 0.5 m 的不同部位分别取样,然后混合即得原始样品。取样点的分布和数目取决于装载的数量,见图 5-7。也可在卸车时用长柄勺、自动选样器或机器选样器等,间隔相等时间,截断落下的料流取样,然后混合得原始样品。

（2）袋装　用抽样锥随意从不同袋中分别取样,然后混合得原始样品。每批采样的袋数取决于总袋数、颗粒大小和均匀度,有不同的方案,取袋数量至少为总袋数的 10%,也可以按以下公式计算出。

$$取样袋数 = \sqrt{\frac{总袋数}{2}}$$

中小颗粒原料如玉米、小麦等取样的袋数不少于总袋数的 5%。粉状原料取样的袋数不少于总袋数的 3%。总袋数在 100 袋以下,取样不少于 10 袋,每增加 100 袋需增加 1 袋。取样时,用口袋探针从口袋的上下两个部位采样,或将袋平放,将探针的槽口向下,从袋口的一角按对角线方向插入袋中,然后转动取样器柄使槽朝上,抽出探针,取出样品。

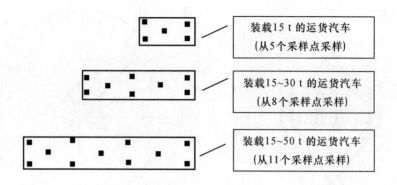

| 装载15 t 的运货汽车（从5个采样点采样） |
| 装载15~30 t 的运货汽车（从8个采样点采样） |
| 装载15~50 t 的运货汽车（从11个采样点采样） |

图 5-7　不同运载量的散装料取样示意图

大袋的颗粒物料在采样时,可采取倒袋和拆袋相结合的方法取样,倒袋和拆袋的比例为1∶4。倒袋时,先将取样袋放在洁净的样布或地面上,拆去袋口缝线,缓慢地放倒,双手紧握袋底两角,提起约 50 cm 高,边拖边倒,至 1.5 m 远全部倒出,用取样铲从相当于袋的中部或底部取样,每袋各点取样数量应一致,然后混匀。拆袋时,将袋口缝线拆开 3～5 针,用取样铲从上部取出所需样品,每袋取样数量一致。将倒袋和拆袋采集的样品混合即得原始样品。

一种方法是在原料进入包装车间或成品库的流水线或传送带上、贮塔下、料斗下、秤上或工艺设备上采取原始样本。具体方法:用长柄勺、自动或机械式采样器,间隔时间相同,截断落下的物料流。间隔时间应根据产品移动的速度来确定,同时要考虑到每批选取的原始样本的总量。对于饲料级磷酸盐、动物性食品原料和鱼粉应不少于2 kg,而其他原料则不低于 4 kg。另一种是针对贮藏在原料库中的散装产品的原始样本的选取。方法是按高度分层采样,即采样前将层表面划分为六个等分,在每一部分的四方形对角线的四角和交叉点 5 个不同地方采样。料层厚度在0.75 m 以下时,从两层中选取,即从距料层表面10～15 cm 深处的上层和靠近地面上的下层选取;当料层厚度在 0.75 cm 时,从三层中选取,即从距料层表面 10～15 cm 深处的上层、中层和靠近地面的下层选取。在任何情况下,原始样本都是先从上层,然后是中层,下层依次采取的。料堆边缘的点应距边缘 50 cm,底层距底部 20 cm。如图 5-8。

圆仓:按高度分层,每层按仓直径分内(中心)、中(半径的一半处)、外(距仓边 30 cm)3 圈。圆仓直径<8 m 每层按内、中、外分别采 1、2、4 个点,共 7 个点采样。直径>8 m,每层按内、中、外分别设 1、4、8 个点,共 13 个点(图 5-9)。

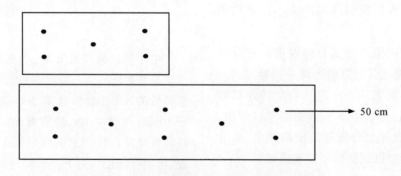

50 cm

图 5-8　贮藏在原料库中的散装料取样示意图

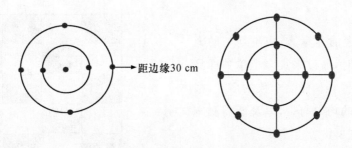

图 5-9 圆仓采样部位示意图

2.液体或半固体原料

（1）液体原料 桶或瓶装的植物油等液体原料应从不同的包装单位（桶或瓶）中分别取样，然后混合。取样的桶数如下：7 桶以下，取样桶数不少于 5 桶；10 桶以下，取样桶数不少于 7 桶；10~50 桶，取样桶数不少于 10 桶；51~100 桶，取样桶数不少于 15 桶；101 桶以上，按不少于总桶数的 15%桶取样。

取样时，将桶内原料搅拌均匀（或摇匀），然后将空心探针缓慢地自桶口插至桶底，然后堵压上口提出探针，将液体原料注入样品瓶内混匀。

对散装（大池或大桶）的液体原料按散装液体高度分上、中、下三层分层布点取样。上层距液面约 40 cm 处，中层设在液体中间，下层距池底 40 cm 处，三层采样数量的比例为 1∶3∶1（卧式液池、车槽为 1∶8∶1）。采样时，用液体取样器在不同部位采样，并将各部位采集的样品进行混

合，即得原始样品。原始样品的数量取决于总量，总量为 500 t 以下，应不少于 1.5 kg；500~1 000 t，不少于 2.0 kg；1 001 t 以上，不少于 4.0 kg。原始样品混匀后，再采集 1 kg 做次级样品备用。

（2）固体油脂 对在常温下呈固体的动物性油脂的采样，可参照固体原料采样方法，但原始样品应通过加热融化混匀后，才能采集次级样品。

（3）黏性液体 黏性浓稠原料如糖蜜，可在卸料过程中采用抓取法，即定时用勺等器具随机采样。原始样品数量 1 t 应至少采集 1 L。原始样品充分混匀后，即可采集次级样品。

3.块饼（粕）类

块饼（粕）类原料的采样依块饼的大小而异。大块状原料从不同的堆积部位选取不少于 5 大块，然后在每块中切取对角的小三角形（图 5-10），将全部小三角形块锤碎混合后得到原始样品，然后按"四分法"取分析样品 200 g 左右。

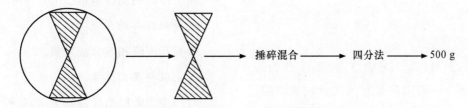

图 5-10 块饼（粕）饼类原料采样示意图

小块的油粕，要选取具有代表性的饼片数，至少 1 t 取 10 片（25~50 片），粉碎混合后得原始样品，然后按"四分法"取分析样品 200 g 左右。

4.副食及酿造加工副产品

此类原料包括酒糟、醋糟、粉渣和豆渣等。取样方法是：在贮藏池、木桶或贮堆中分上、中、下

三层取样。视池、桶、堆的大小每层取 5~10 个点，每点取 100 g 放入瓷桶内混合后得原始样品，然后从中随机取分析样品约 1 500 g，用 200 g 测定其初水分，其余放入大瓷盘中，在 60~65℃恒温干燥箱中干燥供制风干样品用。

对豆渣和粉渣等含水较多的样品，在采样过程中应注意避免汁液损失。

5.根茎及瓜果类

这类原料的特点是含水量大,由不均匀的大体积单位组成。采样时,通过采集多个单独样品来消除每个个体间的差异。样品个数的多少,根据样品的种类和成熟的均匀与否,以及所需测定的营养成分而定,见表5-1。

表5-1　根茎及瓜果类的取样数量

种类	个数
一般的块根、块茎原料	10～20
马铃薯	50
胡萝卜	20
南瓜	10

采样时,从田间或贮藏室内随机分点采取原始样品 15 kg,按大、中、小三类分堆称重求出比例,按比例取 5 kg 次级样品。先用水洗干净,洗涤时注意不得损伤样品的外皮,洗净后用清洁的布拭去表面的水分。如果个体太大,应采取对角采样法,从块根的顶部至根部纵切具有代表性的对角 1/4、1/8、1/16……直至适量的分析样品,迅速切碎后混合均匀,取 300 g 左右测定初水分,其余样品平铺于洁净的瓷盘内或用线串联置于阴凉通风处,风干 2～3 d,然后在 60～65℃恒温干燥箱中烘干备用。

6.新鲜青绿原料

新鲜青绿原料包括天然牧草、蔬菜类、作物的茎叶和藤蔓等。一般取样是在天然牧地或田间,在大面积的牧地上应根据牧地类型划区分点采样(图5-11)。每区选 5 个以上的采样点,每点 1 m²的范围,在此范围内离地面3～4 cm处割取牧草,除去不可食草,将各点原始样品剪碎,混合均匀后取分析样品 500～1 000 g。栽培的青绿原料应视田地面积的大小按上述方法等距离分点,每点采 1 至数株,切碎混合后取分析样本。此法也适用于水生饲料,但应注意采样后要晾干样品外表游离水分,然后切碎取分析样品。

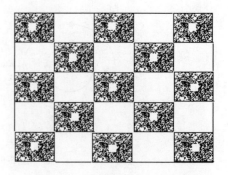

图 5-11　草地及田间采样示意图

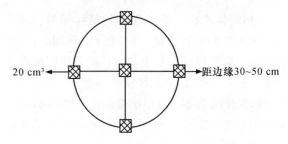

20 cm³　　距边缘30～50 cm

图 5-12　圆形青贮窖采样部位示意图

二、样品的制备

(一)风干样品的制备

风干样品指自然含水量不高的饲料,一般含水量在 15% 以下,例如晒干的玉米、小麦等作物籽实、糠麸、青干草、鱼粉、贝壳粉、配合饲料等。

风干样品的制备包括 3 个过程。

1.原始样品的采集

按照几何法和四分法采集。

2.次级样品的采集

对不均匀的原始样品如干草、秸秆等,可经过一定处理如剪碎或锤碎等混匀,按四分法采取次级样品。对均匀的样品如玉米、粉料等,可直接按四分法采取次级样品。

3.分析样品的制备

(1)制备设备　常用样品制备的粉碎设备有植物样本粉碎机、旋风磨、咖啡磨和滚筒式样品粉碎机等。其中最常用的有植物样本粉碎机、旋风磨(图5-13)。植物样本粉碎机易清洗,不会过热及使水分发生明显变化,能使样品经研磨后完全

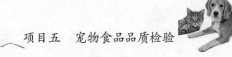

通过适当筛孔的筛。旋风磨粉碎效率高,但在粉碎过程中水分有损失,需注意校正。

注意磨的筛网的孔径大小不一定与检验用的大小相同。而粉碎粒度的大小直接影响分析结果的准确性。

旋风磨

植物样本粉碎机

图 5-13　分析样品粉碎磨类型

(2)制备过程　次级样品用饲料样品粉碎机粉碎,通过孔径为 1.00～0.25 mm 孔筛即得分析样品。主要分析指标样品粉碎粒度要求见表 5-2。注意:不易粉碎的粗饲料如秸秆渣等在粉碎机中会剩留极少量难以通过筛孔,这部分绝不可抛弃,应尽力弄碎,如用剪刀仔细剪碎后一并均匀混入样品中,避免引起分析误差。将剪碎完毕的样品 200～300 g 装入磨口广口瓶中,贴好标签放入避光、阴凉、干燥处备用。标签上应注明样品名称、采集地点、采集时间、采样人以及必要的说明,以便对照核查。

表 5-2　主要分析指标样品粉碎粒度的要求

指标	分析筛规格/目	筛孔直径/mm
水、蛋白质、粗脂肪、粗灰分、钙、磷、盐	40	0.45
粗纤维、体外胃蛋白酶消化率	18	1.00
氨基酸、微量元素、维生素、脲酶活性、蛋白质溶解度	60	0.25

(二)半干样品的制备

1.半干样品的制备过程

半干样品是由新鲜的青饲料、青贮饲料等制备而成。这些新鲜品含水量高,不易粉碎和保存。除少数指标如胡萝卜素的测定可直接使用新鲜样品外,一般在测定饲料的初水分后制成半干样品,以便保存,供其余指标分析备用。

新鲜样品在 60～65℃ 恒温干燥箱中烘 8～12 h,除去部分水分,然后回潮使其与周围环境条件的空气湿度保持平衡,在这种条件下所失去的水分称为初水分。去掉初水分之后的样品为半干样品。

半干样品的制备包括烘干、回潮和称恒重 3 个过程。最后,半干样品经粉碎机磨细,通过 1.00～0.25 mm 孔筛,即得分析样品。将分析样品装入磨口广口瓶中,贴好标签放入避光、阴凉、干燥处备用。标签上应注明样品名称、采集地点、采集时间、采样人以及必要的若干说明,以便对照核查。

2.初水分的测定步骤

(1)瓷盘称重　在普通天平上称取瓷盘的质量。

(2)称样品重　用已知质量的瓷盘在普通天平上称取新鲜样品 200～300 g。

(3)灭酶　将装有新鲜样品的瓷盘放入 120℃ 烘箱中烘 10～15 min。目的是使新鲜饲料中存在的各种酶失活,以减少对饲料养分分解造成的损失。

(4)烘干　将装有鲜样的瓷盘迅速放入 60～70℃ 烘箱中,烘一定时间,直到样品干燥容易磨碎为止。烘干时间一般为 8～12 h,取决于样品含水量和样品数量。含水低、数量少的样品也可能只需 5～6 h 即可烘干。

(5)回潮和称重 取出瓷盘,放于室内自然条件下冷却 24 h,然后在普通天平上称重。

(6)再烘干 继续将瓷盘放入 60～70℃烘箱中烘 2 h。

(7)再回潮和称重 取出瓷盘,同样放于室内自然条件下冷却 24 h,然后在普通天平上称重。

如果两次质量之差超过 0.5 g,则将瓷盘再放入烘箱,重复步骤(6)和(7),直至两次质量之差不超过 0.5 g 为止。最低的质量即为半干样品的质量。将半干样品粉碎至一定细度即为分析样品。

(8)计算公式与结果表示

$$w(水分) = \frac{新鲜产品质量 - 半干产品质量}{新鲜产品质量}$$

(三)样品的登记

制备好的样本应置于洁净、干燥的磨口广口瓶中,作为分析样本备用。瓶外贴好标签,标明样本名称、采样和制样时间、采样和制样人等。此外,分析实验室应有专门的样品登记本,系统详细地记录与样品相关的资料,要求登记的内容如下:

(1)样品名称(一般名称、学名和俗名)和种类(必要时要注明品种、质量等级)。

(2)生长期(成熟程度)、收获期和茬次。

(3)调制和加工方法即贮存条件。

(4)外观形状及混杂度。

(5)采样地点和采集部位。

(6)生产厂家和出厂日期。

(7)质量。

(8)采样和制样人姓名。

(四)样品的保管

1.保存条件

样品应避光保存,并尽可能低温保存,并做好防虫措施。

2.保存时间

样本保存时间的长短应有严格规定,这主要取决于原料更换的快慢及买卖双方谈判情况(如水分含量过高,蛋白质不足是否合乎规定)。此外,某些饲料在饲喂后可能出现问题,故该饲料样本应长期保存,备作考验。但一般情况下原料样本应保留两周,成品样本应保留一个月(与对客户的保险期相同)。有时为了特殊目的饲料样本有需保留 1～2 年的。这种样本的保存可用锡铝纸软包装,经抽真空充氮气后密封,在冷库中保存备用。专门从事饲料质量检验监督机构的样品保存期一般为 3～6 个月。

饲料样品应由专人采集、登记、制备与保管。

任务 5-3 营养分析基础常识

【任务描述】学生通过学习,熟悉标准溶液的配制与标定方法,学会处理分析数据,在宠物食品常规养分含量检测过程中,规范使用仪器设备及试剂,培养严谨务实的态度,提高分析问题、处理问题的能力。

一、化学基本知识

(一)配制与标定溶液

在饲料检测实验中,随时都要使用各种浓度的溶液,而不论采用何种滴定方法,都离不开标准溶液。

标准溶液是具有准确浓度的溶液,用于滴定待测试样,标准溶液配制时需使用基准物质。

1.基准物质及其使用条件

用来直接配制标准溶液或标定溶液浓度的物质称为基准物质。作为基准物质必须满足以下条件:

(1)纯度高 一般要求其纯度在 99.9% 以上,即杂质含量低,不至于影响分析的准确度。

(2)物质的化学组成与化学式完全相符 若含有结晶水,其含量也应与化学式相同。

（3）化学性质稳定 如不氧化、不分解、不潮解、不挥发、不还原等。

（4）有较大的摩尔质量 可以减少称量的相对误差。

（5）试剂参加反应时无副反应 常用基准物质及其标定对象如表5-3。

表 5-3 分析常用基准物质及其标定对象

基准物质名称	分子式	干燥条件	标定对象
碳酸钠	Na_2CO_3	270～300℃	酸
硼砂	$Na_2B_4O_7 \cdot 10H_2O$	室温,在 NaCl 和蔗糖饱和液的干燥器中 4 h	酸
邻苯二甲酸氢钾	$KHC_8H_4O_4$	110～120℃干燥至恒重	碱
草酸钠	$Na_2C_2O_4$	105～110℃	高锰酸钾
氯化钠	NaCl	500～600℃干燥 40～50 min	硝酸银
硝酸银	$AgNO_3$	280～290℃	氨化物
碳酸钙	$CaCO_3$	110～120℃干燥至恒重	EDTA
锌	Zn	室温,干燥器 24 h 以上	EDTA

2.配制标准溶液

标准溶液的配制方法有直接法和间接法。

（1）直接法 准确称取一定量基准物质,溶解后转入容量瓶,用蒸馏水稀释至刻度,根据计算得出该溶液的准确浓度。

（2）间接法 对于不符合基准物质条件的试剂,不能直接配制成标准溶液,可先配制成近似所需浓度的溶液,然后选用能与所配溶液定量反应的基准物质或另一种标准溶液测定所配溶液的准确浓度。如氢氧化钠溶液的配制,先配制成近似浓度,再用邻苯二甲酸氢钾来标定氢氧化钠溶液的准确浓度。

3.标定与保存标准溶液

（1）标定 用基准物质或标准试样来测定所配制的标准溶液浓度的过程称为标定。

（2）标定方式

准确称取基准物质(用待标定溶液滴定时,消耗该溶液 25 mL 左右,溶于适量水中,用待标定溶液滴定。如标定 NaOH,用 $KHC_8H_4O_4$ 0.515 g,用 NaOH 滴定时消耗 25.00 mL,则 NaOH 的标准浓度为:

已知 $KHC_8H_4O_4$ 的摩尔质量为 204.2 g/moL。

$$n(KHC_8H_4O_4) = \frac{m(KHC_8H_4O_4)}{M(KHC_8H_4O_4)}$$

$$= 0.515 \times \frac{1\,000}{204.2} = 2.500 (mol)$$

$$n(NaOH) = 2.500 (mol)$$

$$c(NaOH) = \frac{n(NaOH)}{V(NaOH)} = \frac{2.500}{25.00}$$

$$= 0.100 \text{ mol/L}$$

（二）常见的酸碱指示剂的变色范围

借助于颜色的变化来指示溶液 pH 的物质叫酸碱指示剂。

指示剂的颜色变化取决于 H^+ 浓度或溶液的 pH。以弱酸指示剂(通式为 HIn)为例,在溶液中有如下电离平衡:

$$HIn \Leftrightarrow H^+ + In^-$$
$$\text{酸式色} \quad \text{碱式色}$$

当溶液的 H^+ 浓度加大时,电离平衡向左移动而呈现酸式色,反之,平衡向右移动而呈现碱式色。常见的酸碱指示剂的变色范围见表5-4。

表 5-4 酸碱指示剂的变色范围

指示剂	变色范围(pH)	颜色变化(酸式色-碱式色)	浓度
百里酚蓝	12～28	红色-黄色	0.1%的20%乙醇溶液
甲基黄	29～40	红色-黄色	0.1%的90%乙醇溶液
甲基橙	31～44	红色-黄色	0.05%水溶液
溴酚蓝	30～46	黄色-紫色	0.1%的20%乙醇溶液
溴甲酚绿	40～56	黄色-蓝色	0.1%的20%乙醇溶液
甲基红	44～62	红色-黄色	0.1%的60%乙醇溶液
溴百里酚蓝	62～76	黄色-蓝色	0.1%的20%乙醇溶液
中性红	68～80	红色-黄橙色	0.1%的60%乙醇溶液
苯酚红	68～84	黄色-红色	0.1%的60%乙醇溶液
酚酞	80～100	无色-红色	0.5%的90%乙醇溶液
百里酚酞	94～106	无色-蓝色	0.1%的90%乙醇溶液

二、处理分析数据

(一)有效数字

定量分析中能测量到的有实际意义的数字称为有效数字。有效数字不仅反映测量数据"量"的多少,而且反映所用仪器的准确程度。

有效数字包括所有的准确数字和最后一位"可疑数字"。例如,在电子天平上称得一试样为 0.500 0 g,即表明试样的质量为 0.500 0 g,还表明称量的误差在 ±0.000 2 g 以内。如果将其记录为 0.50 g,则表明试样是台秤称量的,且称量误差为 0.02 g。

数字中的"0"是否为有效数字,要视具体情况而定,因"0"在数字中有双重意义,即一种是有效数字;一种是起定位作用,见表 5-5。

表 5-5 有效数字中"0"的意义

物质	称量瓶	Na_2CO_3	$C_2H_2O_4$	称量纸
质量/g	10.783 0	2.908 5	0.240 8	0.018 0
有效数字	6 位	5 位	4 位	3 位

以上数字中,"10.783 0"中的两个"0"都是有效数字,即为 6 位有效数字;"2.908 5"中的"0"也是有效数字,即有 5 位有效数字;"0.240 8"中,第一个非零数字前面的"0"不是有效数字,仅起定位作用,所以是 4 位有效数字;"0.018 0"中仅末

尾的"0"是有效数字,故有 3 位有效数字。以"0"结尾的正整数,有效数字的位数不确定。如"5 800",就不能确定是几位有效数字,遇到这种情况,应根据实际有效数字书写成:5.8×10³(2 位有效数字);5.80×10³(3 位有效数字);5.800×10³(4 位有效数字);对于滴定管、移液管和吸量管,能准确测量 0.001 mL 溶液体积。当使用 25 mL 滴定管,其测定体积大于 10 mL 而小于 50 mL 时,应记录 4 位有效数字;测定体积小于 10 mL,应记录 3 位有效数字。当用 25 mL 移液管移取溶液时,应记录为 25.00 mL,用 5 mL 移液管移取溶液时,溶液体积应记录为 5.00 mL。

(二)数字的修约规则

处理分析数据时,要对一定位数的有效数字进行合理的修约。修约规则是"四舍六入五成双"。即当尾数≤4 时舍去,尾数≥6 时进位,当尾数为"5"时,"5"前为偶数将"5"舍去,"5"前为奇数则"5"进位,当"5"后面还有不为 0 的任何数时,无论其前面是奇数还是偶数都应进位。如:

6.346→6.35   6.343→6.34   6.3351→6.34
6.345→6.34   6.355→6.36   6.3651→6.37

(三)有效数字运算规则

1.加减法

几个数据相加减时,以小数点后面位数最少的数字为标准,对参与运算的所有数据进行一次

修约后再计算,并正确保留计算结果的有效数字。如:0.012 2 + 25.64 + 1.057 83 时应以 25.64 为准,修约后的三位数是 0.01、25.64、1.06。

则 0.01 + 25.64 + 1.06 = 26.71

2.乘除法

几个数据相乘除时,以相对误差最大的数据即有效数字位数最少的数为标准,对参与运算的所有数据进行一次修约后再计算。如:

0.012 2×25.64×1.057 83 时,应以 0.012 2 为准,结果应保留 3 位有效数字。

即 0.012 2×25.6×1.06 = 0.331

(四)准确度与精密度

1.准确度与误差

饲料常规成分检验是测定试样中有关组分的含量,因此,得到的分析结果与被测组分真实值越接近准确程度就越高。但分析过程中由于方法、仪器、试剂等多因素的限制,测量值与真实值之间存在差值,我们将这种差值称为误差。

准确度通常用误差的大小表示,误差越小,分析结果越准确。

误差可用绝对误差和相对误差表示。

(1)绝对误差　绝对误差(E)是测量值(X)与真实值(T)之差,表达式为:

$$E = X - T$$

(2)相对误差　相对误差(E_r)是绝对误差与真实值之比,用百分数表示,表达式为:

$$E_r = \frac{E}{T} \times 100\% = \frac{X - T}{T} \times 100\%$$

2.精密度与偏差

在分析检验中,为了提高分析结果的可靠性,往往通过多次重复测定取算术平均数作为分析结果。多次测定值相接近的程度称为精密度。精密度的高低用偏差表示,偏差是单次测定值与多次测定结果的算术平均值之差。偏差越小,精密度越高。偏差可用绝对偏差和相对偏差表示。

(1)绝对偏差　绝对偏差(d_i) = 个别测得值(x) - 算术平均值($\bar{x}$)

(2)相对偏差　相对偏差 = $\dfrac{d_i}{\bar{x}} 100\%$

三、分析仪器设备的使用

(一)使用电子天平

进行宠物食品常规成分分析时,电子天平是常用的称量工具,以 FA 型电子天平系列为例,使用方法如下。

1.调试天平

(1)调整水平仪　使用前调整水平调整脚,使水泡位于水平仪中央。

(2)预热　一般测量时,天平应预热 30 min 以上;精确称重时,天平应预热 180 min 以上。

(3)校准　从秤盘上取走加载物,按"TARE"键清零,等待天平稳定后按"C"键,显示"匚",轻轻放校准码至天平中心,关闭玻璃门约 30 s 后,显示校准码值,听到"嘟"音后,取出校准码,天平校准完毕。

2.称重

(1)基本称重　按"TARE"键,将天平清零,等待天平显示零。称重稳定后即可读取显示的质量读数。

(2)使用容器称重　如液体等物品称重时,先将空容器放置在秤盘上,按"TARE"键清零,等待天平显示零后,将待测物品放入容器中,称重稳定后即可读出所称液体质量读数。

(3)称重模式选择　按住"M"键不放,天平在"克、金盎司、计件称重、百分比称重"模式之间切换,在秤盘上放置所称物体,称重循环切换,待天平显示所需称重模式时,放开"M"键,天平进入所选称重模式。

(4)计件称重　放上容器(若不需容器时,可越过此步骤),按"TARE"键清零,等待天平显示零后,放上计件物,待称重稳定后,按照称重模式选择操作,进入计件称重模式。

(5)百分比称重　放上容器(若不需容器时,可越过此步骤),按"TARE"键清零,等待天平显示零后,放上标准样,待称重稳定后,按照称重模式选择操作,进入百分比称重模式。

(二)使用分光光度计

测定宠物食品的总磷时,需要使用分光光度计,以 722 S 型可见分光光度计为例进行介绍。

1. 操作使用

(1) 预热仪器　将选择开关置于"T",打开电源开关,仪器预热 20 min。为了防止光电管疲劳,不要连续光照,预热仪器时和不测定时应将试样室盖打开,切断光路。

(2) 选定波长　根据实验要求,转动波长手轮,调至所需要的单色波长。

(3) 固定灵敏度档　在能使空白溶液很好地调到"100%"的情况下,尽可能采用灵敏度较低的挡,使用时,首先调到"1"挡,灵敏度不够时再逐渐升高。但换挡改变灵敏度后,须重新校正"0%"和"100%"。选好的灵敏度,实验过程中不要再变动。

(4) 调节 T＝0%　轻轻旋动"0%"旋钮,使数字显示为"0.000"(此时试样室是打开的)。

(5) 调节 T＝100%　将盛蒸馏水(或空白溶液,或纯溶剂)的比色皿放入比色皿座架中的第一格内,并对准光路,把试样室盖子轻轻盖上,调节透过率"100%"旋钮,使数字显示正好为"100.0"。

(6) 吸光度的测定　将选择开关置于"A",盖上试样室盖子,将空白液置于光路中,调节吸光度调节旋钮,使数字显示为"0.000"。将盛有待测溶液的比色皿放入比色皿座架中的其他格内,盖上

试样室盖,轻轻拉动试样架拉手,使待测溶液进入光路,此时数字显示值即为该待测溶液的吸光度值。读数后,打开试样室盖,切断光路。

重复上述测定操作 1～2 次,读取相应的吸光度值,取平均值。

(7) 浓度的测定　选择开关由"A"旋至"C",将已标定浓度的样品放入光路,调节浓度旋钮,使得数字显示为标定值,将被测样品放入光路,此时数字显示值即为该待测溶液的浓度值。

(8) 关机　实验完毕,切断电源,将比色皿取出洗净,并将比色皿座架用软纸擦净。

2. 维护仪器

(1) 清洁仪器外表时,不能使用乙醇、乙醚等有机溶剂,仪器不使用时需加盖防尘罩。

(2) 比色皿使用后应用石油醚清洗,并用擦镜纸擦拭干净了存放于比色皿盒中备用。

(3) 检查机内机械、光路、电路状态时要先切断电源,卸下仪器底座前部两个 M4 螺钉,向上翻起上盖(仪器底座左后方有高压部分注意勿带电操作)。

3. 识别与处理常见故障

识别与处理分光光度计常见故障见表 5-6。

表 5-6　分光光度计常见故障

故障现象	原因	处理方法
电源开启后仪器无反应	1. 电源未接通 2. 电源保险丝断裂 3. 机内接插件松动	1. 电源插头应在 190～240 V 间且接触良好,主机底部电压应在适配开关位置,查看电源电缆是否短线,主机电源开关有否损坏 2. 更换保险丝 3. 重插接插件
显示数值不稳	1. 仪器预热时间不够 2. 交流电源不稳 3. 环境振动大 4. 接插件接触不良	1. 仪器预热 30 min 2. 电源应保持在(220±20) V 无突变 3. 调换工作环境 4. 打开仪器盖,重插接插件
不能调 100%T	1. 光能源不够 2. 滤光片位置不对 3. 比色皿架未落位	1. 正确选择益增键,检查光源灯光是否打进入光狭缝或调高灯电压 2. 放置于正确位置 3. 放置于正确位置
测光不正常	1. 样品处理错误 2. 比色皿不配对 3. 波长误差大	1. 正确处理 2. 扣除配对误差 3. 用错钕玻璃检查并调整波长
数值不能输进上层软件	与计算机有关的电路串行通讯有故障	与厂家维修部联系
出现"Err3"	操作错误	关机重开

四、玻璃器皿的使用

(一)使用滴定管

1.滴定管的种类

滴定管是在滴定过程中用来准确测量滴定溶液体积的量器,分为常量、半微量和微量3种。常量滴定管有50 mL和25 mL两种规格,最小刻度为0.1 mL,读数时,可估计到0.01 mL。半微量或微量滴定管有10 mL、5 mL、2 mL、1 mL等规格。

滴定管分酸式和碱式两种。

酸式滴定管的下端带有玻璃活塞,用于盛放酸性溶液和氧化性溶液;碱式滴定管的下端装有带玻璃珠的橡皮管,用来盛放碱性溶液。

2.滴定前的准备

(1)检查　滴定管在使用前要检查其密合性。操作时关闭活塞,在管中加水至"0"刻度标线,将其垂直夹在滴定管夹上,直立2 min,观察活塞周围及管尖有否渗水现象;将活塞旋转180°后,若仍无渗水现象,则可以使用。若有渗水时,需进行涂油处理。对碱式滴定管要检查玻璃珠的大小与橡皮管是否匹配,能否灵活控制滴液,若不符合要求,应更换成合适的橡皮管后使用。

(2)涂油　平放酸式滴定管,取出活塞,将其卷一层滤纸后再插入活塞内转动几次,以除去活塞表面和活塞套内残留的油污和水分。取出活塞,用手指蘸少量凡士林,均匀地涂抹于活塞孔两侧(注意不要让油堵塞活塞孔),将活塞插入活塞套内,单方向旋转活塞,使其与活塞套的接触部位全部呈透明状、无气泡和纹路且转动灵活,用橡皮圈或塑料盖将活塞套好以防脱落。

(3)洗涤　用滴定管刷蘸少量洗涤剂刷洗,再用自来水冲洗,最后用蒸馏水润洗2～3次(每次用水5～10 mL)。润洗时,双手平持滴定管缓慢转动,使水能够润洗滴定管全部内壁,再从末端将水放出。若有油污时,可用10～15 mL洗液润洗或浸泡(碱式管应拔去橡皮管,套上橡皮帽再注入洗液),再用自来水冲洗、蒸馏水润洗。

(4)装液　先用待装液润洗滴定管2～3次(每次5～10 mL,方法同用蒸馏水洗),润洗液一定要从滴定管下端放出。然后从试剂瓶中将待装液直接装入滴定管至"0"刻度以上。

(5)排出气泡　酸式滴定管排气泡时,右手拿滴定管,使其倾斜30°,左手迅速打开活塞,使溶液冲出将气泡排出;碱式管可将橡皮管向上弯曲,轻轻捏挤玻璃珠右上方的橡皮管,使气泡随溶液排出。

3.读数

滴定管应垂直固定,待装液排出气泡后等待2 min,视线应和液体凹面下缘处于同一水平面上。无色或浅色的液体,应读取液体凹面下缘最低点处所对应的刻度;深色溶液,读取液体凹面两侧最高点处所对应的刻度;蓝线滴定管,应从蓝线的尖端与液面接触处读数,即读取三角交叉点所对应的刻度。

4.滴定操作

(1)滴定前准备　必须将悬挂在滴定管尖端的液体除去后记录初读数。将滴定管尖端插入锥形瓶或烧杯内约1 cm处,注意管头不可靠住内壁,左手操作滴定管,右手按单方向摇动锥形瓶;用烧杯滴定时,将滴定管放于烧杯左侧,右手持玻璃棒单方向搅动液体,注意玻璃棒不要触及杯壁、杯底以及滴定管尖部。

(2)酸式滴定管滴定操作　左手无名指及小指弯曲位于滴定管左侧,轻轻抵住滴定管,其他三指控制活塞,拇指在前,食指和中指在后,轻轻将活塞转动并向里用力(不可向外用力,以防拔出活塞),控制滴定速度。

(3)碱式滴定管滴定操作　用左手无名指和小指夹住橡皮管下端,拇指和食指的指尖挤捏玻璃珠上部右侧的橡皮管,使溶液从橡皮管和玻璃珠之间的隙缝处流出(不可挤捏玻璃珠下部的橡皮管和使玻璃珠发生移动,以免使管尖吸入气泡而造成滴定误差)。

(4)控制滴定速度　滴定开始时,液体不可呈柱状加入,接近终点时,需一滴滴地滴入。每一滴需轻摇锥形瓶或烧杯,最后要半滴半滴加入。当溶液悬挂在滴定管尖部时,可用锥形瓶内壁靠上去,使悬挂液沿瓶壁流入瓶内,用蒸馏水冲洗瓶内壁。若用烧杯滴定,可用玻璃棒接悬挂液然后将其放入烧杯中搅拌。

(5)滴定后的处理　滴定完毕,应将滴定管中

剩余的溶液倒出、洗净并倒置在滴定管架上，或装满蒸馏水，用大试管套住管口，固定在滴定管架上。

(二)使用容量瓶

容量瓶是准确测量溶液体积的量器，用于配制或稀释溶液，通常有 50 mL、100 mL、250 mL、500 mL 和 1 000 mL 等多种规格。

1.使用前的检查

加入一定量的自来水，盖好瓶塞。左手食指压住瓶塞，右手手指托住瓶底，将容量瓶倒立 2 min，观察瓶塞周围是否漏水。若不漏水，将瓶正立使瓶塞旋转 180°，塞紧瓶塞后再将其倒立，不漏水时方可使用。

2.清洗

使用时依次用洗液、自来水、蒸馏水洗涤容量瓶，直至内壁不挂水珠为止。

3.定容操作

溶液转移时，应用玻璃棒插入容量瓶引流，以避免移液过程中的溶液损失。加水到接近刻度 2～3 cm 时，改用胶头滴管加蒸馏水到刻度，这个操作叫定容。定容时要注意溶液凹液面的最低处和刻度线相切，眼睛视线与刻度线呈水平，不能俯视或仰视，否则都会造成误差。

在容量瓶中加蒸馏水至容量瓶体积的 1/2～1/3 时，直立旋摇容量瓶(不盖瓶塞)，使溶液初步混合均匀。继续加入蒸馏水至接近标线下 1 cm 处，静置 1～2 min。

用胶头滴管滴加蒸馏水至溶液凹面下缘与标线重合，盖好瓶塞。用右手食指压住瓶塞，左手托住瓶底，将容量瓶反复倒转数次，使溶液混合均匀。

4.注意事项

(1)容量瓶是刻度精密的玻璃仪器，不能用来溶解。易溶解且不发热的物质可直接用漏斗倒入容量瓶中溶解，其他物质基本不能在容量瓶里进行溶质的溶解，应将溶质在烧杯中溶解后转移到容量瓶里。

(2)用于洗涤移液前容器的溶剂总量不能超过容量瓶的标线。

(3)溶解完溶质后溶液要放置冷却到常温再转移。容量瓶不能进行加热。如果溶质在溶解过程中放热，要待溶液冷却后再进行转移，因为一般的容量瓶是在 20℃ 的温度下标定的，若将温度较高或较低的溶液注入容量瓶，容量瓶则会热胀冷缩，所量体积就会不准确，导致所配制的溶液浓度不准确。

(4)溶解用烧杯和搅拌引流用玻璃棒都需要在转移后洗涤 2～3 次。

(5)定容一旦加入水过多，则配制过程失败，不能用吸管再将溶液从容量瓶中吸出到刻度。

(6)摇匀后，发现液面低于刻线，不能再补加蒸馏水，因为用胶头滴管加入蒸馏水定容到液面正好与刻线相切时，溶液体积恰好为容量瓶的标定容量。摇匀后，竖直容量瓶时会出现液面低于刻线，这是因为有极少量的液体沾在瓶塞或磨口处。所以摇匀以后不需要再补加蒸馏水，否则所配溶液浓度偏低。

(7)容量瓶只能用于配制溶液，不能储存溶液，因为溶液可能会对瓶体进行腐蚀，从而使容量瓶的精度受到影响。

(8)容量瓶用毕应及时洗涤干净，塞上瓶塞，并在塞子与瓶口之间夹一纸条，防止瓶塞与瓶口粘连。

(三)使用干燥器

干燥器是一个下层放有干燥剂，之间由带孔的瓷板隔开，上层放置待干燥物品的玻璃器皿。一般按照其外径的大小分为 100 mm、150 mm、180 mm、210 mm、240 mm 等不同规格。

新干燥器在使用前需在其口上涂一层凡士林，然后盖好盖并反复推动使凡士林涂抹均匀。

开启干燥器时，应固定干燥器的下部，然后向前用力推开盖子(不可用力向上拔盖)。

干燥器内使用的干燥剂一般是变色硅胶或无水氯化钙，变色硅胶变为红色时或长期使用过程中，应更换干燥剂。

(四)使用移液管和吸量管

移液管和吸量管是用来准确量取溶液体积的量器。移液管是中部较粗、两端较细的玻璃管，有 5 mL、10 mL、15 mL、20 mL、25 mL、50 mL 等多种规格；吸量管是管身直径均匀并有分刻度的玻璃管，用于吸取不同体积的溶液，常用的有 1 mL、

2 mL、5 mL、10 mL 等不同规格。

移液管和吸量管在吸取溶液前,应用洗液洗净内壁,再用自来水冲洗、蒸馏水润洗 2～3 次,最后用少量待移取溶液润洗 2～3 次。

吸取溶液时,用右手大拇指和中指拿住管的标线以上部位,将其插入移取液内数厘米,但不得触及瓶底,左手持洗耳球并挤出球内空气,将球尖嘴部分紧贴管口后,慢慢松开洗耳球,当移取液上升到刻度线以上时,移去洗耳球。迅速用右手食

指摁住管口,将管提出液面,使管尖紧贴盛液瓶的内壁,使用中指和拇指轻微转动,利用转动时食指与管口产生的空隙,使液面缓缓下降到与刻度线重合时,再用食指迅速压住管口。将移液管慢慢垂直移至接受溶液的容器内,左手倾斜容器使其内壁与管尖相靠,松开右手食指使移取液自由流出。待溶液流尽并停 15 s 后,取出移液管。

若管上印有"吹""B"等字样,则要将残留在管尖的液体吹出,否则,不需要吹出。

任务 5-4　饲料中水分的测定

视频:饲料中水分
含量的测定

【任务描述】学生通过学习,能够依据饲料中水分的测定原理、方法步骤及注意事项,在规定的时间内,正确测定出样品中的水分含量。

一、测定原理(GB/T 6435—2014)

根据样品性质选择特定条件对试样进行干燥,通过试样干燥损失的质量计算水分的含量。

二、仪器设备

实验室常用到以下仪器、材料。

1. 分析天平

感量 1 mg。

2. 称量瓶

(1)玻璃称量瓶Ⅰ:直径 50 mm,高 30 mm,或能使样品铺开约 0.3 g/cm² 规格的其他耐腐蚀金属称量瓶(减压干燥法须耐负压的材质)。

(2)玻璃称量瓶Ⅱ:直径 70 mm,高 35 mm,或能使样品铺开约 0.3 g/cm² 规格的其他耐腐蚀金属称量瓶(减压干燥法须耐负压的材质)。

3. 电热干燥箱

温度可控制在(103±2)℃。

4. 电热真空干燥箱

温度可控制在(80±2)℃,真空度可达 13 kPa 以下。

应备有通入干燥空气导入装置或以氧化钙(CaO)为干燥剂的装置(20 个样品需 300 g 氧化钙)。

5. 干燥器

具有干燥剂。

6. 砂

经酸洗或市售(试剂)海砂。

三、试样的选取和制备

(1)按 GB/T 14699.1 采样　样品应具有代表性,在运输和贮存过程中避免发生损坏和变质。

(2)按 GB/T 20195 制备试样。

四、测定步骤

(一)直接干燥法

1. 固体样品

将洁净的称量瓶放入(103±2)℃干燥箱中,取下称量瓶盖并放在称量瓶的边上。干燥(30±1)min 后盖上称量瓶盖,将称量瓶取出,放在干燥器中冷却至室温。称量其质量(m_1),准确至 1 mg。

称取 5 g(m_2)试料于称量瓶内,准确至 1 mg,并摊平。将称量瓶放入(103±2)℃干燥箱内,取下称量瓶盖并放在称量瓶的边上,建议平均每立方分米干燥箱空间最多放一个称量瓶。

当干燥箱温度达(103±2)℃ 后,干燥(4±0.1)h。盖上称量瓶盖,将称量瓶取出放入干燥器冷却至室温。称量其质量(m_3),准确至 1 mg。再于(103±2)℃干燥箱中干燥(30±1)min,从干燥箱中取出,放入干燥器冷却至室温。称量其质

量,准确至 1 mg。

如果两次称量值的变化小于等于试料质量的 0.1%,以第一次称量的质量(m_3)按式(1)计算水分含量;若两次称量值的变化大于试料质量的 0.1%,将称量瓶再次放入干燥箱中于(103±2)℃干燥(2±0.1)h,移至干燥器中冷却至室温,称量其质量,准确至 1 mg。若此次干燥后与第二次称量值的变化小于等于试样质量的 0.2%,以第一次称量的质量(m_3)按式(1)计算水分含量;大于 0.2%时,按本标准"减压干燥法"测定水分。

2. 半固体、液体或含脂肪高的样品

在洁净的称量瓶内放一薄层砂和一根玻璃棒。将称量瓶放入(103±2)℃干燥箱内,取下称量瓶盖并放在称量瓶的边上,干燥(30±1)min。盖上称量瓶盖,将称量瓶从干燥箱中取出,放在干燥器中冷却至室温。称量其质量(m_1),准确至 1 mg。

称取 10 g 试料(m_2)于称量瓶内,准确至 1 mg。用玻璃棒将试料与砂混匀并摊平,玻璃棒留在称量瓶内。将称量瓶放入干燥箱中,取下称量瓶盖并放在称量瓶的边上。建议平均每立方分米干燥箱空间最多放一个称量瓶。

当干燥箱温度达(103±2)℃后,干燥(4±0.1)h。盖上称量瓶盖,将称量瓶从干燥箱中取出,放入干燥器冷却至室温。称量其质量(m_3),准确至 1 mg。再于(103±2)℃干燥箱中干燥(30±1)min,从干燥箱中取出,放入干燥器冷却至室温。称量其质量,准确至 1 mg。

如果两次称量值的变化小于等于试料质量的 0.1%,以第一次称量的质量(m_3)按式(1)计算水分含量;若两次称量值的变化大于试料质量的 0.1%,将称量瓶再次放入干燥箱中于(103±2)℃干燥(2±0.1)h,移至干燥器中冷却至室温,称量其质量,准确至 1 mg。若此次干燥后与第二次称量值的变化小于 等于试料质量的 0.2%,以第一次称量的质量(m_3)按式(1)计算水分含量;大于 0.2%时按本标准"减压干燥法"测定水分。

(二)减压干燥法

按"直接干燥法"干燥称量瓶(半固体、液体或含脂肪高的样品),称量其质量(m_1),准确至 1 mg。

按"直接干燥法"称取试料(m_2)将称量瓶放入真空干燥箱中,取下称量瓶盖并放在称量瓶的边上,减压至约 13 kPa。通入干燥空气或放置干燥剂。在放置干燥剂的情况下,当达到设定的压力后断开真空泵。在干燥过程中保持所设定的压力。当干燥箱温度达到(80±2)℃后,加热(4±0.1)h。干燥箱恢复至常压,盖上称量瓶盖,将称量瓶从干燥箱中取出,放在干燥器中冷却至室温。称量其质量,准确至 1 mg。将试料再次放入真空干燥箱中干燥(30±1)min,直至连续两次称量值的变化之差小于试样质量的 0.2%,以最后一次干燥称量值(m_3)计算水分的含量。

五、计算测定结果

1. 测定结果的计算

试样中水分以质量分数 X 计,数值以%表示,按式(1)计算:

$$W_1 = \frac{m_2 - (m_3 - m_1)}{m_2} \times 100\% \qquad (1)$$

式中:m_1 为称量瓶的质量,如使用砂和玻璃棒,也包括砂和玻璃棒,单位为克(g);m_2 为试料的质量,单位为克(g);m_3 为称量瓶和干燥后试料的质量,如使用砂和玻璃棒,也包括砂和玻璃棒,单位为克(g)。

2. 测定结果的表示

取两次平行测定的算术平均值作为结果。结果精确至 0.1%。

直接干燥法:两个平行测定结果,水分含量<15%的样品绝对差值不大于 0.2%。水分含量>15%的样品相对偏差不大于 1.0%。

减压干燥法:两个平行测定结果,水分含量的绝对差值不大于 0.2%。

六、注意事项

(1)制样是非常重要的步骤,首先必须采用几何法和四分法进行缩分,然后使用植物粉碎机或咖啡磨,少用旋风磨。同时还要注意筛孔大小是否与检验要求相同,通常分样筛的孔径为 0.42 mm(40 目)。因为粉碎粒度的大小直接影响分析结果的准确性。孔径过大不利于水分蒸发,孔径过小、样本过轻,不利于操作且样本易于被氧化。另外,还要注意过筛时一定要将样品全部过筛并混合均匀。

(2)称样皿应为玻璃或铝质,一般采用铝质较好,不易破碎;称样皿的表面积能使样品铺开约 0.3 g/cm²(通常直径为 40 mm 以上,高度在 25 mm 以下),以利于水分蒸发,不宜过高或过细。

(3)称样皿应预先在烘箱中烘 30 min,冷却至室温,称重准确 1 mg。注意冷却的时间应尽可能保持一致。

(4)在称样时要特别注意防止水分的变化,对有些饲料例如维生素、咖啡等很容易吸水的物质,在称量时要迅速,否则越称越重。称量样品时,要戴细纱手套或脱脂薄纱手套,禁止直接用手操作。

(5)烘箱除定期请法定计量所进行校正外,平时操作时还要附加一支温度计,能及时标示箱体内的实测温度,箱体内每个位置也存在温度差异,应注意控制。通常建议平均每升干燥箱空间最多放一个称量瓶。

(6)在烘箱中干燥时,称样皿应敞开盖子且与盖子一起干燥。

(7)应针对不同饲料控制适当的烘干时间,不一定越长越好,因为时间太短,水分可能还没有完全逸出,太长可能物质又会发生化学反应。

(8)干燥器中的干燥剂用硅胶为好。要注意干燥剂的颜色(含钴,干燥时呈蓝色)变化,当吸水过多(变棕或白色)时,应放在烘箱中烘干(烘干条件:135℃,2~3 h),使之转变为脱水干燥色以后再用。

(9)干燥器放置时间、冷却时间也要控制好,尤其需要恒重时,每次在干燥器放置时间不一,也很难达到恒重要求。

任务 5-5　饲料中粗蛋白质的测定

视频:饲料中粗蛋白质含量的测定

【任务描述】测定饲料样品中粗蛋白质,了解凯氏定氮法测定的基本原理,掌握凯氏定氮法测定饲料粗蛋白质的方法,掌握粗蛋白质含量的计算方法。

一、测定原理(GB/T 6432—2018)

试样在催化剂作用下,经硫酸消解,含氮化合物转化成硫酸铵,加碱蒸馏使氨逸出,用硼酸吸收后,再用盐酸标准滴定溶液滴定,测出氮含量,乘以 6.25,计算出粗蛋白质的含量。

二、试剂及材料

除非另有说明,仅使用分析纯试剂。

(1)水　GB/T 6682,三级。

(2)硼酸　化学纯。

(3)氢氧化钠　化学纯。

(4)硼酸　化学纯。

(5)硫酸铵

(6)蔗糖

(7)混合催化剂　称取 0.4 g 无水硫酸铜、6.0 g 硫酸钾后硫酸钠,研磨混匀;或购买商品化的凯氏定氮催化剂片。

(8)硼酸吸收液Ⅰ　称取 20 g 硼酸,用水溶解并稀释至 1 000 mL。

(9)硼酸吸收液Ⅱ　1%硼酸水溶液 1 000 mL,加入 0.1%溴甲酚绿乙醇溶液 10 mL,0.1%甲基红乙醇溶液 7 mL,4%氢氧化钠水溶液 0.5 mL,混匀,室温保存期为 1 个月(全自动程序用)。

(10)氢氧化钠溶液　称取 40 g 氢氧化钠,用水溶解,待冷却至室温后,用水稀释至 100 mL。

(11)盐酸标准滴定溶液　$c(HCl) = 0.1$ mol/L 或 0.02 mol/L,按 GB/T 601 配制和标定。

(12)甲基红乙醇溶液　称取 0.1 g 甲基红,用乙醇溶解并稀释至 100 mL。

(13)溴甲酚绿乙醇溶液　称取 0.5 g 溴甲酚绿,用乙醇溶解并稀释至 100 mL。

(14)混合指示剂溶液　将甲基红乙醇溶液和溴甲酚绿乙醇溶液等体积混合。该溶液室温避光保存,有效期 3 个月。

三、仪器设备

（1）分析天平　感量0.0001 g。

（2）消煮炉或电炉。

（3）凯氏烧瓶　250 mL。

（4）消煮管　250 mL。

（5）凯氏蒸馏装置　常量直接蒸馏式或半微量水蒸气蒸馏式。

（6）定氮仪　以凯氏原理制造的各类型半自动、全自动蛋白质测定仪。

四、样品

按照GB/T 14699.1抽取具有代表性的饲料样品，用四分法缩减取样。按照GB/T 20195制备试样，粉碎，全部通过0.42 mm试验筛，混匀，装入密封容器中备用。

五、测定步骤

（一）半微量法（仲裁法）

1．试样消煮

（1）凯氏烧瓶消煮　平行做两份试验。称取试样0.5～2 g（含氮量5～80 mg，准确至0.000 1 g），置于凯氏烧瓶中，加入6.4 g混合催化剂，混匀，加入12 mL硫酸和2粒玻璃珠，将凯氏烧瓶置于电炉上，开始于约200℃加热，待试样焦化、泡沫消失后，再提高温度至约400℃，直至试样呈透明的蓝绿色，然后继续加热至少2 h。取出，冷却至室温。

（2）消煮管消煮　平行做两份试验。称取试样0.5～2 g（含氮量5～80 mg，准确至0.000 1 g），放入消煮管中，加入2片凯氏定氮催化剂片或6.4 g混合催化剂，12 mL硫酸，于420℃消煮炉上消化1 h。取出，冷却至室温。

2．氨的蒸馏

待试样消煮液冷却，加入20 mL水，转入100 mL容量瓶中，冷却后用水稀释至刻度，摇匀，作为试样分解液。将半微量蒸馏装置的冷凝管末端浸入装有20 mL硼酸吸收液Ⅰ和2滴混合指示剂的锥形瓶中。蒸汽发生器的水中应加入甲基红指示剂数滴，硫酸数滴，在蒸馏过程中保持此液为橙红色，否则需补加硫酸。准确移取试样分解液

10～20 mL注入蒸馏装置的反应室中，用少量水冲洗进样入口，塞好入口玻璃塞，再加10 mL氢氧化钠溶液，小心提起玻璃塞使之流入反应室，将玻璃塞塞好，且在入口处加水密封，防止漏气。蒸馏4 min降下锥形瓶使冷凝管末端离开吸收液面，再蒸馏1 min，至流出液pH为中性。用水冲洗冷凝管末端，洗液均需流入锥形瓶内，然后停止蒸馏。

3．滴定

将蒸馏后的吸收液立即用0.1 mol/L或0.02 mol/L盐酸标准滴定溶液滴定，溶液由蓝绿色变成灰红色为滴定终点。

（二）全量法

1．试样消煮

按"半微量法"试样消煮步骤进行。

2．氨的蒸馏

（1）待试样消煮液冷却，加入60～100 mL蒸馏水，摇匀，冷却。将蒸馏装置的冷凝管末端浸入装有25 mL硼酸吸收液Ⅰ和2滴混合指示剂的锥形瓶中。然后小心地向凯氏烧瓶中加入50 mL氢氧化钠溶液，摇匀后加热蒸馏，直至馏出液体积约为100 mL。降下锥形瓶，使冷凝管末端离开液面，继续蒸馏1～2 min，至流出液pH为中性。用水冲洗冷凝管末端，洗液均需流入锥形瓶内，然后停止蒸馏。

（2）采用半自动凯氏定氮仪时，将带消煮液的消煮管插在蒸馏装置上，以25 mL硼酸吸收液Ⅰ为吸收液，加入2滴混合指示剂，蒸馏装置的冷凝管末端要浸入装有吸收液的锥形瓶内，然后向消煮管中加入50 mL氢氧化钠溶液进行蒸馏，至流出液pH为中性。蒸馏时间以吸收液体积达到约100 mL时为宜。降下锥形瓶，用水冲洗冷凝管末端，洗液均需流入锥形瓶内。

（3）采用全自动凯氏定氮仪时，按仪器操作说明书进行测定。

3．滴定

用0.1 mol/L盐酸标准滴定溶液滴定吸收液，溶液由蓝绿色变成灰红色为终点。

（三）蒸馏步骤查验

精确称取0.2 g硫酸铵（精确至0.000 1 g），

代替试样,按半微量法或全量法步骤进行操作,测得硫酸铵含氮量应为(21.19±0.2)%,否则应检查加碱、蒸馏和滴定各步骤是否正确。

(四)空白测定

精确称取 0.5 g 蔗糖(精确至 0.000 1 g),代替试样,按半微量法或全量法进行空白测定,消耗 0.1 mol/L 盐酸标准滴定溶液的体积不得超过 0.2 mL,消耗 0.02 mol/L 盐酸标准滴定溶液体积不得超过 0.3 mL。

六、计算分析结果

试样中粗蛋白质含量以质量分数 w 计,数值以质量分数(%)表示,按下式计算:

$$w = \frac{(V_2 - V_1) \times c \times 0.014\,0 \times 6.25}{m \times \dfrac{V'}{V}} \times 100\%$$

式中:V_2 为滴定试样时所需标准酸溶液体积,mL;V_1 为滴定空白时所需标准酸溶液体积,mL;c 为盐酸标准溶液浓度,mol/L;m 为试样质量,g;V 为试样分解液总体积,mL;V' 为试样分解液蒸馏用体积,mL;0.0140 为与 1.00 mL 盐酸标准溶液[c(HCl) = 1.000 0 mol/L]相当的,以克表示的氮的质量;6.25 为氮换算成蛋白质的平均系数。

每个试样取两个平行样进行测定,以其算术平均值为结果,计算结果表留至小数点后两位。

在重复性条件下,两次独立测定结果与其算术平均值的绝对差值与该平均值的比值应符合以下要求:

粗蛋白质含量大于 25% 时,不超过 1%;粗蛋白质含量在 10%~25% 时,不超过 2%;粗蛋白质含量小于 10% 时,不超过 3%。

任务 5-6　饲料中粗脂肪的测定

视频:饲料中粗脂肪
含量的测定

【任务描述】 学习饲料样品中粗脂肪的测定,掌握各类饲料样品中粗脂肪的测定原理和方法。

一、测定原理(GB/T 6433—2006)

脂肪含量较高的样品(至少 200 g/kg)预先用石油醚提取。

B 类样品用盐酸加热水解,水解溶液冷却、过滤,洗涤残渣并干燥后用石油醚提取,蒸馏、干燥除去溶剂,残渣称量。

A 类样品用石油醚提取,通过蒸馏和干燥除去溶剂,残渣称量。

GB/T 6435—2006 规定了动物饲料脂肪含量的测定方法,本方法适用于油籽和油籽残渣以外的动物饲料。为了本方法的测定效果,将动物饲料分为下列两类;B 类产品的样品提取前需要水解。B 类:纯动物性饲料,包括乳制品;脂肪不经预先水解不能提取的纯植物性饲料,如谷蛋白、酵母、大豆及马铃薯蛋白以及加热处理的饲料;含有一定数量加工产品的配合饲料,其脂肪含量至少有 20% 来自这些加工产品。A 类:B 类以外的动物饲料。

二、试剂及材料

所用试剂,未注明要求时,均指分析纯试剂。

(1)水至少应为 GB/T 6682 规定的 3 级。

(2)硫酸钠,无水。

(3)石油醚,主要由具有 6 个碳原子的碳氢化合物组成,沸点范围为 40~60℃。溴值应低于 1,挥发残渣应小于 20 mg/L。也可使用挥发残渣低于 20 mg/L 的工业乙烷。

(4)金刚砂或玻璃细珠。

(5)丙酮。

(6)盐酸:c(HCl) = 3 mol/L。

(7)滤器辅料:例如硅藻土(lieselguhr),中盐酸[(HCl) = 6 mol/L]中消煮 30 min,用水洗至中性,然后在 130℃ 下干燥。

三、仪器设备

实验室常用仪器设备有下列各件。

(1)提取套管　无脂肪和油,用乙醚洗涤。

(2)索氏提取器　虹吸溶剂约 100 mL,或用其他循环提取器。

(3)加热装置　有温度控制装置,不作为火源。

(4)干燥箱　温度能保持在(103±2)℃。

(5)电热真空箱　温度能保持在(80±2)℃,并减压至 13.3kPa 以下,配有引入干燥空气的装置,或内盛干燥剂,例如氧化钙。

(6)干燥器　内装有效的干燥剂。

四、采集与制备试样

样本采集按照 GB/T 14699.1 执行,重要的是实验室收到一份真正有代表性的样品,并在运输及保存过程中不受到破坏或不发生变化,样品制备按照 GB/T 20195 执行,样品的保存方法应使样品变质及成分变化降至最低。

五、分析步骤

1.分析步骤的选择

如果试样不易粉碎,或因脂肪含量高(超过 200 g/kg)而不易获得均质的缩减的试样,按步骤"2.预先提取"处理。在所有其他情况下,则按步骤"3.试料"处理。

2.预先提取

(1)称取至少 20 g 制备的试样(m_0),准确至 1 mg 与 10 g 无水硫酸钠混合,转移至一提取套管并用一小块脱脂棉覆盖。

将一些金刚砂转移至一干燥烧瓶,如果随后将对脂肪定性,则使用玻璃细珠取代金刚砂。将烧瓶与提取器连接,收集石油醚提取物。

将套管置于提取器中,用石油醚提取 2 h。如果使用索氏提取器,则调节加热装置使每小时至少循环 10 次,如果使用一个相当设备,则控制回流速度每秒至少 5 滴(约 10 mL/min)。

用 500 mL 石油醚稀释烧瓶中的石油醚提取物,充分混合。对一个盛有金刚砂或玻璃细珠的干燥烧瓶进行称量(m_1),准确至 1 mg,吸取 50 mL 石油醚溶液移入此烧瓶中。

(2)蒸馏除去溶剂,直至烧瓶中几无溶剂,加 2 mL 丙酮至烧瓶中,转动烧瓶并在加热装置上缓慢加温以除去丙酮,吹去痕量丙酮。残渣在 103℃ 干燥箱内干燥(10±0.1)min,在干燥器中冷却,称量(m_2),准确至 0.1 mg。

也可采取下列步骤:

蒸馏除去溶剂,烧瓶中残渣在 80℃ 电热真空箱中干燥 1.5 h,在干燥器中冷却,称量(m_2),准确至 0.1 mg。

(3)取出套管中提取的残渣中空气中干燥,除去残余的溶剂,干燥残渣称量(m_3),准确至 0.1 mg。

将残渣粉碎成 1 mm 大小的颗粒,按步骤"3.试料"处理。

3.试料

称取 5 g(m_4)制备的试样,准确至 1 mg。

对 B 类样品按步骤"4.水解"处理。对 A 类样品,将试料移至提取套管并用一小块脱脂棉覆盖,按步骤"5.提取"处理。

4.水解

将试料转移至一个 400 mL 烧杯或一个 300 mL 锥形瓶中,加 100 mL 盐酸和金刚砂,用表面皿覆盖,或将锥形瓶与回流冷凝器连接,在火焰上或电热板上加热混合物至微沸,保持 1 h,每 10 min 旋转摇动一次,防止产物黏附于容器壁上。

在环境温度下冷却,加一定量的滤器辅料,防止过滤时脂肪丢失,在布氏漏斗中通过湿润的无脂的双层滤纸抽吸过滤,残渣用冷水洗涤至中性。

注:如果在滤液表面出现油或脂,则可能得出错误数据,一种可能的解决办法是减少测定试料或提高酸的浓度重复进行水解。

小心取出滤器并将含有残渣的双层滤纸放入一个提取套管中,在 80℃ 电热真空箱中于真空条件下干燥 60 min,从电热真空箱中取出套管并用一小块脱脂棉覆盖。

5.提取

(1)将一些金刚砂转移至一干燥烧瓶,称量(m_5),准确至 1 mg。如果随后要对脂肪定性,则使用玻璃细珠取代金刚砂。将烧瓶与提取器连接,收集石油醚提取物。

将套管置于提取器中,用石油醚提取 6 h。如果使用索氏提取器,则调节加热装置使每小时至少循环 10 次,如果使用一个相当设备,则控制回流速度每秒至少 5 滴(约 10 mL/min)。

(2)蒸馏除去溶剂,直至烧瓶中几无溶剂,加 2 mL 丙酮至烧瓶中,转动烧瓶并在加热装置上缓慢加温以除去丙酮,吹去痕量丙酮。残渣在 103℃ 干燥箱内干燥(10 ± 0.1)min,在干燥器中冷却,称量(m_6),准确至 0.1 mg。

也可采取下列步骤:

蒸馏除去溶剂,烧瓶中残渣在 80℃ 电热真空箱中真空干燥 1.5 h,在干燥器中冷却,称量(m_6),准确至 0.1 mg。

六、计算结果

1. 预先提取测定法——步骤(1)

试样的脂肪含量 W_1 按式(1)计算,以克每千克(g/kg)表示:

$$W_1 = \left[\frac{10(m_2 - m_1)}{m_0} + \frac{(m_6 - m_5)}{m_4} \times \frac{m_3}{m_0}\right] \times f \quad (1)$$

式中:m_0 为步骤(2)中称取试样的质量,g;m_1 为

步骤(2)中装有金刚砂的烧瓶的质量,g;m_2 为步骤(2)中带有金刚砂的烧瓶和干燥的石油醚提取物残渣的质量,g;m_3 为步骤(2)中获得的干燥提取的残渣的质量,g;m_4 为步骤(3)试料的质量,g;m_5 为步骤(5)中使用的盛有金刚砂烧瓶的质量,g;m_6 为步骤(5)中盛有金刚砂的烧瓶和获得的干燥石油醚提取残渣的质量,g;f 为校正因子单位,g/kg($f = 1\,000$ g/kg)。

结果表示准确至 1 g/kg。

2. 无预先提取的测定法

试样的脂肪含量 W_2 按式(2)计算,以克每千克(g/kg)表示

$$W_2 = \frac{m_6 - m_5}{m_4} \times f \quad (2)$$

式中:m_4 为步骤(3)试料的质量,g;m_5 为步骤(5)使用的盛有金刚砂的烧瓶的质量,g;m_6 为步骤(5)盛有金刚砂的烧瓶和获得的干燥石油醚提取残渣的质量,g;f 为校正因子单位 g/kg($f = 1\,000$ g/kg)。

任务 5-7　饲料中粗纤维的测定

【任务描述】学习饲料样品中粗纤维的测定,掌握各类饲料样品中粗纤维的测定原理和方法。

一、测定原理(GB/T 6434—2006)

用固定量的酸和碱,在特定条件下消煮样品,再用醚、丙酮除去醚溶物,经高温灼烧和扣除矿物质的量,所余量称为粗纤维。(试样用沸腾的稀释硫酸处理,过滤分离残渣,洗涤,然后用沸腾的氢氧化钾溶液处理,过滤分离残渣,洗涤,干燥,称量,然后灰化。因灰化而失去的质量相当于试料中粗纤维质量。)粗纤维不是一个确切的化学实体,只是在公认强制规定的条件下,测出的概略养分。其中以纤维为主,还有少量半纤维和木质素。

二、试剂和材料

除非另有规定,只用分析纯试剂。

(1)水至少应为 GB/T6682 规定的三级水。

(2)盐酸溶液:$c(\text{HCl}) = 0.5$ mol/L。

(3)硫酸溶液:$c(\text{H}_2\text{SO}_4) = (0.13 \pm 0.005)$ mol/L。

(4)氢氧化钾溶液:$c(\text{KOH}) = (0.23 \pm 0.005)$ mol/L。

(5)丙酮。

(6)滤器辅料:海沙,或硅藻土,或质量相当的其他材料。使用前,海沙用沸腾盐酸[$c(\text{HCl}) = 4$ mol/L]处理,用水洗至中性,在(500 ± 25)℃ 下至少加热 1h。

(7)防泡剂:如正辛醇。

(8)石油醚:沸点范围 40~60℃。

三、仪器设备

实验室常用设备有下列各件。

(1)粉碎设备 能将样品粉碎,使其能完全通过筛孔 1 mm 的筛。

(2)分析天平 感量 0.1 mg。

(3)滤埚 石英的、陶瓷的或硬质玻璃的,带有烧结的滤板,滤板孔径 40～100 μm。

在初次使用前,将新滤埚小心地逐步加温,温度不超过 525℃,并在(500 ± 25)℃下保持数分钟。也可使用具有同样性能的不锈钢坩埚,其不锈钢筛板的孔径为 90 μm。

(4)陶瓷筛板。

(5)灰化皿。

(6)烧杯或锥形瓶 容量 500 mL,带有一个适当的冷却装置,如冷凝器或一个盘。

(7)干燥箱 用电加热,能通风,能保持温度(130 ± 2)℃。

(8)干燥器 盛有蓝色硅胶干燥剂,内有厚度为(2～3)mm 的多孔板,最好由铝或不锈钢制成。

(9)马弗炉 用电加热,可以通风,温度可调控,在(475～525)℃条件下,保持滤埚周围温度准至 ± 25℃。马弗炉的高温表读数不总是可信的,可能发生误差,因此对高温炉中的温度要定期检查。因高温炉的大小及类型不同,炉内不同位置的温度可能不同。当炉门关闭时,必须有充足的空气供应。空气体积流速不宜过大,以免带走滤埚中物质。

(10)冷提取装置 附有一个滤埚支架,一个装有真空和液体排出孔旋塞的排放管,连接滤埚的连接环。

(11)加热装置(手工操作方法) 带有一个适当的冷却装置,在沸腾时能保持体积恒定。

(12)加热装置(半自动操作方法) 用于酸和碱消煮,附有一个滤埚支架,一个装有真空和液体排出孔旋塞的排放管,一个容积至少270 mL 的量筒,供消煮用,带有回流冷凝器,将加热装置与滤埚及消煮圆筒连接的连接环,可选择性地提供压缩空气,使用前,设备用沸水预热 5 min。

四、采集与制备试样

采样按 GB/T14699.1 进行。重要的是实验室收到一份真正有代表性的样品并在运输和保存过程中不受到破坏或不发生变化。

试样按 GB/T 20195 制备。用粉碎装置将实验室风干样粉碎,使其能通过筛孔为 1 mm 的筛,充分混合。

五、分析步骤

1.手工操作法的分析步骤

(1)试料 称取约 1 g 制备的试样,准确至 0.1 mg(m_1)。如果试样脂肪含量超过 100 g/kg,或试样中脂肪不能用石油醚直接提取,则将试样装移至一滤埚,并预先脱脂。

如果试样脂肪含量不超过 100 g/kg,则将试样装移至一烧杯。如果其碳酸盐(碳酸钙形式)超过 50 g/kg,须要除去碳酸盐,然后进行酸消煮;如果碳酸盐不超过 50 g/kg,可直接进行酸消煮。

(2)预先脱脂 在冷提取装置中,真空条件下,试样用石油醚脱脂 3 次,每次用石油醚30 mL,每次洗涤后抽吸干燥残渣,将残渣装移至一烧杯。

(3)除去碳酸盐 将 100 mL 盐酸倾注在试样上,连续振摇 5 min,小心将此混合物倾注于滤埚,滤埚底部覆盖一薄层滤器辅料。

用水洗涤两次,每次用水 100 mL,细心操作,最终使尽可能少的物质留在滤器上,将滤埚内容物转移至原来的烧杯中。

(4)酸消煮 将 150 mL 硫酸倾注在试样上。尽快使其沸腾,并保持沸腾状态(30 ± 1)min。

在沸腾开始时,转动烧杯一段时间。如果产生泡沫,则加数滴防泡剂。在沸腾期间使用一个适当的冷却装置保持体积恒定。

(5)第一次过滤 在滤埚中铺一层滤器辅料,其厚度约为滤埚高度的 1/5,滤器辅料上可盖一筛板以防溅起。

当消煮结束时,将液体通过一个搅拌棒滤至坩埚中,用弱真空抽滤,使 150 mL 几乎全部通过。如果滤器堵塞,则用一个搅拌棒小心地移去覆盖在滤器辅料上的粗纤维。

残渣用热水洗 5 次,每次约 10 mL 水,要注意使滤埚的过滤板始终有滤器辅料覆盖,使粗纤维不接触滤板。

停止抽真空,加一定体积的丙酮,刚好能覆盖残渣,静置数分钟后,慢慢抽滤排出丙酮,继续抽真空,使空气通过残渣,使之干燥。

(6)脱脂 在冷提取装置中,在真空条件下,试样用石油醚脱脂3次,每次用石油醚30 mL,每次洗涤后抽吸干燥。

(7)碱消煮 将残渣定量转移至酸消煮用的同一烧杯中。

加150 mL氢氧化钾溶液,尽快使其沸腾,保持沸腾状态(30±1)min,在沸腾期间用同一适当的冷却装置使溶液体积保持恒定。

(8)第二次过滤 将杯内容物通过滤埚过滤,滤埚内铺有一层滤器辅料,其厚度约为滤埚高度的1/5,上盖一筛板以防溅起。

残渣用热水洗至中性。

残渣在真空条件下用丙酮洗涤3次,每次用丙酮30 mL,每次洗涤后抽吸干燥残渣。

(9)干燥 将滤埚置于灰化皿中,灰化皿及内容物在130℃干燥箱中至少干燥2 h。

在灰化或冷却过程中,滤埚的烧结滤板可能有些部分变得松散,从而可能导致分析结果错误,因此将滤埚置于灰化皿中。

滤埚和灰化皿在干燥器中冷却,从干燥器中取出后,立即对滤埚和灰化皿进行称量(m_2),准确至0.1 mg。

(10)灰化 将滤埚和灰化皿置于马弗炉中,其内容物在(500±25)℃下灰化,直至冷却后连续两次称量的差值不超过2 mg。

每次灰化后,让滤埚和灰化皿初步冷却,在尚温热时置于干燥器中,使其完全冷却,然后称量(m_3),准确至0.1 mg。

(11)空白测定 用大约相同数量的滤器辅料,进行空白测定,但不加试样。

灰化引起的质量损失不应超过2 mg。

2.半自动操作法的分析步骤

(1)试料 称取约1 g按GB/T 20195制备的试样,准确至0.1 mg,转移至一带有约2 g滤器辅料的滤埚中。

如果试样脂肪含量超过100 g/kg,或样品所含脂肪不能用石油醚直接提取,要预先脱脂。

如果试样脂肪含量不超过100 g/kg,其碳酸盐(碳酸钙形式)超过50 g/kg,须要除去碳酸盐,然后进行酸消煮;如果碳酸盐不超过50 g/kg,可直接进行酸消煮。

(2)预先脱脂 将滤埚与冷提取装置连接,试样在真空条件用石油醚脱脂3次,每次用石油醚30 mL,每次洗涤后抽吸干燥残渣。

(3)除去碳酸盐 将滤埚与加热装置连接,试样用盐酸洗涤3次,每次用盐酸30 mL,在每次加盐酸后在过滤之前停留约1 min。约用30 mL水洗涤一次,然后进行酸消煮。

(4)酸消煮 将消煮圆筒与滤埚连接,将150 mL沸硫酸转移至带有滤埚的圆筒中,如果出现气泡,则加数滴防泡剂,使硫酸尽快沸腾,并保持剧烈沸腾(30±1)min。

(5)第一次过滤 停止加热,打开排放管旋塞,在真空条件下通过滤埚将硫酸滤出,残渣用热水至少洗涤3次,每次用水30 mL,洗涤至中性,每次洗涤后抽吸干燥残渣。

如果过滤发生问题,建议小心吹气排除滤器堵塞。

如果样品所含脂肪不能直接用石油醚提取,进行脱脂,然后碱消煮;否则,直接进行碱消煮。

(6)脱脂 将滤埚与冷提取装置连接,残渣在真空条件下用丙酮洗涤3次,每次用丙酮30 mL,然后,残渣在真空条件下用石油醚洗涤3次,每次用石油醚30 mL。每次洗涤后抽吸干燥残渣。

(7)碱消煮 关闭排出孔旋塞,将150 mL沸腾的氢氧化钾溶液转移至带有滤埚的圆筒,加数滴防泡剂使溶液尽快沸腾,并保持沸腾状态(30±1)min。

(8)第二次过滤 停止加热,打开排放管旋塞,在真空条件下通过滤埚将氢氧化钾溶液滤去,用热水至少洗涤3次,每次用水约30 mL,洗至中性,每次洗涤后抽吸干燥残渣。

如果过滤发生问题,建议小心吹气排出滤器堵塞。

将滤埚与冷提取装置连接,残渣在真空条件下用丙酮洗涤3次,每次用丙酮30 mL,每次洗涤后抽吸干燥残渣。

(9)干燥 将滤埚置于灰化皿中,灰化皿及内容物在130℃干燥箱中中至少干燥2 h。

在灰化或冷却过程中,滤埚的烧结滤板可能有些部分变得松散,从而可能导致分析结果错误,因此将滤埚置于灰化皿中。

滤埚和灰化皿在干燥器中冷却,从干燥器中取出后,立即对滤埚和灰化皿进行称量(m_2),准确至0.1 mg。

(10)灰化 将滤埚和灰化皿置于马弗炉中,其内容物在(500 ± 25)℃下灰化,直至冷却后连续两次称量的差值不超过2 mg。

每次灰化后,让滤埚和灰化皿初步冷却,在尚温热时置于干燥器中,使其完全冷却,然后称量(m_3),准确至0.1 mg。

(11)空白测定 用大约相同数量的滤器辅料,进行空白测定,但不加试样。

灰化引起的质量损失不应超过2 mg。

六、计算测定结果

试样中粗纤维的含量(X)以克每千克(g/kg)表示,按式(1)计算:

$$X = \frac{m_2 - m_3}{m_1} \qquad (1)$$

式中:m_1为试料的质量,g;m_2为灰化盘、滤埚以及在130℃干燥后获得的残渣的质量,mg;m_3为灰化盘、滤埚以及在(500 ± 25)℃获得的残渣的质量,mg。

结果四舍五入,准确至1 g/kg。

注:结果亦可用质量分数(%)表示。

任务 5-8　饲料中粗灰分的测定

视频:饲料中灰分含量的测定

【任务描述】测定饲料样品中粗灰分的含量,掌握各类饲料样品中粗灰分的测定原理和方法。

一、测定原理(GB/T 6438—2007)

在本标准规定的条件下,550℃灼烧所得的残渣。测定原理为试样中的有机质经灼烧分解,对所得的灰分称量。用质量分数表示。

二、仪器设备

除常用实验室设备外,其他仪器设备如下。

(1)分析天平　感量为0.001 g。

(2)马弗炉　电加热,可控制高温,带高温计。马弗炉中摆放煅烧盘的地方,在550℃时温差不超过20℃。

(3)干燥箱　温度控制在(103 ± 2)℃。

(4)电热板或煤气喷灯。

(5)煅烧盘　铂或铂合金(如10%铂,90%金)或者实验室条件下不受影响的其他物质(如瓷质材料),最好是表面积约为20 cm²、高约2.5 cm的长方形容器,对易于膨胀的碳水化合物样品,灰化盘的表面积约为30 cm²、高为3.0 cm的容器。

(6)干燥器　盛有有效的干燥剂。

三、采样和试样制备

重要的是实验室收到一份真正具有代表性的样品,并且在运输及保存过程中不受到破坏或不发生变化。样品以不破坏或不改变其组分的方式贮存。采样按GB/T 14699.1执行,试样制备按GB/T 20195执行。

四、试验步骤

将煅烧盘放入马弗炉中,于550℃,灼热至少30 min移入干燥器冷却至室温,称重,准确至0.001 g。称取约5 g试样(精确至0.001 g)于煅烧盘中。

将盛有试样的煅烧盘放在电热板或煤气喷灯上小心加热至试样炭化,转入预先加热到550℃的马弗炉中灼烧3 h,观察是否有炭粒,如无炭粒,继续于马弗炉中灼烧1 h,如果有炭粒或怀疑有炭粒,将煅烧盘冷却并用蒸馏水润湿,在(103 ± 2)℃的干燥箱中仔细蒸发至干,再将煅烧盘置于马弗炉中灼烧1 h,取出置于干燥器中,冷却至室温迅速称量,准确至0.001 g。

对同一试样取两份试料进行平行测定。

五、计算测定结果

粗灰分 W，用质量分数（%）表示，按式（1）计算：

$$W = \frac{m_2 - m_0}{m_1 - m_0} \times 100\% \qquad (1)$$

式中：m_2 为灰化后粗灰分加煅烧盘的质量，g；m_1 为煅烧盘加试样的质量，g；m_0 为空煅烧盘的质量，g。

取两次测量的算术平均值作为测定结果，所得结果应表示至 0.1%。

任务5-9　饲料中钙的测定

视频：饲料中钙含量的测定

【任务描述】测定饲料样品中钙的含量，掌握各类饲料样品中钙的测定原理和方法。

一、高锰酸钾法

（一）测定原理（GB/T 6436—2018）

将试样中有机物破坏，钙变成溶于水的离子，用草酸铵定量沉淀，用高锰酸钾法间接测定钙含量。

（二）准备试剂

实验室用水应符合 GBT 6682 中三级用水规格，使用试剂除特殊规定外均为分析纯。

（1）浓硝酸。

（2）高氯酸　70%～72%。

（3）盐酸溶液　（1+3）。

（4）硫酸溶液　（1+3）。

（5）氨水溶液　（1+1）。

（6）氨水溶液　（1+50）。

（7）草酸铵水溶液（42 g/L）　称取 4.2 g 草酸铵溶于 100 mL 水中。

（8）高锰酸钾标准溶液[$c(\frac{1}{5}\text{KMmO}_4 = 0.05$ mol/L）]的配制按 GB/T 601 规定。

（9）甲基红指示剂（1 g/L）　称取 0.1 g 甲基红溶于 100 mL 95%乙醇中。

（10）有机微孔滤膜　0.45 mm。

（11）定量滤纸　中速，7～9 cm。

（三）仪器设备

（1）实验室用样品粉碎机或研钵。

（2）分析天平　感量 0.0001 g。

（3）高温炉　电加热，可控温度在 550℃±20℃。

（4）坩埚　瓷质。

（5）容量瓶　100 mL。

（6）滴定管　酸式，25 mL 或 50 mL。

（7）玻璃漏斗　直径 6 cm。

（8）移液管　10 mL，20 mL。

（9）烧杯　200 mL。

（10）凯氏烧瓶　250 mL 或 500 mL。

（四）制备试样

按 GB/T 14699.1 的规定，抽取有代表性的饲料样品，用四分法缩减取样，按 GB/T 20195 制备试样。粉碎至全部过 0.45 mm 孔筛，混匀装于密闭容器，备用。

（五）测定步骤

1. 试样提取

（1）干法　称取试样 0.5～5 g 于坩埚中，精确至 0.0001 g，在电炉上小心炭化，再放入高温炉中于 550℃下灼烧 3 h（或测定粗灰分后连续进行），在盛灰坩埚中加入盐酸溶液（1+3）10 mL 和浓硝酸数滴，小心煮沸，将此溶液转入 100 mL 容量瓶，冷却至室温，用蒸馏水稀释至刻度，摇匀，为试样分解液。

（2）湿法　称取试样 0.5～5 g 于 250 mL 凯氏烧瓶中，精确至 0.000 2 g，加入硝酸 10 mL，加热煮沸，至二氧化氮黄烟逸尽，冷却后加入高氯酸 10 mL，小心煮沸至溶液无色，不得蒸干（危险），冷却后加蒸馏水 50 mL，且煮沸驱逐二氧化氮，冷却后转入 100 mL 容量瓶，蒸馏水定容至刻度，摇匀，为试样分解液。

警示：小火加热煮沸过程中如果溶液变黑需立刻取下，冷却后补加高氯酸，小心煮沸至溶液无

色;加入高氯酸后,溶液不得蒸干,蒸干可能发生爆炸。

2.试样的测定

准确移取试样液 10～20 mL(含钙量 20 mg 左右)于 200 mL 烧杯中,加蒸馏水 100 mL,甲基红指示剂 2 滴,滴加氨水溶液(1＋1)至溶液呈橙色,若滴加过量,可补加盐酸溶液调至橙色,再多加 2 滴使其呈粉红色(pH 为 2.5～3.0),小心煮沸,慢慢滴加已加热草酸铵溶液 10 mL,且不断搅拌,如溶液变橙色,则应补滴盐酸溶液使其呈红色,煮沸 2～3 min,放置过夜使沉淀陈化(或在水浴上加热 2 h)。

用定量滤纸过滤,用 1∶50 的氨水溶液洗沉淀 6～8 次,至无草酸根离子(接滤液数毫升加硫酸溶液数滴,加热至 80℃,再加高锰酸钾溶液 1 滴,呈微红色,30 s 不褪色)。

将沉淀和滤纸转入原烧杯,加硫酸溶液(1＋3)10 mL,蒸馏水 50 mL,加热至 75～80℃,用 0.05 mol/L 高锰酸钾溶液滴定,溶液呈粉红色且 30 s 不褪色为终点。

同时进行空白溶液的测定。

(六)计算测定结果

测定结果按式(1)计算:

$$X = \frac{(V-V_0) \times c \times 0.02}{m \times \dfrac{V'}{100}} \times 100\%$$

$$= \frac{(V-V_0) \times c \times 0.02}{m \times V} \times 100\% \qquad (1)$$

式中:X 是以质量分数表示的钙含量,%;V 为试样消耗高锰酸钾标准溶液的体积,mL;V_0 为空白消耗高锰酸钾标准溶液的条件,mL;c 为高锰酸钾标准溶液的浓度,mol/L;V' 为滴定时移取试样分解液体积,mL;m 为试样质量,g;0.02 为与 1.00 mL 高锰酸钾标准溶液[$c(\frac{1}{5}KMnO_4 = 1.000 \text{ mol/L}$]相当的以 g 表示的钙的质量。

测定结果用平行测定的算术平均值表示,结果保留三位有效数字。

含钙量在 10% 以上,在重复性条件下获得的两次独立测定结果的绝对差值不大于这两个测定

值的算术平均值的 3%。

含钙量 5%～10% 时,在重复性条件下获得的两次独立测定结果的绝对差值不大于这两个测定值的算术平均值的 5%。

含钙量 1%～5% 时,在重复性条件下获得的两次独立测定结果的绝对差值不大于这两个测定值的算术平均值的 9%。

含钙量 1% 以下时,在重复性条件下获得的两次独立测定结果的绝对差值不大于这两个测定值的算术平均值的 18%。

(七)注意事项

(1)高锰酸钾溶液浓度不稳定,应至少每月标定 1 次。

(2)每种滤纸的空白值不同,消耗高锰酸钾标准滴定溶液的体积也不同,因此,至少每盒滤纸应做 1 次空白液测定。

(3)用高锰酸钾标准滴定溶液滴定时温度不能过高,且最初几滴滴加的速度要慢,以防高锰酸钾分解。如果溶液出现棕色,应重做。

二、乙二胺四乙酸二钠络合滴定法

(一)测定原理(GB/T 6436—2018)

将试样中有机物破坏,钙变成溶于水的离子,用三乙醇胺、乙二胺、盐酸羟胺和淀粉溶液消除干扰离子的影响,在碱性溶液中以钙黄绿素为指示剂,用乙二胺四乙酸二钠标准滴定溶液络合滴定钙,可快速测定钙的含量。

(二)试剂或材料

除非另有说明,本标准所有试剂均为分析纯和符合 GB/T 6682 规定的三级水。

(1)盐酸羟胺。

(2)三乙醇胺。

(3)乙二胺。

(4)盐酸水溶液 (1＋3)。

(5)氢氧化钾溶液(200 g/L) 称取 20 g 氢氧化钾溶于 100 mL 水中。

(6)淀粉溶液(10 g/L) 称取 1 g 可溶性淀粉放入 200 mL 烧杯中,加 5 mL 水润湿,加 95 mL 沸水搅拌,煮沸,冷却备用(现用现配)。

(7)孔雀石绿水溶液(1 g/L)。

(8)钙黄绿素-甲基百里香草酚蓝试剂

0.10 g 钙黄绿素与 0.10 g 甲基麝香草酚蓝与 0.03 g 百里香酚酞、5 g 氯化钾研细混匀,贮存于磨口瓶中备用。

(9)钙标准液(0.001 0 g/mL)　称取 2.4974 g 于 105～110℃ 干燥 3 h 的基准物碳酸钙,溶于 40 mL 盐酸中,加热赶出二氧化碳,冷却,用水移至 1 000 mL 容量瓶中,稀释至刻度。

(10)乙二胺四乙酸二钠(EDTA)标准滴定溶液　称取 3.8 g EDTA 加入 200 mL 烧瓶中,加水 200 mL,加热溶解冷却后转至 1 000 mL 容量瓶中,用水稀释至刻度。

①EDTA 标准滴定溶液的滴定:准确吸取钙标准溶液 10.0 mL 按试样测定法进行滴定。

②EDTA 滴定溶液对钙的滴定按式(2)计算:

$$T = \frac{\rho \times V}{V_0} \qquad (2)$$

式中:T 为 EDTA 标准滴定溶液对钙的滴定度, g/mL;ρ 为钙标准液的质量浓度,g/mL; V 为所取钙标准液的体积,mL;V_0 为 EDTA 标准滴定液的消耗体积,mL。

所得结果应表达至 0.000 1 g/mL。

(三)仪器设备

(1)实验室用样品粉碎机或研钵。

(2)析筛　孔径 0.42 mm(40 目)。

(3)分析天平　感量 0.0001 g。

(4)高温炉　电加热,可控温度在(550 ± 20)℃。

(5)坩埚　瓷制。

(6)容量瓶　100 mL。

(7)滴定管　酸式,25 mL 或 50 mL。

(8)玻璃漏斗　直径 6 cm。

(9)定量滤纸　中速,7～9 cm。

(10)移液管　10 mL,20 mL。

(11)烧杯　200 mL。

(12)凯式烧瓶　250 mL。

(四)制备试样

1.干法

称取试样 2～5 g 于坩埚中,精确至 0.002 g,在电炉上小心炭化,放入高温火炉于 550℃ 下灼烧 3 h(或测定粗灰分后连续进行),在盛灰坩埚

中加入盐酸溶液 10 mL 和浓硝酸数滴,小心煮沸,将此溶液转入 1 000 mL 容量瓶中,冷却至室温,用蒸馏水稀释至刻度,摇匀,为试样分解液。

2.湿法

称取试样 2～5 g 于 250 mL 凯式烧瓶中,精确至 0.000 2 g,加入硝酸 10 mL,加热煮沸,至二氧化氮黄烟逸尽,冷却后加入高氯酸 10 mL,小心煮沸至溶液无色,不得蒸干(危险);冷却后加入蒸馏水 50 mL,且煮沸驱逐二氧化氮,冷却后移入 100 mL 容量瓶中,用蒸馏水稀释至刻度,摇匀,为试样分解液。

(五)测定步骤

准确移取试样分解液 5～25 mL(含钙量 2～5 mg)。加水 50 mL,加淀粉溶液 10 mL、三乙醇胺 2 mL、乙二胺 1 mL、1 滴孔雀石绿,滴加氢氧化钾溶液至无色,再过量 10 mL,加 0.1 g 盐酸羟胺(每加一种试剂都需摇匀),加钙黄绿素少许,在黑色背景下立即用 EDTA 标准溶液滴定至绿色荧光消失呈现紫红色为滴定终点。同时做空白实验。

(六)计算测定结果

1.测定结果按式(3)计算

$$X = \frac{T \times V_2}{m \times \frac{V_1}{V_0}} \times 100\%$$

$$= \frac{T \times V_2 \times V_0}{m \times V_1} \times 100\% \qquad (3)$$

式中:X 为以质量分数表示的钙含量,%;T 为 EDTA 标准滴定溶液对钙的滴定度,g/mL; V_0 为试样分解液的总体积,mL;V_1 为分取试样分解液的体积,mL;V_2 为试样实际消耗 EDTA 标准滴定溶液的体积,mL; m 为试样的质量,g。

每个试样取两个平行样进行测定,以其算术平均值作为结果,所得结果应表示至小数点后两位。

2.允许差

含钙量 10% 以上,允许相对偏差 2%;含钙量在 5%～10% 时,允许相对偏差 3%;含钙量 1%～5% 时,允许相对偏差 5%;含钙量 1% 以下

时,允许相对偏差 10%。

（七）注意事项

（1）用 EDTA 标准滴定溶液滴定时应从上往

下观察,且光线不能太弱,以免影响终点判定。

（2）如滴定前溶液中有沉淀,可以稀释样品溶液或加入蔗糖溶液,以免影响测定结果。

任务 5-10　饲料中总磷的测定

视频:饲料中磷含量的测定

【任务描述】测定饲料样品中总磷的含量,掌握各类饲料样品中总磷的测定原理和方法。

一、测定原理（GB/T 6437—2018）

试样中的总磷经溶解,在酸性条件下与钒钼酸铵生成黄色的钒钼黄（NH_4）$_3PO_4NH_4VO_3 \cdot 16MoO_3$ 络合物。钒钼黄的吸光值与总磷的含量成正比。在波长 400 nm 下测定试样中钒钼黄的吸光度值,与标准系列比较定量。

二、试剂或材料

本标准所用试剂和水,在没有注明其他要求时,均为分析纯试剂和 GB/T 6682 中规定的三级水。试验中所用标准滴定溶液、杂质测定用标准溶液、制剂及制品,在没有注明其他要求时,均按 GB/T 601、GB/T 602、GB/T 603 的规定制备。试验中所用溶液在未注明用何种溶剂配制时,均指水溶液。

（1）硝酸。

（2）高氯酸。

（3）盐酸溶液　（1+1）。

（4）磷标准贮备液（50 μg /mL）　取 105℃ 干燥至恒重的磷酸二氢钾,置干燥器中,冷却后,精密称取 0.219 5 g,溶解于水,定量移入 1 000 mL 容量瓶中,加硝酸 3 mL,加水稀释至刻度,摇匀,即得。置聚乙烯瓶中 4℃ 下可储存 1 个月。

（5）钒钼酸铵显色剂　称取偏钒酸铵 1.25 g,加水 200 mL,加热溶解,冷却后再加入 250 mL 硝酸,另称取钼酸铵 25 g,加水 400 mL 加热溶解,在冷却的条件下,将两种溶液混合,用水稀释至 1 000 mL。避光保存,若生成沉淀,则不能继续使用。

三、仪器设备

（1）分析天平　感量 0.000 1 g。

（2）紫外-分光光度计　有 1 cm 比色池。

（3）高温炉　可控温度在 ±20℃。

（4）电热干燥箱　可控温度在 ±20℃。

（5）可调温电炉　1 000 W。

四、制备试样

按 GB/T 14699.1 抽取有代表性的饲料样品,用四分法缩减取约 200 g,按照 GB/T 20195 制备样品,粉碎后过 0.42 孔径的分子筛,混匀,装入磨口瓶中,备用。

五、测定步骤

1.试样的前处理

（1）干灰化法　称取试样 0.5～5 g,精确到 1 mg,置于坩埚中,在电炉上小心炭化,再放入高温炉,在 550℃ 灼烧 3 h（或测粗灰分后继续进行）,取出冷却,加 10 mL 盐酸（1+1）溶液和硝酸数滴,小心煮沸约 10 min,冷却后转入 100 mL 容量瓶中,加水稀释至刻度,摇匀,为试样分解液。

（2）湿法　称取试样 0.5～5 g,精确到 1 mg,置于凯氏烧瓶中,加入硝酸 30 mL,小心加热煮沸至黄烟逸尽,稍冷,加入高氯酸 10 mL,继续加热至高氯酸冒白烟（不得蒸干）,溶液基本无色,冷却,加水 30 mL,加热煮沸,冷却后,用水转移至 100 mL 容量瓶中,并稀释至刻度,摇匀,为试样分解液。

（3）盐酸溶解法（适用于微量元素预混料）称取试样 0.2～5 g,精确到 1 mg,置于 100 mL 烧杯中,缓缓加入盐酸溶液（1+1）10 mL,使其全部溶解,冷却后转入 100 mL 容量瓶中,加水稀释至刻度,摇匀,为试样分解液。

2.磷标准工作液的制备

准确移取磷标准贮备液 0 mL、1.0 mL、2.0 mL、5.0 mL、10.0 mL、l5.0 mL 于 50 mL 容量瓶中(即相当于含磷量为 0 μg、50 μg、100 μg、250 μg、500 μg、750 μg),于各容量瓶中分别加入钒钼酸铵显色剂 10 mL,用水稀释至刻度,摇匀,常温下放置 10 min 以上,以 0 mL 磷标准溶液为参比,用 1 cm 比色池,在 400 nm 波长下,用分光光度计测定各溶液的吸光度。以磷含量为横坐标,吸光度为纵坐标绘制标准曲线。

3.试样的测定

准确移取试样分解液 1～10 mL(含磷量 50～750 μg)于 50 mL 容量瓶中,加入钒钼酸铵显色剂 10 mL,用水稀释至刻度,摇匀,常温下放置 10 min 以上,以 0 mL 磷标准溶液为参比,用 1 cm 比色池,在 400 nm 波长下,用分光光度计测定试样溶液的吸光度,通过标准曲线上计算试样溶液的磷含量。若试样溶液磷含量超过磷标准工作曲线范围,应对试样溶液进行稀释。

六、计算测定结果

试样中磷的含量 w 以质量分数计,数值以% 表示,结果按下式计算:

$$w = \frac{m_1 \times V}{m \times V_1 \times 10^6} \times 100\%$$

式中:w 为试样中磷的含量,%;m_1 为通过标准曲线计算出试样溶液中磷的含量,μg;V 为试样溶液的总体积,mL;m 为试样的质量,g;V_1 为试样测定时移取试样溶液的体积,mL;10^6 为换算系数。

每个试样称取两个平行样进行测定,以其算术平均值为测定结果,所得到的结果应表示至小数点后两位。

在同一实验室,由同一操作者使用相同设备,按相同的测定方法,并在短时间内对同一饲料样品相互进行测试获得的两次独立测试结果的绝对差值,当试样中总磷含量小于或等于 0.5% 时,不得大于这两次测定值的算术平均值的 10%;当试样中总磷含量大于 0.5% 时,不得大于这两次测定值的算术平均值的 3%。以大于这两次测定值的算术平均值的百分数的情况不超过 5% 位前提。

任务 5-11　饲料中水溶性氯化物的测定

【任务描述】测定饲料样品中水溶性氯化物的含量,掌握各类饲料样品中水溶性氯化物的测定原理和方法。

一、测定原理(GB/T 6439—2007)

试样中的氯离子溶解于水溶液中,如果试样含有有机物质,需将溶液澄清,然后用硝酸稍加酸化,并加入硝酸银标准溶液使氯化物形成氯化银沉淀,过量的硝酸银溶液用硫氰酸铵或硫氰酸钾标准溶液滴定。

二、试剂和溶液

(1)所使用试剂均为分析纯。

(2)丙酮。

(3)正己烷。

(4)硝酸　$\rho_{20}(HNO_3) = 1.38$ g/mL。

(5)活性炭　不含有氯离子也不能吸收氯离子。

(6)硫酸铁铵饱和溶液　用硫酸铁铵[$NH_4Fe(SO_4)_2 \cdot 12H_2O$]制备。

(7)Carrez Ⅰ　称取 10.6 g 亚铁氰化钾[$K_4Fe(CN)_6 \cdot 3H_2O$],溶解并用水定容至 100 mL。

(8)Carrez Ⅱ　称取 21.9 g 乙酸锌[$Zn(CH_3COO)_2 \cdot 2H_2O$],加 3 mL 冰乙酸,溶解并用水定容至 100 mL。

(9)硫氰酸钾标准溶液　$c(KSCN) = 0.1$ mol/L。硫氰酸铵标准溶液:$c(NH_4SCN) = 0.1$ mol/L。

（10）硝酸银标准溶液 $c(AgNO_3) = 0.1$ mol/L。

三、仪器设备

（1）实验室常用仪器设备。

（2）回旋振荡器 $35\sim40$ r/min。

（3）容量瓶 250 mL;500 mL。

（4）移液管。

（5）滴定管。

（6）分析天平 感量 0.000 1 g。

（7）中速定量滤纸。

四、采样和试样制备

采样方法不是本标准规定的内容,采样方法按照 GB/T 14699.1 进行。实验室得到真实、具有代表性的样品非常重要,应保证样品在运输过程中不变质。

按 GB/T 20195 制备样品。如样品是固体,则粉碎试样(通常 500 g),使之全部通过 1 mm 筛孔的样品筛。

五、分析步骤

1.步骤的选择

如果试样不含有有机物,按测定步骤（1）执行;如果试样是有机物,按测定步骤（2）执行。但熟化饲料、亚麻饼粉或富含亚麻粉的产品和富含黏液或胶体物质(例如糊化淀粉)除外,后面的这些试样需按测定步骤（3）执行。

2.测定步骤

（1）不含有有机物试样试液的制备 称取试样不超过 10 g 试样,精确至 0.001 g,试样所含氯化物含量不超过 3 g,转移至 500 mL 容量瓶中,加入 400 mL 温度约 20℃的水,混匀,在回旋振荡器中振荡 30 min,用水稀释至刻度,混匀,过滤,滤液供滴定用,按（4）执行。

（2）含有有机物试样试液的制备 称取 5 g 试样(质量 m),精确至 0.001 g,转移至 500 mL 容量瓶中,加入 1 g 活性炭,加入 400 mL 温度约 20℃的水和 5 mL Carrez I 溶液,搅拌,然后加入 5 mL Carrez II 溶液混合,在振荡器中摇 30 min,用水稀释至刻度（V_i）,混匀,过滤,滤液供滴定用,按（4）执行。

（3）熟化饲料、亚麻饼粉或富含亚麻粉的产品和富含黏液或胶体物质(例如糊化淀粉)试样试液制备 称取 5 g 试样,精确至 0.001 g,转移至 500 mL 容量瓶中,加入 1 g 活性炭,加入 400 mL 温度约 20℃的水和 5 mL Carrez I 溶液,搅拌,然后加入 5 mL Carrez II 溶液混合,在振荡器中摇 30 min,用水稀释至刻度（V_i）,混合。

轻轻倒出（必要时离心）,用移液管吸移 100 mL 上清液至 200 mL 容量瓶中,加丙酮混合,稀释至刻度,混匀并过滤,滤液供滴定用。

（4）滴定 用移液管移取一定体积滤液至三角瓶中,25~100 mL（V_a）,其中氯化物含量不超过 150 mg。

必要时（移取的滤液少于 50 mL）,用水稀释至 50 mL 以上,加 5 mL 硝酸,2 mL 硫酸铁铵饱和溶液,并从加满硫氰酸铵或硫氰酸钾标准溶液滴定溶液至 0 刻度的滴定管中滴加 2 滴硫氰酸铵或硫氰酸钾溶液。

注:剩下的硫氰酸铵或硫氰酸钾标准滴定溶液用于滴定过量的硝酸银溶液。

用硝酸银标准溶液滴定直至红棕色消失,再加入 5 mL 过量的硝酸银溶液（V_{sl}）,剧烈摇动使沉淀凝聚,必要时加入 5 mL 正己烷,以助沉淀凝聚。

用硫氰酸铵或硫氰酸钾溶液滴定过量硝酸银溶液,直至产生红棕色能保持 30 s 不褪色,滴定体积为（V_{tl}）。

3.空白试验

空白试验需与测定平行进行,用同样的方法和试剂,但不加试料。

六、计算结果

试样中水溶性氯化物的含量 W_{wc}（以氯化钠计）,数值以 % 表示,按式（1）进行计算。

$$W_{wc} = \frac{M \times [(V_{sl} - V_{s0} \times c_s - (V_{tl} - V_{t0})] \times c_t}{m}$$

$$\times \frac{V_i}{V_a} \times f \times 100\% \qquad (1)$$

式中:M 为氯化钠的摩尔质量,$M = 58.44$ g/mol;

V_{sl} 为测试溶液滴加硝酸银溶液体积,mL;

V_{s0} 为空白溶液滴加硝酸银溶液体积，mL；c_s 为硝酸银标准溶液浓度，mol/L；V_{t1} 为测试溶液滴加硫氰酸铵或硫氰酸钾溶液体积，mL；V_{t0} 为空白溶液递减硫氰酸铵或硫氰酸钾溶液体积，mL；c_t 为硫氰酸钾或硫氰酸铵溶液浓度，mol/L；m 为试样重量，g；V_i 为试液的体积，mL；V_a 为移出液的体积，mL；

f 为稀释因子，$f=2$，用于熟化饲料、亚麻饼粉或富含亚麻粉的产品和富含黏液或胶体物质的试样；$f=1$，用于其他饲料。

结果表示为质量分数（%），报告的结果如下：水溶性氯化物含量小于 1.5%，精确到 0.05%；水溶性氯化物含量大于或等于 1.5%，精确到 0.10%。

视频：饲料中三聚氰胺的测定
（酶联免疫吸附测定法）

视频：喹乙醇含量的测定

【项目总结】

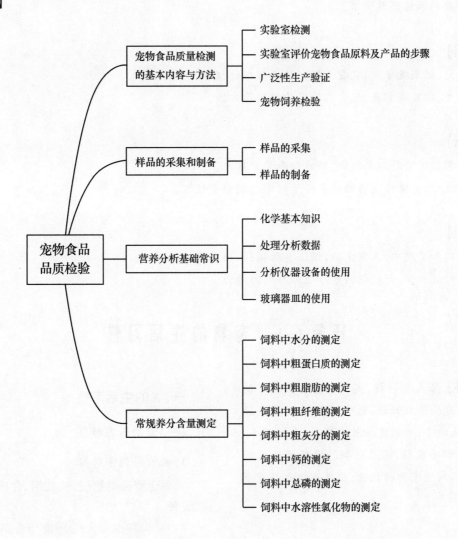

项目六

宠物的饲养

【项目描述】

宠物行业是一个新兴的行业,宠物的喂养至关重要。本项目以宠物犬、猫为主要对象,介绍了宠物的形态特征、生理特征、生活习性、性格特点等,重点介绍了仔幼宠物、成年宠物、老龄宠物、患病宠物以及宠物运输中的饲养管理技术;此外还介绍了观赏鱼、观赏鸟、斗鸡、龟、蜥蜴等特种宠物的品种类型、饲养管理和简要的训练调教方法。

【知识目标】

- 了解犬、猫及观赏鱼、观赏鸟等宠物的形态特征和生活习性。
- 掌握犬、猫及观赏鱼、观赏鸟等宠物的饲养方法。

【技能目标】

- 熟练掌握不同时期宠物犬、猫的饲养管理技术。
- 在实践中,能根据宠物的特点给予科学的饲养管理。

【思政目标】

- 宠物饲养实践中,尊重宠物,保证宠物福利,培养爱心和耐心。
- 培养对新知识、新技能的学习能力与创新能力。

任务 6-1 宠物的生活习性

【任务描述】像人类一样,宠物也有自己特定的性格。有的宠物活泼好动,聪明伶俐;有的宠物温顺安静,听从命令;有的宠物粗犷强暴,喜好争斗;有的宠物则胆小懦弱,反应迟钝。准确掌握宠物的性格特征,对于宠物的挑选、训练及饲养具有重要意义。

一、犬的生活习性

(一)犬的形态特征

1.犬的解剖学特征

犬属于脊椎动物门、哺乳纲、食肉目、犬科、犬属、犬种。

(1)牙齿特点　犬的牙齿与食肉动物的特点

相一致,齿列分化明显,齿大而锐利,能撕咬大块食物。臼齿有尖锐的齿尖,主要用于切断食物,但咀嚼较粗。犬在出生后十几天即长出乳齿,2个月后开始由门齿、犬齿、臼齿逐渐换为永久齿(恒齿),一般8～10个月齿换齐,但犬齿需要1岁以后才能生长坚实。成年犬的齿式为:(3.1.4.2/3.1.4.3)×2。

另外牙齿的生长情况、磨损程度、外形颜色等与犬的年龄有一定的相关性。表6-1列举了犬齿情况与年龄的关系。

表6-1　不同年龄阶段犬牙生长、更换及磨损情况

年龄	牙齿状况
2个月以下	仅有乳齿(白、细、尖锐)
2～4个月	更换门齿
4～6个月	更换犬齿
6～10个月	更换臼齿
1岁	牙长齐,洁白光亮,门齿有尖突
2岁	下门齿尖突部分磨平
3岁	上下门齿尖突部分均磨平
4～5岁	上下门齿开始磨损呈微斜面并发黄
6～8岁	门齿磨露齿根,犬齿发黄磨损,唇部胡须发白
10岁以上	门齿磨损严重,犬齿不齐全,牙根黄,唇边胡须全白

(2)骨骼特点　犬的头颅呈圆锥形,嘴脸尖长。除头骨外,有7块颈椎,13块胸椎,7块腰椎,8～22块尾椎,1块胸骨,9对真肋,4对假肋。无锁骨,肩胛骨由骨骼肌与体躯相连,后肢由股关节连接骨盆。阴茎骨是犬科动物特有的骨头。

(3)内脏特点　犬的血液循环系统和神经系统特别发达,其内脏与体重比分别为:脑0.59,心0.85,肺0.94,胃0.30,肝2.94,甲状腺0.02,肾上腺0.01。犬食道由横纹肌构成,胃较小,中等犬胃容量约1.5 L,肠道较草食动物短,其中小肠2～3 m,大肠0.6～0.75 m,盲肠0.125～0.15 m,总长度约为体长的3～4倍。肝脏7叶,左右各两叶,后部3叶。脾脏为一不规则的长三棱柱形,是犬的储血库。心脏位于4～7肋间。胸腺位于胸腔入口处,幼年时发达,2～3岁即萎缩退化。肺脏分7叶,左肺3叶分别为:尖叶、心叶和膈叶,右

肺4叶分别为:尖叶、心叶、膈叶和中间叶。

(4)生殖器官特点　雌犬体内的生殖器官由卵巢、输卵管和子宫组成。双角子宫连接子宫体,下行到子宫颈,突出于阴道穹隆。两侧卵巢包围在浆液性囊内,此囊直接与输卵管相通。阴道壁括约肌非常发达。雄犬内生殖器官由睾丸、附睾、输精管、前列腺等组成,附睾很大,前列腺发达,无精囊腺和尿道球腺。雄犬阴茎里有特殊的阴茎骨,交配时不需要勃起,便可插入阴道,阴茎插入阴道后,尿道海绵体和阴茎海绵体迅速充血膨胀,被雌犬耻骨前缘卡住,以致阴茎无法退出,经1 h左右射精结束,阴茎海绵体缩小,阴茎方能退出。

(5)汗腺　犬皮肤汗腺不发达,汗的分泌量较少,趾垫内的汗腺侧较发达。鼻端有特殊的腺体组织,能分泌透明的分泌物。在炎热季节,犬主要通过张口吐舌、加快呼吸频率和呼吸深度散热,调节体温平衡。

2.犬的外貌及形态

犬的身体分为:头部、躯干部和尾部3部分。犬的头是最重要的部位,能表现犬的禀性。犬颈部长短与品种有很大关系,一般颈的长度跟头的大小成反相关。犬的胸腹和四肢部的大小、长短、角度等,也会因犬种不同而产生差异。犬体表被毛的毛色有很大差异,毛色由遗传决定,同时跟营养也有一定关系,营养不良的犬,毛色多会因缺乏色素而变得暗淡,此外,随着年龄的增长,毛色也会略有改变。犬的体色(皮肤颜色)多是一致的,皮呈柔软肥厚状。

由于地理环境、气候条件的影响,特别是人类按照主观意愿对其进行培育改良,使犬的体貌千姿百态。有的袖珍犬体重不足0.5 kg,体高仅有12 cm;而许多巨型犬体重超过100 kg,体高竟达1 m以上。按体形大小分:犬可分为大型犬(体高61 cm以上,体重40 kg以上)、中型犬(体高40.7～61 cm,体重11～30 kg)、小型犬(体高25.5～40.7 cm,体重4～10 kg)和极小型犬(体高25 cm以下,体重4 kg以下)。也有人按形态特征分为:灵缇犬、猎鹬犬、狐狸犬、马尔济斯犬、牧羊犬等。但要说明的是,很多犬种实际上很难专属于某一类。例如,德国牧羊犬既是一种大型的工作犬,可训练为警犬、军用犬、导盲犬和守卫犬,又是很好的伴侣犬;北京犬和西施犬都是典型的小型玩赏

犬,但也能起到以吠叫报警的守卫作用。

3.犬的特征与机能

犬的嘴既是采食器官,也是战斗武器,同时也是表达感情的工具,从犬嘴中能够发出吠叫的声音,吠叫就是犬的一种"语言"。嘴的长度差异很大,以苏格兰牧羊犬为代表的嘴形尖长,一般嘴吻越长,嗅觉越灵敏;格雷犬嘴吻尖细,身材苗条,四肢修长,因而能高速奔跑,在竞赛场上屡屡称雄;斗牛犬头颈粗壮,膀大腰圆,四肢强劲,因而体力强盛,敢于同公牛和雄狮格斗厮杀;达克斯犬体长是体高的2倍,四肢短而强劲,是捕猎隐藏在洞穴中的熊的高手。

眼在犬的面部,健康犬眼结膜呈粉红色,一般眼眸生辉、虹彩色素浓,并随时显示出警觉性的犬眼,是较好的犬。

犬的耳朵形态是影响容貌的重要因素。常见的有三角形、玫瑰花瓣形及蝙蝠耳朵形等,一般呈直立、半直立、折叠或完全下垂状态。

犬的胸部形态与运动有关。有3种类型,以苏俄牧羊犬及沙乐基犬为代表的品种,胸部较扁平,在高速奔跑时空气阻力小;斗牛犬系的品种,胸部宽阔呈桶状,肌肉非常发达,两前肢间的距离宽,善于搏斗;其余犬种,胸部形态介于二者之间。

犬的背腰形态也与运动方式有关。格雷犬等高速奔跑的犬种,背腰略向上弯曲而呈弓形,以秋田犬为代表的绝大多数犬种背腰平直,斗牛犬系的品种则背腰略向下凹陷。

犬的尾巴灵巧秀美且是情绪表达器官。其形状有镰刀形、螺旋形、松鼠形及水獭形等多种,平时有的下垂,有的挺直后伸或上举,有的高卷于荐部或臀侧。

4.犬的情感表达

(1)形态动作 犬的双眼是它心灵的镜子,通过眼神可以窥探它的内心。愤怒惊恐的时候,瞳孔张大,眼睛上吊,眼神显得凶狠可怕;高兴淘气的时候,眼睛晶莹,目光闪烁;悲伤寂寞的时候,眼睛湿润,眼神如泣如诉;自信或渴望得到信任的时候,目光沉着且坚定;犯错心虚的时候,转移视线,眼睛上翻;不适或消沉的时候,眼睛半张半闭,眼神呆滞。

犬的耳朵不但听力很强,而且有许多表情。当它耳朵猛力向上直立着、瞪着眼睛时说明它精神高度集中。当打探四周动静时,耳朵会随着声音来回转动。情绪紧张准备进攻时,耳朵会有力地向后背。高兴、撒娇或犯错心虚时,耳朵会柔软地贴向脑后。

尾巴是犬心灵的透视镜,它的一举一动无不与它的尾巴密切相关。尾巴随着摆动的屁股使劲摇时,表示它非常高兴。慢慢摇动则表示它亲昵的感情。尾巴充满力量向上竖起,一点一点摇动时,表示向对方挑衅,且试探对方的力量。尾巴硬邦邦向上直竖时,表示自己充分的自信。尾巴下垂或夹着尾巴,表示胆怯和害怕。尾巴卷在肚子下面,表示它非常害怕,怕对方伤害自己。

犬看见熟悉或自己喜欢的人,会竖起尾巴并不断地左右摇摆,嘴向上微张,耳朵变低,眼睑松弛,以示友善。当它特别高兴时,会在主人的身边绕圈子,向高处跳跃,或在主人身边摩擦,发出甜美的鼻音,与主人戏耍;有时以后肢站立,用舌头舔主人的脚、手或脸;有时用前肢搭在主人的膝部或抱住主人的大腿;有时在地上仰卧或翻滚,这些都是情绪高昂的表现。

有时犬也会"笑",表现为鼻上堆满皱纹,上唇拉开,轻轻地张开嘴巴,露出牙齿,眼睛微闭,目光温柔,耳朵向后伸,鼻内发出哼哼声,身体柔和地扭曲,全身的被毛平滑,尾巴轻摇与人亲近。犬在高兴时喜欢人爱抚它,在感受爱抚时为了排除所有音响而将耳朵低垂,集中享受爱抚。

(2)声音 尽管犬有大小,叫声也有高低,但是节奏和吠叫的方式却都是一样的,它可以表达犬的不同情感。可以大致归纳出以下几种:

"呜……呜……",离开父母的幼犬常会发出这种吠叫,就像婴儿的哭声。这种吠叫就是幼犬在哭闹,它们还不习惯离开父母和兄妹,感到很伤心和寂寞。

"嗯……嗯……",这是连续、低沉、哀怨的声音,表示它们很不开心,甚至痛苦。如果家里有客人来,你怕自己的犬伤人,把它们关在房里,或拴在一边,它们常会发出这种声音,因为许多犬,特别是独养的家庭宠物都是不甘寂寞的"人来疯"。

"汪、汪",主人回家或家里来了熟客时,犬比谁都最先知道,它们会摇着尾巴发出温柔而又短促的"汪、汪"声,这表示它们很高兴。如果待在家里的人还不去开门,它们会跑去催促,它们在淘气的时候也会这样叫。

"汪……汪·汪、汪、汪、汪",犬通常在发现情况之初,会大声地发出"汪、汪"的叫声,这时的叫声有短暂的间隔,像是报信。接下来的叫声便是一串串的"汪、汪"声,一边叫,一边围着它们心目中的"敌人"来回转,这是在威胁对方,也是发起攻击的前奏。

"嗷!",表示很疼痛,多是尾巴被人踩,脚被夹住时,或受责罚被真正打痛时,它们便会突然地"嗷、嗷"叫起来。受到突然惊吓时,也会发出这种叫声。

"嗷……呜、嗷……呜",这是人们通常所说"狼嚎"的声音,据说这是在呼唤远方的同类。犬是狼的后代,也保留了狼的一些野生习惯。每当听到其他犬发出这种叫声,它们也会随声应和。

(二)犬的生理特征

1. 犬的采食与消化

犬在动物学分类上归为肉食目,在远古时代多以捕食小动物为生。被人类驯养后,食性发生了变化,变成以肉食为主的杂食动物,在喂养时,需要在食物中配制较多的动物蛋白和脂肪,辅以素食成分,才能保证犬的正常发育和健康的体魄。但犬现在仍保持以肉食为主这样一个消化特性,如犬的下颌各有一对尖锐的犬齿,体现了肉食动物善于撕咬猎物的特点,犬的臼齿也比较尖锐、强健,能切断食物,啃咬骨头时,上下齿之间的压力很大,但不善咀嚼,因此,常形容犬吃东西时是"狼吞虎咽"。犬喜啃咬,也是原生态时撕咬猎物所留下的习惯,在喂养时要不定期给它一些骨头,以利于磨牙。

犬的唾液腺发达,能分泌大量唾液,湿润口腔和饲料,便于咀嚼和吞咽。唾液中含有溶菌酶,具有杀菌作用。在炎热的季节,依靠唾液中水分的蒸发散热,借以调节体温。因此,在夏天常可以看到犬张开大嘴,伸出长长的舌头就是为了代替发汗散热。

犬的食管壁有丰富的横纹肌,呕吐中枢发达,当吃进毒物后能引起强烈的呕吐反射,把吞入胃内的毒物排出,这是一种比较独特的防御本领。

犬的胃呈歪梨形,胃液中盐酸的含量为

0.4%～0.6%,在家畜中居首位。盐酸能使蛋白质膨胀变性,便于分解消化。因此,犬对蛋白质的消化能力很强,这是其肉食习性的基础。犬在食后5～7 h就可将胃中的食物全部排空,要比其他草食或杂食动物快很多倍。

犬的肠管较短,一般只有体长的3～4倍,而同样是单胃的马和兔的肠管为体长的12倍。犬的肠壁厚,吸收能力强,这些都是典型的肉食特征。犬对粗纤维的消化能力差,这是与它咀嚼不充分和肠管短不具发酵能力有很大关系。喂粗纤维的蔬菜最好切碎或煮熟后再喂。

犬的肝脏比较大,相当于体重的3%左右,分泌的胆汁有利于脂肪的吸收。犬的排便中枢不够发达,不能在行进中排便,所以要给它一定的排便时间。

2. 犬的繁殖特性

犬性成熟期8～10个月。每年发情2次,多在春、秋季节,每次发情持续时间14～21 d。第一次配种在1岁以后。妊娠期58～62 d,哺乳期60 d。一般每胎产仔2～8只。

3. 犬的神经类型与性格

犬神经类型不同,犬的性格也不同。因此,考虑不同用途时,对犬的神经类型要有所选择。通常犬的神经类型分为如下4型:

Ⅰ型:强,均衡的灵活型——多血质(活泼型);

Ⅱ型:强,均衡的迟钝型——黏液质(安静型);

Ⅲ型:强,不均衡,兴奋占优势的兴奋型——胆汁质(不可抑制型);

Ⅳ型:弱,兴奋和抑制不发达——忧郁质(衰弱型)。

4. 犬的感觉

(1)听觉 犬的听觉十分灵敏,它的听力是人的16倍。不仅可分辨极为细小与高频率的声音,而且对声源的判断力也极强。通常人不容易听到6 m外的低音,而犬却能听到24 m外的低音,犬的听力音域也很宽,人的听力音域一般为2万Hz,而犬为4万Hz,甚至更高,因而犬能听到田鼠、蝙蝠等的叫声。犬笛就是根据犬的这个特征制作的。

晚上,犬即使睡觉时也保持着高度的警惕性,对半径1 000 m以内的各种声音都能分辨清楚。

犬耳还能确定音源的方向,能随着声音的方向转动。犬听到声音时,由于耳与眼的交感作用,有注视的习性,这一特征,使警犬、猎犬能够准确地接听到的声音为主人指明目标,并在主人的授意下追踪和围攻猎物。

犬还能凭借人们呼唤它的名字音调来判断此人是否与它友好,还可对人的口令或简单语言的音调和音节变化,建立条件反射,过高的音响或音频对犬是一种逆境刺激,使犬有惊恐、痛苦的感觉,以致躲避。在犬做出错误行为时,为了禁止或纠正,可以用较严厉的口令。犬的听力不会因休息或睡觉而停止,它的耳朵始终在不停地转动,而且总是冲着有声音的方向,保持高度的警觉,一旦有情况,它就会立即做出反应。

(2)嗅觉 犬嗅觉特别灵敏,嗅觉能力比人高得多,对酸性物质的嗅觉灵敏度高出人类几万倍,居各畜之首。其原因主要是犬的嗅脑、嗅觉器官和嗅神经非常发达,且鼻腔上部覆盖着嗅觉黏膜,嗅黏膜的表面有许多皱褶,其面积约为人类的4倍,同时鼻黏膜上布满嗅神经末梢。犬灵敏的嗅觉感受器是嗅黏膜内的嗅细胞,有2亿多个,是人类的40倍,这些嗅细胞的表面分布着许多粗而密的绒毛,扩大了细胞的表面积,从而增加了与气味物质的接触面积。实验证明,犬的嗅觉能力是人的1 200倍,有的公犬能够在1 500 m之外,嗅出母犬的气味。犬主人把它带到任何地方去,它都能借熟悉的气味,回到家中。

犬灵敏的嗅觉主要表现在两个方面:一是对气味的敏感程度;二是辨别气味的能力。犬对气味的感知能力可达到分子水平,例如当1 m³空间含有9 000个丁酸分子时,犬就能嗅到。有人将硫酸稀释成千分之一时,犬仍能嗅出。有的犬甚至能嗅到精密仪器也测不出来的气味。犬辨别气味的能力也相当强,可在诸多的气味当中嗅出特定的味道。警犬能辨别10万种以上的不同的气味。

犬敏锐的嗅觉在生活中占有十分重要的地位,被人类充分利用到众多的领域。犬主要根据嗅觉信息识别主人,鉴定同类的性别、发情状态,母子识别,辨别路途、方位、猎物与食物等。犬不仅能通过人使用过或接触过的物品来辨别某人的气味,还能通过人的气味辨别出人的情绪反应。

有人说犬的生活完全依赖鼻子,虽然有些夸大和绝对化,但以此来强调嗅觉对犬的重要性也不为过分。人类就是通过利用犬的这种灵敏嗅觉来为人类服务的。如借助气味识途,用犬狩猎、搜索、缉毒、救助及协助破案等。

(3)视觉 犬的视觉不发达,每只眼睛有单独视野,视角在25°以下,正面近距离的器物看不清楚,这是由于水晶体较大的缘故。犬测距性较差,视网膜上没有黄斑,即无清楚的视觉点。犬眼的调节能力只有人的1/5或1/3。犬的远视能力较差,对50 m以内的固定目标可以看清,超过这个距离就看不清了,但是对运动的目标则可感觉到800 m远的距离。犬对前方的物体看得最清楚,要看两边的东西,必须经常转动头部。

犬的视觉的最大特征是色盲,它的辨色能力差,特别是红绿颜色,无法分辨色彩的变化。因此,不能用红绿色作为条件刺激来进行条件反射实验。导盲犬之所以能区别红绿信号灯,是依靠两灯的光亮度区别的。犬的另外一个特征就是暗视力比较灵敏,在夜间或微弱的光线下,视力反而增加,这就说明犬仍然保持着夜行性动物的特点。

(4)味觉 犬的味觉不好,吃东西时很少咀嚼,几乎是在吞食。它感知味觉的器官不是舌头,而是受物质刺激后引起的一种感觉。因此,犬不是通过细嚼慢咽来品尝食物的味道,而主要是靠嗅觉和味觉的双重作用。它的味觉主要靠嗅觉来决定。犬很少因味觉而引起食欲或者产生拒食现象。因此,我们在给犬准备食物时,要特别注意对食物气味的调理,可在食物上放些盐或煮过的猪肉以刺激食欲。

(5)触觉 犬的触觉较为敏感。触毛生长在上唇、下唇、颜部和眉间,有很高的敏感性。脚趾的某些部分也有触觉。

(6)"第六感觉" 犬与许多动物一样,具有心灵感应与传递信息的能力。在犬与犬、犬与人以及犬与野兽之间的联系上起到了重要的作用。如犬对猫的妒忌性很大,常以敌对方式对待猫,但通过人的各种表情和训练,使犬领会到主人对猫的钟爱而会与之和睦共处。犬有超感觉的典型例子是:在地震和火山爆发之前有预感,到室外乱跑、乱叫。超感觉也可支配犬辨认方向,能在很远的地方,甚至相隔数年之久仍可找到回家的路。经过训练的犬在执行任务时,甚至没等主人做完一个简单的手势或说完一句话,它已能分析到主人命令的内涵而很好地发挥它的作用。

5.犬的本性

犬本身存在着一些固有的特性,主要表现在以下几方面:

(1)等级制度与集群性　犬生性好群居,但在群体中有着明显的等级制度。犬群中,总由一条头犬支配、管辖着全群。级别高或资格老的头犬如何表明它的等级优势呢?通常采用以下几种特定行为来表示:如允许它而不允许对方检查它犬的生殖器官;不准对方向另一只犬排过尿的地方排尿;对方可在头犬面前摇头、摆尾、耍顽皮,或退走、坐下或躺下,当头犬离开时,方可站住。等级优势明确后,敌对状态消除,开始成为朋友。

犬的主人通常被犬看作集群的领袖、负责该群的防卫。如果一个陌生者(人或犬)被集群领袖无敌意地接受,那么其一般也将被犬所认可。当集群首领不在场时,犬就会接替这个角色,行为上则易改变,体形小而性情温和的母犬能显示出护守领地的本能。

(2)领域观念　犬的领域观念强烈,常用自己的气味标出地界,且经常更新,一块领地可只属于一、二只犬或整个犬群。外来犬如闯进一只犬的领地时,它的行动会非常谨慎,如果领地犬来了,闯入者不敢看它,假装忙于别的事,避免与领地犬撕斗,然后离去。

对于领地的"圈定",犬通常是沿着它平时行走的路线固定一些点。如公犬外出散步时,总是往固定的一些树干、路灯下或角落里撒少量尿。一只犬的气味可以使另一只犬知道这只犬的领地、性别、年龄和健康等状况。有趣的是,当一只小犬经过体大犬留下的领地痕迹时,常会尽量抬高它的后肢撒尿来盖住体大犬留下的痕迹。而体大公犬路经体小犬留下的痕迹时,则会尽量以低于正常的姿势排尿,以便覆盖住体小犬留下的痕迹。但母犬的领地感不像公犬那样明显,只是在它发情期为了告诉周围的公犬它正处于发情期而用尿来标志领地界限或规定道路的标记。一般母犬不像公犬那样护着自己的领地和自己在犬群中的地位,母犬只注意保护自己的仔犬,多数母犬始终都可和睦地生活在一起,甚至会喂养其他母犬

的幼仔。

(3)捕食与防卫　虽然犬已被驯化了几千年,但有些犬仍会做出追猎和捕捉猎物的动作。它们可能会潜近、捕捉甚至杀死小动物,但较常见的则是它们会煞有其事地追赶猎物,只是到最后一分钟时又会突然放弃。

防卫是犬的本性,它们能够判断出自己所处环境的安全与否,而眼睛便是它们衡量安全系数的尺度。中国人有句俗话叫"狗眼看人低",意思是,不怎么高明的人看别人也会把别人看扁了,这说明中国人是懂得犬如何估计对方的。通常说来,犬对陌生人都持有不同程度的戒心,对方越高大,离它们的距离越接近,犬的戒备程度便越高;如果对方是小孩,或是蹲下来的成年人,那么它们的戒备程度便会大大降低,这是因为犬天生就有以自己视线高度判断对方强弱的本能。犬类之间的争斗有攻击和逃避两种形式,它是在发生冲突过程中有自我保护的本能反应。是攻击还是逃避取决于胜利者或失败者。由于一场搏斗的结果只对胜利者有利,所以从个体生存的角度来看,在面对强者时,以逃为佳。相反,侧以主动攻击取胜。犬的自我保护还表现在它们会很在意地护着自己的短处。一项实验报告显示,如果让犬单独过隧道,大多数犬会靠右边走,这说明犬的短处在右边。当犬被追得走投无路时,会把自己的右边靠墙,以左边面对敌人;外出散步时遇到什么异常,它们会靠在主人的左侧,护着自己的右边。

(4)性行为　性行为同寻求食物一样,是犬最基本的特性,也是种族的生存所必需的要求。性成熟后,公母犬间的特殊行为都是性行为。也可以说,凡是导致精子与卵子结合的一切行为都是性行为。性行为的特殊刺激能够引起犬的母性本能。母犬在临产前知道选择隐蔽而较暗的地方,运用垫料、破布等物品来筑成准备分娩的窝巢。产后向幼犬提供照料或关照,包括哺乳、帮助排泄、衔回爬出窝外的幼仔及御敌等。母犬的这些行为完全是对后代的生存和成长有利的母性的本能。

(5)记忆力　犬的记忆力是很强的。犬的回忆能力维持时间可能不长,但犬的联想记忆是惊人的。如犬在某地被某人惩罚过,时隔很久,当再次见到此境或此人时,就会联想起当时的情景,

立即提高警惕，并向惩罚人攻击，这就是常说的"犬记仇"。犬的模仿行为对犬的生活、生存都很重要，是适应性的一种表现，使犬学会生存和生活的本领。如只要在老犬的带领下，仔犬就能学会狩猎和牧畜，也会养成定点排便的习惯，这种模仿行为在犬的饲养管理和训练中都可以充分利用。

(三)犬的生活习性

1. 睡眠习性

睡眠是恢复体力、保持健康所必不可少的休息方式。犬在野生时期是夜行性动物，白天睡觉，晚上活动。被人类驯养后与人的起居基本保持一致，改为白天活动，晚上睡觉。但与人不同的是，犬不会从晚上一直睡到早晨，比较集中的睡眠时间是在中午前后以及凌晨二三点钟，而且睡觉时始终保持着警觉状态，只要稍有动静即会惊醒。

犬熟睡时，常侧卧着，全身伸展开来，样子酣畅。沉睡的时候较少，沉睡后的犬不易被惊醒，有时还发出梦呓，如轻吠、呻吟，并伴有四肢的抽动和头、耳的轻摇。浅睡时，犬多呈趴卧的姿势，头俯于两前肢之间，经常有一只耳朵贴近地面。犬睡眠时，不易被熟人和主人所惊醒，但对陌生的声音很敏感。

另外，犬在睡觉时，不喜欢被惊醒，一旦被惊醒，心情将会变得很坏，甚至对主人也会心有不满。

如果犬得不到充足睡眠，工作能力会明显地下降，失误会增加。睡眠不足的犬常表现为，有机会就卧地，不愿起立，常打哈欠，两眼无神，精力分散。

2. 忠诚与说谎习性

文学艺术作品中，犬的忠诚被许多文人骂为汉奸走犬，其实，犬并不知道忠诚是什么，这只是它的一种习性，就像饿了要吃东西一样。动物学家认为，犬对主人的忠诚主要是因为犬是群居性的社会动物，在与人类共同进化中产生了把人看成"同类"的特性所致。同时在犬看来，主人就是首领，服从主人的权威能给自己带来无限好处。

犬也会说谎，它常假装脚疼，或故意装作不舒服的样子，其目的是想引起人们的注意与关心；训练握手或再见时，它也会装作故意听不懂你的话，

拒不把前爪抬起来；你把一件东西藏在一个它可以找到的地方让其去找，它会若无其事地转一圈，然后随便叼回一个什么来应付你。如果你严厉重复上述指令，你会发现犬明白你在说什么，它会做得很好；如果你迁就它，这种说谎的本能就会得到强化，故伎重演。有些犬犯了错或不想做主人让它们做的事情，会立刻躺下来，露出肚皮，撒娇耍赖，或是可怜兮兮地呜咽，借此逃避处罚或它们不愿意接受的事情。

3. 喜欢探求和游戏

犬的探求习性有时是针对具体的食物、物品或环境，如寻求食物、栖止场所等，达到目的时这种探求便停止。另外的一种探求行为并不针对某一种目的，而只是犬对所面临的新事物、新环境所表现出的一种反应，使犬本身适应所处的环境的变化。

犬在生活中有喜欢游戏的特性，如大犬对小犬游戏时，总是收敛其力量与技巧或者自取劣势，借以延长游戏时间。以物体为对象时(如小犬撕咬鞋袜)则无所顾忌地增加强度。犬在游戏时，会在地上翻滚，作为一种屈服和邀请的表示，进而咬拉对方的尾巴或做出向空中跳蹿，向前、后、左、右的跳跃动作。在捕咬游戏中，不时向对方袒露腰窝以示善意。适当健康有趣的游戏可以调节人和犬的生活情趣。

4. 爱与人交往

犬喜欢人甚于喜欢同类，这是它的先天习性，许多犬对自己的主人之死都会表示悲伤，或不吃东西，或对任何事情都无精打采，尤其是10岁以上的犬。年轻的犬也会因为失去主人而悲伤，但它们很快又把注意力转移到新来照护它的主人。因而应从小就与犬建立感情、沟通思想，留下与人接触的"印记"。但其程度常取决于3～7周龄时与人接触"印记"的程度。如果犬出生的头两个月只和它的父母或其他犬在一起，而不与人在一起接触，或没有真正逐渐了解人，则其一生就会远离人，并难以训练。如果生下来就受到人的抚爱，这就使它认识到人是朋友，是能与它玩耍的伙伴，并熟悉人的气味，与人和善，容易接受训练。因此在挑选和训练犬时，注意到它的印记阶段是十分重要的。

5.嗅闻外生殖器习性

两只犬通过互相嗅闻最能反映情感的外生殖器部位,达到信息交流、辨别对方的性别、年龄、身体状况及其态度。两只犬接触时都有一定的程序,即先互闻再接触肩部被毛,最后检查外生殖器。无论是公犬还是母犬,它们经常用舌头舔自己的外生殖器,这是犬在做卫生保健工作,主人千万不要斥责和反对它这种"异常"行为。当发现犬频繁地嗅自己的肛门部位时,多是犬出现了不适或消化异常,要及时诊疗。

6.爬跨习性

爬跨是犬的天然习性之一。但不同爬跨行为的目的表现不同,幼犬的爬跨是高兴和顽皮的表现,尤其是当主人离开一段时间后,如白天上班一整天,到晚上下班回家,见到主人后常有这一动作。而两只小公犬在一起玩耍时也常有爬跨动作,这是玩耍高兴的表现。成年公犬表现出爬跨时有两种情况:一种是为了与发情母犬交配;另一种情况侧是为了争夺自己主宰地位的表现。

二、猫的生活习性

(一)猫的形态特征

1.解剖学特征

猫是动物界、脊椎动物门、哺乳纲、食肉目、猫科、猫属的动物。

(1)齿式　成年猫牙齿共30枚,其齿式为:(3.1.3.1/3.1.2.1)×2。猫牙齿的生长和换牙很有规律,常可作为仔猫年龄鉴定的依据(表6-2)。

表6-2　猫牙齿的生长和换牙的时间

指　标	正常值	指　标	正常值
第一乳切齿	2～3周长出	第一前乳白齿	2个月长出(上颌有,下颌无)
第二乳切齿	3～4周长出	第二前乳白齿	4～6个月长出
第三乳切齿	3～4周长出	第三前乳白齿	4～6个月长出
第一切齿	3.5～4个月换牙	第一前白齿	4.5～5个月长出(上颌有,下颌无)
第二切齿	3.5～4个月换牙	第二前白齿	5～6个月长出
第三乳切齿	4～4.5个月换牙	第三前白齿	5～6个月长出
乳犬齿	3～4周长出	第一白齿	4～5个月长出
犬齿	5个月换牙		

(2)运动系统　猫的运动器官主要由肌肉和骨骼构成。猫全身肌肉共有500块,收缩力很强,尤其是后肢和颈部肌肉。头骨包括颅骨和面骨,成对的顶骨、额骨、颞骨和枕骨、蝶骨、筛骨等围成颅腔;上颌骨、腭骨、鼻骨、颧骨等构成口腔和鼻腔。躯干骨包括脊椎骨(颈椎7枚、胸椎13枚、腰椎7枚、荐椎3枚、尾椎21～23枚)、肋骨13对(真肋9对、假肋4对)以及胸骨。四肢骨包括前肢骨和后肢骨。

(3)消化系统　猫的消化系统由消化管和消化腺两大部分组成,消化管包括口腔、咽、食道、胃、小肠、大肠和肛门。消化腺包括五对唾液腺(耳下腺、颌下腺、舌下腺、臼齿腺、眶下腺)、肝脏、胰腺、胃腺、肠腺。猫舌具有猫科动物的共同特点,胃是单室胃,肠管有短、宽、厚的特点,大网膜非常发达,起固定、缓冲及保温的作用。

(4)呼吸系统　猫的呼吸系统包括鼻腔、喉、气管、支气管和肺。鼻腔由中膈分成两面部分,内表面覆盖有黏膜,鼻后部由嗅黏膜所覆盖,嗅黏膜分布着较多的嗅神经,是猫的嗅觉部。喉由甲状软骨、环状软骨和会厌软骨组成,其骨架也是发音器官。喉腔分为3部分:上部为喉的前庭;它的尾缘为假声带,震动时可发出"咕噜"声。喉的第二部分是假声带和真声带之间的空腔。声带和软骨环之间的空腔是第三部分,很狭窄。气管和支气管是呼吸道的通道,气管壁被软骨环所支撑,内表面衬以纤毛上皮的黏膜。猫的肺为两叶,右肺比左肺大。猫行胸腹式呼吸,即呼吸时胸部和腹部

同时起伏,每分钟的呼吸次数为15～32次。

(5)神经系统　猫的神经系统由中枢神经和外周神经所组成。其中中枢神经包括脑和脊髓。脑由延脑、脑桥、小脑、中脑、间脑、端脑组成。脊髓是脑部向下的延续,位于椎管内,呈圆柱形。外周神经主要由脑神经、脊神经和植物性神经几部分组成。其中脑神经12对,脊神经40对(分颈部、胸部、腰部、骶部四段)。植物性神经包括交感神经节、副交感神经节和神经丛三部分。

(6)内分泌系统　猫内分泌系统,主要包括甲状腺、甲状旁腺、肾上腺、胰岛、脑垂体、性腺等。

(7)泌尿生殖系统　猫的泌尿系统由肾脏、输尿管、膀胱和尿道组成。肾脏重量为体重的0.34%左右,肾被膜上有丰富的被膜静脉。猫一天的尿量为100～200 mL,尿的密度为1.055 g/cm³。公猫无精囊,它的生殖器官包括睾丸、附睾、输精管、前列腺、尿道、阴囊、阴茎。母猫的生殖器官包括卵巢、输卵管、子宫和阴道。母猫腹面两侧各有5个乳头,其中2个位于胸部,3个位于腹部。

2.猫的形态分类

由于猫的体型大小差异不大,在根据形态分类时,重点考虑毛的长短和毛的颜色。

(1)根据毛的长短进行分类

①长毛猫　长毛猫是指猫的被毛为一层很柔软的长毛,且很光滑。饲养长毛猫,虽然修饰被毛很费力,而且每天都要梳理,但因其叫声柔和,在主人面前喜欢撒娇,身材优美,动作稳健而倍受人们喜欢。

②短毛猫　短毛猫的毛短而整齐,肌理细腻,性情温和,骨骼健壮。其饲养管理比较容易,懂人语,温顺近人。世界上短毛猫品种较多。

(2)根据毛色进行分类　我国猫分类常用此方法,分为:白猫、黑猫、狸花猫等。

3.猫的特征与机能

猫的头部近圆形,颜面部短,耳呈三角形。眼睛的瞳孔能随光线的强弱而缩小或扩大。强光下瞳孔缩小成一道细缝,在暗处时能放得又大又圆,收集大量的光线。猫的四肢略高,尾较长。趾行性,前肢5趾,后肢4趾,趾端具锐利弯曲的爪,能伸缩。耳能够灵活转动,善于辨别微声。这些结构能使家猫在暗处探察情况和有利捕鼠。猫的被毛色杂,纯色猫较少,足下有肥厚柔软的肉垫,行走时悄然无声,指趾末端锐利而能伸缩的钩爪,适于捕鼠。猫的犬齿发达,臼齿的咀嚼面有尖锐的突起,上下颌的臼齿中都有特别强大的裂齿,这些结构适于捕咬鼠类和把鼠肉嚼碎以及咬断肌肉筋腱。猫舌表面粗糙,有许多向着舌根生长的肉,适于舐附在骨头上的残肉。

猫的体形不大,却有230～470枚骨骼,500多块肌肉,比人类还多,这些骨骼和肌肉十分紧凑地构成了猫矫健的形体和发达的运动系统。猫的肌肉发达,收缩力强,由于肩胛骨和锁骨较小,故四肢运动的频率快、幅度大,奔跑速度很快。

猫可以从很高的地方跳下,而身体不会受伤。猫的这种本领与其发达的平衡系统和完善的保护机制有关。当猫从空中落下时,不管开始处于何种姿势,即使是背朝下,脚朝天,在下落过程中,总能迅速翻转身来,这是靠眼、耳、脑一系列协同作用完成的。当接近地面时,前肢已做好了着地准备,猫脚趾上厚实的肉垫能大大减轻地面反冲,加之腹腔内发达的大网膜,上面积满脂肪并充填在内脏器官之间,可有效地缓冲撞击,防止内脏受损。

4.猫的情感表达

(1)形态动作　猫有很丰富的身体语言以表达它的情感。猫用头或尾巴摩擦你的腿部:这说明它高兴,与你近距离接触是希望让你分享它的体味。触摸膝盖:表明它很愉快,这种表达快乐的方式,是猫在小时候接受妈妈哺乳时逐渐养成的,它以这种方式,用小爪子轻轻触摸妈妈的奶头来刺激奶水的流出。它见到你后立刻滚倒在地上:这是一种表达顺从的方式,只有在非常熟悉的人面前才以这种方式彻底放松。摇尾巴:若尾巴抽来抽去,表示它生气了,如果你在摩挲猫时,发现它尾巴开始摇动,请立刻停止,因为它不喜欢这样,而在表达愤怒。猫蹲坐时,尾巴轻柔地摆来摆去:表示它向你发出了玩耍的邀请。拱起身子竖起尾巴,在你的腿上蹭来蹭去:这不但表示亲昵,也是它散发耳朵和尾巴附近分泌腺气味的方式,说明它欢迎你。

猫还有很多种微妙的沟通方式,用以察觉其

他动物的出现并推测来者是否存在敌意。通过这种方式,它能够轻松地拒绝或接受来访者。标记地盘是猫的自然习性,也是一种表达方式。猫通过遗留气味、荷尔蒙分泌物或用爪子做标记的方式来给自己的地盘进行标记。遗留气味:通常是以大小便来遗留气味。这主要体现在公猫身上,当它们出现情感压力的时候便会如此(如旅途劳累,遇到其他动物的威胁等)。标记地盘的目的是威慑来犯者,迫使它离开。小便标记具有相同效力,猫通常在垂直物体上进行小便标记(如树、墙根、沙发及其他所有探出的物体)。荷尔蒙分泌物:有些特殊荷尔蒙,如外激素,对猫的性行为和地盘保护上产生主要作用。抓痕:猫有可能在你的家具、壁纸、沙发或树上留下一些抓痕,对此人们尚未得到确切的解释。伴随这一动作是否有分泌物从猫的脚垫底部涌出,从而进行地盘的标识,目前尚不知晓。猫的这一动作也可看作是一种训练,但是,如果猫处在恐惧或暂时失控状态下,这一动作会带有很强的杀伤力。当与其他动物的遭遇不可避免时,猫会采取劝诫的战略,主要是采取恐吓的方式,如:尖叫、龇牙、挥舞爪子等。

(2)声音　它们在高兴时会"喵喵"叫,并且用前爪抚弄你,这可能是它们在儿时吃母乳时,抚弄动作的潜意识反应。有时它会跳到你的膝盖上,用上述动作来博得你的欢心。除了表示高兴,"喵喵"叫声也可能表明它哪儿有疼痛或不舒服,病得很厉害时,还会大声地吼叫。分娩时的母猫也会"喵喵"叫。咕噜声:表达顺从和满意,猫第一次接受母乳时就知道发出咕噜声,这表达极大的满足感和对母亲的信赖。咆哮伴随嘶嘶声:这是一种威胁的表示,在进攻中使用,用以威胁和恐吓,是一种防卫策略。

(二)猫的生理特征

1.猫的消化

猫唾液腺很发达,吃食时会分泌的大量稀薄唾液,在湿润食物的同时,有利于吞咽和消化,而且唾液里的溶菌酶还能杀菌、消毒、除臭,保持口腔的清洁卫生,防止腐败、变质的肉类危害口腔器官。

猫的胃腺很发达,整个胃壁上都有胃腺分布,而猪、兔等动物的胃中约有1/3的胃壁上没有胃腺(无腺部)。胃腺能分泌盐酸和胃蛋白酶原。盐酸是一种强酸,具有很强的腐蚀作用,能将吃到胃里的肉、骨头等食物加工成糊状的食糜,以利于肠道对食物中的营养物质的进一步消化吸收。盐酸还能使胃蛋白酶原转变成胃蛋白酶,分解、消化蛋白质。而当食糜进入肠道后,在各种酶的作用下营养物质就被充分地分解、吸收,其余不能被机体利用的物质迅速后送,形成粪便排出体外。正常情况下,猫排粪均是定时定点的,其排粪次数、粪便形状、数量、气味、色泽都是很稳定的。

猫虽然经长期家养驯化,但其对营养物质的消化、吸收仍保持肉食动物的特性。因此,在猫的饲养上,尤其是家养的名贵玩赏猫,由于捕鼠能力差或不捕鼠,所以应在饲料中添加较高比例的动物性饲料,以保持猫正常的消化生理功能和保证猫对营养物质的需要。应注意的是猫缺乏淀粉酶,因此不能大量消化淀粉类食物。

2.繁殖特性

雄猫出生后一年,雌猫在10~12月龄时配种较好。猫发情的持续时间通常受到季节和是否发生排卵的影响。春季,猫发情天数为5~14 d,而在其他季节一般为1~6 d。母猫是刺激性排卵动物,在交配后24 h内卵巢排卵,卵子到输卵管与精子相遇,完成受精过程。母猫的妊娠期为60~68 d,哺乳期为60 d,一般每年可产2~3胎,产仔数为1~6只/胎。

3.猫的感觉

(1)视觉　由于猫眼的特殊构造,在白天日光很强时,猫的瞳孔常闭合成一条细线,使光的射入尽量地少,在黑暗的环境中,瞳孔开得很大,尽可能地增加光线的通透量。瞳孔的这种开大和缩小就像照相机快门一样迅速,使猫在快速运动时,能根据光的强弱、目标的远近,迅速地调整瞳孔,使物体影像清晰。使它们能够在黑暗的环境下比人类更容易看清四周的东西,而它的这一特殊功能是在出生大约3个月后才逐渐完善的。猫的视觉功能需要足够的牛磺酸来维持,食物中牛磺酸含量不应低于0.1%,如果牛磺酸不足,可引起视网膜功能障碍,甚至导致失明。

猫的视野很宽,两只眼睛既有共同视野,也有单独视野,每只眼睛的单独视野在150°以上,两眼的共同视野在200°以上;而人的视野只有100°左右。单独视野没有距离感,共同视野有距离感。光线变化的东西猫能看得见,如果光线不变化,猫就什么也看不见,所以,猫在看东西时,常常要稍微左右转动眼睛,使面前的景物移动起来,才能看清。猫是色盲,在猫的眼里,整个世界呈现深浅不同的黑、白两色。

仔细观察猫的眼睛,就可以发现猫的眼皮不仅有上下闭合的眼睑还有一层眼睑,横向来回地闭合,这就是第三眼睑,又叫瞬膜,位于正常眼睛的内眼角。对眼睛有保护作用,当第三眼睑有疾患时就会影响猫的视力和美观。因此平时要注意保护猫的第三眼睑,不能用手摸。

(2)听觉　与其他食肉动物一样,猫的听觉相当灵敏。生物学家研究证明,听觉的灵敏程度与食肉动物所捕猎物的种类有关,所捕猎物越小,听觉越发达。因为只有清楚地听到猎物所发出的声响,才能发现并捕捉到它。

据测验,猫可听到的声频在30～45 000 Hz;人只能感知的声频在20～17 000 Hz。猫对声音的定位功能也比人强,它能区别出15～20 m远,距离1 m左右两个相似的声音。

猫也有先天性耳聋。患有先天性耳聋的猫是通过爪子下面的肉垫来"听",而不是用耳朵去听。正常情况下肉垫里有相当丰富的触觉感受器,能感知地面微小的震动,猫就是用它来侦察地下鼠洞里老鼠的活动情况。耳聋猫肉垫里的感受器更多,声音可使地面产生震动而被听到,因此,具有正常视力的耳聋猫也能十分健康地生长发育。

(3)嗅觉　猫的嗅觉十分发达,在捕猎食物,寻找配偶和辨别方位过程中起着非常重要的作用。猫发达的嗅觉源于鼻腔深部的嗅黏膜,它的面积有20～40 dm²,比人大两倍,分布有两亿多个嗅细胞。这种细胞对气味非常敏感,能嗅出稀释成800万分之一的麝香气味。当气味随吸入的空气进入鼻腔后,就能刺激嗅细胞兴奋而产生冲动,沿嗅神经传入大脑,引起嗅觉。猫在寻找食物时靠灵敏的嗅觉。小猫靠嗅觉寻找母猫的乳头。在发情季节,猫身上有一种特殊的气味,公母猫通过嗅彼此这种气味互相联络。

(4)味觉　猫的味觉器官位于舌根部,叫味蕾,很小,呈囊状,顶端开口于舌表面,里面含有味觉细胞。溶解在液体里的食物通过味蕾开口刺激味觉细胞,产生味觉。猫的味觉很发达,因而对食物比较挑剔。其味觉细胞对苦、酸和咸味敏感,但对甜味不太敏感。喂给稍有发酸变质的食物,猫就会拒绝进食。猫能品尝出水的味道,这一点是其他动物所不及的。猫的味觉功能发育较早,1日龄的小猫就能分辨出淡水和盐水,但与人类及其他动物一样,随着日龄的增加,这种灵敏的味觉感受反而有所下降。

(5)触觉　猫的胡须是非常灵敏的触觉器官。在漆黑的夜晚,胡须通过上下左右摆动而首先感知障碍物(如墙壁和荆棘刺等)时,遇到危险时,猫眼立即闭上,以避免受伤。猫的胡须还能感受到运动物体引起的气流变化。捕猎时,猫眼全神贯注地盯着猎物,这时胡须能补偿侧视的不足,从而有助于随时调整身体的位置和运动姿式,以迅速捕获猎物。此外,猫遇到狭窄的缝隙或孔洞时,胡须被当作测量器,以确定身体能否通过。有人曾实验将猫的胡须剪掉,结果导致其捕鼠量明显减少,甚至抓不到老鼠。因此,胡须在猫的生活中起重要作用,要经常保持其干净整洁,千万不能轻易损伤。

(6)"第六感觉"　许多动物对天气的变化和自然灾害很敏感。猫也有预见灾难来临的本领:下雨前(即使没有任何预兆)猫也会显得不安并寻找庇护场所;发洪水以前猫会抢先占领地势较高的地方;地震来临时猫会拒绝进入房间。还有人观察到猫舔爪不断拍打耳朵时,常常是天气发生剧烈改变的先兆。甚至还有人观察到当主人要采取某些行动时(如出远门),猫也会有所表现。

(三)猫的生活习性

1.天生爱洁净

在人们饲养的所有宠物中,猫是最爱讲究卫生的动物。猫每天都会用爪子和舌头清洁身体、洗脸与梳理毛发,每次都在比较固定的地方大小便,而且大便后都将粪便盖好或埋好,这些习性都是人所共知的。人们之所以把猫作为伴侣动物,其中重要原因之一就是猫爱干净。猫爱干净，这并非是打扮行为，因为猫是否具有智能动物（如人）那样"打扮"自己的动机，目前还没有科学定论，但是，猫的这种行为是生理上的需要，这一点却不能否认，这种行为是在经过漫长的自然选择中逐渐形成的。一般猫总是在吃食后或玩耍后以及运动后或睡醒后开始梳理被毛。在炎热季节或剧烈运动以后，体内产生大量的热，为了保持体温的恒定，必须将多余的热量排出体外。人类可以用冲洗或出汗的办法散热，而猫就用舌头将唾液涂抹到被毛上，将被毛打湿，借助唾液里水分的蒸发而带走热量，起到降温解暑的作用。舌头舔被毛，刺激了皮肤毛囊中皮脂腺的分泌，使毛发更加润滑而富有光泽，同时，在脱毛季节经常舔被毛还可促进新毛生长。另外，通过抓咬能防止被毛感染寄生虫（如跳蚤、毛虱等），这是一种一举多得的生理行为。

猫掩盖粪便的行为，是由其野生祖先传下来的生存本能。野猫为了防止天敌发现它们的踪迹，于是就将粪便掩盖起来。人们将猫的这种行为总结成一句非常流行的俗语，小猫拉屎——"盖了"，从动物行为学的角度来说却有其深刻的内涵。高度驯养的家猫虽不必如此小心地留心天敌的追踪，但仍保留了这种爱清洁的行为。

2.好奇心强

猫有极强的好奇心，这也是猫受到人类宠爱的原因之一。猫对身边的事物持有浓厚的兴趣，当它遇到陌生的东西时，常常会好奇地用前爪去试探，拨弄一番，以弄清究竟。这一点在新生的仔猫身上，表现得更为明显。新生猫怀着搞清陌生环境的好奇心去学习各方面的东西。对周围的一切都感到新奇，经常好奇地去玩耍，它的许多行为都像是在玩耍，在玩耍中它们逐渐长大，逐渐学会生存。例如：猫捉到老鼠后，多并不马上吃掉，它会用嘴和爪与老鼠玩得天翻地覆，直到无趣后才把鼠吃掉。

3.偏爱肉食

野生猫以食肉为主，鸟类、鱼类、鼠类和较大的昆虫等是它们的捕食对象。家养后，虽然家猫正逐渐向杂食方向过渡，进食一些米饭和蔬菜之

类，但仍保持着很明显的肉食动物的特征，从鱼肉类对猫的消化系统生理解剖表明，猫并没有因为家养而完全退化，如猫的消化腺、胃腺以及分泌的消化液等都依然具备将骨、肉加以消化和吸收的功能。锐利的牙齿能将猎物的皮肉撕裂；呈牙齿状的舌表面上的乳头，使猫舌犹如一把锉刀，可以将附着在骨头上的残肉舔食下来。所以，在饲养家猫时，尤其是饲养名贵玩赏猫时，为适应其正常的消化生理功能和身体的营养需要，应注意适当喂食一些鱼肉类食物。

4.喜欢夜游生活

野猫作为肉食性的捕猎动物，常常在夜间四处游荡，伺机狩猎，这一习性在家养猫的身上也有着明显的表现：昼伏夜出，白天睡懒觉，夜晚却一改白天的懒散，精神抖擞地外出觅食、游荡或求偶。不管是性情温和的猫，还是已做去势失去生育能力的猫，都有夜间游荡的习性。作为主人，在知道猫有着昼伏夜出的习性后，应将喂食的时间放在黎明和夜晚，这样利于猫的采食和消化。另外，处在发情期的家猫，最好让它们在夜间交配，这样可以提高受胎率。

5.爱独来独往

家猫保持了野猫多疑和孤独的特性，喜欢在居住环境区域内建立属于自己的活动领地，不欢迎其他猫闯入。例如：当一个家庭中养了几只猫时，它们便会根据家庭环境划分自己的领地，互不交往，有时还会为了争夺领地、食物、玩具而发生斗争，它们不在一起进食、玩耍、排便等。母猫生小猫后，能独立哺育幼猫而不喜欢依赖主人。不喜欢别人接近小猫。有的饲养者对猫的习性和性格不很了解，常要为猫找一个伙伴，这是不必要的。

6.自私自利，容易嫉妒

猫有着强烈的占有欲，对食物、领地以及对主人的宠爱等均不愿受到其他猫的侵犯。猫在进食的时候，如果有其他的猫或别的动物在场，猫会表现出敌意，叼着食物逃走或按住食物做出警备姿势，并发出"呜呜"的威吓声，以此来威胁对方，一旦有入侵者，会立即发起攻击。猫易嫉妒，表现在它不但会嫉妒同类受到宠爱，而且有时主人对猫孩子过多的亲昵表现，也会引起其他猫的愤愤不

平,并会寻找机会发泄这种不满情绪。假如您抱起两只猫中的一只,另一只猫立刻会发出"呜呜"的威胁声,而怀中的猫也会不甘示弱,阻止另一只猫接近主人。

7.动作敏捷

猫发达的骨骼、肌肉和腿符合捕猎动物的所有特点。猫行走时具有两种方式是为了最大限度节省体力或最小限度消耗体能。猫行走基本上循着对角线移动,四脚移动的路线是:左后脚,右前脚,右后脚,左前脚。猫的走路方式与猫的重心靠近头部有关,当猫后腿猛然挺进时,支撑躯体的是前脚。

猫的腿部结构很适合爆发性的快速奔跑。猫奔跑时,四肢并不是一伸出去就着地,而是在空中完全伸展后,再迅速向后下方收缩。猫脊柱非常灵活,甚至在前肢着地后,脊柱后端仍能向前运动。当速度加快时,前后脚落地点之间的距离不断缩小,因此,四肢运动每周期所用的时间不变(约 0.5 s),而每周期的距离不断增加。因此不难发现,猫是通过完全伸直躯干,加长跨度,而达到提高奔跑速度的,并不是借助增加四脚着地的次数来达到的。家猫全速奔跑时,速度可达每小时49 km。每个运动周期的跨度约为身长的3倍。

猫的跳跃本领很强,猫是利用后腿和背的强健肌肉收缩而完成跳跃的。跳跃时,猫首先蹲下,骨盆后倾,弯曲臀、膝和踝部关节,这些关节不能或几乎不能横向活动。这种结构可以使猫仅在一个方向动作,即沿着体长的方向做出强有力的动作。肌肉收缩后,臀、膝和踝关节迅速伸开,形成一股推动身体前进的力量,这样就能完成一个跳跃动作。

猫很擅长爬高,背和后腿可产生强大的推动力。猫的前肢向前伸,用伸展开的弯钩状爪子抓牢攀附的物体。爬高时首先要起跳,迅速达到一定高度。但是,猫爬高以后,往往爬不下来。因为猫爪是向后弯曲的,猫后腿的肌肉虽强健,但也承受不了全身重量,这就是猫爬上树后经常下不来的原因。猫有时也会试着从树上跳下来。

8.喜爱睡眠

猫的另一习性是喜爱睡眠,在所有的家养畜禽中,猫的睡眠时间最长。在猫短暂的一生中,有2/3的时间都在睡觉。猫的睡眠和人不同,猫的睡眠每次时间并不长,一般不超过 1 h,但是每天睡眠的次数多,加起来时间就长了,而人每天一般都是用8~10 h,整段时间睡觉。

猫在一天中的睡觉多少受气候、饥饿程度、发情期和年龄的影响。在天气暖和时睡觉的时间长,小猫和老猫比健康成年猫睡的时间长,而当饥饿和发情期时睡的时间就少。猫在每天早晚睡的时间少,尤其夏天的黎明和傍晚是猫最活跃的时候,夜间往往出外游荡,白天大部分时间都在睡觉或休息。猫在睡眠时警惕性很高,这种习性与它至今仍保持着野生时期肉食动物那种昼伏夜出的习性有关。

任务 6-2　宠物犬的饲养

【任务描述】学生通过学习,了解不同生长阶段宠物犬的特点,掌握不同时期宠物犬的饲养管理技术。

一、仔犬、幼犬的饲养

(一)仔犬的饲养

1.仔犬的生理特点

从出生到断奶的小犬称为仔犬,出生后 3 日龄左右仔犬叫初生仔犬。初生仔犬活力较差,在母犬舔拭的刺激下发出叫声,活力逐渐增强。刚出生时的仔犬眼睛和耳朵都完全闭着,所以此时仔犬的视觉和听觉都还不能发挥作用,但初生仔犬嗅觉很灵敏,借此能自己寻找母犬的乳房。此期仔犬免疫功能差,因此初生仔犬必须吃初乳,以获得足够的母源抗体,增强其自身免疫力。

由表6-3可见,初生仔犬的体温较低,直到仔犬被毛干燥后,体温才逐渐上升。到10日龄后体温可恢复为 37.3～37.5℃。初生仔犬的体温调节能力较差,外界温度对体温影响很大。因而,初生仔犬的保温措施尤为重要。

表 6-3 仔犬体温变化

日龄	体温/℃
初生	36～37
出生 40 min	33～34
出生被毛干燥后	35
7 日龄	36
10 日龄	37.3～37.5

仔犬的哺乳期一般为 45 d。哺乳仔犬生长发育快,物质代谢旺盛。如体型中等的德国牧羊犬(表 6-4),出生时的体重为 0.30～0.60 kg,出生后第 9 天体重是出生时的 1 倍,第 18 天增加 2 倍,第 25 天增加 3 倍,第 30 天增加 4 倍,第 5 天(断奶时)可增加 8 倍以上。因此,给仔犬提供全价平衡的日粮尤为重要。哺乳期仔犬消化器官不发达,消化腺功能不完善,开始只能吃奶,随着仔犬胃、肠等器官的不断生长,功能才不断完善,并逐渐过渡到可消化其他动物性和植物性食品(原料)。

表 6-4 中等的德国牧羊仔犬体重变化

日龄	体重/kg
初生	0.30～0.60
9 日龄	0.60～1.20
18 日龄	0.90～1.80
25 日龄	1.20～2.40
30 日龄	1.50～3.00
45 日龄	2.70～5.40

犬出生的体重因犬的品种不同而异。同窝犬体重也不尽相同,一般窝产仔数多时,娩出胎儿的体重较轻,少的则较重。

2.仔犬的饲养管理

仔犬由原来靠母体胎盘血液循环直接供应营养到自己独立摄取营养物质,其生活环境发生了很大的变化。仔犬各种生理功能发育尚不完善,因此,在此阶段要特别注意做好仔犬的各方面管理工作。

(1)做好记录工作 仔犬出生后逐只称体重,按出生先后编号,做好标记和各项记录工作。由于仔犬发育快,增重明显,根据增重速度可以确定仔犬生长发育状况。一般,可对仔犬 5 d 或 7 d 称量一次体重。

(2)做好护理工作 初生仔犬体弱无力,此时最容易发生仔犬被母犬挤压死亡事故,要特别注意看护,若听到仔犬发出短促的尖叫声时要立即查看,及时把被挤压的仔犬取出,防止仔犬因被母犬挤压而死。

(3)调节好环境温度 初生仔犬的体温较低,对体温调节能力差,因而在冬季及早春,产房里应有取暖设施,使用红外烘烤灯等。一般初生仔犬,生活环境温度以 28～32℃ 为宜,2～3 周龄的仔犬环境温度以 27℃ 左右为宜,出生后 4 周龄以后,仔犬的环境温度以 23℃ 为宜。对于活力差的仔犬以及出生时由假死状态挽救成活的仔犬,更应注意其生活环境温度,室温不能过高,应比健康仔犬的体温稍低为好。

(4)仔犬的哺乳 仔犬出生后要及早哺乳,吃到足够的初乳。产后 1 周内的母乳称为初乳,由于犬的初乳含有很多抗体成分和丰富的维生素、矿物质等,对促进初生仔犬排出胎粪、抵抗病原感染有着重要作用。因此,对于产仔过多时,先产出的以及活力较差的仔犬常不能及时吃到初乳时,要人为辅助仔犬吮乳。可使仔犬轮换哺乳或适当调节吸吮的乳头(犬后部乳房的乳腺较前部发达,泌乳量高)。对产后 1 周龄内的仔犬尽量不用或少用其他代乳品。

(5)初生仔犬的排泄 由于初生仔犬的排粪、排尿功能尚未发育成熟,因而排泄主要靠母犬舔拭肛门、生殖器的刺激和初乳的轻泻作用进行。初生仔犬多在出生后 1 h 之内排出胎粪。胎粪主要为胎儿的肠道分泌物和脱落的上皮细胞等,呈黄褐色条状。难产时的胎粪呈巧克力色。初生仔犬在以后的整个哺乳期其粪便呈黄色。有些产仔数过多的母犬、老龄母犬以及相当数量的室内玩赏大型母犬对初生仔犬照顾不周,当仔犬肛门堵塞、腹部胀满时,可采用人工刺激法或气味诱导法,用棉球擦拭仔犬肛门及外阴部周围或把肉汤、鸡蛋清等涂擦到仔犬阴部周围来诱导母犬舔拭,

以促进仔犬排胎粪。

(6)适时补料,逐渐断乳　随着仔犬的生长发育加快,营养需要增加,而母犬的泌乳量却渐渐下降,因此在仔犬2周龄左右可引导其自行采食。对于母犬泌乳量不足、母犬死亡、异常泌乳以及仔犬吮乳力弱时,应及时人工哺乳或找保姆犬寄养。人工哺乳时常用牛乳或山羊乳来代替犬乳。但牛乳和羊乳的营养价值与犬乳相差很大,若用牛乳或羊乳时,需要添加5%～7%的蛋白质、7%～9%的脂肪、4%～8%的碳水化合物、18%～20%的矿物质。通常,在200 g牛乳中添加一个鸡蛋即可。一般,最初用奶瓶喂经过消毒的新鲜牛奶,奶温应为27～30℃。10～15 d内,每只仔犬补给50 g,15 d时可增加到100 g,20 d增至200 g,仔犬睁开眼以后,把易消化的米汤、奶粉放到瓷盘里,让仔犬舔食,逐渐转为半流质和常规食品,初期仔犬应少食多餐,1 d喂5～6次。20 d后,可在牛奶中加一些米汤或稀粥,25 d后再加入一些浓的肉汤,每天分3～4次补给。人工哺乳的次数以少量多次为好,白天每隔2 h哺乳1次,夜间每隔6 h哺乳1次。尽早使仔犬采食常规食品,以促进仔犬消化器官的发育,有利于仔犬的生长发育。仔犬到30日龄时已能自由采食常规食品,这时应把母犬和仔犬分开饲养,分开时间由短到长,逐渐到45日龄时完全分开。

每周要根据仔犬生长情况进行一次食物营养估价,注意食物的钙、磷比例。仔犬要适当运动和日光浴,以防发生佝偻病。要注意观察仔犬的食欲、粪便情况,有无呕吐、眼屎等。这几方面可以初步反映仔犬的健康状态。

(7)剪除仔犬的狼趾、剪耳和断尾　有的仔犬后肢至今仍会长出犬祖先遗传的过剩趾,而且有的犬种以此作为本品种的特征,统称为狼趾(也称为狼爪)。狼趾对犬来说是完全多余的,尤其影响工作犬的运动,应尽早切除。一般在出生后1周内剪去,也有出生后立即剪去的。犬的断尾有以使用为目的的(如猎犬类的德国犬、向导猎犬),也有以美观为目的的(如长毛狮子犬、小型贵宾犬)。断尾的长度根据犬的种类而不同。犬的断尾时间于出生后1周内实施为宜。犬的剪耳与断尾同样,依犬种和各地习惯不同而异。必须剪耳的犬种有拳狮犬、斗牛犬、杜伯曼犬、大丹犬、袖珍猎犬等,剪耳应在幼犬(2～3月龄)时进行。

(8)卫生管理　随着仔犬的发育,排泄物逐渐增多,母犬不能完全处理掉,这时的仔犬极易感染发生下痢或消化不良。因此,在管理上应特别注意经常更换垫草,保持产室或产箱的干燥,可定期用3%来苏儿和5%福尔马林交替消毒产室和仔犬活动场所。

(9)仔犬的防疫　仔犬出生后20日龄进行驱虫,以后每月预防性驱虫1次。按照免疫程序接种疫苗,同时做好犬体和犬舍消毒。由于初乳移行的母源抗体水平明显下降,仔犬易感染各种疾病,如犬瘟热、犬细小病毒病、犬传染性肝炎,以及一些人畜共患病等,都必须采取免疫预防。犬细小病毒疫苗有灭活苗和弱毒苗2种,使用灭活苗时,可对妊娠母犬产前20 d时免疫1次,以增加母源抗体的保护时间,在仔犬出生后7～8周进行第1次免疫,间隔2周第2次免疫,以后每年免疫1次。对所有犬每年还应定期注射1～2次狂犬疫苗。

(二)幼犬的饲养

1.幼犬的生理特点

从出生后45 d至8月龄的犬称为幼犬。幼犬正处于生长发育旺盛时期,不同生长发育时期的幼犬,其身体各部位的生长能力也不同。3月龄以前,幼犬主要增长躯体和增加体重;从4月龄开始到6月龄,则主要增长体长;7月龄后主要增长体高。

2.幼犬的饲养管理

(1)断奶时幼犬管理　为避免幼犬由于断奶而引起的应激不良反应,除了做好食品及饲养方法的过渡外,还要做好环境及管理制度的过渡。此期间,一般情况下要维持原来的生长需要,让其在熟悉的环境条件进行生活,减少外界的刺激。

(2)幼犬的营养需要　在其整个发育时期,均需要供给充足而丰富的蛋白质,易于消化吸收的食物。在此期间以躯干和四肢生长为主,应注意给予充足的钙和维生素D,有助于骨骼生长,同时注意每天多晒太阳增加维生素D。对于1.5～2月龄的幼犬,增重特别快,所以每天应喂4～5次;3～4月龄的幼犬增加饲喂量,每天喂4次,调整食品成分之间的比例。幼犬长到5～6月龄时,增加食品的喂养量,食品中肉的比例增加,每天喂 3～4 次;;当幼犬长到 7～8 月龄时,可以饲喂成年犬的日粮,每天喂 3 次。

目前幼犬的商品性食品种类有很多,都可以买来喂给幼犬,但食物一定要保证质量。若自制幼犬食品,在食品配制上要更加认真,为了确保食物能够满足幼犬的生长需要,应根据幼犬不同生长期的特点进行配制。

(3)幼犬的分群　为了利于幼犬的生长发育,也便于幼犬的饲养管理,可根据犬的性别、体型大小、采食速度以及体质强弱等进行搭配,并根据犬舍的面积决定犬群的大小。一般群饲,种用幼犬 4～6 只,肥育用幼犬 8～12 只。

(4)幼犬的调教　加强对幼犬定点排便和定点睡眠的调教,使其养成良好的生活习惯,这将有利于犬舍的卫生,减轻犬舍的管理工作。训练幼犬定点排便,可将其粪、尿放置在一个固定的地方,并在此处放置一些土、砂或炉灰等,引诱其到此处排便。并且,在每次清除粪便时,应留下少许粪尿,通过粪尿的气味引导幼犬到此处排便。睡眠定点的训练,应将犬睡觉的地方打扫干净,并铺以垫草,引诱其到指定的地方睡眠。

(5)进行适当运动　适当地让幼犬运动和环境锻炼,对强健骨骼、肌肉组织,改善内脏器官机能,促进新陈代谢,适应不同气候及环境条件等均有良好作用。加强幼犬的户外运动和进行日光浴可以增强体质,促进新陈代谢和骨骼的发育。幼犬每日应有一定的户外活动时间,运动时间可持续 0.5～1 h,其运动形式以不加控制的自由走动、奔跑为主。运动量不宜过大,因为剧烈运动会导致身体发育不匀称或骨筋变形,而且会影响食欲。

断奶后幼犬要移到有较大活动场地的幼犬舍中管理,为了增加幼犬的活动量,可在活动场内放些小木球、小木块或大块骨头,或在高处吊布条等,便于犬游戏玩耍。幼犬散放初期应随同母犬或整窝进行,每日至少 3 次,以后逐渐延长,在散放中可让犬通过自然小障碍物、攀登小山、上下楼梯等,但不能强迫。

(6)幼犬的驱虫和预防接种　对幼犬进行疫苗接种和预防性驱虫,是保证幼犬健康成长的关键。

幼犬的体内或体表寄生有多种不同的寄生虫,寄生虫的存在会消耗幼犬的营养、危害幼犬的健康,甚至会影响幼犬的生长发育。因此,一般在仔犬 30 日龄时应给予 1 次粪检和驱虫,以后每月进行 1 次。对于蛔虫病,可用盐酸左旋咪唑进行驱虫,剂量为每千克体重 10 mg,一次口服,1 周后再服 1 次。

通常在幼犬 1～2 月龄进行犬五联苗或六联苗的第 1 次接种,以后每隔 2～4 周接种 1 次,共 3 次,以后每半年再接种 1 次。3 月龄时注射狂犬疫苗,幼犬每月驱虫 1 次。3 月龄以上的幼犬可接种 2 次,间隔 2～4 周,以后每半年接种 1 次。应注意当幼犬已出现疫情时不能进行接种。

(7)幼犬的训练　幼犬的体质锻炼应从断奶后开始,由母犬带全窝幼犬到环境清静、地面干净的场所进行散放。在散放中,幼犬互相追逐嬉戏、攀爬跳跃,这样自然得到了体质锻炼。当幼犬长到 3 月龄左右时就应改为单独活动,并适当增加运动量,可用自行车带幼犬跑步,每天 2～3 次,每次 500 m 左右。4～5 月龄的幼犬,可逐渐增加到 1 000 m 左右。6 月龄以上的幼犬,每次活动不得少于 1 500 m。还可利用自然地形和训练器材,诱导幼犬登降和跳跃,其高度和宽度均以幼犬能自然通过为宜。

幼犬的环境锻炼应从清静的地方开始,逐渐转移到复杂的地方。先白天后夜晚,先到熟悉的环境,后到生疏的环境。可以有计划地穿插“枪炮”声、烟火、灯光、车马、机动车辆声,以及犬不常见的物体进行训练,逐渐使之习惯。对声、光和环境的锻炼,要严格遵守“循序渐进,由简入繁”的原则,可由小到大,由弱到强,由远到近地进行,绝不可搞突然袭击,否则,可能使犬产生“音响恐惧症”,往往终身难愈。对幼犬不常见物体的锻炼,应自然进行,不可强迫,只能慢慢地诱导接近,给予美味食物,用“好”口令鼓励,使幼犬消除疑虑。对那些胆小、探求反应较强的犬,更需要耐心、持久地进行。通过训练使幼犬胆大灵活,能适应较复杂的环境,对声、光、车、行人等刺激无被动防御反应,对助训员的逗引不恐惧,或能表示“示威”,兴奋性高、爱活动,衔取欲强,依恋性好,注意力集中,不随意离开主人、随地拣吃东西,习惯牵引,听

从主人口令。

(8)加强卫生管理 要经常给犬梳刷、洗澡，以促进血液循环及新陈代谢，调节体温，增强抗病力。清洁幼犬的眼、耳、齿，用2%的硼酸水清洗眼、耳，清除牙垢，洗刷牙齿。定期用剪刀修指甲。犬舍要经常打扫冲刷，清除粪便，定期消毒。犬舍内保持干燥，空气流通，做到防暑防寒。犬床及垫草要经常晾晒及更换。要注意饮食卫生，餐后洗刷餐具，并定期煮沸消毒，饮水要清洁。

二、繁殖母犬的饲养

繁殖母犬在整个饲养过程中，一般经历妊娠、哺乳、空怀3个主要生理时期。由于在3个时期中繁殖母犬所处的生理状态不同，因此也就要求不同的营养水平及饲养管理方式。

(一)妊娠母犬的饲养管理

1.妊娠母犬的生理特点

母犬的妊娠期为60 d，在此期间，由于胚胎摄取营养、胎盘和胚胎本身产生的各种生理变化导致母犬体内发生了一系列的生理变化。为了满足母犬本身和胎儿的需要，首先应根据胎儿不同的发育阶段和母犬身体状况，增加营养，喂给优质犬粮，保证胎儿的发育和母犬机体健康及泌乳的需要。

2.妊娠母犬的饲养管理

(1)妊娠母犬的饲养 母犬妊娠期根据胎儿的发育情况，划分为妊娠初期(妊娠后的1～3周)、妊娠中期(妊娠后的4～6周)、妊娠后期(妊娠后的7～9周)3个时期。

妊娠初期，此期胎儿较小，绝对增长量小，所以母犬所需营养与正常犬相似，一般不需要添加特别的食品。但是，由于此期母犬刚刚妊娠，常伴有妊娠反应，所以食品的适口性要好，营养丰富且易消化。此时，可少喂多餐，可添加一些牛奶、肉类或新鲜蔬菜。

妊娠中期，此期的饲喂量可逐渐增至原来的125%。此期，胎儿的生长发育加快，因而各种营养物质的需要量增加。在母犬的日粮中，应添加富含蛋白质的食物，瘦肉、鸡蛋、鱼、肝、动物内脏以及豆制品、乳制品等。另外，能量食品原料、富含矿物质和维生素的食品(原料)也要补充。

妊娠后期，此期胎儿对营养物质需要比先前增加更多，母犬的日粮应逐渐增加到妊娠初期的125%～150%。在日粮配制时，注意食品原料的多样化，并注意钙、磷、锌等矿物元素的补充，以及维生素的添加。此期的能量原料不宜过多，以防流产或母犬因肥胖而难产。

妊娠母犬的饲养除供给全价的日粮外，还要讲究食品的卫生和保证食品的质量。发霉、腐败、变质、带有毒性和刺激性的食品不可饲喂，否则容易引起流产。日粮不能频繁变更，日粮的体积不宜过大。应少量多餐，每日喂3～4次，由于胃容积太大易压迫胎儿引起流产。日粮温度要恒定，一般为25℃左右，冷凉的食物和饮水可能会导致流产。

妊娠母犬的饲养方式可根据母犬的体况，采取不同的方式。对体瘦的经产母犬，采取"抓两头顾中间"的饲养方式。即在配种前的1个月和妊娠的后1个月，饲喂适口性好的高蛋白质全价日粮。对初产母犬，可采取"步步登高"的饲养方式，即随着妊娠的进程，逐步提高母犬的营养水平，以适应母犬和胚胎生长发育的需要。对体况良好的经产母犬，应采用"前粗后精"的饲养方式，即到30 d后再提高营养水平。对一般体况的母犬，可采取"关键时期(配种前、胚胎迅速分化时、妊娠后期)加强饲养"的方式。

(2)妊娠母犬的管理 首先要保证妊娠犬的休息，犬舍比平时更应清洁干燥，犬床要严防潮湿，垫草要常晒常换。妊娠犬舍要宽敞、清洁、干燥、安静，并且光线充足、空气新鲜、温度适宜。在妊娠期间，妊娠母犬应做适当运动，以促进母体胎儿的血液循环，增强新陈代谢，并且有利于胎儿保持正常的胎位，以便顺利分娩。每天室外活动最少4次，每次不少于30 min，但应避免剧烈运动，运动时要保护好妊娠母犬的腹部，避免碰撞引起流产。据统计，难产的原因90%以上是由于运动不足而引起的。运动后避免大量饮水、饲喂。经常刷拭妊娠母犬的皮毛，乳房要经常用温水擦洗，经常带母犬到户外进行日光浴，适度的日光浴能杀死母犬体表的微生物，提高皮肤温度，促进血液循环；并且能促使身体产生更多的维生素D，促进骨质生成，对胎儿的发育有利。整个怀孕期要防止母犬感冒和生病，若母犬患病，应积极治疗，切勿乱投药,以免引起流产或胎儿畸形。妊娠母犬注意事项如图6-1所示。

母犬产前1周左右,做好产前检查,将母犬转入产犬室,并单独饲喂,以熟悉环境。产房内应有产床或产箱,地面应防滑,产室冬季要有防寒保暖设施,夏季要有防暑降温设备。进入产室前,产室要进行彻底消毒,母犬也要进行全身擦洗和消毒,特别是臀部、阴部和乳房周围要重点擦洗和消毒,并保持卫生。被毛长而浓密的犬种,上述部位应将毛剪掉,否则会影响分娩和仔犬吸乳。准备好产箱,并消毒备用。

分娩前要准备剪刀、卫生纸、纱布、脱脂棉、注射器、脸盆、热水、毛巾、缝合线及消毒时用的70%酒精及碘酊、催产药、止血药等。发现难产或异常情况,及时采取助产措施。如果助产有困难,请兽医处理。保证产舍安静,生产顺利。

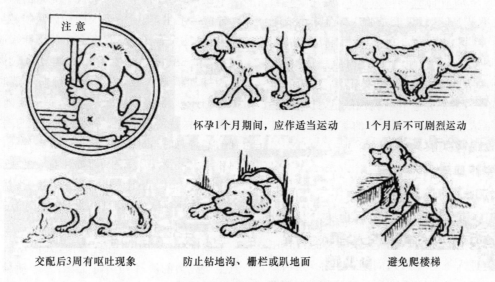

怀孕1个月期间,应作适当运动　　1个月后不可剧烈运动

交配后3周有呕吐现象　　防止钻地沟、栅栏或趴地面　　避免爬楼梯

图6-1　妊娠母犬注意事项示意图

(二)哺乳母犬的饲养管理

1.哺乳母犬的生理特点

母犬产仔后便进入哺乳期。母犬身体虚弱,各器官功能处于恢复期。仔犬在10日龄之前,它们自身的营养需要全部来自母犬。因此,母犬所摄取的营养物质除维持自身的需要外,还要为仔犬提供大量的乳汁。

2.哺乳母犬的饲养管理

母犬在产后的6 h内,一般不进食,只需供给清洁的温开水即可。在产后1～3 d内,母犬虚弱、食欲不振,此时应喂给营养丰富的半流质食品,在食品中适量添加骨肉汤、牛奶等以提高适口性。每天饲喂3～4次,勤喂少餐,以利于各器官功能的恢复。饲喂次数以后逐渐减少,并且在这3 d中,饲喂显量仅占妊娠后期的1/3左右。3～5 d时喂给妊娠后期的2/3量,5～8 d喂给妊娠后期的3/4量,9 d以后饲喂量渐为正常,并逐渐增加,到14 d时可增加1倍,到第3周时,可增加到2～3倍,饲喂时,可让其自由采食。哺乳期间,对泌乳不足的母犬,可饲喂红糖水、牛奶或将亚麻仁煮熟,拌在食物中饲喂,以促进乳汁的分泌。哺乳期母犬的需水量较大,应注意供给充足的清洁饮水。在仔犬断奶前数日,逐渐减少母犬的饲喂量,以防发生乳腺炎。当完全断奶时或一次性断奶时,可停食1 d,次日供给断奶前喂量的1/4～1/3,第3天为1/2,第4天为3/4,以后逐渐恢复正常饲喂量。在哺乳期间,给母犬补充维生素、矿物质。

注意产房内产床和地面的干燥,防止粪、尿堆积。经常更换犬床上的垫草,定期对产房进行消毒、清扫并使其通风良好、温度适宜。保持犬舍周围环境的安静。在哺乳过程中,防止外界的干扰,否则会不利于母犬的哺乳,甚至会因母犬对干扰的不良反应而踩伤仔犬。

做好母犬的卫生保健工作。要经常给母犬梳

理被毛、洗澡,并用消毒药水浸泡的棉球擦拭乳房,然后用清水洗净。要常让母犬到户外活动,并进行日光浴。一定限度内的运动可促进母犬的健康,并促进泌乳。外界气温适宜时,可使母犬带领仔犬到户外活动,每日至少2次,每次0.5~1 h,但防止母犬剧烈运动。

防止子宫炎和缺钙现象的发生。母犬难产或在人工助产时操作不当等,会使母犬发生子宫炎症。如分娩1周后仍看到母犬阴门流出血样黏液,量大而有腥臭味,很可能是胎衣部分未下或子宫内膜损伤严重,若不及时治疗会影响母犬的下一个繁殖周期,甚至绝育,所以此时应积极治疗。另外,产后母犬由于泌乳量大,体况消瘦,而所供给的日粮单一,常常会患有哺乳性缺钙,此时有些母犬会不愿站立或站立不稳,有的甚至发生抽搐现象。如发现这种情况,应及时补钙。

(三)空怀母犬的饲养管理

1.空怀母犬的生理特点

当母犬性成熟后,已能进行配种利用,但尚未妊娠者,一般称为空怀母犬。空怀母犬的饲养主要是为母犬进入下一个繁殖周期做准备,其饲养管理不如妊娠母犬那样严格。由于母犬在空怀期中存在有休产期和发情支配期两个不同的生理阶段,其生理特点有所不同,因而在饲养管理过程中所采取的方式方法也必须有所不同,只有这样才能使空怀期母犬饲养管理更科学。当母犬的哺乳任务完成后,母犬便进入一个相对休闲状态,其营养供给可保持维持状态的水平。在母犬到达配种期之前,应逐渐加强营养,使其体况良好,以保证正常发情、排卵和妊娠。

2.空怀母犬的饲养管理

此时,应提供营养全价食品,并根据母犬的体况适时增加营养。通常哺乳后的母犬体况会有所下降,呈现消瘦状态(这同哺乳期的营养供给和哺乳仔犬的数量有密切的关系),体况偏差,应选择营养较为全面的食品进行饲喂,同时适当增加饲喂量。当犬的体况恢复之后,再用正常量进行饲喂。如果在哺乳期间提供的营养过剩,使母犬在哺乳结束后体况处于偏肥状态,则应考虑逐渐减少食品的供给量,使母犬的状况迅速恢复到正常状态,顺利过渡到下一个繁殖周期。如果在哺乳

期结束之后母犬的体况较为正常,则可以按正常量进行饲喂,以保持其个体维持的需要。需要特别注意与繁殖性能关系密切的营养因子的供给量,如蛋白质、脂肪、钙和磷、硒、维生素A、维生素D、维生素E等。一般来说,此阶段的母犬对食品的类型并不挑剔,只要适口性好就可以了。每日的饲喂次数可掌握在2~3次,如遇到特殊情况可灵活处理。

在管理方面,空怀母犬应有充足的运动,保持犬舍清洁卫生,随时清理犬的粪尿污物、定期用水冲刷;保证犬舍干燥、足够的日光及良好通风,定期消毒,一般每月消毒1次,犬群密度较大时,应适当增加消毒次数,传染病流行期应随时消毒。做好空怀母犬的卫生管理工作,每天要随时梳刷犬被毛,保持清洁卫生,特别要注意犬自身护理不到的部位,如臀部、腹部、尾部等。条件允许时,每周要给犬洗澡1次,洗澡时要注意犬的头部,避免水进入犬内耳,否则犬极易患中耳炎,洗浴用品的泡沫要防止进入犬的眼睛;每月进行1次药浴,防止寄生虫和皮肤病对犬的危害。

周围环境的卫生管理方面,犬活动区内要注意卫生死角的清理和消毒工作;犬活动场所一定要注意随时清理异物,如腐败食品、砖头瓦块等,防止犬随地拣食、造成不必要的伤害。

3.发情交配期母犬的饲养管理

发情期母犬的饲养管理除要采取以上措施外,还要注意母犬的食欲。母犬在发情期,其食欲一般都会有变化,呈现食欲下降的趋势,单次的摄食量会相对减少。因此,在饲养过程中,可根据其摄食量的变化,适当增加饲喂次数,以保证机体的维持需要。

同时,注意犬舍卫生,并注意观察掌握母犬的发情状况。母犬在发情过程中,其生殖系统的抗病能力相对减弱,极易受到感染。因此,应注意犬舍的清洁干净,同时尽可能保持犬舍处于相对干燥的状态。在母犬发情过程中,要注意观察母犬的发情变化,记录整个发情状况,以便把握准确的交配时间。对发情异常的母犬应请有关专业技术人员及时进行诊治。

杜绝和公犬随意接触,防止与非计划交配公犬发生意外交配。在犬交配时,主人一定要在现场看护,遇到特殊情况及时处理。同时,做好交配

记录,合理使用人工辅助交配手段。

三、种公犬的饲养

优秀的种公犬对犬群的改良有重要作用。因此,养好种公犬有十分重要的意义。种公犬要常年保持中上等膘情、健康、活泼、性欲旺盛、精力充沛、配种能力强、繁殖性能良好。合理的营养、运动和配种是饲养好种公犬的关键。营养是维持公犬生命活动、产生精子和保持旺盛配种能力的物质基础。运动是加强种公犬机体新陈代谢、锻炼神经系统和肌肉的重要措施。配种是饲养种公犬的目的,也是决定给予犬营养和运动的主要依据。

(一)种公犬的营养需要

犬的配种多发生在春、秋两季,因而犬的饲养也可根据配种季节和非配种季节来划分。在配种频繁的季节,要根据种公犬的营养状况和饲养标准合理地配制日粮,以保证旺盛的配种能力。一般种公犬的能量需要是在维持需要基础上增加20%,蛋白质和氨基酸的需要量与妊娠母犬相同。种公犬对蛋白质的质量和数量要求很高,长期饲喂单一来源的蛋白质食品,会引起某些氨基酸的供给量不足而造成精液品质下降,如精氨酸直接参与精子的形成,一般的植物性蛋白质原料中精氨酸的含量又较低,所以日粮原料要求多样搭配,适口性要好,应注意添加合成的氨基酸或动物性蛋白质原料。另外,在饲养中应注意,种公犬对能量食品的需要也有一定限制,能量原料供给过多,犬会变得肥胖,从而影响犬的性欲和精液的品质;而能量供给过少,会使犬过瘦,射精量减少,受胎率下降。

钙、磷、硒等矿物质对精液品质的影响较大。钙、磷不足或缺乏时,会使精子发育不全,活力下降,死精子数增多。种公犬的日粮中钙、磷比例一般应为(1.2~1.4):1,其中钙占干物质重的1.1%,磷占0.99%,锰为每天每千克体重0.11 mg。另外,应在日粮中添加一定量的食盐以增强食品的适口性,提高犬的食欲。维生素 A、维生素 D、维生素 E 对精液品质也有一定影响,长期缺乏维生素 A,会使种公犬的睾丸发生肿胀或萎缩,精子产生减少,活力下降,甚至使公犬失去配种能力。维生素 E 缺乏,会引起睾丸机能下降或退化。维生素 D 缺乏,会通过对钙、磷代谢的影响而间接影响精液品质。因此,种公犬应在每千克日粮中添加维生素 A 110 mg、维生素 E 50 mg 和维生素 D 500 mg。每天供给充足的饮水。

对种公犬提供的日粮要种类丰富,营养全面。对个别性欲不够旺盛的种公犬,除增加营养外,可适当添加壮阳药物,如维生素 E 等。饲喂应做到定时、定量、定温、定质,每次不宜过饱,日粮的容积也不宜过大,以免造成垂腹大肚现象,影响配种进行。

在饲养方式上,对配种任务重的种公犬可采取"一贯加强饲养"法,即一直保持一个较高的营养水平,对配种任务轻的种公犬可采取配种季节"配种期加强饲养"法。无论哪种方法,都要以达到所需的目的为基准,即种公犬有一个健康的体魄、旺盛的性欲、良好的配种能力及配种效果。

(二)种公犬的管理

为了避免公犬间相互打架,种公犬应单独饲养在阳光充足、通风良好的犬舍内。种公犬饲养区应远离母犬饲养区,这样可使公犬安静,减少外界干扰,有利于休息,有利于增加种公犬的食欲,并能杜绝爬跨和养成自淫的恶习。

种公犬要保证有足够的运动量,以增加食欲、帮助消化、增强体质、提高繁殖机能。一般而言,每天至少运动2~3次,每次不少于1 h,可采取剧烈运动和自由运动相结合的方式进行。夏天应在早晨和傍晚进行运动;冬季可在上午 10 点至下午 2 点以前运动;在严冬季节应减少运动量,以降低能量消耗。在配种前后严禁剧烈运动。

定期称重可以掌握种公犬的营养状况。后备种公犬的体重增长应逐渐增加,不宜过肥或过瘦。成年种公犬的体重要长期保持衡定,上下浮动不能超过 5%,过高或过低都应立即采取相应的措施,把体重调整到标准体重。

经常刷拭种公犬身体,可促进犬机体的血液循环,增加食欲,促进饲养员与犬之间的感情交流,有利于协助种公犬交配和采精,并且还可以防止皮肤病和体外寄生虫病的发生。在夏季,应经常给种公犬洗澡,炎热时,每日可 1~2 次。经常刷拭和洗澡的种公犬性情温顺、体质健壮、性欲旺盛、配种效果好。特别要注意其生殖器官的保健护理,保持阴茎、睾丸和肛门周围的清洁卫生,以

防感染疾病。每次交配前后均应用温水清洗或用热毛巾擦拭生殖器官和肛门。

种公犬的初配年龄最好控制在完全发育成熟时,初配年龄为2岁,每周配1次为宜,年配种15头次以内。如特殊需要,在种公犬体质状况允许的前提下,可以配2只母犬。种公犬的利用年限一般不超过6岁,特别优秀的种公犬可适当延迟。种公犬在配种季节不应使用过度,每日1次,每周休息1次。配种后要增加高蛋白质食物。

四、老龄犬的饲养

通常来讲,大型犬一般平均的寿命在10～12岁,而小型犬的平均寿命一般都在15岁左右。对于一些杂交血统的犬,比如说中华田园犬和一些其他品种之间互相混合杂交而来的犬,寿命通常会长一些。品种越纯的犬,相对寿命越短。

(一)老龄犬的特征

一般情况下,犬6～7岁就算是步入中老年了,因为犬的品种不同,情况也有一些差别。除了年龄以外,还有很多犬的表现、动态,都可以来判断犬是否步入老年。

1.食欲不振

宠物主人都知道,犬面对吃的东西是非常狂热的,吃起来非常兴奋,当有一天你发现你的宠物犬,吃饭的速度不像以前那么快,饭量也有所减少的时候,排除生病的可能性,就是说明它进入老年了。

2.睡眠变多

老龄犬精力也会有所下降,它的睡眠时间会逐渐变长,很多老龄犬都是在睡梦中死去的,如果你发现宠物犬开始每天都昏昏欲睡,那很有可能是变老了。

3.动作缓慢

犬老了也会和人一样,不再有用不完的精力,就像人们常说的一句话"人老了,闹不动了",如果犬不像以前一样反应灵敏,一叫就立刻过来,吃饭的时候也不积极,这也是犬变老的迹象。

4.不讲卫生

主人刚把犬接回家的时候,一定都经历过它随地大小便的行为,但是经过一段时间的培养驯练,犬都能养成定点上厕所的好习惯。如果有一天,你发现它又开始随地大小便了,不要忙着惩罚它,它也不想这样,只不过犬的排泄系统老化,让它们控制不了自己的行为了。

(二)老龄犬的饲养和护理

1.食物方面

当你发现犬步入老年的时候,就要及时更改它的饮食。一个是因为它的食量减少,还有就是它的牙口也不像年轻时候那么强了,而且它的消化系统、排毒系统都会衰弱很多。

这时候要及时给老龄犬更换成比较软的老年犬专用食品,或提供良好的自制食物,不但质量要好,蛋白质、脂肪含量丰富,而且易于咀嚼,便于消化。老龄犬一般因嗅觉减退而食欲不佳,消化力降低,乐意采取多餐少喂的饲养方式,同时提供充足的饮水。

2.身体护理

老龄犬身体的自洁能力会越来越差,可以帮助其进行牙齿、眼睛和耳部护理,这也是老龄犬易出问题的三个部位。

牙齿护理推荐一周一次,可以有效地预防牙齿发炎和脱落;眼睛护理主要是清理它分泌的黏液,可以用棉签蘸水清理,建议两三天一次就可以;耳朵清理频率在两周一次即可。

3.耐心和陪伴

这也是最重要的,当宠物犬年老了,它不像小时候那么活泼可爱,也不喜欢多动,变得爱睡觉,这时候主人一定要给它更多的耐心和陪伴,在它醒的时候多陪它,不要轻易改变老龄犬的生活环境,让它保证充足的睡眠。如果犬开始随地大小便,不要打它,把它的厕所放得近一点,或者多安置几个上厕所的地点。

此外,老龄犬的抵抗力降低,既怕冷又怕热,因此,要做好保温防暑工作。平时应多注意观察犬的行为,发现异常要及时就医诊疗。

五、病犬的饲养

(一)病犬的营养需要

犬在患病过程中,由于机体的消耗增加,需要更高的营养水平,甚至需要某些特殊的营养物质,如犬体温每升高 1℃，其新陈代谢水平一般要增加 10%；当犬患传染性疾病时，其免疫球蛋白的合成及免疫系统的新陈代谢均增强。为了满足这种需要，机体就需要大量蛋白质、维生素和微量元素等。此外，疾病往往又会影响到消化机能，使食欲下降，病犬的采食量减少，甚至不采食，更加剧了病情。因此，喂给病犬的食品要营养全面丰富、营养价值高、易消化和适口性好，如动物肝脏、瘦肉、牛奶和鸡蛋等，适当加入煮透的谷物类食品。少喂纤维素含量高的食物，并补充适量维生素、矿物质和添加剂。湿热性病或胃肠道疾病，尤其伴有呕吐和下痢等症的犬，常造成大量失水，严重者会危及生命，应及时补水。

因病犬食欲不佳，饲喂的食量应比平常减少。这样既可刺激犬的食欲，又能使其不吃剩食。但为了保证病犬能摄取所需的营养，饲喂次数一般每天增至 4～6 次。任何食物，如果病犬在 15～20 min 内未吃完，就应拿走，不得让其吃剩食。

此时更应注意病犬的个体卫生和环境卫生，犬用食盆和饮水器 2～3 d 消毒 1 次并对犬舍进行消毒；保证犬舍空气流通，温度适中；病犬应适当运动，增强其体质和抗病力，但运动不能过度；还应保持环境安静，使病犬得以充分休息。病犬应与健康犬隔离，单独饲养。对病犬应经常进行检查、观察，积极治疗。

(二)病犬的护理

一般犬患病后，由于消化机能下降，容易食欲不振，在没有呕吐的情况下，可以喂给流质食物，用吸管或注射器从口角注入，先试探性地少量喂给，再逐渐增加，或者把碎肉做成丸状，用手指推入口中咽下，以引起食欲。对由于日粮突然改变而引起的犬不愿吃食或对挑食的犬，可采取"饥饿疗法"，空 1～2 顿不给犬饲喂，然后再逐渐增加饲喂至常量。

犬是容易呕吐的动物，呕吐前和呕吐后如无其他异常时，就不必担心，尤其是呕吐后又马上吃掉时，更无大毛病。但 1 d 吐几次，吐过后想喝水，喝了又吐，吐了又喝，如此反复就要引起重视，这是病情恶化的表现。

犬感冒后，容易发烧，体温上升，会感到寒冷发抖，尤其在冬季，垫料要加厚，准备热水袋或加热器。犬舍要密闭，防止寒风吹入。持续发高烧的犬会很衰弱，要采取降低体温的措施，如用酒精擦身等。可用脱脂棉或纱布将鼻涕擦拭干净。鼻涕多时或鼻孔充满鼻涕时，可用棉棒（木棍前端卷上脱脂棉）拭净，为防止鼻端干裂，可用棉棒蘸甘油涂抹鼻端。眼屎过多要用 2% 硼酸水浸湿脱脂棉拭净，并用眼药水点眼，如眼屎是脓性的，要使用兽医开的眼药。若犬发生咳嗽时，首先要看是否有异物被误吸入气管，若是应立即设法排出。对由呼吸系统炎症引起的咳嗽，要尽量使病犬安静，禁止其运动，同时在兽医的指导下用药治疗。

若病犬下痢，要让其绝食 1 d，之后喂给流质的食物，如米汤、果汁、蔬菜等，少量多餐，以后可以喂粥，逐渐过渡到软的米饭和普通食物。

六、犬运输中的饲养技术

无论是引进种犬还是销售肉犬，都需要利用交通工具对其进行运输。犬的运输是一项复杂而艰苦的工作，只有做好出发前的准备及运输途中的饲养管理，才能顺利地完成任务。

装运的笼具及运输工具必须按规定进行清洗、消毒后备用。同时，还必须到当地兽医防疫检疫部门办理检疫手续，出具县级兽医检疫部门的检疫证明，经检疫属于健康的犬方可准予起运。

在用犬笼装犬运输时，如果一个大笼内要装几只犬，则特别要注意将凶猛和温顺、幼犬与成犬、种公犬与种母犬分开装笼，以免因犬打架撕咬，造成咬伤、咬死的意外事故。起运前应检查犬笼是否牢固、是否关好，避免在运输过程中发生犬逃脱或其他事故。

运输途中，要随时注意车内的温度和湿度。冬季运输时为防止犬受凉感冒，避免贼风吹到犬体上。夏季气候炎热，车内温度高，湿度大，犬容易中暑，要注意车内通风，保持车内干燥，及时清除粪便，保持车内清洁卫生。要定时饲喂，但不要喂得太饱，要随时保证清洁饮水。夏季炎热天气，应在早、晚凉爽时运输。冬季寒冷天气，应选晴天运输。

运到目的地后，不要马上给犬大量饮水，可先让犬饮些淡盐水，散放活动，排放大小便，然后再给予限量的食品，只能吃七八成饱，以免犬因过食而生病。

新运来的犬，应单独分圈观察、饲养2周。其目的：一是精心护理饲养，恢复犬的体力；二是由兽医检疫，进行适当的疫苗注射。经检查确诊健康无病时，才能与原犬群合并饲养。

任务6-3　宠物猫的饲养

【任务描述】学生通过学习，了解不同生长阶段宠物猫的特点，掌握不同时期宠物猫的饲养管理技术。

一、仔猫、幼猫的饲养

（一）仔猫的饲养管理

从出生到断奶这段时期的猫称为仔猫。仔猫机体生长发育尚未完全，抵抗力弱，适应性差，这一时期生长发育迅速，做好饲养管理是提高仔猫成活率，培育出健壮的猫的保证。

让仔猫尽早吃到初乳，使仔猫尽快从初乳中获得免疫力。搞好猫舍的防寒保温工作，对于孤儿猫，可人工喂养，以奶粉代乳粉为好（鲜奶、羊奶亦可）。少喂多餐，每天5～6次。

仔猫初生时，消化器官不发达，食量小，在出生后的前20 d内主要由母猫哺乳，20 d以后由于胃肠容积的增加，食量增多，可给仔猫开食，开始喂食物，可喂一些鱼汤、牛奶等。随着仔猫的生长，喂食量逐渐增加。

当仔猫长到5～6周龄时，即可断奶。首先要增加补饲的数量，提高质量，蛋白质要占35%以上。与此同时减少喂乳次数，逐渐断奶，断奶不宜过快。断奶后要母仔分开，防止母猫带丢仔猫。

（二）幼猫的饲养管理

从断奶到3月龄的猫，称为幼猫。这一段时期幼猫生长发育加快，所以这时要特别注意喂给富含蛋白质和脂肪的食物，要多喂瘦肉、肝，适当加点钙、磷等矿物质，每隔几天喂点肥肉，以提高食欲。幼猫的抗病力差，要特别在意饲养管理。除了每天供给较多的营养丰富的蛋白质、维生素、矿物质食品，还要养在温暖、清洁、干燥的地方，加

强运动，如春、秋季可上午放猫、下午收猫。这时猫可塑性最强，所以驯养幼猫应从这时开始。驯养幼猫时可用绳拴好小活鼠直接训练，或用小皮球或其他东西训练幼猫跑、跳。

二、繁殖母猫的饲养

（一）妊娠母猫的饲养

猫的妊娠期为63～66 d，妊娠期间母猫除了维持自身生命活动所需要一定的营养外，还要供给胎儿生长发育所需要的营养，因而要加强母猫的营养。母猫怀孕后食欲明显增加，以获得更多的营养物质。因而，此时应注意给怀孕母猫增加如肉类、鱼类、肝脏、牛奶以及维生素、矿物质等。妊娠初期（5周内）可日喂3次，日粮占体重8%左右；怀孕后期胎儿生长发育迅速，更应注意给予母猫提供充足的营养，尤其是钙。妊娠后期（45～60 d）可日喂4次，日粮占体重10%左右。一般产前1个月左右在猫日粮中加入青绿蔬菜和钙制剂，如碳酸钙和葡萄糖酸钙，以利胎儿的正常生长发育。临产前稍减饲喂量，以防乳腺炎。

但是，在加强营养物质供给的同时，亦应注意防止营养物质供给过多，特别是碳水化合物和脂肪供给不宜过多，以免母猫和胎儿过于肥胖造成难产。产前产后给母猫适当增加肉类、鱼类等蛋白质食物对防止母猫发生食仔癖也是有益的。

同时还要让母猫每天进行适当运动。母猫怀孕后，多小心谨慎、动作缓慢、活动减少、常常喜欢安静地躺卧休息。由于母猫怀孕后运动量减少，加上营养供给增加，容易使脂肪蓄积，造成母猫过于肥胖。此外，运动不足还会导致全身肌肉张力减退，肌肉松弛，收缩力减弱，子宫肌的张力和收缩力均减弱，这些均是造成分娩时阵缩、努责微弱、生产力不足性难产的重要原因之一。如室外

活动减少,日光照射亦少,可导致母猫维生素 D 缺乏,进而影响母猫对钙、磷的吸收和利用,影响胎儿骨骼的生长发育。因此,应让怀孕母猫适当运动,最好多在室外活动,多晒太阳,这对母猫和胎儿的健康均有重要意义。

防止怀孕母猫受到惊吓和机械性损伤。妊娠母猫在受到惊吓导致精神受到强烈刺激,或腹壁受到不适当的挤压,或运动过于剧烈时,往往使胎儿的生长发育受到损害,甚至使胎儿死亡和流产。为此,应加强对怀孕母猫的饲养管理,防止母猫受惊吓和剧烈运动,保证怀孕母猫的休息,猫舍比平时更应清洁干燥,猫床要严防潮湿。孕猫舍要宽敞、清洁、干燥、安静,并且光线充足、空气新鲜、温度适宜。

让临产前的母猫在产前 7～10 d 进入产箱,并单独饲喂,以熟悉和适应产箱、产窝,使母猫对产箱、产窝及其周围环境产生安全感。产室冬季要有防寒保暖设施,夏季要有防暑降温设备。进入产箱前,产箱要进行彻底消毒,母猫也要进行全身擦洗和消毒,特别是臀部、阴部和乳房周围要重点擦洗和消毒,并保持卫生。被毛长而浓密的猫,上述部位应将毛剪掉,否则会影响分娩和仔猫吸乳。准备好产箱,并消毒备用。这对母猫顺利地进行分娩和哺乳仔猫是十分重要的。

(二)哺乳母猫的饲养

母猫在产后由于体力消耗较大,此时应供给营养丰富,易消化的食物和充足的饮水,在日粮配合上,应增加肝和奶的比例,喂食应稀一些,可拌些大豆的豆汁,为了提高泌乳量,可多喂一些蛋、牛肉、羊肉,以健身增奶。管理上要搞好卫生、消毒以及给仔猫补食,注意仔猫的保温和安全。

(三)非繁殖期成年猫的饲养

非繁殖期成年猫的饲养可粗放一些。日喂 2 次,饲喂量占体重 5% 左右,以健康、体重不下降为度。

三、种公猫的饲养

种公猫常年均应具备良好的营养水平,保持健康的体况。饲养管理的好坏直接影响种公猫配种性能和精液品质,且影响母猫的受胎率、胎产仔数和仔猫成活率。因此,对于配种期公猫,要求食物体积小、质量高、适口性好、易消化,并含有足够的蛋白质及维生素 A、维生素 D、维生素 E、B 族维生素和矿物质,除早、晚 2 次饲喂外,中午应加餐 1 次,可适当增加肝、瘦肉及奶的比例,以提高精液品质,日喂量可占体重的 5%～6%。在非配种期,减少脂肪类食物,在满足种公猫的营养需要的同时保持好的体质,力求消除过肥或过瘦的状况。这样才有利于生殖器官的迅速发育和产生品质优良的精液。另外,食具用后应洗刷,每周用 0.1% 过氧乙酸喷雾或 0.1% 新洁尔灭浸泡 2～3 次,每次消毒后用水冲洗干净。

四、老龄猫的饲养

猫的寿命一般都较长,大多数猫都可以活到 12～14 岁,猫在 8～9 岁时开始进入老年期。老龄猫的各种生理机能都有不同程度的变化。所以良好的营养对老龄猫非常重要,精心的饲养管理会延长猫的寿命。猫粮的质量要高,其中包括高质量的蛋白质,足够的脂肪,充足的无机盐和维生素。因为掉牙导致咀嚼困难,所以老龄猫的食物要熟、易消化,并且要少吃多餐。由于老龄猫容易出现脱水现象,应给予足够的饮水。另外,老龄猫易得病,平时要注意观察猫的各种行为,发现异常及时找兽医治疗。老龄猫的肌肉和关节的配合及神经的控制协调功能会明显下降,骨骼也变得脆弱,因此,不能让它们做一些高难度动作,以免因剧烈运动而导致肌肉拉伤或骨折等。

五、病猫的饲养

猫生病后身体很虚弱,因而要尽可能减少活动,应将病猫安置在温暖(或凉爽)、安静的地方,让猫充分休息,减少消耗,保持体力,增强对疾病的抵抗力。病猫的饮食护理很重要,猫生病时多数情况都要影响消化机能,表现为食欲大大减退,甚至不吃不喝,还可能出现呕吐、腹泻等症状。若不及时补充营养物质,特别是饮水,会导致机体一系列功能的紊乱、酸中毒、心力衰竭等现象,严重时会引起死亡。因此,应加强对病猫的饮食护理。首先要供给充足的饮水,水里面放点食盐,用量是每 100 mL 水加食盐 0.9 g,以维持体内水盐代谢的平衡。如果猫不喝,可用小胶皮球或塑料瓶灌

水;但不可操之过急,以防猫呛水。病猫食欲不好,并不是食物不合口味,而是由于疾病的影响引起食欲中枢抑制的结果,即使猫平时最喜欢的东西,这时也会变得平淡无味。只有疾病得到治疗,食欲才会逐渐恢复。在积极治疗的同时,可给猫少量的鱼或肉,以刺激食欲。对患有消化系统疾病的猫,应给予容易消化的流食,如米汤、豆浆、牛奶等。如果猫患有不能进食的疾病,就要请兽医静脉输入葡萄糖,以补充能量。

由于病猫体力大量消耗,变得精神不振,行动迟缓,懒散喜卧,不能整理自己的被毛,显得被毛脏乱、眼屎增多等。病情严重者,便溺不能入盆,

造成环境和被毛的污染。此时主人要加强护理,认真梳理被毛,促进皮肤的血液循环。对被粪便沾污的被毛,要及时清洗干净。对猫窝和猫的用具要勤消毒。

六、猫运输中的饲养技术

猫的运输一般采用笼装,在起运前 30 min 应喂 1 次预防应激反应的药物,可以 8 mg/kg 体重的量混入食物中饲喂。在猫食物中加大维生素 C 的用量,可减轻运输过程中对猫身体的影响,在运输过程中要注意喂养和适量饮水。

任务 6-4　观赏鱼的饲养

【任务描述】和其他动物一样,观赏鱼在生长发育过程中需要蛋白质、碳水化合物、脂肪、维生素、矿物质等养分。虽然观赏鱼对食物的选择因种类和个体而异,但对营养物质的需求是相同的。观赏鱼饲养管理应着重抓好投喂、水质调控和巡视 3 个主要环节。

一、饵料及投喂

(一)投喂量

投喂是观赏鱼饲养管理中的一个基本环节,适宜投喂量应依天气和水质、观赏鱼的种类、规格和生理状况等因素来确定。

例如,用水蚯蚓和水蚤等活饵喂金鱼等观赏鱼时,日投喂的湿重约为其头部大小的一团;2 龄鱼投喂的湿重约为其头部大小的 1/4;3 龄鱼投喂的湿重约为其头部大小的 1/3。如喂干饵、麸皮、豆饼和配合饲料,应根据鱼的食欲和消化情况来确定投喂量,切勿过量,因为活饵可暂时存活一段时间,干饵过量则会严重污染水质。如天气晴朗,溶氧充足,水温适宜,鱼活动正常,可适当多投喂;连续阴天、闷热、溶氧量低,鱼摄食量低,可适当少投喂;水质肥,水温低,可少投喂;水质清瘦则应适当多投喂;浮过头、患病的鱼,要少喂或不喂;娇嫩珍贵的种类也要适当少喂。投喂的饵料以在

1~2 h 内吃完为最理想,但随着鱼体的长大,摄食量也增加,绝不能认为全部吃完就是适当的投饵量。金鱼的饥饿和消化吸收的程度,可根据鱼粪的颜色来判断,喂活饵的金鱼粪便呈绿色、棕色或黑色,表明金鱼摄食适度,消化良好;粪便呈白色、黄色时表明金鱼过饱,不可再投喂。

(二)投喂时间

投喂时间视饵料种类而定。投喂活饵多在太阳初升的上午一次喂完,时间宜早不宜迟,如喂干饵和配合饲料,以在 1~2 h 内吃完为宜。如遇傍晚有阵雨、降温等预报,则应少投或不投饵;早晨投饵,可在上班前进行。春、夏季以太阳初升时为好,因为观赏鱼在适温范围内,水温升高,溶氧量多时,食欲旺盛,观赏鱼食后能有长时间活动和消化吸收的机会;至深秋、初冬,可酌情推迟 1~2 h;严冬季节应延至中午,并且要减少投饵量。如喂干鱼虫、麸皮、人工合成饵料,则应分多次投喂,以免观赏鱼不能及时吃完的饵料在水中腐败变质,危害鱼体。

(三)饵料种类及喂养效果

水蚤等浮游动物是大多数观赏鱼的最佳饵料。摄食这些饵料的观赏鱼多生长迅速、体质健壮、体态丰满、色泽鲜亮。实践证明,狮头、绒球、珍珠、水泡等金鱼珍品,如在发育时期能保证活饵,其品种特性则较喂其他饵料发育得好。家庭

养殖金鱼最好是喂鱼虫、水蚯蚓等活饵料,仔鱼则需要喂"泅水"。水蚯蚓也是喂养观赏鱼的动物饵料之一,其单位体重内所含的蛋白质、脂肪的数量仅次于枝角类,而与桡足类相仿,且适口性佳,大小鱼都乐于摄取,特别是在冬季,天然水域鱼虫数量锐减,水蚯蚓就成为首选饵料。新鲜的水蚯蚓呈鲜红或深红色,紧拢成团,一次喂不完,可放在浅水器皿中低温保存,随用随取;已经死亡的水蚯蚓绝对不能喂鱼。用水蚯蚓喂养观赏鱼,其效果与鱼虫相仿。但活饵料的来源有限,故一般均用鱼虫代替,若有全价人工饵料投喂也可。人工饵料可根据观赏鱼对各营养成分的需要配方进行生产。全价人工饵料原料来源广、便于大量生产、贮存方便、不受自然条件限制,是发展观赏鱼生产最有保证的饵料源。

观赏鱼的体色主要是由类胡萝卜素、黑色素、蝶呤和鸟嘌呤等多种物质在综合因素的作用下形成的,而类胡萝卜素在其中起着重要作用。鱼类不能合成类胡萝卜素,需要从饵料中获取。鱼类摄取的类胡萝卜素在体内一部分转化成维生素A,一部分在鱼下皮层、肌肉和外壳等处沉淀,改变其色泽。饵料中的油脂、抗氧化剂和维生素E等的含量能保护色素免遭破坏,有利于鱼类对类胡萝卜素的吸收;水质和鱼的种类、生理状况等也影响鱼对类胡萝卜素的消化吸收。

二、清污与整理

水族箱养殖观赏鱼,要求水清鱼鲜,故保持水质澄清是首要任务。在夏季炎热时,每天均需清污1次,其他季节可适当延长间隔时间。

一般春、秋两季在下午3—4时清污;夏季要到下午5时以后清污;冬季则要提前到下午2—3时进行清污。其方法是:先捞出浮在水面上的污物,然后用去污布兜轻轻旋转鱼池中的水,使池底污物慢慢集中于池底中央,然后用胶皮管将其吸出池外,并趁势吸走一小部分靠近底层发浑的脏水,清除占全池1/5~1/4的污水,同时沿池壁将新水徐徐注入至原来的深度,切不可将新水大桶大桶地猛然倒入池中,把鱼冲得四处翻滚,这样极易引起鱼病。越是珍贵的品种,越娇嫩,换水清污操作更需谨慎细心。实践证明,在彻底清除污物并每日添注一些新水,在"老水"经常保持油绿

澄清而不腐败的鱼池中,观赏鱼的体质均较好,游动欢畅,夜间不易发生"浮头""闷缸"事故。同时要注意,在清除污物的过程中,要避免鱼池因阳光照射而发生观赏鱼"烫尾"事故。清污操作时,如有水草、砂石等被碰而浮起或倒下,应及时恢复原状。

三、水质调控

水质监测是水族箱饲养管理中必不可少的环节之一。根据测定的数据和水质变化情况,采取相应的管理措施,预防病害和死亡的发生。日常水质监测的主要项目包括:水温、pH、盐度、溶解氧、氨氮、亚硝酸盐、硝酸盐和细菌数等,有条件的还要有针对性地测定某些重金属离子。

为了保持养鱼水体的水质良好,使观赏鱼生活环境舒适,必须进行适当的换水。换水量、次数和频率依水族箱的条件、养殖种类、密度和方式等因素综合考虑。一般来说,如果水族箱过滤系统完善,养殖密度适宜,投喂的饲料营养全面、投喂方法科学,可每周换少量水,3个月至半年全部换完。反之,就必须增加换水次数。大型水族馆的日换水量保持在1/10~1/7为宜。一次换水量太少不足以改善水质,水交换量过大会使水质变化过大,引起鱼类不适。对水缸饲养的观赏鱼而言,水色油绿而澄清为佳。此水中浮游硅藻多,是观赏鱼很好的辅助饵料,腐败分解的有机质少,溶氧充足。用此水养鱼,有促进鱼体健壮、色泽浓艳之功效。在每天傍晚用胶皮管和打皮板等工具及时清除水中污物,同时添加适量新水,保持"老水"不变质,是饲养观赏鱼技术中的一个重要方面。

但是,换水后常因观赏鱼不能立即适应新水体,会有不同程度的食欲减退现象,一般3~4 d后才恢复正常,因而,换水不宜过勤。

根据气候条件、鱼池的大小、放养密度、水质变化等因素来确定换水次数,原则上应力争减少换水次数。3月中、下旬水温升至10℃以上时换1次水,以后根据温度上升情况,每隔2周换水1次;夏季天气炎热,水温高达27~28℃时,应选择晴朗的天气,宜在早晨7—8时,每周换水1次;9—10月份温度逐渐下降,秋季是观赏鱼育肥的大好时光,不宜勤换水,10~15 d换1次水,春、秋两季则以上午9—11时为好;11月中、下旬,选择

较温暖的天气换 1 次水后准备过冬;越冬期间,鱼池水温在 3～5℃,观赏鱼摄食极少,游动缓慢,水质不易败坏,如无特殊情况,则不用换水。如果出现下列情况时应及时换水,以避免重大损失:水质发腥、恶臭;水质浑浊不清;鱼有生病的症状;鱼浮头或溶解氧下降剧烈。全部换水时应拔掉饲养器材的电源,冷却后将鱼捞至与原水温相似的容器中,再将水族箱的水排干,洗刷箱、砂和装饰物等,然后重新注水。新注入的水应适当处理,使水质与原池水相似。换水时要严格掌握水的温度,新、老水温差不要超过 1℃,温差过大观赏鱼易受刺激而发病或死亡。为了保证换水时新、老水温度一致,在换水前 1 d 需采取"晾水"措施,将自来水注入同一地点的贮水池或空闲鱼池,静置 24 h后,待其温度逐渐与相邻鱼池中的水温一致时即可用来换水,"晾水"能起增氧和逸出氯气的作用。春、夏、秋三季换水时,新水温度最好能比老水温度低 0.5～1.0℃,而冬季换水时最好使新水比老水的温度高 0.5～1.0℃。

四、日常管理

巡视主要是为了及时掌握水质变化和鱼的活动情况,在水质突变、鱼病暴发等事故发生之前,及时采取措施,这项管理工作是针对室外养殖池的。

观察多在黎明时进行。观察时,要求慢步、息声地仔细观察,并结合环境条件的变化,观察观赏鱼的动静是否正常。盛夏季节,如遇天气变化等特殊情况,观察任务要加强,提前到午夜开始,必要时,在午夜初至黎明时,往返多次观察,如发现"浮头""闷缸"现象,必须根据水色、天气、放养密度等不同情况分别采取相应措施;发现鱼病暴发的前兆,查清病原,及时采取防治措施;凡夜间发生过"浮头"现象,白天应减少投喂量。保证空气中的氧气能不断进入水体内,满足观赏鱼呼吸之需。

任务 6-5 观赏鸟的饲养

【任务描述】 饲养观赏鸟是一种有益健康的休闲活动,已经进入千家万户,吸引了越来越多的爱好者,成为人们日常生活的一个组成部分。饲养观赏鸟需要付出足够的爱心和耐心,而这种付出又能够在欣赏它们的过程中得到回报。

一、观赏鸟的饲料

鸟类和其他动物一样,在生长发育过程中,对食物的选择因种类和个体而异,但对营养物质的需求是相同的。

鸟类的饲料中应混合多种原料,使蛋白质中氨基酸相互补充,以提高营养价值。鸟类的饲料中一般都含有丰富的糖类,多余的糖类会转化成脂肪贮存在鸟体内,但过多的脂肪积累对鸟类的健康不利。含脂饲料主要是油料作物的籽实,如油菜籽、葵花籽、花生、松子等。鸟类需要的维生素主要是维生素 A、维片素 D、维生素 E、B 族维生素复合体等。鸟类需要较多的矿物质是钙、磷、氯、钠、钾,需要的微量矿物元素有铜、铁等。一般

饲料中都能满足鸟类的营养需要,需要注意补充的是钙,饲料中可加些蛋壳粉、骨粉、墨鱼骨、石粉等。

(一)粒料调配方法

粒料是指未经加工的植物籽实,是硬食鸟的主要饲料。常用的粒料有粟、黍、稗、稻、玉米、紫苏、大麻、油菜、向日葵、果松等的籽实及蛋、米等。调配方法是将它们混合在一起,按鸟的体型和习性分,有以下 4 类调配方法。

(1)芙蓉食 粟、稗、菜籽、白苏子,夏、秋季的比例是 5:3:1.5:0.5;冬、春季的比例是 5:2:1.5:1.5,适用于芙蓉、燕雀、金翅雀、灰头鹀等。

(2)姣凤食 粟、稗、白苏子的比例是 7:2:1,适用于姣凤和牡丹鹦鹉。

(3)蜡嘴食 稻谷、粟、麻子,春、夏、秋季的比例是 5:3:2;冬季的比例是 4:2:4,适用于蜡嘴雀类和交嘴雀类。

(4)鹦鹉食 大型鹦鹉春、夏、秋季用稻谷、玉米、麻籽、葵花籽,比例是 4:3:1:1,冬季用稻谷、玉米、麻子、葵花籽、松子,比例是 3:3:1:

1：1；中型鹦鹉用稻谷、玉米、栗、麻子、葵花籽，春、夏、秋季的比例是4：1：2：1：2，冬季的比例是3：1：2：2：2，玉米需泡软或煮熟。

（二）粉料调配方法

粉料是选用黄豆粉、绿豆粉、蚕豆粉、玉米粉中的1种，与鱼粉或蚕蛹、熟鸡蛋混合而成。干粉调配方法有以下几种。

（1）金丝雀粉　玉米粉0.5 kg，熟鸡蛋0.75 kg。混合后不加水用研钵研磨均匀，以手捏成团、手轻搓即松散为宜。适宜作金丝雀、金山珍珠鸟等繁殖期和换羽期的补充料。

（2）绣眼鸟粉　黄豆粉0.75 kg，熟鸡蛋0.25 kg。加水少许混匀，干湿程度同上。适宜绣眼鸟、柳莺等食用。

（3）相思鸟粉　玉米粉0.75 kg，黄豆粉0.25 kg，鱼粉0.1 kg，蚕蛹粉0.1 kg，熟鸡蛋0.1 kg，青菜叶0.05 kg。先将青菜叶研磨备用，然后将各种粉混合加少量水研磨，喂用时加少量菜泥。适宜相思鸟、太平鸟等食用。

（4）鹩哥粉　用相思鸟粉4份与肉糜1份混合均匀。

湿粉调配方法有以下几种。

（1）百灵粉　豌豆粉1 kg，熟鸡蛋0.5 kg，青菜叶0.5 kg。研磨均匀，饲喂时加水调湿，适宜百灵、云雀等食用。

（2）黄鹂粉　玉米粉0.5 kg，黄豆粉0.2 kg，鱼粉0.1 kg，熟鸡蛋0.2 kg。研磨均匀，饲喂方法同百灵粉，宜作黄鹂饲料。

（三）青饲料调配方法

青饲料是鸟类维生素的主要来源，一般鸟直接啄食青饲料，如不能啄食的，需采用强迫的办法补充。叶菜类如白菜、萝卜叶、苜蓿等，喂前需在水中浸泡1 h以上；根茎类如胡萝卜、荸荠，可生喂；瓜果类如南瓜、番茄、苹果、香蕉等，可切成块插在笼内任鸟啄食。

（四）辅助饲料

鸟类的辅助饲料有昆虫类、鱼虾类、矿物质类、色素类等。

（五）发情饲料

小米（也可研碎）250 g，或500 g，放入锅内用文火炒到黄而不焦，倒入盆中，趁热将事先搅匀的生鸡蛋液拌入炒米中，用手揉搓拌匀，待冷后掰开搓散即成发情饲料。所用蛋与米的比例视鸟的种类和季节而定，欲达到发情目的，500 g米加鸡蛋3～4个，平时饲喂，可用2个鸡蛋。

（六）雏鸟饲料

鳝鱼糊或蛋黄、豆面糊均可作为雏鸟饲料。对出壳不久的画眉、百灵鸟应5 h内用小玻璃滴管饲喂3次。也可用500 g米加2个鸡蛋，将其搅拌均匀，用旺火蒸透，再掀开锅盖使其凉透，阴干，用手揉搓开即成（或者把米碾碎也可）。

（七）色素饲料

叶红素和胡萝卜素混合饲喂，可使珍珠鸟的嘴、腿的红色加深，十姐妹、金丝雀及其他毛色鲜艳的鸟羽毛更为鲜艳。

二、观赏鸟的饲养

（一）饲喂方法

有外壳的粒料要每天将食缸内饲料倒出，吹去籽壳和碎屑后放回食缸，再添加些饲料；去壳的粗料如蛋、米，为防止变质，每天更换。粉料的喂法：根据气候情况分次调配使其不变质，一般气温在12℃以下时当天粉料可1次调配，24℃以下分2次调配，24℃以上分3次调配；喂用时把食缸内剩料去除干净，然后添加新料。青料的喂法：青菜要新鲜，不萎蔫，最好将青菜插入有水的容器中。

（二）饮水

水缸必须每天取出清洗后注入清水，为防止水变质，可在水缸中加进一小块木炭；为防止鸟在水缸中水浴，可在缸内放入丝瓜络或塑料海绵。

（三）卫生

每天用水清洗承粪板、栖架等上的鸟粪，每隔3～5 d用温肥皂水浸洗1次，并用清水冲洗残余的肥皂水；笼底铺河沙的，隔日过筛1次，以清除粪便。鸟喜欢水浴，每天或隔天供水浴1次，每次水浴时间不要太长。超过趾长2/3的爪或已向后弯曲的爪需修剪，修剪时用锋利的剪刀，在爪内血管外端1.2 mm处向内斜剪一刀，然后用指甲

锉锉几下。鹦鹉和交嘴雀喙尖过长,可用锉将过长部分锉去。为使鸟羽尽快长齐,可采用人工拔羽促使新羽形成。有时鸟的羽毛和趾水浴后未达到清洁要求,需饲养者帮助清洗,清洗时左手握鸟,尾朝手指方向,将欲清洗的部分浸入水中,右手用棉花搓擦羽和趾上的积垢,洗毕用干布将湿羽吸干后再放回鸟笼。

(四)温度

鸟笼不宜挂在风口中,室外日光浴时间不能太长,选择上午斜射的日光下进行日光浴。在春、冬季的晚上,要将鸟笼放进箱笼或用笼衣包裹过夜。夏季注意通风,避免中暑,注意经常驱使亲鸟离巢,让雏鸟散热。

(五)运动

一种简便的增加鸟运动的方法是"遛鸟",即散步时提着鸟笼,边走边摆动鸟笼,鸟在笼中为了保持摇晃时的平衡,全身的肌肉有规律地收缩和放松,起到了运动的作用。另一种方法是在笼上部装一根活动的栖架,鸟飞上后,栖架前后摇晃,使鸟体肌肉收缩和放松而达到运动的目的。

(六)换羽

观赏鸟大部分在繁殖期结束后换羽,经40～50 d新羽长成,换羽期间易得病,应减少水浴,换羽期前减少浓厚饲料,换羽期间要喂浓厚饲料(如熟蛋黄)和青料;将鸟置于通风而无串风的地方。

(七)观察

注意观赏鸟的羽色、鸣声、粪便、活动、采食和呼吸等。

(八)雏鸟的人工哺育

雏鸟的发育过程分为绒羽期、针羽期、正羽前期、正羽后期、齐羽期5个时期。给食方法和饲料种类因不同发育阶段而异。绒羽期用玉米粉或豌豆粉1份,熟蛋黄4份,青菜泥5份,研磨成稠浆状,用食扦送入鸟的嘴内,1 d喂6～8次。针羽期体型小的鸟类用玉米粉1份,豌豆粉1份,熟蛋黄5份,青菜叶3份,研磨成稠浆;体型大的鸟类用玉米粉1份,豌豆粉2份,熟蛋黄3份,鱼粉或蚕蛹粉2份,青菜叶2份,加水研磨,1 d喂4～5次。正羽前期用豌豆粉6份,鱼粉或蚕蛹粉2份,青菜2份,研磨,1 d 3～4次。正羽后期逐渐训练鸟自己采食。齐羽期可喂成鸟的饲料。雏鸟的哺育要注意饲料的质量;注意保温,可将雏鸟养在育雏窝内,保持环境干燥,注意通风,勤换育雏的窝,及时清除残留的饲料和粪便。

任务6-6 其他宠物的饲养

【任务描述】随着人们生活水平的提高,大家平时也都有时间和精力去养一些宠物,但除了犬、猫这些常见的宠物之外,也总有一些人的爱好比较特殊,喜欢养一些个性化的宠物。本任务介绍龟和蜥蜴的饲养。

一、龟的饲养

龟在生长发育过程中也需要各种营养物质,如蛋白质、碳水化合物、脂肪、维生素、矿物质等,龟对食物和饲养方法的选择因种类和个体而异。

(一)陆生龟的饲养

因为陆生龟不是在立体空间活动的动物,所以饲养器具的平面空间要够大。陆生龟可以养在水族箱、木箱或玻璃缸中。此外,还要注意温度和湿度。一般沙漠中生活的陆生龟喜欢比较干燥的环境,森林中生活的陆生龟喜欢比较潮湿的环境,但也不是太绝对,一定要清楚所饲养的龟种生活在什么地区及那个地区的气候环境。

根据龟的不同种类在饲养箱底部加铺垫物。一般生活在沙漠、草原、矮灌木丛的陆生龟喜欢在砂粒、干土块、干草及干草炭土上生活;生活在南美热带雨林、东南亚地区的陆生龟喜欢较潮湿的环境,最好用潮湿的泥炭、腐殖土等铺垫,如果没有条件可以用旧报纸代替。饲养缸中应放置饵盘,饲料一定要放在饵盘中,不要直接放在泥土上或报纸上。喜欢潮湿环境的龟,要放一个稍大而浅的水盘。控制好饲养箱里的温度,白天温度控制在 25～30℃,夜晚要在 20℃ 以上,如果饲养箱中温度不够高,就要用加热灯、加热垫、加温板等加热器具加温。

饲料可用各种新鲜绿叶蔬菜和果实,喂食前要尽量洗干净。对需要食肉的陆生龟,可把玉米虫剪碎混在菜中喂食。爱吃节足动物的陆生龟可喂新鲜的碎肉、蚯蚓等。投喂时,可把钙粉、复合维生素等营养剂混在食物中。目前,有专门陆生龟的饲料,各种维生素含量较全面、丰富,营养价值较高,是非常适用的饲料。喂食前,需先用温水将饵料泡软。龟进食后必须维持较高的温度,不能着凉,否则会消化不良,甚至发生肠胃炎。

平时的管理也很重要,发现排泄物要及时清理,每周让龟晒 3～4 次太阳,注意观察龟的活动与进食是否正常,及时发现问题及时处理。

(二)半陆地半水栖龟的饲养

半陆地半水栖龟多数是杂食性,饲料可选用各种昆虫、水生软体动物、蔬菜、水果等,由于复合人工颗粒饲料中各种养分含量较均衡,也是龟的好饵料。注意喂食之前要弄清龟习惯在水中还是在陆上进食。

这类龟要么生活在深水中,但要时常上岸;要么生活在很浅的水中或水边潮湿地带,所以应把饲养箱布置为水陆两栖式。水场与陆地面积的比例按照龟的不同习性设计。例如,像大头龟、黄缘闭壳龟、黄额闭壳龟等陆生倾向较强的两栖龟类,陆地面积应占 60%,水场面积占 40%。注意水不要过深,以龟在水中四爪能着地为准。而像乌龟、巴西龟、三线闭壳龟等水生倾向较强的两栖龟类,水的面积要大,而且水的深度要超过龟甲的高度。在水中可用石块搭造一片陆地,供龟游泳后上岸休息、晒太阳。

不论水多少,温度一定要保证,一般水温在20～25℃ 即可。水温不够高时应选用可调温加热管加温,但要时常注意水位不要过低。玻璃制的加热管露出水面会爆裂,龟有被电死、烫死的可能。另外,水质的管理也很重要,可以选择各种不同类型的过滤器,但要注意功率、吸力的大小,吸力过大有可能将龟吸住而无法呼吸,导致龟肺进水而死。一开始先用凉开水饲养,之后每次换水时加入一些晒过的自来水,让龟逐渐适应。

阳光是必不可少的因素,龟晒太阳可以杀灭身上的细菌(不要隔着玻璃)、寄生虫,并有助于钙质的吸收。换水时注意水的温差不要大于 5℃,自来水最好用太阳晒过的,水中加入少量食盐以抑制细菌滋生。

(三)水栖龟的饲养

像猪鼻龟、鳄龟、海龟等都是水栖龟,它们几乎完全生活在水中,但也要设计较小的一块陆地或浮盘,供龟休息或在浮盘下隐蔽。水的深度以超过龟厚度的 3～4 倍为宜,如果是幼龟,则水不能太深,因幼龟活动能力差,容易被溺死。水温为23℃ 左右,水质要促持清洁,电热管和过滤器的功率要适当,要防止龟被吸住或被烫伤、电死等。水栖龟饲料以鱼虾、水生软体动物(螺、贝类)、水草等为主,掉落水中的昆虫也吃,在适宜人工饲养的环境后,它们也会吃人工颗粒饲料。要注意喂食前后的温差不要太大,喂食后温度稍高 1～2℃ 较好,这样不会引起消化不良。

二、蜥蜴的饲养

(一)大型蜥蜴的饲养

大型蜥蜴体全长在 1 m 以上,故饲养巨蜥需充分考虑它们的体型和生态习性。饲养箱用木箱和铁丝网制作,网眼大小在 10～15 mm,避免巨蜥的长爪挂折。饲养箱的大小为 180 cm × 100 cm × 145 cm 左右,两侧镶铁丝网,以利于通风。在饲养箱顶部组装温室用温风加热器和日光灯。巨蜥遇到有空隙的地方就会挺着鼻尖钻进去,因此铁丝网也要用板条夹边或从外侧镶压,饲养箱内的物体能固定的要尽量固定,以保证不伤着巨蜥的身体。底板上可铺细沙,并需经常拿出来进行日光消毒。蜥蜴生存的适宜温度因种而异,所以温度的设定也要因种而异。巨蜥喜欢较高的温度,其适宜温度范围为 28～30℃。春、秋、冬三季分别以石英电暖器和 2 只 100 W 灯泡给饲养箱加温。饮水容器也可兼作水浴用,因此能浸没巨蜥大半个身体那么大就可以了。人工饲养条件下,可根据季节不同而投喂相应食物,春、夏、秋可喂蛙、蝗虫、虾等,冬季可喂食鱼块、肉块。

(二)地栖型蜥蜴的饲养

地栖型蜥蜴类如石龙子、滑蜥、草蜥等不善攀爬,因而笼舍不宜过高,布局不用过于复杂,用石

头、木头组合即可,主要避免地栖型蜥蜴不能摄食的昆虫从缝隙里钻进去,并在其中繁殖杂菌,恶化环境。底部可铺报纸或粒稍细的沙子,沙子要定期洗涤并进行日光消毒。几乎所有的蜥蜴种类都需要光照,因此要定期进行日照。供暖器具可用远红外线加热器或小灯泡。把平坦的石头放到饲养箱的角隅处,灯对准石头加热。最热处的表面温度一般要保持在 30～35℃。

(三)树蜥类和壁虎类的饲养

普通的鬣蜥、斑飞蜥等树蜥类和大壁虎、多疣壁虎等壁虎类因善于攀爬,饲养箱内的布置要立体化。栖木要接近树蜥和壁虎的身体粗细,最初可放几根粗细不同的树枝,让其选择自己最喜欢的栖木。树蜥一般较胆小,稍有动静就会惊跑,故需要用比个体大一些的饲养箱饲养。若在狭窄的饲养箱内饲养,当树蜥来回跑时往往会伤其鼻尖。底部可铺一些细沙或报纸,饮水的容器要低矮且不易倾倒。因树蜥即使是有水场也不会注意水的存在,有时会因脱水而死,故可把它的头按到饮水容器中,让它知道水场的位置。投放米虫、葡萄虫等时,一定要投放到食盒里,以防虫子潜入沙子里。适宜的温度、加热方法、日照等同地栖型蜥蜴类一样。

【项目总结】

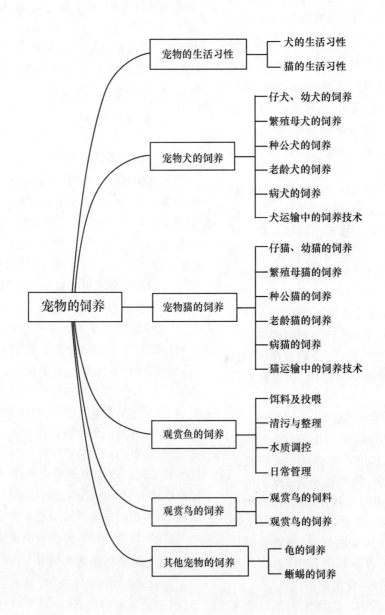

附　　录

附录一　饲料　采样(GB/T 14699.1—2005)

1　范围

本标准提供了为了满足商业、技术和法律目的的质量控制中对动物饲料包括渔用饲料的采样方法。

本标准不适用于宠物食品,也不适用于以微生物检验为目的的采样。在某些条件下测定饲料物理特性时,应选择特殊的采样方法。

某些饲料的采样已有相应的国际标准,这些产品的种类见参考文献。为检测某些分布不均匀的成分的采样见附录 A。

2　术语和定义

下列术语和定义适用于本标准。

2.1　交付物(consignment)

一次给予、发送或收到的某个特定量的饲料的总称。

注:它可能由一批或多批饲料组成(见 2.2)。

2.2　批/批次(lot)

假定特性一致的某个确定量的交付物的总称。

2.3　份样(increment)

一次从一批产品的一个点所取的样品。

2.4　总份样(bulk sample)

通过合并和混合来自同一批次产品的所有份样得到的样品。

注:打算分别调查的、明显和可辨认的份样集合可表示为"总样品"。

2.5　缩分样(reduced sample)

总份样通过连续分样和缩减过程得到的数量或体积近似于试样的样品,具有代表总份样的特征。

2.6　实验室样品(laboratory sample)

由缩分样分取的部分样品,用于分析和其他检测用,并且能够代表该批产品的质量和状况。

注:所取每种样品,一般分 3 份或 4 份实验室样品,一份提交检验,至少一份保存用于复核,如果要求超过 4 份实验室样品,需要增加缩分样,以满足最小实验室样品量的要求。

3　通则

3.1　代表性采样

代表性采样的目的是从一批产品中获得小部分样品,而测定这小部分样品的任何特性均可代表该批产品的平均值。

3.2　选择性采样

如果被采样的一批(批次)样品的某部分在质量上明显不同于其他部分,则这部分产品应区别对待,单独作为一批产品进行采样,并在采样报告中加以说明。

3.3　统计学考虑

认同采样是动物饲料采样的常用方法。对采样属性而言,存在着根据二项式分布进行的理论采样方法,但在实际工作中,这个方法应简化为批量大小和份样数量之间的平方根关系。

注 1:对于散装产品,如果批量在 2.5 t 以下,至少取 7 个份样;如果批量在 2.5 t 与 80 t 之间,所取份样数至少等于 $\sqrt{20m}$,m 是批量的质量,以 t 计;样品变异应该是均匀的;如果批量超过 80 t,平方根关系仍然适用,但以此为依据做出错误决定的风险也会增加,可由各方协商确定。

注 2:平方根关系的应用对袋装饲料、液体饲料和半液体饲料、舔块以及粗饲料来说有点不同,因为样品的大小变化很大。

4　采样人员

采样应该由受过适当培训并有饲料采样经验的人员执行,而且采样人员应意识到采样过程可能涉及的危害和危险。

5　采样前对产品的确认和全面检查

采样前应确认有疑问的货物,为此应适当比

较货物的数量、重量或货物的体积及容器上的标记和标签以及有关资料。

采样报告记录包括相关代表性样品的采样和涉及货物及其周围条件的所有特征。

如果货物出现损坏,要除去损坏的部分,将特性相似的货物划分在一起,并把每一部分作为独立的产品处理。

6 采样设备

6.1 一般要求

选择适合产品颗粒大小、采样量、容器大小和产品物理状态等特征的采样设备。

6.2 从固体产品采样的装置

6.2.1 手工从固体产品采样的工具举例

6.2.1.1 散装饲料采样

普通铲子、手柄勺、柱状取样器(如取样钎、管状取样器、套筒取样器)和圆锥取样器。取样钎可有一个或更多的分隔室。流速比较慢的流动产品的采样可以手工完成。

6.2.1.2 袋装或其他包装饲料的采样

手柄勺、麻袋取样钎或取样器、管状取样器、圆锥取样器和分割式取样器。

6.2.2 机械采样装置举例

从流动的产品中周期采样可以使用认可的设备(例如气力装置)。速度较高的流动产品的采样可以通过手工控制机器来完成。

6.3 从液体或半液体产品手工或机械方法采样的设备

适当大小的搅拌器、取样瓶、取样管、带状取样器和长柄勺。

6.4 清洁

采样、缩样、存贮和处理样品时,应特别小心,确保样品和被取样货物的特性不受影响。采样设备应清洁、干燥、不受外界气味的影响。用于制造采样设备的材料不影响样品的质量。在不同样品间,采样设备应完全清扫干净,当被取样的货物含油高时尤其重要。取样人员应戴一次性的手套,不同样品间应更换手套,防止污染随后的样品。

7 装样品容器

7.1 一般要求

装样品的容器应确保样品特性不变直至检测

完成。样品容器的大小以样品完全充满容器为宜、容器应当始终封口,只有检测时才能打开。

7.2 清洁

样品容器应清洁、干燥、不受外界气味的影响。制造样品容器的材料应不影响样品的品质。

7.3 固体产品的样品容器

固体产品的样品容器及盖子应是防水和防脂材料制成的(例如,玻璃、不锈钢、锡或合适的塑料等),应是广口的,最好是圆柱形的,并与所装样品多少相配套。合适的塑料袋也可以。容器应是牢固和防水的。如果样品用来测定像维生素 A、维生素 D_3、维生素 B_2 和维生素 C、叶酸等对光敏感的物质和像维生素 K_3、维生素 B_6 和维生素 B_{12} 等对光轻微敏感的物质,容器应是不透明的。

7.4 液体和半液体产品的样品容器

容器应由合适材料制成(最好是玻璃或塑料),并要求容量合适、密闭、深色。注意 7.3 中对光敏感物质测定的样品要求。

8 采样步骤

8.1 采样位置

在条件许可的情况下,采样应在不受诸如潮湿空气、灰尘或煤烟等外来污染危害影响的地方进行。条件许可时,采样应在装货或卸货中进行。如果流动中的饲料不能进行采样,被采样的饲料应安排在能使每一部分都容易接触到,以便取到有代表性的实验室样品。

8.2 产品分类

按采样目的,饲料可分为以下几类:

a. 固体饲料—谷物、种子、豆类和颗粒饲料;

b. 固体饲料—粉状饲料;

c. 粗饲料;

d. 舔块;

e. 液体和半液体饲料。

8.3 样品量

要得到能代表整个批次产品的样品,就必须设置足够的份样数量。根据批次产品数量和实际采样的特点制定采样计划,在计划中确定需采的份样数量和重量。对于特别的批次产品的确定取决于 2.2 规定的因素。

8.4 谷物、种子、豆类和颗粒产品的采样

8.4.1 该类产品的举例

谷物：玉米、小麦、大麦、燕麦、水稻、高粱等；

油料籽实：向日葵籽实、花生、油菜籽、大豆、棉籽、亚麻籽等；

片状物：豆类等；

颗粒产品：颗粒形态的饲料。

8.4.2 批次产品量

对于袋装的产品批次量是由包装袋的数量决定和包装袋的容量确定。对于散装的产品。批次量是由盛该散样的容器数量决定的，或由满装该产品的容器的最少数量。如果一个容器内装的产品量已超过一个批次产品的最大量时，该容器内产品即为一个批次。如果一批次散装产品形态上出现明显的分级，则需要分成不同的批次。

8.4.3 份样数量

对于贮存于罐或类似容器的产品，随机选择份样的最小数量见表 1。

表 1

批次的重量 m/t	份样的最小数量
≤2.5	7
>2.5	$\sqrt{20m}$，不超过 100

如果产品包装于袋中，随即选择份样的最小数量如下表：

a) 如果总量小于 1 kg，见表 2。

表 2

批次的包装袋数 n	份样的最小数量
1~6	每袋取样
7~24	6
>24	$\sqrt{2n}$，不超过 100

b) 如果总量大于 1 kg，见表 3。

表 3

批次的包装袋数 n	份样的最小数量
1~4	每袋取样
5~16	4
>16	$\sqrt{2n}$，不超过 100

8.4.4 样品量见表 4。

表 4

批次产品总量/t	最小的总份样量/kg	最小的缩分样量[a]/kg	最小的实验室样品量/kg
1	4	2	0.5
>1 ≤5	8	2	0.5
>5 ≤50	16	2	0.5
>50 <100	32	2	0.5
>100 ≤500	64	2	0.5

注：a 最小量应可供取 4 个实验室样品

8.4.5 采样程序

8.4.5.1 总则

采样应遵照 8.1 中的规定执行。对于散装产品，尽可能地在装或卸时采样。同理，如果产品是直接装到料仓或仓库中，则尽可能地在装入时取样。

8.4.5.2 从散装产品中采样

如果是从堆状等散装产品中取样，根据 8.4.3 的最少份样数，决定本次取样的份样数。然后，随机选取每个份样的位置，这些位置既覆盖产品的表面，又包括产品的内部，使该批次产品的每个部分都被覆盖。

在产品流水线上取样时，根据流动的速度，在一定的时间间隔内，人工或机械地往流水线的某一截面取样。根据流速和本批次产品的量，计算产品通过采样点的时间，该时间除以所需采样的份样数，即得到采样的时间间隔。

8.4.5.3 从袋装产品中采样

随机选择需采样的包装袋，采样的包装袋总数量根据 8.4.3 的最小份样数来决定。打开包装袋，用 6.2.1.2 描述的器具采取每个份样。

如果是在密闭的包装袋中采样，则需要取样器。采样时，不管是水平还是垂直，都必须经过包装物的对角线。份样可以是包装物的整个深度，或是表面、中间、底部这三个水平。在采样完成后，将包装袋上的采样孔封闭。

如果上述的方法不适合，则将包装物打开倒在干净、干燥的地方，混合后铲其一部分为份样。

8.4.6 实验室样品的制备

在采样完成后应尽快处理，以避免样品质量

发生变化或被污染,将所得到的每个份样进行充分混合后得到总份样,其重量不应小于 2 kg。

充分将缩分样混合后分成 3 个或 4 个实验室样品放入适当的容器中,供实验室分析用,每个实验室样品重量最好相近,但不能小于 0.5 kg。

8.5 粉状产品的采样

8.5.1 产品的举例

这些产品是对下列物料进行加工(如粉碎、碾磨或干燥)获得的,其粒度远小于未加工处理的单种物料或混合物。

(1)植物源性的粉状物:

①整粒或部分谷物;

②未加工、加工或浸提的油料籽实;

③未加工、加工或浸提的豆科籽实;

④干苜蓿或干草;

⑤植物蛋白浓缩物;

⑥淀粉;

⑦酵母。

(2)动物源性的粉状物:

①鱼粉;

②血粉、肉粉、肉骨粉、骨粉;

③奶粉、乳清粉。

(3)预混合饲料。

(4)矿物质添加剂。

(5)配合饲料。

(6)饲料添加剂:

①有机物:维生素和维生素制剂,药物和药物制剂,抗氧化剂,氨基酸和香味剂等;

②无机化合物。

8.5.2 批次产品量的大小

不论交付量有多大,一个批次内产品的量不宜超过 100 t。

8.5.3 最小的份样数量

见 8.4.3。

8.5.4 样品量

见 8.4.4。

8.5.5 在采样时的注意事项

由于干的粉状饲料中粉尘的一致性高,采样时应防止其爆炸。由于产品是经加工处理的,因此受微生物侵害腐败的可能性增加。在预先检查

整个批次产品时,应特别注意有无异常。如有异常,应将这部分与其他部分分开。

粉状物易于结块,有时需要添加抗结块剂。当发生结块时,应进行额外的处理或分开采样。如果产品产生较严重的分级,则应分步采样。散装或袋装中采粉样的步骤参照 8.4.5。

8.5.6 实验室样品的制备

见 8.4.6。

8.6 粗饲料的采样

8.6.1 举例

——鲜青绿饲料(苜蓿、牧草、玉米等);

——青贮青绿饲料(苜蓿、牧草、玉米等);

——干草(苜蓿、牧草等);

——秸秆;

——饲用甜菜;

——干糖蜜;

——块根、块茎(马铃薯等)。

8.6.2 批次产品量

由于产品遗传因素变化大,加上贮存方式的不同,粗饲料产品的特性变化很大,量大时更是如此。在量大的一批次粗饲料产品间,要求其均匀性是非常困难的。

8.6.3 采样时份样数的确定

通常粗饲料在贮存和搬运时为散装的,采样时的最小份样数规定见表 5。

表 5

批次的重量 m/t	份样的最小数量
≤ 5	10
>5	$\sqrt{40m}$,不超过 50

8.6.4 样品的重量见表 6。

表 6

产品种类	最小的总份样量/kg	最小的缩分样量[a]/kg	最小的实验室样品量/kg
青绿饲料、甜菜、块根、块茎、青贮粗饲料	16	4	1
干燥的粗饲料、块根、块茎	8	4	1

注:a 最小量应可供取 4 个实验室样品量。

242

8.6.5　采样程序

8.6.5.1　总则

粗饲料采样时,通常是靠手工获得每一个份样。

8.6.5.2　田间采样

对于田间生长的产品或收获后仍放置于田间的产品,其采样程序根据土质不同参见 ISO 10381.6。

8.6.5.3　堆积产品、青贮窖、青贮堆内产品的采样

进行堆积产品、青贮窖、青贮堆内产品的采样时,按8.4.3计算需采样的份样数,随机布置各份样点,但应保证产品的各层均被覆盖。青贮塔内产品的采样应注意安全,最好在搬运过程中采样。

8.6.5.4　捆状产品采样

进行捆状产品采样时,按8.4.3计算需采样的份样数,随机布置各份样点,每一捆取一个份样,应采集一个完整的截面。

8.6.5.5　流动中的产品采样

对于流动中的产品采样,参照8.4.5.2。

8.6.5.6　实验室样品的制备

在采样完成后应尽快处理,以避免样品质量发生变化或被污染。在混合总份样时应注重其可操作性,通常应将样品切成小块。总份样经过逐步分取获得重量不小于 4 kg 的缩分样。对于大块块状产品,将总份样的块数减半,随机选择其中的块构建成缩分样。除非必须,不要在缩分阶段将总份样切短。

充分将缩分样混合后分成 3 个或 4 个实验室样品放入适当的容器中,供实验室分析用。每个实验室样品重量最好相近,但不能小于 0.5 kg。置每个实验室样品于合适容器中,见2.6。

8.7　块状、砖状产品的采样

8.7.1　举例

例如矿物质的舔砖、舔块等。

8.7.2　批次产品量

该类产品一个批次量不应超过 10 t。

8.7.3　采样时份样数的确定

采样时以该类产品的单位数计算最小份样数,规定见表7。

表7

批次内含的产品单位数 n	最小的份样数(产品单位数)
≤25	4
26～100	7
>100	$\sqrt{n}$,不超过40

8.7.4　样品的重量

见表8。

表8

最小的总份样量/kg	最小的缩分样量[a]/kg	最小的实验室样品量/kg
4	2	0.5

注:a 最小量应可供取 4 个实验室样品

8.7.5　采样程序

按8.7.3计算所需的最少采样的份样数。如果舔砖、舔块较小,则整个舔砖或舔块作为一个份样。

8.7.6　实验室样品的制备

如果用整个或大部分舔砖(块)作为份样,则需打碎。

将所得到的每个份样进行充分混合后得到总份样,将总份样重复缩分获得适当的缩分样,其重量不应小于 2 kg。

充分将缩分样混合后分成 3 个或 4 个实验室样品放入适当的容器中。每个实验室样品重量最好相近,不能小于 0.5 kg。

8.8　液体产品的采样

8.8.1　产品举例

——低黏度产品:该类产品易于搅拌混合。

——高黏度产品:该类产品不易搅拌混合。

8.8.2　批次产品量

该类产品一批次通常在 60 t 或 60 000 L 以内。如果一个容器含量超过 10 t 或 10 000 L 时,这一容器内产品即为一个批次。

8.8.3　采样时份样数的确定

随机选择份样时,最小份样的数量规定如下:

(1)散装产品:见表9。

表9

批次产品量		最小份样数
重量/t	体积/L	
≤2.5	2 500	4
>2.5	2 500	7

如果不能保证产品的均匀性,则应该增加份样数以保证实验室样品的代表性。

(2)对于贮存容器体积不超过200 L的产品,采样时抽取容器的数量计算如下:

①如果容器体积不超过1 L(含1 L),参见表10。

表10

批次内含的容器数 n	最小的抽取容器数
≤16	4
>16	$\sqrt{n}$,不超过50

②如果容器体积超过1L,参见表11。

表11

批次内含的容器数 n	最小的抽取容器数
1～4	逐个
5～16	4
>16	$\sqrt{n}$,不超过50

8.8.4 样品的重量见表12。

表12

最小的总份样量		最小的缩分样量[a]		最小的实验室样品量	
kg	L	kg	L	kg	L
8	8	2	2	0.5	0.5

注:a 最小量应可供取4个实验室样品

8.8.5 采样程序

8.8.5.1 如果产品贮存于罐中,则可能不均匀

采样前需要搅动混合,用适当的器具从表面至内部采样。如果采样前不可能搅动,则在产品装罐或卸罐过程中采样。如果在产品流动过程中不能采样,则整个批次产品都取份样,以保证获得有代表性的实验室样品。

在产品特性不变的前提下,有时加热会提高样品的一致性。

8.8.5.2 桶装产品的采样

采样前需对随即选取产品进行振动、搅动等,使其混合,混合后再采样。如果采样前不能进行混合,则每个桶至少在不同的方向、两个层面取2个份样。

8.8.5.3 小容器装产品的采样

随机选择容器,混合后进行采样;如果容器很小,则每一个容器内的产品可作为一个份样。

8.8.6 实验室样品的制备

将所有份样放入适当的容器内即获得总份样,充分混合后取其中部分形成缩分样,每个缩分样不应小于2 kg或2 L。

对于不容易混合的产品,使用下列的缩分样程序:

——将总份样分成两部分,分别为A和B;

——再将A分成两部分,分别为C和D;

——对B重复上述过程,形成E和F;

——随机选择C和D,E和F中的之一;

——将两者放在一起,充分混合;

——重复该过程,直至获得2 kg～4 kg(L)的缩分样;

——尽可能充分地混合缩分样,将其分成3～4个部分(即为实验室样品),每个实验室样品不应少于0.5 kg或0.5 L。

——置每份实验室样品于适当容器内。

如果需制备的实验室样品超过4份,则缩分样的数量做适当的增加。

8.9 半液体(半固体)产品的采样

8.9.1 产品举例

例如脂肪、脂类产品、加氢油脂、皂脚等。

8.9.2 批次产品量

见8.8.2。

8.9.3 采样时份样数的确定

见8.8.3。

8.9.4 样品的重量

见8.8.4。

8.9.5　采样

8.9.5.1　总则

如有可能,产品应在液态下进行采样。

8.9.5.2　液态产品的采样

见8.8.5。

8.9.5.3　半液体(半固体)产品的采样

在产品装入或搬运过程中,使用可对角线插入罐底部的适当设备,至少在3个深度取样,有可能的情况下,取整个截面。采样后,将采样孔填补好。

如果不可能混合,也不可能在产品的流动中采样,则根据容器对角线的长度,每隔30 cm采样作为一个份样。

8.9.6　实验室样品的制备

将获得的总份样充分混合。将总份样放入可加热的容器中,采用加热或其他方法使其融化。如果加热对样品有不良影响,则使用其他方法。

缩分样和实验室样品的制备见8.8.6。

9　样品和样品容器的包装、封口和标识

9.1　样品容器的装满和封口

每个装实验室样品的容器应当由取样人员封口和盖章,不破坏封口,容器就不能打开。容器也可装入结实的信封或亚麻布、棉或塑料袋中,并进一步封口和盖章,不破坏封口,内容物就不能取出。

标签应附在内含实验室样品的容器上并封口,不破坏封口标签就不能去掉。标签应有9.2中所要求的标识项目,封口未打开前,标识项目应是可见的。

9.2　实验室样品的标识

标签应标识以下项目:

a.采样人和采样单位名称;

b.采样人和采样单位的身份标志;

c.采样的地点、日期和时间;

d.样品材料的标示(名称、等级、规格);

e.样品材料的明示成分;

f.样品材料的商品代码、批号、追踪代码或被抽检样品交付物的确认。

9.3　实验室样品的发送

每批货物,至少有一个实验室样品,与测定所需信息一起被尽快地送至认可的分析实验室,应在适当冷藏或冷冻条件下发送随时间而变化的样品。

9.4　实验室样品的贮藏

实验室样品的贮藏应防止样品成分发生变化。没有呈交实验室的实验室样品的可贮藏公认的一段时间,一般为6个月。

10　采样报告

采样后,应由采样人尽快完成报告。在报告后,应尽量附上随包装或容器的标签的复印件或交付物单子的复印件。采样报告至少应包含以下信息:

a.实验室样品标签所要求的信息(见9.2);

b.被采样人的姓名和地址;

c.制造商、进口商、分装商和(或)销售商的名称;

d.货物的多少(重量和体积)。

可能的情况下,还应包括以下内容:

a.采样目的;

b.交付给认可实验室分析的实验室样品数量;

c.采样过程中可能出现的任何偏差的详情;

d.其他的相关事宜。

附录 A
（资料性附录）

含有霉菌毒素、蓖麻油和毒种子等非均匀分布的有毒有害物质的饲料的采样。

A.1 总份样量

A.1.1 总则。当需要分析非均匀分布的有毒有害物质时，应从一批次产品中抽取不同的总份样，并由此获得不同的实验室样品。每一批次产品应抽取的最小总份样见 A.1.2 和 A.1.3。

A.1.2 对于袋装或其他容器装的产品见表 A.1。

表 A.1

批次产品内袋（容器）的数量	最小总份样份数
1～16	1
17～200	2
201～800	3
＞800	4

A.1.3 对于散装产品见表 A.2

表 A.2

批次产品质量 m/t	最小总份样份数
＜1	1
1～10	2
10～40	3
＞40	4

A.2 应取的份样量

A.2.1 份样的设置见本标准的第 8 章，用该数除以 A.1.1 中规定的总份样数。

A.2.2 按 A.1.1 中规定的总份样数，将批次内产品分成若干等份。

A.2.3 从 A.2.2 划分的某份产品中，按 A.2.1 规定的份样数随即取样。

A.2.4 将每份内的份样样品混在一起形成总份样。注意不要将不同份内的份样混在一起。

附录二 中国饲料成分及营养价值表(2021 年第 32 版)

TABLES OF FEED COMPOSITION AND NUTRITIVE VALUES IN CHINA(2021 THIRTY-SECOND EDITION)CHINESE FEED DATABASE

表 1 饲料描述及常规成分 * Feed description and proximate composition

序号	中国饲料号 CFN	饲料名称 Feed Name	饲料描述 Description	干物质 DM/%	粗蛋白质 CP/%	粗脂肪 EE/%	粗纤维 CF/%	无氮浸出物 NFE/%	粗灰分 Ash/%	中性洗涤纤维 NDF/%	酸性洗涤纤维 ADF/%	淀粉 Starch/%	钙 Ca/%	总磷 P/%	有效磷 A-P/%
1	4-07-0278	玉米 corn grain	成熟、高蛋白、优质	88.0	9.0	3.5	2.8	71.5	1.2	9.1	3.3	61.7	0.01	0.31	0.09
2	4-07-0288	玉米 corn grain	成熟、高赖氨酸、优质	86.0	8.5	5.3	2.6	68.3	1.3	9.4	3.5	59.0	0.16	0.25	0.05
3	4-07-0279	玉米 corn grain	成熟 GB 1353—2018 1 级	86.0	8.7	3.6	1.6	70.7	1.4	9.3	2.7	65.4	0.02	0.27	0.05
4	4-07-0280	玉米 corn grain	成熟 GB 1353—2018 2 级	86.0	8.0	3.6	2.3	71.8	1.2	9.9	3.1	63.5	0.02	0.27	0.05
5	4-07-0272	高粱 sorghum grain	成熟 GB 8231—87	88.0	8.7	3.4	1.4	70.7	1.8	17.4	8.0	68.0	0.13	0.36	0.09
6	4-07-0270	小麦 wheat grain	混合小麦, 成熟 GB 1351—2008 2 级	88.0	13.4	1.7	1.9	69.1	1.9	13.3	3.9	54.6	0.17	0.41	0.21
7	4-07-0274	大麦(裸)naked barley grain	裸大麦, 成熟 GB/T 11760—2008 2 级	87.0	13.0	2.1	2.0	67.7	2.2	10.0	2.2	50.2	0.04	0.39	0.12
8	4-07-0277	大麦(皮)barley grain	皮大麦, 成熟 GB 10367—89 1 级	87.0	11.0	1.7	4.8	67.1	2.4	18.4	6.8	52.2	0.09	0.33	0.10
9	4-07-0281	黑麦 rye	籽粒,进口	88.0	9.5	1.5	2.2	73.0	1.8	12.3	4.6	56.5	0.05	0.30	0.14
10	4-07-0273	稻谷 paddy	成熟,晒干 NY/T 2 级	86.0	7.8	1.6	8.2	63.8	4.6	27.4	13.7	63.0	0.03	0.36	0.15
11	4-07-0276	糙米 rough rice	除去外壳的大米 GB/T 18810—2002 1 级	87.0	8.8	2.0	0.7	74.2	1.3	1.6	0.8	47.8	0.03	0.35	0.13
12	4-07-0275	碎米 broken rice	加工精米后的副产品 GB/T 5503—2009 1 级	88.0	10.4	2.2	1.1	72.7	1.6	0.8	0.6	51.6	0.06	0.35	0.12
13	4-07-0479	粟(谷子)millet grain	合格,带壳,成熟	86.5	9.7	2.3	6.8	65.0	2.7	15.2	13.3	63.2	0.12	0.30	0.09
14	4-04-0067	木薯干 cassava tuber flake	木薯干片,晒干 GB 10369—89 合格	87.0	2.5	0.7	2.5	79.4	1.9	8.4	6.4	71.6	0.27	0.09	0.03

续表1

序号	中国饲料号 CFN	饲料名称 Feed Name	饲料描述 Description	干物质 DM/%	粗蛋白质 CP/%	粗脂肪 EE/%	粗纤维 CF/%	无氮浸出物 NFE/%	粗灰分 Ash/%	中性洗涤纤维 NDF/%	酸性洗涤纤维 ADF/%	淀粉 Starch/%	钙 Ca/%	总磷 P/%	有效磷 A-P/%
15	4-04-0068	甘薯干 sweet potato tuber flake	甘薯干片,晒干 NY/T 121—1989 合格	87.0	4.0	0.8	2.8	76.4	3.0	8.1	4.1	64.5	0.19	0.02	—
16	4-08-0104	次粉 wheat middling and red dog	黑面、黄粉、下面 NY/T 211—1992 1级	88.0	15.4	2.2	1.5	67.1	1.5	18.7	4.3	37.8	0.08	0.48	0.17
17	4-08-0105	次粉 wheat middling and red dog	黑面、黄粉、下面 NY/T 211—1992 2级	87.0	13.6	2.1	2.8	66.7	1.8	31.9	10.5	36.7	0.08	0.48	0.17
18	4-08-0069	小麦麸 wheat bran	传统制粉工艺 GB 10368—1989 1级	87.0	15.7	3.9	6.5	56.0	4.9	37.0	13.0	22.6	0.11	0.92	0.32
19	4-08-0070	小麦麸 wheat bran	传统制粉工艺 GB 10368—1989 2级	87.0	14.3	4.0	6.8	57.1	4.8	41.3	11.9	19.8	0.10	0.93	0.33
20	4-08-0041	米糠 rice bran	新鲜,不脱脂 NY/T 2级	90.0	14.5	15.5	6.8	45.6	7.6	20.3	11.6	27.4	0.05	2.37	0.35
21	4-10-0025	米糠饼 rice bran meal (exp.)	未脱脂,机榨 NY/T 1级	90.0	15.0	9.2	7.6	49.3	8.9	28.3	11.9	30.9	0.14	1.73	0.25
22	4-10-0018	米糠粕 rice bran meal (sol.)	浸提或预压浸提 NY/T 1级	87.0	15.1	2.0	7.5	53.6	8.8	23.3	10.9	25.0	0.15	1.82	0.25
23	5-09-0127	大豆 soybean	黄大豆,成熟 GB 1352—86 2级	87.0	35.5	17.3	4.3	25.7	4.2	7.9	7.3	2.6	0.27	0.48	0.12
24	5-09-0128	全脂大豆 full-fat soybean	微粒化 GB/T 20411—2006	88.0	35.5	18.7	4.6	25.2	4.0	11.0	6.4	6.7	0.32	0.40	0.10
25	5-10-0241	大豆饼 soybean meal (exp.)	机榨 GB 10379—1989 2级	89.0	41.8	5.8	4.8	30.7	5.9	18.1	15.5	3.6	0.31	0.50	0.13
26	5-10-0103	去皮大豆粕 soybean meal (sol.)	去皮,浸提或预压浸提 NY/T 1级	89.0	47.9	1.5	3.3	29.7	4.9	8.8	5.3	1.8	0.34	0.65	0.24
27	5-10-0102	大豆粕 soybean meal (sol.)	浸提或预压浸提 GB/T 19541—2017	89.0	44.2	1.9	5.9	28.3	6.1	13.6	9.6	3.5	0.33	0.62	0.16
28	5-10-0118	棉籽饼 cottonseed meal (exp.)	机榨 NY/T 129—1989 2级	88.0	36.3	7.4	12.5	26.1	5.7	32.1	22.9	3.0	0.21	0.83	0.21

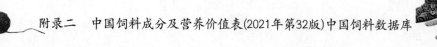

续表1

序号	中国饲料号 CFN	饲料名称 Feed Name	饲料描述 Description	干物质 DM/%	粗蛋白质 CP/%	粗脂肪 EE/%	粗纤维 CF/%	无氮浸出物 NFE/%	粗灰分 Ash/%	中性洗涤纤维 NDF/%	酸性洗涤纤维 ADF/%	淀粉 Starch/%	钙 Ca/%	总磷 P/%	有效磷 A-P/%
29	5-10-0119	棉籽粕 cottonseed meal (sol.)	浸提 GB 21264—2007 1级	90.0	47.0	0.5	10.2	26.3	6.0	22.5	15.3	1.5	0.25	1.10	0.28
30	5-10-0117	棉籽粕 cottonseed meal (sol.)	浸提 GB 21264—2007 2级	90.0	43.5	0.5	10.5	28.9	6.6	28.4	19.4	1.8	0.28	1.04	0.26
31	5-10-0220	棉籽蛋白 cottonseed protein	脱酚·低温一次浸出,分步萃取	92.0	51.1	1.0	6.9	27.3	5.7	20.0	13.7	0.9	0.29	0.89	0.22
32	5-10-0183	菜籽饼 rapeseed meal (exp.)	机榨 NY/T 1799—2009 2级	88.0	35.7	7.4	11.4	26.3	7.2	33.3	26.0	3.8	0.59	0.96	0.20
33	5-10-0121	菜籽粕 rapeseed meal (sol.)	浸提 GB/T 23736—2009 2级	88.0	38.6	1.4	11.8	28.9	7.3	20.7	16.8	6.1	0.65	1.02	0.25
34	5-10-0116	花生仁饼 peanut meal (exp.)	机榨 NY/T 2级	88.0	44.7	7.2	5.9	25.1	5.1	14.0	8.7	6.6	0.25	0.53	0.16
35	5-10-0115	花生仁粕 peanut meal (sol.)	浸提 NY/T 133—1989 2级	88.0	47.8	1.4	6.2	27.2	5.4	15.5	11.7	6.7	0.27	0.56	0.17
36	1-10-0031	向日葵仁饼 sunflower meal(exp.)	壳仁比 35:65 NY/T 3级	88.0	29.0	2.9	20.4	31.0	4.7	41.4	29.6	2.0	0.24	0.87	0.22
37	5-10-0242	向日葵仁粕 sunflower meal(sol.)	壳仁比 16:84 NY/T 2级	88.0	36.5	1.0	10.5	34.4	5.6	14.9	13.6	6.2	0.27	1.13	0.29
38	5-10-0243	向日葵仁粕 sunflower meal(sol.)	壳仁比 24:76 NY/T 2级	88.0	33.6	1.0	14.8	38.8	5.3	32.8	23.5	4.4	0.26	1.03	0.26
39	5-10-0119	亚麻仁饼 linseed meal (exp.)	机榨 NY/T 2级	88.0	32.2	7.8	7.8	34.0	6.2	29.7	27.1	11.4	0.39	0.88	0.22
40	5-10-0120	亚麻仁粕 linseed meal (sol.)	浸提或预压浸提 NY/T 2级	88.0	34.8	1.8	8.2	36.6	6.6	21.6	14.4	13.0	0.42	0.95	0.24
41	5-10-0246	芝麻饼 sesame meal(exp.)	机榨,CP40%	92.0	39.2	10.3	7.2	24.9	10.4	18.0	13.2	1.8	2.24	1.19	0.31

续表1

序号	中国饲料号 CFN	饲料名称 Feed Name	饲料描述 Description	干物质 DM/%	粗蛋白质 CP/%	粗脂肪 EE/%	粗纤维 CF/%	无氮浸出物 NFE/%	粗灰分 Ash/%	中性洗涤纤维 NDF/%	酸性洗涤纤维 ADF/%	淀粉 Starch/%	钙 Ca/%	总磷 P/%	有效磷 A-P/%
42	5-11-0001	玉米蛋白粉 corn gluten meal	去胚芽、淀粉后的面筋部分 CP60% NY/T 685—2003 1级	90.1	63.5	5.4	1.0	19.2	1.0	8.7	4.6	17.2	0.07	0.44	0.16
43	5-11-0002	玉米蛋白粉 corn gluten meal	同上、中等蛋白质产品，CP50% NY/T 685—2003 2级	88.0	56.3	4.7	1.3	23.4	2.3	8.2	5.1	16.1	0.04	0.44	0.15
44	5-11-0008	玉米蛋白粉 corn gluten meal	同上、中等蛋白质产品，CP40% NY/T 685—2003 3级	89.9	44.3	6.0	1.6	37.1	0.9	29.1	8.2	20.6	0.12	0.50	0.31
45	5-11-0003	玉米蛋白饲料 corn gluten feed	玉米去胚芽、淀粉后的含皮残渣	88.0	18.3	7.5	7.8	47.0	5.4	33.6	10.5	21.5	0.15	0.70	0.17
46	4-10-0026	玉米胚芽饼 corn germ meal(exp.)	玉米湿磨后的胚芽，机榨	90.0	16.7	9.6	6.3	50.8	6.6	28.5	7.4	13.5	0.04	0.50	0.15
47	4-10-0244	玉米胚芽粕 corn germ meal(sol.)	玉米湿磨后的胚芽，浸提	90.0	20.8	2.0	6.5	54.8	5.9	38.2	10.7	14.2	0.06	0.50	0.15
48	5-11-0007	DDGS(distiller dried grains with solubles)	玉米酒精糟及可溶物，脱水	89.2	27.5	10.1	6.6	39.9	5.1	38.3	12.5	4.2	0.06	0.71	0.48
49	5-11-0009	蚕豆浆蛋白粉 broad bean gluten meal	蚕豆去皮制粉丝后的浆液、脱水	88.0	66.3	4.7	4.1	10.3	2.6	13.7	9.7	—		0.59	0.18
50	5-11-0004	麦芽根 barley malt sprouts	大麦芽副产品，干燥	89.7	28.3	1.4	12.5	41.4	6.1	40.0	15.1	7.2	0.22	0.73	0.18
51	5-13-0044	鱼粉(CP67%) fish meal	进口 GB/T 19164—2003，特级	92.4	67.0	8.4	0.2	0.4	16.4				4.56	2.88	2.88
52	5-13-0046	鱼粉(CP60.2%) fish meal	沿海产的海鱼粉、脱脂，12样平均值	90.0	60.2	4.9	0.5	11.6	12.8				4.04	2.90	2.90
53	5-13-0077	鱼粉(CP53.5%) fish meal	沿海产的海鱼粉、脱脂，11样平均值	90.0	53.5	10.0	0.8	4.9	20.8				5.88	3.20	3.20
54	5-13-0036	血粉 blood meal	鲜猪血 喷雾干燥，国产	88.0	82.8	0.4	1.6	1.6	3.2				0.29	0.31	0.29
55	5-13-0037	羽毛粉 feather meal	纯净羽毛，水解，国产	88.0	77.9	2.2	0.7	1.4	5.8				0.20	0.68	0.61
56	5-13-0038	皮革粉 leather meal	废牛皮，水解，国产	88.0	74.7	0.8	1.6		10.9				4.40	0.15	0.13

续表1

序号	中国饲料号 CFN	饲料名称 Feed Name	饲料描述 Description	干物质 DM/%	粗蛋白质 CP/%	粗脂肪 EE/%	粗纤维 CF/%	无氮浸出物 NFE/%	粗灰分 Ash/%	中性洗涤纤维 NDF/%	酸性洗涤纤维 ADF/%	淀粉 Starch/%	钙 Ca/%	总磷 P/%	有效磷 A-P/%
57	5-13-0047	肉骨粉 meat and bone meal	屠宰下脚，带骨干燥粉碎	93.0	50.0	8.5	2.8		31.7				9.20	4.70	4.37
58	5-13-0048	肉粉 meat meal	脱脂，国产	94.0	54.0	12.0	1.4	4.3	22.3				7.69	3.88	3.61
59	1-05-0074	苜蓿草粉（CP19%）alfalfa meal	一茬盛花期烘干 NY/T 140—2002 1级	87.0	19.1	2.3	22.7	35.3	7.6	36.7	25.0	6.1	1.40	0.51	0.51
60	1-05-0075	苜蓿草粉（CP17%）alfalfa meal	一茬盛花期烘干 NY/T 140—2002 2级	87.0	17.2	2.6	25.6	33.3	8.3	39.0	28.6	3.4	1.52	0.22	0.22
61	1-05-0076	苜蓿草粉（CP14%~15%）alfalfa meal	NY/T 140—2002 3级	87.0	14.3	2.1	29.8	33.8	10.1	36.8	29.0	3.5	1.34	0.19	0.19
62	5-11-0005	啤酒糟 brewers dried grain	大麦酿造副产品	88.0	24.3	5.3	13.4	40.8	4.2	39.4	24.6	11.5	0.32	0.42	0.14
63	7-15-0001	啤酒酵母 brewers dried yeast	啤酒酵母菌粉 QB/T1940—94	91.7	52.4	0.4	0.6	33.6	4.7	6.1	1.8	1.0	0.16	1.02	0.46
64	4-13-0075	乳清粉 whey,dehydrated	乳清，脱水，乳糖含量73%	97.2	11.5	0.8	0.1	76.8	8.0				0.62	0.69	0.52
65	5-01-0162	酪蛋白 casein	脱水，来源干牛奶	91.7	89.0	0.2		0.4	2.1				0.20	0.68	0.67
66	5-14-0503	明胶 gelatin	食用	90.0	88.6	0.5		0.59	0.31				0.49		
67	4-06-0076	牛奶乳糖 milk lactose	进口，含乳糖80%以上	96.0	3.5	0.5		82.0	10.0				0.52	0.62	0.62
68	4-06-0077	乳糖 lactose	食用	96.0	0.3			95.7							
69	4-06-0078	葡萄糖 glucose	食用	90.0	0.3			89.7							
70	4-06-0079	蔗糖 sucrose	食用	99.0				98.5	0.5				0.04		
71	4-02-0889	玉米淀粉 corn starch	食用	99.0	0.3	0.2		98.5	0.5			98.0		0.03	0.01
72	4-17-0001	牛脂 beef tallow		99.0		98.0*		0.5	0.5						
73	4-17-0002	猪油 lard		99.0		98.0*		0.5	0.5						
74	4-17-0003	家禽脂肪 poultry fat		99.0		98.0*		0.5	0.5						
75	4-17-0004	鱼油 fish oil		99.0		98.0*		0.5	0.5						

续表 1

序号	中国饲料号 CFN	饲料名称 Feed Name	饲料描述 Description	干物质 DM/%	粗蛋白质 CP/%	粗脂肪 EE/%	粗纤维 CF/%	无氮浸出物 NFE/%	粗灰分 Ash/%	中性洗涤纤维 NDF/%	酸性洗涤纤维 ADF/%	淀粉 Starch/%	钙 Ca/%	总磷 P/%	有效磷 A-P/%
76	4-17-0005	菜籽油 rapeseed oil		99.0		98.0*		0.5	0.5						
77	4-17-0006	椰子油 coconut oil		99.0		98.0*		0.5	0.5						
78	4-07-0007	玉米油 corn oil		99.0		98.0*		0.5	0.5						
79	4-17-0008	棉籽油 cottonseed oil		99.0		98.0*		0.5	0.5						
80	4-17-0009	棕榈油 palm oil		99.0		98.0*		0.5	0.5						
81	4-17-0010	花生油 peanuts oil		99.0		98.0*		0.5	0.5						
82	4-17-0011	芝麻油 sesame oil		99.0		98.0*		0.5	0.5						
83	4-17-0012	大豆油 soybean oil	粗制	99.0		98.0*		0.5	0.5						
84	4-17-0013	葵花油 sunflower oil		99.0		98.0*		0.5	0.5						

① * 代表典型值（下同）；② " * "空的数据项代表为"0"（下同）；③ 从表 1～表 12 所示所有数据，无特别说明者，均表示为饲喂状态的含量数据。

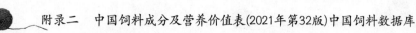

表 2 饲料中有效能值 * Effective energy

序号	中国饲料号 CFN	饲料名称 Feed Name	干物质 DM/%	粗蛋白质 CP/%	猪消化能 DE Mcal/kg	DE MJ/kg	猪代谢能 ME Mcal/kg	ME MJ/kg	猪净能 NE Mcal/kg	NE MJ/kg	鸡代谢能 AME Mcal/kg	AME MJ/kg	肉牛维持净能 NEm Mcal/kg	NEm MJ/kg	肉牛增重净能 NEg Mcal/kg	NEg MJ/kg	奶牛产奶净能 NEl Mcal/kg	NEl MJ/kg	羊消化能 DE Mcal/kg	DE MJ/kg
1	4-07-0278	玉米	86.0	9.4	3.44	14.39	3.24	13.57	2.66	11.14	3.18	13.31	2.20	9.19	1.68	7.02	1.83	7.66	3.40	14.23
2	4-07-0288	玉米	86.0	8.5	3.45	14.43	3.25	13.60	2.67	11.17	3.25	13.60	2.24	9.39	1.72	7.21	1.84	7.70	3.41	14.27
3	4-07-0279	玉米	86.0	8.7	3.41	14.27	3.21	13.43	2.64	11.04	3.24	13.56	2.21	9.25	1.69	7.09	1.84	7.70	3.41	14.27
4	4-07-0280	玉米	86.0	8.0	3.42	14.33	3.34	13.98	2.66	11.14	3.22	13.47	2.19	9.16	1.67	7.00	1.83	7.66	3.38	14.14
5	4-07-0272	高粱	86.0	9.0	3.15	13.18	2.97	12.43	2.44	10.20	2.94	12.30	1.86	7.80	1.30	5.44	1.59	6.65	3.12	13.05
6	4-07-0270	小麦	88.0	13.4	3.39	14.18	3.16	13.22	2.54	10.64	3.04	12.72	2.09	8.73	1.55	6.46	1.75	7.32	3.40	14.23
7	4-07-0274	大麦(裸)	87.0	13.0	3.24	13.56	3.03	12.68	2.43	10.17	2.68	11.21	1.99	8.31	1.43	5.99	1.68	7.03	3.21	13.43
8	4-07-0277	大麦(皮)	87.0	11.0	3.02	12.64	2.83	11.84	2.27	9.48	2.70	11.30	1.90	7.95	1.35	5.64	1.62	6.78	3.16	13.22
9	4-07-0281	黑麦	88.0	11.0	3.31	13.85	3.10	12.97	2.50	10.46	2.69	11.25	1.98	8.27	1.42	5.95	1.68	7.03	3.39	14.18
10	4-07-0273	稻谷	86.0	7.8	2.69	11.25	2.54	10.63	1.91	7.99	2.63	11.00	1.80	7.54	1.28	5.33	1.53	6.40	3.02	12.64
11	4-07-0276	糙米	87.0	8.8	3.44	14.39	3.24	13.57	2.68	11.21	3.36	14.06	2.22	9.28	1.71	7.16	1.84	7.70	3.41	14.27
12	4-07-0275	碎米	88.0	10.4	3.60	15.06	3.38	14.14	2.64	11.05	3.40	14.23	2.40	10.05	1.92	8.03	1.97	8.24	3.43	14.35
13	4-07-0479	粟(谷子)	86.5	9.7	3.09	12.93	2.91	12.18	2.32	9.71	2.84	11.88	1.97	8.25	1.43	6.00	1.67	6.99	3.00	12.55
14	4-04-0067	木薯干	87.0	2.5	3.13	13.10	2.97	12.43	2.51	10.50	2.96	12.38	1.67	6.99	1.12	4.70	1.43	5.98	2.99	12.51
15	4-04-0068	甘薯干	87.0	4.0	2.82	11.80	2.68	11.21	2.26	9.46	2.34	9.79	1.85	7.76	1.33	5.57	1.57	6.57	3.27	13.68
16	4-08-0104	次粉	88.0	15.4	3.27	13.68	3.04	12.72	2.27	9.50	3.05	12.76	2.41	10.10	1.92	8.02	1.99	8.32	3.32	13.89
17	4-08-0105	次粉	87.0	13.6	3.21	13.43	2.99	12.51	2.23	9.33	2.99	12.51	2.37	9.92	1.88	7.87	1.95	8.16	3.25	13.60
18	4-08-0069	小麦麸	87.0	15.7	2.24	9.37	2.08	8.70	1.52	6.36	1.36	5.69	1.67	7.01	1.09	4.55	1.46	6.11	2.91	12.18
19	4-08-0070	小麦麸	87.0	14.3	2.23	9.33	2.07	8.66	1.52	6.36	1.35	5.65	1.66	6.95	1.07	4.50	1.45	6.08	2.89	12.10
20	4-08-0041	米糠	87.0	12.8	3.02	12.64	2.82	11.80	2.22	9.29	2.68	11.21	2.05	8.58	1.40	5.85	1.78	7.45	3.29	13.77
21	4-10-0025	米糠饼	88.0	14.7	2.99	12.51	2.78	11.63	2.12	8.87	2.43	10.17	1.72	7.20	1.11	4.65	1.50	6.28	2.85	11.92

续表2

序号	中国饲料号 CFN	饲料名称 Feed Name	干物质 DM/%	粗蛋白质 CP/%	猪消化能 DE Mcal/kg	猪消化能 DE MJ/kg	猪代谢能 ME Mcal/kg	猪代谢能 ME MJ/kg	猪净能 NE Mcal/kg	猪净能 NE MJ/kg	鸡代谢能 AME Mcal/kg	鸡代谢能 AME MJ/kg	肉牛维持净能 NEm Mcal/kg	肉牛维持净能 NEm MJ/kg	肉牛增重净能 NEg Mcal/kg	肉牛增重净能 NEg MJ/kg	奶牛产奶净能 NEl Mcal/kg	奶牛产奶净能 NEl MJ/kg	羊消化能 DE Mcal/kg	羊消化能 DE MJ/kg
22	4-10-0018	米糠粕	87.0	15.1	2.76	11.55	2.57	10.75	1.96	8.20	1.98	8.28	1.45	6.06	0.90	3.75	1.26	5.27	2.39	10.00
23	5-09-0127	大豆	87.0	35.5	3.97	16.61	3.53	14.77	2.72	11.38	3.24	13.56	2.16	9.03	1.42	5.93	1.90	7.95	3.91	16.36
24	5-09-0128	全脂大豆	88.0	35.5	4.24	17.74	3.77	15.77	2.76	11.55	3.48	14.55	2.20	9.19	1.44	6.01	1.94	8.12	3.99	16.99
25	5-10-0241	大豆饼	89.0	41.8	3.44	14.39	3.01	12.59	2.01	8.41	2.52	10.54	2.02	8.44	1.36	5.67	1.75	7.32	3.37	14.10
26	5-10-0103	去皮大豆粕	89.0	47.9	3.60	15.06	3.11	13.01	2.09	8.74	2.53	10.58	2.07	8.68	1.45	6.06	1.78	7.45	3.42	14.31
27	5-10-0102	大豆粕	89.0	44.2	3.37	14.26	2.97	12.43	2.02	8.45	2.39	10.00	2.08	8.71	1.48	6.20	1.78	7.45	3.41	14.27
28	5-10-0118	棉籽饼	88.0	36.3	2.37	9.92	2.10	8.79	1.33	5.56	2.16	9.04	1.79	7.51	1.13	4.72	1.58	6.61	3.16	13.22
29	5-10-0119	棉籽粕	90.0	47.0	2.25	9.41	1.95	8.28	1.37	5.73	1.86	7.78	1.78	7.44	1.13	4.73	1.56	6.53	3.12	13.05
30	5-10-0117	棉籽粕	90.0	43.5	2.31	9.68	2.01	8.43	1.41	5.90	2.03	8.49	1.76	7.35	1.12	4.69	1.54	6.44	2.98	12.47
31	5-10-0220	棉籽蛋白	92.0	51.1	2.45	10.25	2.13	8.91	1.49	6.23	2.16	9.04	1.87	7.82	1.20	5.02	1.82	7.61	3.16	13.22
32	5-10-0183	菜籽饼	88.0	35.7	2.88	12.05	2.56	10.71	1.78	7.45	1.95	8.16	1.59	6.64	0.93	3.90	1.42	5.94	3.14	13.14
33	5-10-0121	菜籽粕	88.0	38.6	2.53	10.59	2.23	9.33	1.47	6.15	1.77	7.41	1.57	6.56	0.95	3.98	1.39	5.82	2.88	12.05
34	5-10-0116	花生仁饼	88.0	44.7	3.08	12.89	2.68	11.21	1.88	7.87	2.78	11.63	2.37	9.91	1.73	7.22	2.02	8.45	3.44	14.39
35	5-10-0115	花生仁粕	88.0	47.8	2.97	12.43	2.56	10.71	1.67	6.99	2.60	10.88	2.10	8.80	1.48	6.20	1.80	7.53	3.24	13.56
36	5-10-0031	向日葵仁饼	88.0	29.0	1.89	7.91	1.70	7.11	1.00	4.18	1.59	6.65	1.43	5.99	0.82	3.41	1.28	5.36	2.10	8.79
37	5-10-0242	向日葵仁粕	88.0	36.5	2.78	11.63	2.46	10.29	1.33	5.56	2.32	9.71	1.75	7.33	1.14	4.76	1.53	6.40	2.54	10.63
38	5-10-0243	向日葵仁粕	88.0	33.6	2.49	10.42	2.22	9.29	1.19	4.98	2.03	8.49	1.58	6.60	0.93	3.90	1.41	5.90	2.04	8.54
39	5-10-0119	亚麻仁饼	88.0	32.2	2.90	12.13	2.60	10.88	1.74	7.28	2.34	9.79	1.90	7.96	1.25	5.23	1.66	6.95	3.20	13.39
40	5-10-0120	亚麻仁粕	88.0	34.8	2.37	9.92	2.11	8.83	1.40	5.86	1.90	7.95	1.78	7.44	1.17	4.89	1.54	6.44	2.99	12.51
41	5-10-0246	芝麻饼	92.0	39.2	3.20	13.39	2.82	11.80	1.89	7.91	2.14	8.95	1.92	8.02	1.23	5.13	1.69	7.07	3.51	14.69
42	5-11-0001	玉米蛋白粉	90.1	63.5	3.60	15.06	3.00	12.55	2.16	9.04	3.88	16.23	2.32	9.71	1.58	6.61	2.02	8.45	4.39	18.37

续表2

序号	中国饲料号CFN	饲料名称 Feed Name	干物质 DM/%	粗蛋白质 CP/%	猪消化能 DE Mcal/kg	猪消化能 DE MJ/kg	猪代谢能 ME Mcal/kg	猪代谢能 ME MJ/kg	猪净能 NE Mcal/kg	猪净能 NE MJ/kg	鸡代谢能 AME Mcal/kg	鸡代谢能 AME MJ/kg	肉牛维持净能 NEm Mcal/kg	肉牛维持净能 NEm MJ/kg	肉牛增重净能 NEg Mcal/kg	肉牛增重净能 NEg MJ/kg	奶牛产奶净能 NEl Mcal/kg	奶牛产奶净能 NEl MJ/kg	羊消化能 DE Mcal/kg	羊消化能 DE MJ/kg
43	5-11-0002	玉米蛋白粉	88.0	56.3	3.73	15.61	3.19	13.35	2.24	9.37	3.41	14.27	2.14	8.96	1.40	5.85	1.89	7.91	3.56	14.90
44	5-11-0008	玉米蛋白粉	89.9	44.3	3.59	15.02	3.13	13.10	2.15	9.00	3.18	13.31	1.93	8.08	1.26	5.26	1.74	7.28	3.28	13.73
45	5-11-0003	玉米蛋白饲料	88.0	19.3	2.48	10.38	2.28	9.54	1.69	7.07	2.02	8.45	2.00	8.36	1.36	5.69	1.70	7.11	3.20	13.39
46	4-10-0026	玉米胚芽饼	90.0	16.7	3.51	14.69	3.25	13.60	2.21	9.25	2.24	9.37	2.06	8.62	1.40	5.86	1.75	7.32	3.29	13.77
47	4-10-0244	玉米胚芽粕	90.0	20.8	3.28	13.72	3.01	12.59	2.07	8.66	2.07	8.66	1.87	7.83	1.27	5.33	1.60	6.69	3.01	12.60
48	5-11-0007	玉米DDGS	89.2	27.5	3.43	14.35	3.10	12.97	2.25	9.41	2.20	9.20	1.86	7.78	1.57	6.58	2.14	8.97	3.50	14.64
49	5-11-0009	蚕豆粉浆蛋白粉	88.0	66.3	3.23	13.51	2.69	11.25	1.87	7.82	3.47	14.52	2.16	9.03	1.47	6.16	1.92	8.03	3.61	15.11
50	5-11-0004	麦芽根	89.7	28.3	2.31	9.67	2.09	8.74	1.25	5.23	1.41	5.90	1.60	6.69	1.02	4.29	1.43	5.98	2.73	11.42
51	5-13-0044	鱼粉(CP67%)	92.4	67.0	3.22	13.47	2.67	11.16	1.93	8.08	3.10	12.97	1.72	7.20	1.10	4.60	2.33	9.75	3.09	12.93
52	5-13-0046	鱼粉(CP60.2%)	90.0	60.2	3.00	12.55	2.52	10.54	1.80	7.53	2.82	11.80	1.86	7.77	1.19	4.98	1.63	6.82	3.07	12.85
53	5-13-0077	鱼粉(CP53.5%)	90.0	53.5	3.09	12.93	2.63	11.00	1.85	7.74	2.90	12.13	1.85	7.72	1.21	5.05	1.61	6.74	3.14	13.14
54	5-13-0036	血粉	88.0	82.8	2.73	11.42	2.16	9.04	1.42	5.94	2.46	10.29	1.45	6.08	0.75	3.13	1.34	5.61	2.40	10.04
55	5-13-0037	羽毛粉	88.0	77.9	2.77	11.59	2.22	9.29	1.43	5.98	2.73	11.42	1.46	6.10	0.76	3.19	1.34	5.61	2.54	10.63
56	5-13-0038	皮革粉	88.0	74.7	2.75	11.51	2.23	9.33	1.32	5.52	1.48	6.19	0.67	2.81	0.37	1.55	0.74	3.10	2.64	11.05
57	5-13-0047	肉骨粉	93.0	50.0	2.83	11.84	2.43	10.17	1.61	6.74	2.38	9.96	1.65	6.91	1.08	4.53	1.43	5.98	2.77	11.59
58	5-13-0048	肉粉	94.0	54.0	2.70	11.30	2.30	9.62	1.54	6.44	2.20	9.20	1.66	6.95	1.05	4.39	1.34	5.61	2.52	10.55
59	1-05-0074	苜蓿草粉(CP19%)	87.0	19.1	1.66	6.95	1.53	6.40	0.81	3.39	0.97	4.06	1.29	5.40	0.73	3.04	1.15	4.81	2.36	9.87
60	1-05-0075	苜蓿草粉(CP17%)	87.0	17.2	1.46	6.11	1.35	5.65	0.70	2.93	0.87	3.64	1.29	5.38	0.73	3.05	1.14	4.77	2.29	9.58
61	1-05-0076	苜蓿草粉(CP14%~15%)	87.0	14.3	1.49	6.23	1.39	5.82	0.69	2.89	0.84	3.51	1.11	4.66	0.57	2.40	1.00	4.18	1.87	7.83
62	5-11-0005	啤酒糟	88.0	24.3	2.25	9.41	2.05	8.58	1.24	5.19	2.37	9.92	1.56	6.55	0.93	3.90	1.39	5.82	2.58	10.80
63	7-15-0001	啤酒酵母	91.7	52.4	3.54	14.81	3.02	12.64	1.95	8.16	2.52	10.54	1.90	7.93	1.22	5.10	1.67	6.99	3.21	13.43

续表2

序号	中国饲料号 CFN	饲料名称 Feed Name	干物质 DM/%	粗蛋白质 CP/%	猪消化能 DE Mcal/kg	猪消化能 DE MJ/kg	猪代谢能 ME Mcal/kg	猪代谢能 ME MJ/kg	猪净能 NE Mcal/kg	猪净能 NE MJ/kg	鸡代谢能 AME Mcal/kg	鸡代谢能 AME MJ/kg	肉牛维持净能 NEm Mcal/kg	肉牛维持净能 NEm MJ/kg	肉牛增重净能 NEg Mcal/kg	肉牛增重净能 NEg MJ/kg	奶牛产奶净能 NEl Mcal/kg	奶牛产奶净能 NEl MJ/kg	羊消化能 DE Mcal/kg	羊消化能 DE MJ/kg
64	4-13-0075	乳清粉	91.7	11.5	3.49	14.60	3.42	14.31	2.70	11.29	2.73	11.42	2.05	8.56	1.53	6.39	1.72	7.20	3.43	14.35
65	5-01-0162	酪蛋白	97.2	88.9	4.13	17.28	3.53	14.77	2.09	8.74	4.13	17.28	3.14	13.14	2.36	9.88	2.31	9.67	4.28	17.90
66	5-14-0503	明胶	90.0	88.6	2.80	11.72	2.19	9.16	1.43	5.98	2.36	9.87	1.80	7.53	1.36	5.70	1.56	6.53	3.36	14.06
67	4-06-0076	牛奶乳糖	96.0	3.5	3.37	14.10	3.21	13.43	2.79	11.67	2.69	11.25	2.32	9.72	1.85	7.76	1.91	7.99	3.48	14.56
68	4-06-0077	乳糖	96.0	0.3	3.53	14.77	3.39	14.18	2.93	12.26	2.70	11.30	2.31	9.67	1.84	7.70	2.06	8.62	3.92	16.41
69	4-06-0078	葡萄糖	90.0	0.3	3.36	14.06	3.22	13.47	2.79	11.67	3.08	12.89	2.66	11.13	2.13	8.92	1.76	7.36	3.28	13.73
70	4-06-0079	蔗糖	99.0		3.80	15.90	3.65	15.27	3.15	13.18	3.90	16.32	3.37	14.10	2.69	11.26	2.06	8.62	4.02	16.82
71	4-02-0889	玉米淀粉	99.0	0.3	4.00	16.74	3.84	16.07	3.28	13.72	3.16	13.22	2.73	11.43	2.20	9.12	1.87	7.82	3.50	14.65
72	4-17-0001	牛油	99.0		8.00	33.47	7.68	32.13	7.19	30.08	7.78	32.55	4.76	19.90	3.52	14.73	4.23	17.70	7.62	31.86
73	4-17-0002	猪油	99.0		8.29	34.69	7.96	33.30	7.39	30.92	9.11	38.11	5.60	23.43	4.15	17.37	4.86	20.34	8.51	35.60
74	4-17-0003	家禽脂肪	99.0		8.52	35.65	8.18	34.23	7.55	31.59	9.36	39.16	5.47	22.89	4.10	17.00	4.96	20.76	8.68	36.30
75	4-17-0004	鱼油	99.0		8.44	35.31	8.10	33.89	7.50	31.38	8.45	35.35	9.55	39.92	5.26	21.20	4.64	19.40	8.36	34.95
76	4-17-0005	菜籽油	99.0		8.76	36.65	8.41	35.19	7.72	32.32	9.21	38.53	10.14	42.30	5.68	23.77	5.01	20.97	8.92	37.33
77	4-17-0006	玉米油	99.0		8.75	36.61	8.40	35.15	7.71	32.29	9.66	40.42	10.44	43.64	5.75	24.10	5.26	22.01	9.42	39.42
78	4-17-0007	椰子油	99.0		8.40	35.11	8.06	33.69	7.47	31.27	8.81	36.83	9.78	40.92	5.58	23.35	4.79	20.05	8.63	36.11
79	4-17-0008	棉籽油	99.0		8.60	35.98	8.26	34.43	7.61	31.86	9.05	37.87	10.20	42.68	5.72	23.94	4.92	20.06	8.91	37.25
80	4-17-0009	棕榈油	99.0		8.01	33.51	7.69	32.17	7.20	30.30	5.80	24.27	6.56	27.45	3.94	16.50	3.16	13.23	5.76	24.10
81	4-17-0010	花生油	99.0		8.73	36.53	8.38	35.06	7.70	32.24	9.36	39.16	10.50	43.89	5.57	23.31	5.09	21.30	9.17	38.33
82	4-17-0011	芝麻油	99.0		8.75	36.61	8.40	35.15	7.72	32.30	8.48	35.48	9.60	40.14	5.20	21.76	4.61	19.29	8.35	34.91
83	4-17-0012	大豆油	99.0		8.75	36.61	8.40	35.15	7.72	32.23	8.37	35.02	9.38	39.21	5.44	22.76	4.55	19.04	8.29	34.69
84	4-17-0013	葵花油	99.0		8.76	36.65	8.41	35.19	7.73	32.32	9.66	40.42	10.44	43.64	5.43	22.72	5.26	22.01	9.47	39.63

注：* 猪饲料净能是按修订说明中列出的公式(1)计算得到的，奶牛的产奶净能为3倍维持饲喂水平的数值。

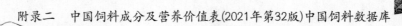

表 3 饲料中氨基酸含量 Amino acids

序号	中国饲料号 CFN	饲料名称 Feed Name	干物质 DM/%	粗蛋白质 CP/%	精氨酸 Arg/%	组氨酸 His/%	异亮氨酸 Ile/%	亮氨酸 Leu/%	赖氨酸 Lys/%	蛋氨酸 Met/%	胱氨酸 Cys/%	苯丙氨酸 Phe/%	酪氨酸 Tyr/%	苏氨酸 Thr/%	色氨酸 Trp/%	缬氨酸 Val/%
1	4-07-0278	玉米 corn grain	86.0	9.4	0.38	0.23	0.26	1.03	0.26	0.19	0.22	0.43	0.34	0.31	0.08	0.40
2	4-07-0288	玉米 corn grain	86.0	8.5	0.50	0.29	0.27	0.74	0.36	0.15	0.18	0.37	0.28	0.30	0.08	0.46
3	4-07-0279	玉米 corn grain	86.0	8.7	0.39	0.21	0.25	0.93	0.24	0.18	0.20	0.41	0.33	0.30	0.07	0.38
4	4-07-0280	玉米 corn grain	86.0	8.0	0.37	0.23	0.27	0.96	0.24	0.17	0.17	0.37	0.31	0.29	0.06	0.35
5	4-07-0272	高粱 sorghum grain	88.0	8.7	0.33	0.20	0.34	1.08	0.21	0.15	0.15	0.41	—	0.28	0.09	0.42
6	4-07-0270	小麦 wheat grain	88.0	13.4	0.62	0.30	0.46	0.89	0.35	0.21	0.30	0.61	0.37	0.38	0.15	0.56
7	4-07-0274	大麦(裸)naked barley grain	87.0	13.0	0.64	0.16	0.43	0.87	0.44	0.14	0.25	0.68	0.40	0.43	0.16	0.63
8	4-07-0277	大麦(皮)barley grain	87.0	11.0	0.65	0.24	0.52	0.91	0.42	0.18	0.18	0.59	0.35	0.41	0.12	0.64
9	4-07-0281	黑麦 rye	88.0	9.50	0.48	0.22	0.30	0.58	0.35	0.15	0.21	0.42	0.26	0.31	0.10	0.43
10	4-07-0273	稻谷 paddy	86.0	7.8	0.57	0.15	0.32	0.58	0.29	0.19	0.16	0.40	0.37	0.25	0.10	0.47
11	4-07-0276	糙米 rough rice	87.0	8.8	0.65	0.17	0.30	0.61	0.32	0.20	0.14	0.35	0.31	0.28	0.12	0.49
12	4-07-0275	碎米 broken rice	88.0	10.4	0.78	0.27	0.39	0.74	0.42	0.22	0.17	0.49	0.39	0.38	0.12	0.57
13	4-07-0479	粟(谷子)millet grain	86.5	9.7	0.30	0.20	0.36	1.15	0.15	0.25	0.15	0.49	0.26	0.35	0.17	0.42
14	4-04-0067	木薯干 cassava tuber flake	87.0	2.5	0.40	0.05	0.11	0.15	0.13	0.05	0.04	0.10	0.04	0.10	0.03	0.13
15	4-04-0068	甘薯干 sweet potato tuber flake	87.0	4.0	0.16	0.08	0.17	0.26	0.16	0.06	0.08	0.19	0.13	0.18	0.05	0.27
16	4-08-0104	次粉 wheat middling and reddog	88.0	15.4	0.86	0.41	0.55	1.06	0.59	0.23	0.37	0.66	0.46	0.50	0.21	0.72
17	4-08-0105	次粉 wheat middling and reddog	87.0	13.6	0.85	0.33	0.48	0.98	0.52	0.16	0.33	0.63	0.45	0.50	0.18	0.68
18	4-08-0069	小麦麸 wheat bran	87.0	15.7	1.00	0.41	0.51	0.96	0.63	0.23	0.32	0.62	0.43	0.50	0.25	0.71
19	4-08-0070	小麦麸 wheat bran	87.0	14.3	0.88	0.37	0.46	0.88	0.56	0.22	0.31	0.57	0.34	0.45	0.18	0.65

续表3

序号	中国饲料号 CFN	饲料名称 Feed Name	干物质 DM/%	粗蛋白质 CP/%	精氨酸 Arg/%	组氨酸 His/%	异亮氨酸 Ile/%	亮氨酸 Leu/%	赖氨酸 Lys/%	蛋氨酸 Met/%	胱氨酸 Cys/%	苯丙氨酸 Phe/%	酪氨酸 Tyr/%	苏氨酸 Thr/%	色氨酸 Trp/%	缬氨酸 Val/%
20	4-08-0041	米糠 rice bran	87.0	14.5	1.20	0.44	0.71	1.13	0.84	0.28	0.21	0.71	0.56	0.54	0.16	0.91
21	4-10-0025	米糠饼 rice bran meal(exp.)	88.0	15.0	1.19	0.43	0.72	1.06	0.66	0.26	0.30	0.76	0.51	0.53	0.15	0.99
22	4-10-0018	米糠粕 rice bran meal(sol.)	87.0	15.1	1.28	0.46	0.78	1.30	0.72	0.28	0.32	0.82	0.55	0.57	0.17	1.07
23	5-09-0127	大豆 soybeans	87.0	35.5	2.57	0.59	1.28	2.72	2.20	0.56	0.70	1.42	0.64	1.41	0.45	1.50
24	5-09-0128	全脂大豆 full-fat soybeans	88.0	35.5	2.62	0.95	1.63	2.64	2.20	0.53	0.57	1.77	1.25	1.43	0.45	1.69
25	5-10-0241	大豆饼 soybean meal(exp.)	89.0	41.8	2.53	1.10	1.57	2.75	2.43	0.60	0.62	1.79	1.53	1.44	0.64	1.70
26	5-10-0103	去皮大豆粕 soybean meal(sol.)	89.0	47.9	3.43	1.22	2.10	3.57	2.99	0.68	0.73	2.33	1.57	1.85	0.65	2.26
27	5-10-0102	大豆粕 soybean meal(sol.)	89.0	44.2	3.38	1.17	1.99	3.35	2.68	0.59	0.65	2.21	1.47	1.71	0.57	2.09
28	5-10-0118	棉籽饼 cottonseed meal(exp.)	88.0	36.3	3.94	0.90	1.16	2.07	1.40	0.41	0.70	1.88	0.95	1.14	0.39	1.51
29	5-10-0119	棉籽粕 cottonseed meal(sol.)	88.0	47.0	5.44	1.28	1.41	2.60	2.13	0.65	0.75	2.47	1.46	1.43	0.57	1.98
30	5-10-0117	棉籽粕 cottonseed meal(sol.)	90.0	43.5	4.65	1.19	1.29	2.47	1.97	0.58	0.68	2.28	1.05	1.25	0.51	1.91
31	5-10-0220	棉籽蛋白 cottonseed protein	92.0	51.1	6.08	1.58	1.72	3.13	2.26	0.86	1.04	2.94	1.42	1.60		2.48
32	5-10-0183	菜籽饼 rapeseed meal(exp.)	88.0	35.7	1.82	0.83	1.24	2.26	1.33	0.60	0.82	1.35	0.92	1.40	0.42	1.62
33	5-10-0121	菜籽粕 rapeseed meal(sol.)	88.0	38.6	1.83	0.86	1.29	2.34	1.30	0.63	0.87	1.45	0.97	1.49	0.43	1.74
34	5-10-0116	花生仁饼 peanut meal(exp.)	88.0	44.7	4.60	0.83	1.18	2.36	1.32	0.39	0.38	1.81	1.31	1.05	0.42	1.28
35	5-10-0115	花生仁粕 peanut meal(sol.)	88.0	47.8	4.88	0.88	1.25	2.50	1.40	0.41	0.40	1.92	1.39	1.11	0.45	1.36
36	5-10-0031	向日葵仁饼 sunflower meal(exp.)	88.0	29.0	2.44	0.62	1.19	1.76	0.96	0.59	0.43	1.21	0.77	0.98	0.28	1.35
37	5-10-0242	向日葵仁粕 sunflower meal(sol.)	88.0	36.5	3.17	0.81	1.51	2.25	1.22	0.72	0.62	1.56	0.99	1.25	0.47	1.72
38	5-10-0243	向日葵仁粕 sunflower meal(sol.)	88.0	33.6	2.89	0.74	1.39	2.07	1.13	0.69	0.50	1.43	0.91	1.14	0.37	1.58

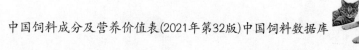

续表3

序号	中国饲料号 CFN	饲料名称 Feed Name	干物质 DM/%	粗蛋白质 CP/%	精氨酸 Arg/%	组氨酸 His/%	异亮氨酸 Ile/%	亮氨酸 Leu/%	赖氨酸 Lys/%	蛋氨酸 Met/%	胱氨酸 Cys/%	苯丙氨酸 Phe/%	酪氨酸 Tyr/%	苏氨酸 Thr/%	色氨酸 Trp/%	缬氨酸 Val/%
39	5-10-0119	亚麻仁饼 linseed meal(exp.)	88.0	32.2	2.35	0.51	1.15	1.62	0.73	0.46	0.48	1.32	0.50	1.00	0.48	1.44
40	5-10-0120	亚麻仁粕 linseed meal(sol.)	88.0	34.8	3.59	0.64	1.33	1.85	1.16	0.55	0.55	1.51	0.93	1.10	0.70	1.51
41	5-10-0246	芝麻饼 sesame meal(exp.)	92.0	39.2	2.38	0.81	1.42	2.52	0.82	0.82	0.75	1.68	1.02	1.29	0.49	1.84
42	5-11-0001	玉米蛋白粉 corn gluten meal	90.1	63.5	2.01	1.23	2.92	10.50	1.10	1.60	0.99	3.94	3.19	2.11	0.36	2.94
43	5-11-0002	玉米蛋白粉 corn gluten meal	88.0	56.3	1.73	1.17	2.21	8.91	0.92	1.38	1.00	3.38	3.04	1.88	0.28	2.58
44	5-11-0008	玉米蛋白粉 corn gluten meal	89.9	44.3	1.31	0.78	1.63	7.08	0.71	1.04	0.65	2.61	2.03	1.38	—	1.84
45	5-11-0003	玉米蛋白饲料 corn gluten feed	88.0	18.3	0.74	0.54	0.54	1.57	0.55	0.30	0.39	0.62	0.50	0.66	0.08	0.87
46	4-10-0026	玉米胚芽饼 corn germ meal(exp.)	90.0	16.7	1.16	0.45	0.53	1.25	0.70	0.31	0.47	0.64	0.54	0.64	0.16	0.91
47	4-10-0244	玉米胚芽粕 corn germ meal(sol.)	90.0	20.8	1.51	0.62	0.77	1.54	0.75	0.21	0.28	0.93	0.66	0.68	0.18	1.66
48	5-11-0007	玉米 DDGS	89.2	27.5	1.12	0.75	0.97	3.13	0.71	0.57	0.54	1.28	1.09	0.99	0.20	1.32
49	5-11-0009	蚕豆浆蛋白粉 broad bean gluten meal	88.0	66.3	5.96	1.66	2.90	5.88	4.44	0.60	0.57	3.34	2.21	2.31	—	3.20
50	5-11-0004	麦芽根 barley malt sprouts	89.7	28.3	1.22	0.54	1.08	1.58	1.30	0.37	0.26	0.85	0.67	0.96	0.42	1.44
51	5-13-0044	鱼粉(CP67%) fish meal	92.4	67.0	3.93	2.01	2.61	4.94	4.97	1.86	0.60	2.61	1.97	2.74	0.77	3.11
52	5-13-0046	鱼粉(CP60.2%) fish meal	90.0	60.2	3.57	1.71	2.68	4.80	4.72	1.64	0.52	2.35	1.96	2.57	0.70	3.17
53	5-13-0077	鱼粉(CP53.5%) fish meal	90.0	53.5	3.24	1.29	2.30	4.30	3.87	1.39	0.49	2.22	1.70	2.51	0.60	2.77
54	5-13-0036	血粉 blood meal	88.0	82.8	2.99	4.40	0.75	8.38	6.67	0.74	0.98	5.23	2.55	2.86	1.11	6.08
55	5-13-0037	羽毛粉 feather meal	88.0	77.9	5.30	0.58	4.21	6.78	1.65	0.59	2.93	3.57	1.79	3.51	0.40	6.05
56	5-13-0038	皮革粉 leather meal	88.0	74.7	4.45	0.40	1.06	2.53	2.18	0.80	0.16	1.56	0.63	0.71	0.50	1.91

续表 3

序号	中国饲料号 CFN	饲料名称 Feed Name	干物质 DM/%	粗蛋白质 CP/%	精氨酸 Arg/%	组氨酸 His/%	异亮氨酸 Ile/%	亮氨酸 Leu/%	赖氨酸 Lys/%	蛋氨酸 Met/%	胱氨酸 Cys/%	苯丙氨酸 Phe/%	酪氨酸 Tyr/%	苏氨酸 Thr/%	色氨酸 Trp/%	缬氨酸 Val/%
57	5-13-0047	肉骨粉 meat and bone meal	93.0	50.0	3.35	0.96	1.70	3.20	2.60	0.67	0.33	1.70	1.26	1.63	0.26	2.25
58	5-13-0048	肉粉 meat meal	94.0	54.0	3.60	1.14	1.60	3.84	3.07	0.80	0.60	2.17	1.40	1.97	0.35	2.66
59	1-05-0074	苜蓿草粉(CP19%) alfalfa meal	87.0	19.1	0.78	0.39	0.68	1.20	0.82	0.21	0.22	0.82	0.58	0.74	0.43	0.91
60	1-05-0075	苜蓿草粉(CP17%) alfalfa meal	87.0	17.2	0.74	0.32	0.66	1.10	0.81	0.20	0.16	0.81	0.54	0.69	0.37	0.85
61	1-05-0076	苜蓿草粉(CP14%~15%)alfalfa meal	87.0	14.3	0.61	0.19	0.58	1.00	0.60	0.18	0.15	0.59	0.38	0.45	0.24	0.58
62	5-11-0005	啤酒糟 brewers dried grain	88.0	24.3	0.98	0.51	1.18	1.08	0.72	0.52	0.35	2.35	1.17	0.81	0.28	1.66
63	7-15-0001	啤酒酵母 brewers dried yeast	91.7	52.4	2.67	1.11	2.85	4.76	3.38	0.83	0.50	4.07	0.12	2.33	0.21	3.40
64	4-13-0075	乳清粉 whey, dehydrated	97.2	11.5	0.26	0.21	0.64	1.11	0.88	0.17	0.26	0.35	0.27	0.71	0.20	0.61
65	5-01-0162	酪蛋白 casein	91.7	88.9	3.13	2.57	4.49	8.24	6.87	2.52	0.45	4.49	4.87	3.77	1.33	5.81
66	5-14-0503	明胶 gelatin	90.0	88.6	6.60	0.66	1.42	2.91	3.62	0.76	0.12	1.74	0.43	1.82	0.05	2.26
67	4-06-0076	牛奶乳糖 milk lactose	96.0	3.5	0.25	0.09	0.09	0.16	0.14	0.03	0.04	0.09	0.02	0.09	0.09	0.09

表 4　矿物质及维生素含量 Minerals and vitamins

序号	中国饲料号 CFN	饲料名称 Feed Name	钠 Na /%	氯 Cl /%	镁 Mg /%	钾 K /%	铁 Fe/(mg/kg)	铜 Cu/(mg/kg)	锰 Mn/(mg/kg)	锌 Zn/(mg/kg)	硒 Se/(mg/kg)	胡萝卜素/(mg/kg)	维生素 E/(mg/kg)	维生素 B$_1$/(mg/kg)	维生素 B$_2$/(mg/kg)	泛酸/(mg/kg)	烟酸/(mg/kg)	生物素/(mg/kg)	叶酸/(mg/kg)	胆碱/(mg/kg)	维生素 B$_6$/(mg/kg)	维生素 B$_{12}$/(μg/kg)	亚油酸/%
1	4-07-0278	玉米 corn grain	0.01	0.04	0.11	0.29	36	3.4	5.8	21.1	0.04	2	22.0	3.5	1.1	5.0	24.0	0.06	0.15	620	10.0		2.20
2	4-07-0272	高粱 sorghum grain	0.03	0.09	0.15	0.34	87	7.6	17.1	20.1	0.05		7.0	3.0	1.3	12.4	41.0	0.26	0.20	668	5.2		1.13
3	4-07-0270	小麦 wheat grain	0.06	0.07	0.11	0.50	88	7.9	45.9	29.7	0.05	0.4	13.0	4.6	1.3	11.9	51.0	0.11	0.36	1 040	3.7		0.59
4	4-07-0274	大麦（裸）naked barley grain	0.04		0.11	0.60	100	7.0	18.0	30.0	0.16		48.0	4.1	1.4		87.0				19.3		
5	4-07-0277	大麦（皮）barley grain	0.02	0.15	0.14	0.56	87	5.6	17.5	23.6	0.06	4.1	20.0	4.5	1.8	8.0	55.0	0.15	0.07	990	4.0		0.83
6	4-07-0281	黑麦 rye	0.02	0.04	0.12	0.42	117	7.0	53.0	35.0	0.40		15.0	3.6	1.5	8.0	16.0	0.06	0.60	440	2.6		0.76
7	4-07-0273	稻谷 paddy	0.04	0.07	0.07	0.34	40	3.5	20.0	8.0	0.04		16.0	3.1	1.2	3.7	34.0	0.08	0.45	900	28.0		0.28
8	4-07-0276	糙米 rough rice	0.04	0.06	0.14	0.34	78	3.3	21.0	10.0	0.07		13.5	2.8	1.1	11.0	30.0	0.08	0.40	1 014	0.04		
9	4-07-0275	碎米 broken rice	0.07	0.08	0.11	0.13	62	8.8	47.5	36.4	0.06		14.0	1.4	0.7	8.0	30.0	0.08	0.20	800	28.0		
10	4-07-0479	粟（谷子）millet grain	0.04	0.14	0.16	0.43	270	24.5	22.5	15.9	0.08	1.2	36.3	6.6	1.6	7.4	53.0		15.00	790			0.84
11	4-04-0067	木薯干 cassava tuber flake	0.03		0.11	0.78	150	4.2	6.0	14.0	0.04			1.7	0.8	1.0	3.0				1.00		0.10
12	4-04-0068	甘薯干 sweet potato tuber flake	0.16		0.08	0.36	107	6.1	10.0	9.0	0.07												
13	4-08-0104	次粉 wheat middling and reddog	0.60	0.04	0.41	0.60	140	11.6	94.2	73.0	0.07	3.0	20.0	16.5	1.8	15.6	72.0	0.33	0.76	1 187	9.0		1.74
14	4-08-0105	次粉 wheat middling and reddog	0.60	0.04	0.41	0.60	140	11.6	94.2	73.0	0.07	3.0	20.0	16.5	1.8	15.6	72.0	0.33	0.76	1 187	9.0		1.74
15	4-08-0069	小麦麸 wheat bran	0.07	0.07	0.52	1.19	170	13.8	104.3	96.5	0.07	1.0	14.0	8.0	4.6	31.0	186.0	0.36	0.63	980	7.0		1.70
16	4-08-0070	小麦麸 wheat bran	0.07	0.07	0.47	1.19	157	16.5	80.6	104.7	0.05	1.0	14.0	8.0	4.6	31.0	186.0	0.36	0.63	980	7.0		1.70
17	4-08-0041	米糠 rice bran	0.07	0.07	0.90	1.73	304	7.1	175.9	50.3	0.09		60.0	22.5	2.5	23.0	293.0	0.42	2.20	1 135	14.0		3.57

续表4

序号	中国饲料号 CFN	饲料名称 Feed Name	钠 Na/%	氯 Cl/%	镁 Mg/%	钾 K/%	铁 Fe/(mg/kg)	铜 Cu/(mg/kg)	锰 Mn/(mg/kg)	锌 Zn/(mg/kg)	硒 Se/(mg/kg)	胡萝卜素/(mg/kg)	维生素E/(mg/kg)	维生素B1/(mg/kg)	维生素B2/(mg/kg)	泛酸/(mg/kg)	烟酸/(mg/kg)	生物素/(mg/kg)	叶酸/(mg/kg)	胆碱/(mg/kg)	维生素B6/(mg/kg)	维生素B12/(μg/kg)	亚油酸/%
18	4-10-0025	米糠饼 rice bran meal (exp.)	0.08		1.26	1.80	400	8.7	211.6	56.4	0.09		11.0	24.0	2.9	94.9	689.0	0.70	0.88	1 700	54.0	40.0	
19	4-10-0018	米糠粕 rice bran meal (sol.)	0.09	0.10		1.80	432	9.4	228.4	60.9	0.10												
20	5-09-0127	大豆 soybeans	0.02	0.03	0.28	1.70	111	18.1	21.5	40.7	0.06		40.0	12.3	2.9	17.4	24.0	0.42	2.00	3 200	12.0	0.0	8.00
21	5-09-0128	全脂大豆 full-fat soybeans	0.02	0.03	0.28	1.70	111	18.1	21.5	40.7	0.06		40.0	12.3	2.9	17.4	24.0	0.42	4.00	3 200	12.00	0.0	8.00
22	5-10-0241	大豆饼 soybean meal (exp.)	0.02	0.02	0.25	1.77	187	19.8	32.0	43.4	0.04		6.6	1.7	4.4	13.8	37.0	0.32	0.45	2 673	10.00	0.0	0.51
23	5-10-0103	去皮大豆粕 soybean meal (sol.)	0.03	0.05	0.28	2.05	185	24.0	38.2	46.4	0.10		3.1	4.6	3.0	16.4	30.7	0.33	0.81	2 858	6.10	0.0	0.51
24	5-10-0102	大豆粕 soybean meal (sol.)	0.03	0.05	0.28	1.72	185	24.0	28.0	46.4	0.06	0.2	3.1	4.6	3.0	16.4	30.7	0.33	0.81	2 858	6.10	0.0	0.51
25	5-10-0118	棉籽饼 cottonseed meal (exp.)	0.04	0.14	0.52	1.20	266	11.6	17.8	44.9	0.11	0.2	16.0	6.4	5.1	10.0	38.0	0.53	1.65	2 753	5.30	0.0	2.47
26	5-10-0119	棉籽粕 cottonseed meal (sol.)	0.04	0.04	0.40	1.16	263	14.0	18.7	55.5	0.15	0.2	15.0	7.0	5.5	12.0	40.0	0.30	2.51	2 933	5.10	0.0	1.51
27	5-10-0117	棉籽粕 cottonseed meal (sol.)	0.04	0.04	0.40	1.16	263	14.0	18.7	55.5	0.15	0.2	15.0	7.0	5.5	12.0	40.0	0.30	2.51	2 933	5.10	0.0	1.51
28	5-10-0183	菜籽饼 rapeseed meal (exp.)	0.02			1.34	687	7.2	78.1	59.2	0.29		54.0	5.2	3.7	9.5	160.0	0.98	0.95	6 700	7.20	0.0	0.42
29	5-10-0121	菜籽粕 rapeseed meal (sol.)	0.09	0.11	0.51	1.40	653	7.1	82.2	67.5	0.16												

续表4

序号	中国饲料号 CFN	饲料名称 Feed Name	钠 Na /%	氯 Cl /%	镁 Mg /%	钾 K /%	铁 Fe /(mg/kg)	铜 Cu /(mg/kg)	锰 Mn /(mg/kg)	锌 Zn /(mg/kg)	硒 Se /(mg/kg)	胡萝卜素 /(mg/kg)	维生素E /(mg/kg)	维生素B_1 /(mg/kg)	维生素B_2 /(mg/kg)	泛酸 /(mg/kg)	烟酸 /(mg/kg)	生物素 /(mg/kg)	叶酸 /(mg/kg)	胆碱 /(mg/kg)	维生素B_6 /(mg/kg)	维生素B_{12} /(μg/kg)	亚油酸 /%
30	5-10-0116	花生仁饼 peanut meal (exp.)	0.04	0.03	0.33	1.14	347	23.7	36.7	52.5	0.06		3.0	7.1	5.2	47.0	166.0	0.33	0.40	1 655	10.00	0.0	1.43
31	5-10-0115	花生仁粕 peanut meal (sol.)	0.07	0.03	0.31	1.23	368	25.1	38.9	55.7	0.06		3.0	5.7	11.0	53.0	173.0	0.39	0.39	1 854	10.00	0.0	0.24
32	1-10-0031	向日葵仁饼 sunflower meal(exp.)	0.02	0.01	0.75	1.17	424	45.6	41.5	62.1	0.09		0.9		18.0	4.0	86.0	1.40	0.40	800	17.20		
33	5-10-0242	向日葵仁粕 sunflower meal(sol.)	0.20	0.01	0.75	1.00	226	32.8	34.5	82.7	0.06		0.7	4.6	2.3	39.0	22.0	1.70	1.60	3 260	11.10		
34	5-10-0243	向日葵仁粕 sunflower meal(sol.)	0.20	0.10	0.68	1.23	310	35.0	35.0	80.0	0.08			3.0	3.0	29.9	14.0	1.40	1.14	3 100			0.98
35	5-10-0119	亚麻仁饼 linseed meal (exp.)	0.09	0.04	0.58	1.25	204	27.0	40.3	36.0	0.18		7.7	2.6	4.1	16.5	37.4	0.36	2.90	1 672	6.10		1.07
36	5-10-0120	亚麻仁粕 linseed meal (sol.)	0.14	0.05	0.56	1.38	219	25.5	43.3	38.7	0.18	0.2	5.8	7.5	3.2	14.7	33.0	0.41	0.34	1 512	6.00	200.0	
37	5-10-0246	芝麻饼 sesame meal (exp.)	0.04	0.05	0.50	1.39	1780	50.4	32.0	2.4	0.21	0.2	0.3	2.8	3.6	6.0	30.0	2.40	—	1 536	12.50	0.0	
38	5-11-0001	玉米蛋白粉 corn gluten meal	0.01	0.05	0.08	0.30	230	1.9	5.9	19.2	0.02	44.0	25.5	0.3	2.2	3.0	55.0	0.15	0.20	330	6.90	50.0	0.36
39	5-11-0002	玉米蛋白粉 corn gluten meal	0.02			0.35	332	10.0	78.0	49.0													1.90
40	5-11-0008	玉米蛋白饲料 corn gluten meal	0.02	0.08	0.05	0.40	400	28.0	7.0		1.00	16.0	19.9	0.2	1.5	9.6	54.5	0.15	0.22	330			1.17
41	5-11-0003	玉米蛋白饲料 corn gluten feed	0.12	0.22	0.42	1.30	282	10.7	77.1	59.2	0.23	8.0	14.8	2.0	2.4	17.8	75.5	0.22	0.28	1 700	13.00	250.0	1.43

续表4

序号	中国饲料号 CFN	饲料名称 Feed Name	钠 Na /%	氯 Cl /%	镁 Mg /%	钾 K /%	铁 Fe /(mg/kg)	铜 Cu /(mg/kg)	锰 Mn /(mg/kg)	锌 Zn /(mg/kg)	硒 Se /(mg/kg)	胡萝卜素 /(mg/kg)	维生素 E /(mg/kg)	维生素 B₁ /(mg/kg)	维生素 B₂ /(mg/kg)	泛酸 /(mg/kg)	烟酸 /(mg/kg)	生物素 /(mg/kg)	叶酸 /(mg/kg)	胆碱 /(mg/kg)	维生素 B₆ /(mg/kg)	维生素 B₁₂ /(µg/kg)	亚油酸 /%
42	4-10-0026	玉米胚芽饼 corn germ meal(exp.)	0.01	0.12	0.10	0.30	99	12.8	19.0	108.1		2.0	87.0		3.7	3.3	42.0			1 936			1.47
43	4-10-0244	玉米胚芽粕 corn germ meal	0.01		0.16	0.69	214	7.7	23.3	126.6	0.33	2.0	80.8	1.1	4.0	4.4	37.7	0.22	0.20	2 000			1.47
44	5-11-0007	DDGSdistillersdriedgrainswithsolubles	0.24	0.17	0.91	0.28	98	5.4	15.2	52.3		3.5	40.0	3.5	8.6	11.0	75.0	0.30	0.88	2 637	2.28	10.0	2.15
45	5-11-0009	蚕豆粉浆蛋白粉 broadbeanglutenmeal	0.01			0.06		22.0	16.0														
46	5-11-0004	麦芽根 barley malt sprouts	0.06	0.59	0.16	2.18	198	5.3	67.8	42.4	0.60		4.2	0.7	1.5	8.6	43.3		0.20	1 548			0.46
47	5-13-0044	鱼粉（CP67%）fish meal	1.04	0.71	0.23	0.74	337	8.4	11	102	2.70		5.0	2.8	5.8	9.3	82	1.30	0.90	5 600	2.3	210	0.20
48	5-13-0046	鱼粉（CP60.2%）fish meal	0.97	0.61	0.16	1.10	80	8.0	10.0	80.0	1.50		7.0	0.5	4.9	9.0	55.0	0.20	0.30	3 056	4.00	104.0	0.12
49	5-13-0077	鱼粉（CP53.5%）fish meal	1.15	0.61	0.16	0.94	292	8.0	9.7	88.0	1.94		5.6	0.4	8.8	8.8	65.0			3 000		143.0	
50	5-13-0036	血粉 blood meal	0.31	0.27	0.16	0.90	2100	8.0	2.3	14.0	0.70		1.0	0.4	1.6	1.2	23.0	0.09	0.11	800	4.40	50.0	0.10
51	5-13-0037	羽毛粉 feather meal	0.31	0.26	0.20	0.18	73	6.8	8.8	53.8	0.80		7.3	0.1	2.0	10.0	27.0	0.04	0.20	880	3.00	71.0	0.83
52	5-13-0038	皮革粉 leather meal					131	11.1	25.2	89.8													
53	5-13-0047	肉骨粉 meat and bone meal	0.73	0.75	1.13	1.40	500	1.5	12.3	90.0	0.25		0.8	0.2	5.2	4.4	59.4	0.14	0.60	2 000	4.60	100.0	0.72
54	5-13-0048	肉粉 meat meal	0.80	0.97	0.35	0.57	440	10.0	10.0	94.0	0.37		1.2	0.6	4.7	5.0	57.0	0.08	0.50	2 077	2.40	80.0	0.80

续表 4

序号	中国饲料号 CFN	饲料名称 Feed Name	钠 Na /%	氯 Cl /%	镁 Mg /%	钾 K /%	铁 Fe /(mg/kg)	铜 Cu /(mg/kg)	锰 Mn /(mg/kg)	锌 Zn /(mg/kg)	硒 Se /(mg/kg)	胡萝卜素 /(mg/kg)	维生素 E /(mg/kg)	维生素 B₁ /(mg/kg)	维生素 B₂ /(mg/kg)	泛酸 /(mg/kg)	烟酸 /(mg/kg)	生物素 /(mg/kg)	叶酸 /(mg/kg)	胆碱 /(mg/kg)	维生素 B₆ /(mg/kg)	维生素 B₁₂ /(μg/kg)	亚油酸 /%
55	1-05-0074	苜蓿草粉(CP19%)alfalfa meal	0.09	0.38	0.30	2.08	372	9.1	30.7	17.1	0.46	94.6	144.0	5.8	15.5	34.0	40.0	0.35	4.36	1 419	8.00		0.44
56	1-05-0075	苜蓿草粉(CP17%)alfalfa meal	0.17	0.46	0.36	2.40	361	9.7	30.7	21.0	0.46	94.6	125.0	3.4	13.6	29.0	38.0	0.30	4.20	1 401	6.50		0.35
57	1-05-0076	苜蓿草粉(CP14%~15%)alfalfa meal	0.11	0.46	0.36	2.22	437	9.1	33.2	22.6	0.48	63.0	98.0	3.0	10.6	20.8	41.8	0.25	1.54	1 548			
58	5-11-0005	啤酒糟 brewers dried grain	0.25	0.12	0.19	0.08	274	20.1	35.6	104.0	0.41	0.20	27.0	0.6	1.5	8.6	43.0	0.24	0.24	1 723	0.70		2.94
59	7-15-0001	啤酒酵母 brewers dried yeast	0.10	0.12	0.23	1.70	248	61.0	22.3	86.7	1.00		2.2	91.8	37.0	109.0	448.0	0.63	9.90	3 984	42.80	999.9	0.04
60	4-13-0075	乳清粉 whey, dehydrated	0.94	1.40	0.13	1.96	57	6.6	3.0	9.90	0.12		0.3	4.0	4.1	47.0	10.0	0.27	0.85	1 820	4.00	23	0.01
61	5-01-0162	酪蛋白 casein	0.01	0.04	0.01	0.01	14	4.0	4.0	30.0	0.16			0.4	1.5	2.7	1.0	0.04	0.51	205	0.40		
62	5-14-0503	明胶 gelatin			0.05																		
63	4-06-0076	牛奶乳糖 milk lactose			0.15	2.40																	

表 5　常用矿物质饲料中矿物元素的含量（以饲喂状态为基础）

序号	中国饲料号 (CFN)	饲料名称 Feed Name	化学分子式 Chemical formular	钙(Ca)[a] /%	磷(P) /%	磷利用率[b] /%	钠(Na) /%	氯(Cl) /%	钾(K) /%	镁(Mg) /%	硫(S) /%	铁(Fe) /%	锰(Mn) /%
01	6-14-0001	碳酸钙,饲料级轻质 calcium carbonate	$CaCO_3$	38.42	0.02		0.08	0.02	0.08	1.610	0.08	0.06	0.02
02	6-14-0002	磷酸氢钙,无水 calcium phosphate (dibasic),anhydrous	$CaHPO_4$	29.60	22.77	95~100	0.18	0.47	0.15	0.800	0.80	0.79	0.14
03	6-14-0003	磷酸氢钙,2 个结晶水 calcium phosphate(dibasic),dehydrate	$CaHPO_4 \cdot 2H_2O$	23.29	18.00	95~100							
04	6-14-0004	磷酸二氢钙 calcium phosphate (monobasic)monohydrate	$Ca(H_2PO_4)_2 \cdot H_2O$	15.90	24.58	100	0.20		0.16	0.900	0.80	0.75	0.01
05	6-14-0005	磷酸三钙(磷酸钙) calcium phosphate(tribasic)	$Ca_3(PO_4)_2$	38.76	20.0								
06	6-14-0006	石粉[c],石灰石,方解石等 limestone,calcite etc.		35.84	0.01		0.06	0.02	0.11	2.060	0.04	0.35	0.02
07	6-14-0007	骨粉,脱脂 bone meal,		29.80	12.50	80~90	0.04		0.20	0.300	2.40		0.03
08	6-14-0008	贝壳粉 shell meal		32~35									
09	6-14-0009	蛋壳粉 egg shell meal		30~40	0.1~0.4								
10	6-14-0010	磷酸氢铵 ammonium phosphate (dibasic)	$(NH_4)_2HPO_4$	0.35	23.48	100	0.20		0.16	0.750	1.50	0.41	0.01
11	6-14-0011	磷酸二氢铵 ammonium phosphate (monobasic)	$NH_4H_2PO_4$		26.93	100							
12	6-14-0012	磷酸氢二钠 sodium phosphate (dibasic)	Na_2HPO_4	0.09	21.82	100	31.04						

续表5

序号	中国饲料号 (CFN)	饲料名称 Feed Name	化学分子式 Chemical formular	钙(Ca)[a] /%	磷(P) /%	磷利用率[b]	钠(Na) /%	氯(Cl) /%	钾(K) /%	镁(Mg) /%	硫(S) /%	铁(Fe) /%	锰(Mn) /%
13	6-14-0013	磷酸二氢钠 sodium phosphate (monobasic)	NaH_2PO_4		25.81	100	19.17	0.02	0.01	0.010			
14	6-14-0014	碳酸钠 sodium carbonate	Na_2CO_3				43.30						
15	6-14-0015	碳酸氢钠 sodium bicarbonate	$NaHCO_3$	0.01			27.00		0.01				
16	6-14-0016	氯化钠 sodium chloride	$NaCl$	0.30			39.50	59.00		0.005	0.20	0.01	
17	6-14-0017	氯化镁 magnesium chloride hexahydrate	$MgCl_2 \cdot 6H_2O$	0.02						11.950			
18	6-14-0018	碳酸镁 magnesium carbonate	$MgCO_3 \cdot Mg(OH)_2$							34.000			0.01
19	6-14-0019	氧化镁 magnesium oxide	MgO	1.69					0.02	55.000	0.10	1.06	
20	6-14-0020	硫酸镁,7个结晶水 magnesium sulfate heptahydrate	$MgSO_4 \cdot 7H_2O$	0.02				0.01		9.860	13.01		
21	6-14-0021	氯化钾 potassium chloride	KCl	0.05			1.00	47.56	52.44	0.230	0.32	0.06	0.001
22	6-14-0022	硫酸钾 potassium sulfate	K_2SO_4	0.15			0.09	1.50	44.87	0.600	18.40	0.07	0.001

注:①数据来源:《中国饲料学》(2000,张子仪主编),《猪营养需要》(NRC,2012)。

②饲料中使用的矿物质添加剂一般不是化学纯化合物,其组成成分的变异较大。如果能得到,一般应采用原料供给商的分析结果。例如饲料级的磷酸氢钙原料中往往含有一些磷酸二氢钙,而磷酸二氢钙中含有一些磷酸氢钙。

a 在大多数来源为磷酸氢钙、磷酸二氢钙、磷酸三钙、脱氟磷酸钙、碳酸氢钙、碳酸钙、碳酸钙和方解石粉或白云石粉中的钙的生物学效价时,估计钙的生物利用率为 90%～100%,在高镁含量的石粉或方解石粉中,估计钙的生物学效价较低,为 50%～80%;

b 生物学效价估计值通常以相当于磷酸氢钙或磷酸氢钠中的磷的生物学效价表示;

c 大多数方解石石粉中含有 38%或高于表中所示的钙和低于表中所示的镁。

表6　无机来源的微量元素和估测的生物学利用率[a]

Bioavailability for inorganic trace elements

微量元素与来源[b]		化学分子式	元素含量[c]/%	相对生物学利用率[d]/%
铁(Fe)	一水硫酸亚铁 Ferrous sulfate (monohydrate)	$FeSO_4 \cdot H_2O$	33.0	100
	七水硫酸亚铁 Ferrous sulfate (heptahydrate)	$FeSO_4 \cdot 7H_2O$	20.1	100
	碳酸亚铁 Ferrous carbonate	$FeCO_3$	48.3	15～80
	三氧化二铁 Ferric oxide	Fe_2O_3	70.0	0
	六水氯化铁 Ferric chloride (hexahydrate)	$FeCl_3 \cdot 6H_2O$	20.7	40～100
	氧化亚铁 Ferrous oxide	FeO	77.8	—
铜(Cu)	五水硫酸铜 Cupric sulfate (pentahydrate)	$CuSO_4 \cdot 5H_2O$	25.6	100
	碱式氯化铜 Cupric chloride, tribasic	$Cu_2(OH)_3Cl$	59.7	100
	氧化铜 Cupric oxide	CuO	80.0	0～10
	无水硫酸铜 Cupric sulfate (anhydrous)	$CuSO_4$	39.9	100
锌(Zn)	一水硫酸锌 Zinc sulfate (monohydrate)	$ZnSO_4 \cdot H_2O$	36.3	100
	氧化锌 Zinc oxide	ZnO	80.2	50～80
	七水硫酸锌 Zinc sulfate (heptahydrate)	$ZnSO_4 \cdot 7H_2O$	22.6	100
	碳酸锌 Zinc carbonate	$ZnCO_3$	52.0	100
	氯化锌 Zinc chloride	$ZnCl_2$	47.8	100
碘(I)	碘酸钙 Calcium iodate	$Ca(IO_3)_2$	65.1	100
	碘化钾 Potassium iodide	KI	76.5	100
	碘酸钾 Potassium iodate	KIO_3	59.3	—[c]
	碘化铜 Cupric iodide	CuI	66.5	100
硒(Se)	亚硒酸钠 Sodium selenite	Na_2SeO_3	45.7	100
	十水硒酸钠 Sodium selenite (decahydrate)	$Na_2SeO_4 \cdot 10H_2O$	21.4	100
钴(Co)	六水氯化钴 Cobalt dichloride (hexahydrate)	$CoCl_2 \cdot 6H_2O$	24.8	100
	七水硫酸钴 Cobalt sulfate (heptahydrate)	$CoSO_4 \cdot 7H_2O$	21.0	100
	一水硫酸钴 Cobalt sulfate (monohydrate)	$CoSO_4 \cdot H_2O$	34.1	100
	一水氯化钴 Cobalt dichloride (monohydrate)	$CoCl_2 \cdot H_2O$	39.9	100

注：表中数据来源于《中国饲料学》(2000，张子仪主编)及《猪营养需要》(NRC，1998、2012)中相关数据。

a 列于每种微量元素下的第一种元素来源通常作为标准，其他来源与其相比较估算相对生物学利用率。

b 斜体字表示较少使用的微量元素来源。

c 按化合物分子式计算的主元素含量，不考虑化合物的纯度。

d "—"表示没有可用数据。

参 考 文 献

1. 方希修,尤明珍.饲料加工工艺与设备[M].北京:中国农业大学出版社,2007.

2. 侯加法,邓益锋.宠物保健品的发展机遇[J].饲料广角,(7):25-27,2004.

3. 谢慧胜,张立波.实用宠物百科[M].北京:农村读物出版社,2000.

4. 王鹏,冯杰.低淀粉膨化技术及其在宠物饲料生产中的应用分析[J].饲料工业,2021,42(3):60-64.

5. 殷国政,陈金发,马雪莲,等.麦富迪© T-EXTRUDER 美国 Wenger 双螺杆膨化技术在宠物食品生产中的应用[J].中国设备工程,2020(18):167-168.

6. 姜南,张欣,贺国铭.危害分析贺关键控制点(HACCP)及在食品生产中的应用[M].北京:化学工业出版社,2003.

7. 丁丽敏,夏兆飞.犬猫营养需要[M].北京:中国农业大学出版社,2010.

8. 王景芳,史东辉.宠物营养与食品[M].北京:中国农业科学技术出版社,2008.

9. 陈志敏,王金全,常文环.宠物犬营养需要研究进展[J].饲料工业,2014(17):021.

10. 陈立新.宠物食品鸡肉条的加工工艺[J].肉类工业,2013(10):23-24.

11. 邹朋,汪棋,周元浩,等.益生菌在宠物中的应用[J].中国饲料,2021(1):10-14.

12. 陈棍.宠物食品生产过程与品质控制[J].饲料博览,2009(6):38-40.

13. 单达聪.膳食纤维与左旋肉碱对宠物犬体重控制影响的研究[J].饲料与畜牧:新饲料,2008(4):36-38.

14. 范金莉.珍奇犬粮配方设计、加工工艺与饲喂试验[D].南京:南京农业大学,2012.

15. 高峰.宠物犬初生幼仔护理技术要点[J].畜禽业,2016(4):54-55.

16. 黎先伟.美国对宠物食品的管理法规[J].兽医导刊,2013(3):74-76.

17. 李凯年,裴海宁.健康犬和猫的饲喂与营养管理研究进展(一)[J].中国动物保健,2011(9):64-66.

18. 李欣.牛肉粒(犬粮)干燥过程及贮藏期品质变化的研究[D].哈尔滨:东北农业大学,2013.

19. 林德贵.我国宠物业现状,机遇与挑战[J].中国比较医学杂志,2010(11):13-16.

20. 罗守冬,邵洪侠,李亚丽.宠物犬日粮配合的原则[J].畜牧兽医科技信息,2007(4):87-87.

21. 马颖,吴燕燕,郭小燕..食品安全管理中 HACCP 技术的理论研究和应用研究:文献综述[J].技术经济,2014,33(7):82-89.

22. 南贰.营养加关爱 发酵鲜肉配方[J].宠物世界(犬迷),2016(4):O34.

23. 逢圣慧,于海峰,崔波.半干鸡肉宠物食品的护色研究 [J].肉类研究,2011,25(5):1-4.

24. 腾鑫,蒋德意,郗洪生.2 动物微生态制剂在宠物领域的应用现状及研究进展[J].微生物学通报,014,41(12):2510-2515.

25. 陈宝江,刘树栋,韩帅娟.宠物肠道健康与营养调控研究进展[J].饲料工业,2020,41(13):

26. 9-13.

27. 宋立霞,刘雄伟,糜长雨.挤压膨化技术在宠物食品中的应用[J].饲料与畜牧:新饲料,2009(11):21-22.

28. 宋伟.宠物食品法规的全球化进程——全世界标签可能达到统一吗？[J].饲料广角,2003(6):30-30

29.牛卫平,陈嘉欣.购买宠物食品的消费意愿分析:以犬粮为例[J].科技经济导刊,2019(36):219-220.

30.王德福,蒋亦元.双轴卧式全混合日粮混合机的试验研究[J].农业工程学报,2006,22(4):85-88

31.王德福.双轴卧式全混合日粮混合机的混合机理分析[J].农业机械学报,2006,37(8):178-182

32.王金全.宠物犬,猫蛋白质营养研究进展[J].养犬,2016(3):27-30.

33.熊光权,叶丽秀,程薇,等.淡水鱼加工副产物的宠物食品研制[J].湖北农业科学,2008,47(10):1204-1206.

34.廖品凤,杨康,张黎梦,等.宠物营养研究进展[J].广东畜牧兽医科技,2020(45):11-14.

35.姚璐,陆江锋,吴宝华,等.我国食品进出口安全检测现状及对策[J].食品工业科技,2011,32(2):299-301.

36.于庆龙,李军国,任广跃,等.翻转式双轴桨叶混合机的设计[J].粮食与饲料工业,2003(10):22-23.

37.张明秀.高多不饱和脂肪酸含量犬粮的制备及应用研究[D].无锡:江南大学,2013.

38.张扬,子凡.本土化的思考——诗卡维功能型营养犬粮[J].宠物世界:犬迷,2010(3):18.

39.赵玉侠.宠物犬的饲养管理技术[J].河南畜牧兽医:综合版,2011,32(6):48-49.

40.仲晓兰.宠物食品及其行业发展状况[J].中国畜牧业,2014(23):44-45.

41.王金全.宠物营养与食品[M].北京:中国农业科学技术出版社,2018.

期末测试题

一、填空题

1.根据脂溶性维生素的营养生理功能,抗干眼症维生素是指_____,抗佝偻症维生素是指_____,抗不育症维生素是指_____,抗出血症维生素是指_____。

2._____、_____、_____三种元素被称为电解质元素,在维持体液渗透压恒定和酸碱平衡中起到重要作用。

3.宠物总的营养需要由_____和_____共同构成。

4.脂肪能够为宠物提供的三种必需脂肪酸,分别是_____、_____和_____。

5.一般而言,犬、猫食品中钙磷比例分别在_____和_____范围内吸收率较高。

6.用凯氏定氮法测定某宠物食品中的含氮量为 0.08%,那么该宠物食品中粗蛋白质的含量约是_____。

二、单项选择题

1.如果幼龄宠物采食了碘含量不足的食品,那么该宠物就很有可能患(　　)。

　A.侏儒症　　　　　　B.贫血　　　　　　C.白肌病　　　　　　D.佝偻症

2.关于宠物体内粗纤维的说法正确的是(　　)。

　A.宠物体内不含有粗纤维　　　　　　B.宠物体内粗纤维的含量的多少与宠物种类有关

　C.随年龄的增长,粗纤维含量增加　　D.随年龄的增长,粗纤维含量减少

3.蛋白质是由(　　)组成的一类数量庞大的物质的总称。

　A.赖氨酸　　　　　　B.氨基酸　　　　　　C.蛋氨酸　　　　　　D.粗蛋白

4.妊娠犬的营养需要特点是妊娠后期比妊娠前期营养需要(　　)。

　A.少　　　　　　　　B.多　　　　　　　C.不一定　　　　　　D.视妊娠犬的体质而定

5.(　　)能促进神经和肌肉的兴奋性。

　A.钙和钠　　　　　　B.钾和钠　　　　　C.镁和钙　　　　　　D.钾和镁

6.正常情况下,成年犬每日每千克体重约需要水(　　)mL。

　A.80　　　　　　　　B.100　　　　　　　C.120　　　　　　　D.2000

7.谷类食品原料中富含的维生素是(　　)。

　A.叶酸　　　　　　　B.维生素 E　　　　　C.B 族维生素　　　　D 维生素 A

8.对维持营养来说,宠物体重越小,其单位活动所需的维持营养(　　)。

　A.越高　　　　　　　B.越低　　　　　　C.不一定　　　　　　D.维持营养高低与体重无关

9.EDTA 滴定法测定宠物食品中钙的含量,滴定时用的指示剂是(　　)。

　A.孔雀石绿　　　　　B.氢氧化钾　　　　C.钙黄绿素　　　　　D.酚酞

10.半微量蒸馏法测定宠物食品中粗蛋白质的含量滴定的标准溶液是(　　)。

　A.浓硫酸　　　　　　B.盐酸　　　　　　C.盐酸标准溶液　　　D.氢氧化钠

11.下列哪种元素不属于常量元素?(　　)

　A.铁　　　　　　　　B.磷　　　　　　　C.钾　　　　　　　　D.镁

12.宠物食品的加工工艺除与畜禽配合饲料加工工艺基本相似外,尚有一定的特殊性,还需要（　　）加工工艺。

　　A.混合　　　　　　B.配料　　　　　　C.粉碎　　　　　　D.膨化

13.（　　）是宠物从食品中获得热能的最经济的来源。

　　A.脂肪　　　　　　B.蛋白质　　　　　C.碳水化合物　　　D.维生素

14.随着幼猫消化道的发育,对乳糖的消化能力（　　）。

　　A.逐渐增强　　　　B.逐渐减弱　　　　C.看猫的体质情况　D.不好说

15.不同种宠物食品对同一种宠物来说,限制性氨基酸的种类和顺序（　　）。

　　A.都相同　　　　　B.都不同　　　　　C.种类相同,顺序不同　D.顺序相同,种类不同

三、名词解释

1.必需氨基酸;2.宠物营养需要;3.净能;4.宠物食品配方;5.常量矿物元素

四、判断题

（　　）1.从食品供应和营养的角度考虑,氨基酸有必需和非必需之分。

（　　）2.脂肪对宠物具有保护作用。

（　　）3.维生素既不构成体组织,也不供给能量,在机体内主要起催化作用,参与机体代谢调节。

（　　）4.宠物总的营养需要由维持需要与生产需要共同构成。

（　　）5.常用禾谷类及其他植物性宠物食品中,最容易缺乏的是蛋氨酸。

（　　）6.宠物生长越快,维持需要所占比重越大。

（　　）7.宠物猫狗食品中低脂可导致犬、猫脱皮,毛发和皮肤变得粗糙。

（　　）8.粗纤维是宠物食品中不可缺少的成分。

（　　）9.宠物食品中氨基酸不平衡一般都同时存在氨基酸的缺乏。

（　　）10.宠物长期缺硫易患皮肤不完全角化症。

五、简答题

1.已知某生长犬的蛋白质需要量为21%,但测得所食日粮中蛋白质水平为17.5%,如果长期饲喂该食品,依所学知识,分析会出现什么后果?怎么样才能将所食蛋白质更多地转变为生长所需?

2.国际上通常采用1864年德国的Hanneberg提出的概略养分分析方案,将宠物食品中的养分分为6大类。请准确说出宠物食品6种概略养分的名称。

3.热爱宠物的宠物主人都知道宠物犬每日必不可缺少的就是水,毫无疑问,这是科学合理的。根据所学知识,阐述其中缘由。

4.宠物从食品中摄取营养物质,在体内进行物质代谢的同时伴随着能量的代谢,将化学能变为生物能。请绘出食品能量在宠物体内的转化过程示意图。